新世纪高等职业教育数学类课程规划教材

应用数学

YINGYONG SHUXUE

新世纪高等职业教育教材编审委员会 组编
主 编 / 季 霏 臧文琼
副主编 / 王家宇 田 宇 鲍 婕
参 编 / 任 悦 崔 蕊

微课版

大连理工大学出版社

图书在版编目(CIP)数据

应用数学 / 季霏，臧文琼主编. -- 大连 ：大连理工大学出版社，2023.2(2024.9 重印)
新世纪高等职业教育数学类课程规划教材
ISBN 978-7-5685-4136-7

Ⅰ. ①应… Ⅱ. ①季… ②臧… Ⅲ. ①应用数学－高等职业教育－教材 Ⅳ. ①O29

中国国家版本馆 CIP 数据核字(2023)第 031391 号

大连理工大学出版社出版

地址:大连市软件园路 80 号　邮政编码:116023
发行:0411-84708842　邮购:0411-84708943　传真:0411-84701466
E-mail:dutp@dutp.cn　URL:https://www.dutp.cn
大连天骄彩色印刷有限公司印刷　　大连理工大学出版社发行

幅面尺寸:210mm×285mm　印张:18.25　字数:540 千字
2023 年 2 月第 1 版　　2024 年 9 月第 2 次印刷

责任编辑:程砚芳　　责任校对:刘俊如
封面设计:张　莹

ISBN 978-7-5685-4136-7　　定　价:49.80 元

前言

《应用数学》是新世纪高等职业教育教材编审委员会组编的数学类课程规划教材之一。

教育是全面建设社会主义现代化国家的基础性、战略性支撑。为了充分发挥教育"党之大计、国之大计"的作用，加快推进教育现代化，培养德智体美劳全面发展的社会主义建设者和接班人，本教材充分发挥其提高思想道德素质和科学文化素质、培养造就人才的基础性作用。编者在认真总结以往教学教改经验的基础上，对课程体系和教学方式大胆探索、勇于创新，编写了该教材。

本教材在案例选取时以坚定理想信念、加强品德修养、增长知识见识、培养奋斗精神和工匠精神、增强综合素质为目标，充分考虑学生可持续发展的需要。在编写过程中我们力求跳出传统数学教学体系的束缚，突出以下特点：

1. 本教材采用反向课程设计的编写模式，在单元 1 至单元 7 都将学生学习相应章节后所要完成的任务放在该单元首页，使学生明确完成该单元学习后要达到的知识目标、能力目标及素质目标。

2. 本教材充分融入课程思政元素，以获得可以适应今后持续发展的基本素养为指引，紧跟时事热点，与时俱进，充分融入中国文化，增强学生文化自信，引入正能量案例，培养学生的民族自豪感和社会主义责任感，增强爱国主义情怀，把数学与学生的人格完善教育相结合，促进学生的人格健全、身心发展、智力能力培育、思想品德修养提升和社会责任感加强等，实现全程育人、全方位育人。

3. 弱化了复杂及技巧性较高的计算内容。在教材内容编写上，注重学生对数学思想、概念的领悟，使用相对通俗的例子方便学生理解，弱化计算方法。

4. 引入语言简洁、交互性较好、易于掌握的 Matlab 数学软件，帮助学生掌握这一功能强大的数学计算软件，培养学生对复杂数学问题的处理能力。

5. 加强对学生应用意识、应用能力的培养。本教材引入了数学建模和数学实验，在相应章节中设置了开放性的单元任务，任务的设置与现实生活紧密相连，把数学知识、应用能力与团队合作精神融于一体。并通过该项训练使学生的思维更开放、更灵活，增强学生团队协作意识，提高学生的创新能力。

6. 习题简单经典，且容易在例题中找到相应的解题方法，有助于提高学生自信心，增加学习乐趣。

本教材是黑龙江职业学院智慧的结晶，由季霏、臧文琼任主编，王家宇、田宇、鲍婕任副主编，任悦、崔蕊参与了教材部分内容的编写工作。具体编写分工如下：田宇编写单元1，任悦编写单元2，臧文琼编写单元3及单元8，鲍婕编写单元4及单元6的6.1，王家宇编写单元5，崔蕊编写单元6的6.2～6.4，季霏编写单元7、单元9及附录。

尽管我们在本教材的特色建设方面做出了许多努力，但由于水平有限，书中仍难免存在不妥之处，希望各教学单位和读者在使用本教材的过程中给予关注，并及时反馈给我们，以便完善改进。

编　者

2023年2月

所有意见和建议请发往：dutpgz@163.com
欢迎访问职教数字化服务平台：https://www.dutp.cn/sve/
联系电话：0411-84706104　84707492

目录

单元 1

函数与极限

知识目标

• 理解函数及函数极限的概念.
• 理解无穷大量及无穷小量的概念.
• 正确使用极限四则运算法则及两个重要极限.
• 了解函数连续性及间断的概念.

能力目标

• 会使用极限四则运算法则，并能初步应用其解决简单的极限问题.
• 会建立简单实际问题的函数关系式.
• 协作完成本单元相关的实际问题.

素质目标

• 通过感受李白诗句“孤帆远影碧空尽，唯见长江天际流”中的意境，加深对无穷思想的认识，学会用变化的眼光看待问题，初步识得运动辩证的思想.

• 将李白诗句“飞流直下三千尺，疑是银河落九天”中的景象转化为数学图像，再通过图像判断间断点类型，实现“意形结合”，借此学会感受生活中随处可见的数学，并练习将生活中的问题转化为数学问题.

• 初步尝试用数学模型来描述现实世界中的某些现象，并关注变化趋势.

课前准备

做好预习，搜集本单元相关资料.

课堂学习任务

单元任务一　连续复利

复利的计算是银行业务的一个重要概念，也是日常生活中经常遇到的问题. 复利就是将到期后的利息纳入本金继续产生利息的结算方式(也称为普通复利)，即把第一期的利息与本金之和作为第二期的本金，然后反复计息.

把本金 A_0 存入银行，年利率为 r，若一年结息一次，用 A_t 表示满 t 年后的本息和，则：

第一年年末本息和 $A_1=A_0+A_0r=A_0(1+r)$

第二年年末本息和 $A_2=A_1+A_1r=A_1(1+r)=A_0(1+r)^2$

第三年年末本息和 $A_3=A_2+A_2r=A_2(1+r)=A_0(1+r)^3$

如此反复,满 t 年后的本利和为

$$A_t=A_0(1+r)^t$$

任务:某银行为吸引更多储蓄资金,为其理财产品设计了三种理财方案,见下表.

理财方案

理财方案	A 方案	B 方案	C 方案
理财方案内容	半年计息一次	一季度计息一次	
第一年的本息和 A_1	$A_0\left(1+\frac{r}{2}\right)^2$	$A_0\left(1+\frac{r}{4}\right)^4$	
第二年的本息和 A_2			
第三年的本息和 A_3		$A_0\left(1+\frac{r}{4}\right)^{12}$	
第 t 年的本息和 A_t	$A_0\left(1+\frac{r}{2}\right)^{2t}$		

根据连续复利知识,完成上表并思考如下问题:

1. 观察 A 方案与 B 方案的计息方式,并请你为银行设计一个 C 方案.

2. 假设你有 10 万元的理财本金,目前该银行年利率为 $r=3.5\%$,预计存款 10 年,请计算以上三种理财方案 10 年后的本息和.

3. 通过问题 2 的计算,讨论如果将计息期无限缩短,即计息次数 $n\to\infty$,这种结算方式称为连续复利,那么连续复利的计算公式又是如何呢?

1.1 函　数

函数源于人们对运动轨迹的研究,是为解决现实问题而诞生的. 而今,函数在生活中更普遍地应用在不同的场景中. 在考察某些自然现象和社会现象时,常常会遇到各种不同的量,其中数值保持不变的量称为**常量**;可以取不同数值的量称为**变量**. 例如,计算匀速直线运动的位移公式 $s=vt$,v 是常量,而 s,t 是变量,这两个变量之间有一定的对应关系,这种对应关系正是函数概念的实质. 所以函数是客观世界中量与量之间相依关系的一种数学抽象表达,是变量之间的对应关系. 它展现了事物之间的因果关系,是揭示实际生活中现象本质的重要工具.

1.1.1 函数的概念与性质

1. 函数的概念

引例 1 已知圆半径为 r,则其面积为 $S=\pi r^2$,其中 π 是圆周率,当半径 r 给定一个数值时,按前式 S 总有唯一确定的数值与其对应.

引例 2 某人的父母每月固定日期记录下他的身高,表 1-1 是他各月龄对应的身高.

表 1-1　某人各月龄身高　单位:厘米

年龄/月	1	2	3	6	10	12	18	24	36	60
身高/cm	54.8	58.7	62	68.4	74	76.5	82.7	88.5	97.5	111.3

由表 1-1 可知,这个人的身高随年龄的增长而增高. 例如,要想知道他 3 岁时的身高,只要查表 36 个月龄对应的身高即知.

现实世界中广泛存在着变量间的这种相依关系，这正是函数关系的客观背景.将变量间的这种相依关系抽象化，并用数学语言表达出来，便得到了函数的概念.

(1)函数的定义

定义1 设 x，y 是两个变量，若对非空数集 D 中每一个值 x，按照一定的对应法则 f 总有唯一确定的值 y 和它对应，则称 y 是 x 的**函数**，记为 $y=f(x)$，x 称为**自变量**，y 称为**因变量**，数集 D 称为函数的**定义域**，$W=\{y\mid y=f(x),x\in D\}$ 称为函数的**值域**.

在函数 $y=f(x)$ 中，当 x 取值 $x_0(x_0\in D)$ 时，则称 $f(x_0)$ 为 $y=f(x)$ 在 x_0 处的函数值.

函数 $y=f(x)$ 的对应法则 f 也可用 g，φ，F 等表示，相应的函数记作 $g(x)$，$\varphi(x)$，$F(x)$.

由函数定义易知，上述两个引例中变量之间都有函数关系.

在实际问题中，函数的定义域是根据问题的实际意义确定的.

若不考虑函数的实际意义，而抽象地研究用数学表达式确定的函数，我们则规定函数的定义域是使数学表达式有意义的一切实数，通常需要注意以下几点：

函数的概念

①分式函数的分母不能等于零；

②偶次根式的被开方式必须大于或等于零；

③对数函数的真数必须大于零；

④正切函数(或余切函数)的定义域是不等于 $k\pi+\frac{\pi}{2}$(或 $k\pi$)$(k\in\mathbf{Z})$的一切实数；

⑤反正弦函数与反余弦函数的定义域为$[-1,1]$；

⑥如果函数表达式中含有上述几种函数，则应取各部分自变量取值的交集.

例1 求函数 $y=\frac{\sqrt{16-x^2}}{x+2}$ 的定义域.

解 要使函数 y 有意义，须有

$$\begin{cases}16-x^2\geqslant 0\\x+2\neq 0\end{cases}$$

即

$$\begin{cases}-4\leqslant x\leqslant 4\\x\neq -2\end{cases}$$

则函数的定义域为$[-4,-2)\cup(-2,4]$.

例2 求函数 $y=\lg(x+3)+\arcsin(x+3)$ 的定义域.

解 要使函数 y 有意义，须有

$$\begin{cases}x+3>0\\-1\leqslant x+3\leqslant 1\end{cases}$$

即

$$\begin{cases}x>-3\\-4\leqslant x\leqslant -2\end{cases}$$

解得

$$-3<x\leqslant -2$$

则函数的定义域为$(-3,-2]$.

【练习1】 求下列函数的定义域.

(1)$y=\frac{1}{\sqrt{2x-3}}$

解 要使函数 y 有意义，须有

$$2x-3(\quad)0$$

则函数的定义域为

$$\{x \mid x(\qquad)\}$$

(2) $y=\dfrac{1}{x}+\ln(x^2-4)$

解 要使函数 y 有意义，须有

$$\begin{cases} x\neq 0 \\ x^2-4(\qquad)0 \end{cases}$$

则函数的定义域为

$$\{x \mid x(\qquad)\}$$

定义 2 一个函数在自变量的不同取值范围内用不同的解析式表示，这种函数称为**分段函数**.

需要注意的是，分段函数是用若干个表达式表示的一个函数，其定义域是自变量各部分取值的并集.

例 3 设分段函数

$$f(x)=\begin{cases} x, & -1<x\leqslant 0 \\ x^2, & 0<x\leqslant 1 \\ x+1, & 1<x\leqslant 2 \end{cases}$$

①画出函数图像；

②求函数的定义域；

③求 $f\left(-\dfrac{1}{2}\right), f\left(\dfrac{1}{2}\right), f\left(\dfrac{3}{2}\right)$ 的值.

解 ①函数图像如图 1-1 所示；

②函数的定义域为 $(-1,2]$；

③ $f\left(-\dfrac{1}{2}\right)=-\dfrac{1}{2}, f\left(\dfrac{1}{2}\right)=\dfrac{1}{4}, f\left(\dfrac{3}{2}\right)=\dfrac{5}{2}$.

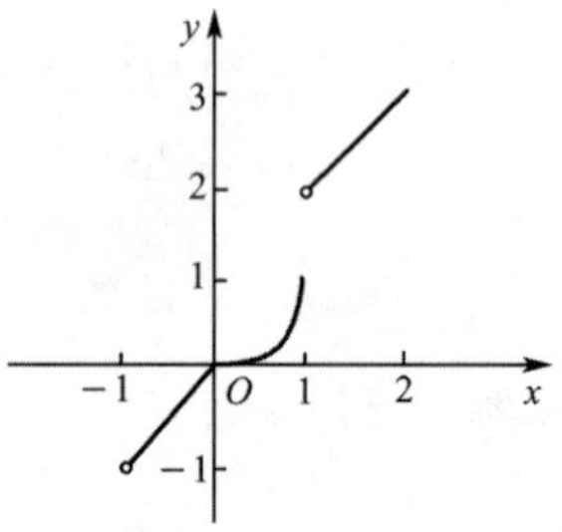

图 1-1

【练习 2】 设函数 $f(x)=\begin{cases} x+1, & x\leqslant 0 \\ x^2-2, & x>0 \end{cases}$，求 $f(0), f(-2)$.

解 $f(0)=(\qquad), f(-2)=(\qquad)$.

(2)函数的两个要素

定义域与对应法则称为**函数的两个要素**. 如果函数的两个要素相同，那么它们一定是相同的函数，否则为不同函数. 例如：函数 $y=|x|$ 与 $y=\sqrt{x^2}$ 的两个要素相同，故它们是相同函数，而函数 $f(x)=\lg x^2$ 与 $g(x)=2\lg x$ 的定义域不同，故它们为不同函数.

(3)函数的表示法

表示函数的方法通常有三种：表格法、图示法和解析法.

如数学用表是用表格法表示的函数；股票价格某天的走势图和心电图等都是用图示法表示的函数，虽然这些图对应的函数关系很难用数学式子来表示，但这并不影响它们成为函数；解析法就是用数学式子表示函数的方法. 例如，$y=\sin x$，$y=\dfrac{x-1}{2x+1}$ 都是用解析法表示的函数. 在以后的讨论中，函数多数是用解析法表示的.

到过海边的人们一定会看到海水周期性的涨落现象：到了一定时间，海水推波助澜，迅猛上涨，达到高潮；过一段时间后，上涨的海水又自行退去，留下一片沙滩，出现低潮. 如此循环往复，永不停息，海水的这种运动现象就是潮汐.

随着人们对潮汐现象的不断观察，对潮汐现象的真正原因逐渐有了认识. 北宋余靖在他著的《海潮图序》一书中说："潮之涨落，海非增减，盖月之所临，则之往从之."东汉思想家王充在《论衡》中写

道："涛之起也，随月盛衰."指出了潮汐跟月亮有关系.由于潮汐所引起的海平面上升对生活在海边的人们的生命财产安全产生了威胁，若能够计算出海平面的高度变化则可以加以预防.如何利用科学的方法计算出因潮汐现象引起的海平面高度变化呢？

经过多年对潮汐现象引起的海平面高度变化数据的研究，人们发现一般情况下海平面高度随时间的变化规律可以用函数表示：

$$y=1.51+1.5\cos\left(\frac{2\pi}{12.4}t\right)=1.51+1.5\cos(0.507t)$$

这样就可以随时掌握海平面的变化，做好防汛工作.

思考 (1)求出上面问题中函数的定义域.

(2)海平面高度随时间的变化规律函数采用了哪种函数表示法？

2. 函数的性质

(1)函数的奇偶性

设函数 $y=f(x)$的定义域 D 关于原点对称(即当 $x\in D$ 时，有 $-x\in D$)，若对其定义域 D 内任意 x，恒有 $f(-x)=f(x)$成立，则称 $f(x)$为**偶函数**；若对其定义域 D 内任意 x，恒有 $f(-x)=-f(x)$成立，则称 $f(x)$为**奇函数**.

例如，函数 $y=x^3$ 是奇函数，函数 $y=x^2-1$ 是偶函数.

偶函数的图像关于 y 轴对称，奇函数的图像关于原点对称.

(2)函数的单调性

设函数 $y=f(x)$的定义域为 D，区间 $I\subset D$，对于任意 $x_1,x_2\in I$，当 $x_1<x_2$ 时，若恒有 $f(x_1)<f(x_2)$，则称函数 $y=f(x)$在区间 I 上**单调增加**，区间 I 称为单调增区间；若恒有 $f(x_1)>f(x_2)$，则称函数 $y=f(x)$在区间 I 上**单调减少**，区间 I 称为单调减区间.

例如，函数 $y=x^2$ 在$(-\infty,0)$内单调减少，在$(0,+\infty)$内单调增加.

单调增加函数的图像是沿 x 轴正向逐渐上升的；单调减少函数的图像是沿 x 轴正向逐渐下降的.

(3)函数的周期性

设函数 $y=f(x)$的定义域为 D，若存在常数 $T\neq 0$，使得对于每一个 $x\in D$，有 $x+T\in D$，且总有 $f(x+T)=f(x)$成立，则称函数 $y=f(x)$为**周期函数**，其中 T 叫作函数的周期，通常函数的周期是指它的最小正周期.

例如，正弦函数 $y=\sin x$ 是以 2π 为周期的周期函数，正切函数 $y=\tan x$ 是以 π 为周期的周期函数.

(4)函数的有界性

设函数 $y=f(x)$在某区间 D 上有定义，若存在常数 $M>0$，使得对于 D 中任意 x，恒有$|f(x)|\leqslant M$，则称函数 $y=f(x)$在区间 D 上**有界**，或称 $y=f(x)$在 D 上为**有界函数**，否则，称函数 $y=f(x)$在 D 上**无界**.

例如，因为$|\cos x|\leqslant 1$，所以函数 $y=\cos x$ 在其定义域内有界，而函数 $y=\frac{1}{x}$在$(0,1)$内无界.

思考 函数的四种特性的几何意义分别是什么？

基本初等函数的图像

1.1.2 复合函数与初等函数

1. 基本初等函数

我们把常值函数、幂函数、指数函数、对数函数、三角函数、反三角函数这六类函数统称为基本初等函数，现将其表达式、定义域、值域、图像和性质列表，见表 1-2.

表 1-2　　基本初等函数

函数	定义域与值域	图像	性质
常值函数 $y=C$ (C 为常数)	$x\in(-\infty,+\infty)$ $y=C$	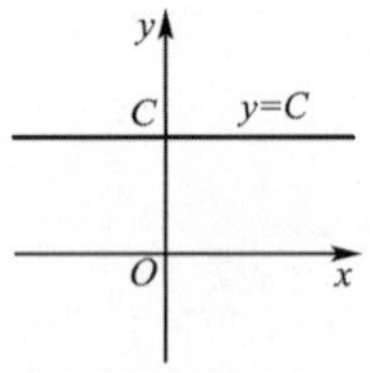	在 y 轴上的截距为 C 图像平行于 x 轴
幂函数 $y=x^{\alpha}$ (α 为常数)	当 α 取不同的值时，幂函数的定义域和值域可能不同，但在 $(0,+\infty)$ 内都有定义	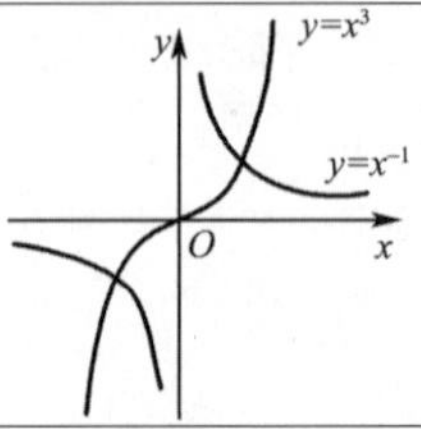	过(1,1)点 当 $\alpha>0$ 时，函数在第一象限单调增加 当 $\alpha<0$ 时，函数在第一象限单调减少
指数函数 $y=a^{x}$ ($a>0,a\neq1$)	$x\in(-\infty,+\infty)$ $y\in(0,+\infty)$	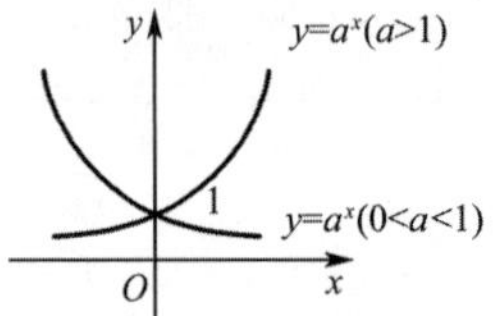	过(0,1)点 当 $a>1$ 时，单调增加 当 $0<a<1$ 时，单调减少
对数函数 $y=\log_a x$ ($a>0,a\neq1$)	$x\in(0,+\infty)$ $y\in(-\infty,+\infty)$	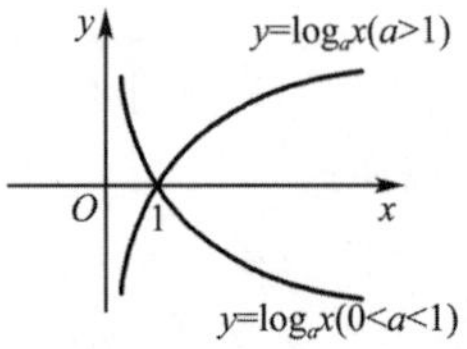	过(1,0)点 当 $a>1$ 时，单调增加 当 $0<a<1$ 时，单调减少
三角函数　正弦函数 $y=\sin x$	$x\in(-\infty,+\infty)$ $y\in[-1,1]$	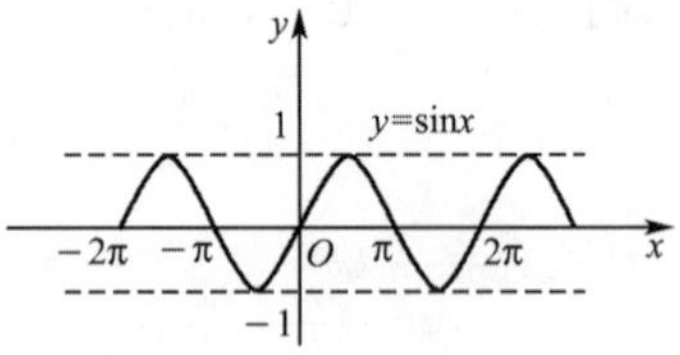	奇函数，周期为 2π，有界 在 $\left(2k\pi-\frac{\pi}{2},2k\pi+\frac{\pi}{2}\right)(k\in\mathbf{Z})$ 单调增加 在 $\left(2k\pi+\frac{\pi}{2},2k\pi+\frac{3\pi}{2}\right)(k\in\mathbf{Z})$ 单调减少
三角函数　余弦函数 $y=\cos x$	$x\in(-\infty,+\infty)$ $y\in[-1,1]$	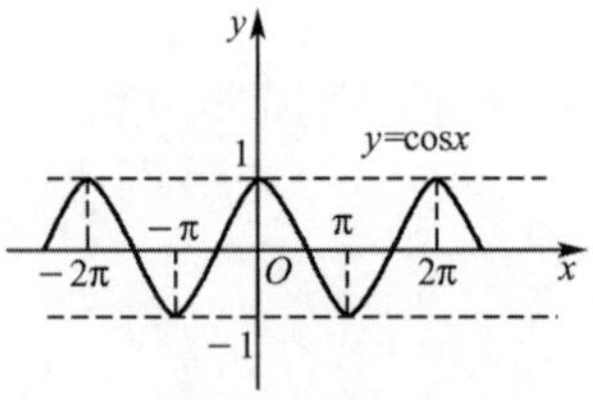	偶函数，周期为 2π，有界 在 $(2k\pi-\pi,2k\pi)(k\in\mathbf{Z})$ 单调增加 在 $(2k\pi,2k\pi+\pi)(k\in\mathbf{Z})$ 单调减少
三角函数　正切函数 $y=\tan x$	$x\neq k\pi+\frac{\pi}{2}$ $(k\in\mathbf{Z})$ $y\in(-\infty,+\infty)$	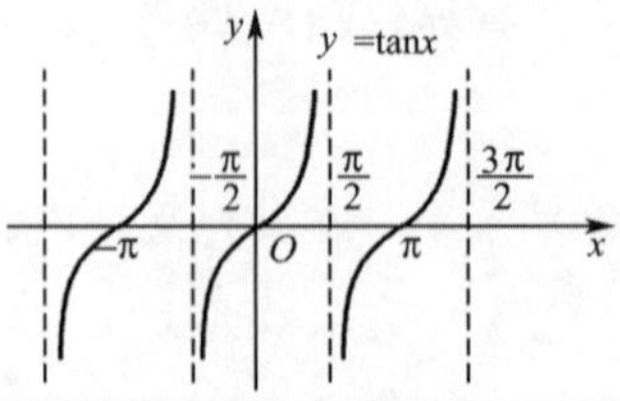	奇函数，周期为 π 在 $\left(k\pi-\frac{\pi}{2},k\pi+\frac{\pi}{2}\right)(k\in\mathbf{Z})$ 单调增加
三角函数　余切函数 $y=\cot x$	$x\neq k\pi(k\in\mathbf{Z})$ $y\in(-\infty,+\infty)$	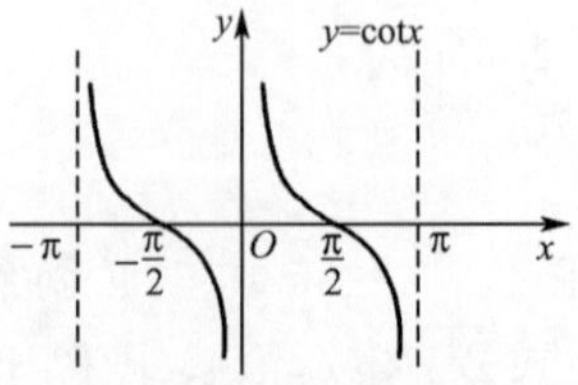	奇函数，周期为 π 在 $(k\pi,(k+1)\pi)(k\in\mathbf{Z})$ 单调减少

（续表）

函数		定义域与值域	图像	性质
反三角函数	反正弦函数 $y=\arcsin x$	$x\in[-1,1]$ $y\in\left[-\frac{\pi}{2},\frac{\pi}{2}\right]$	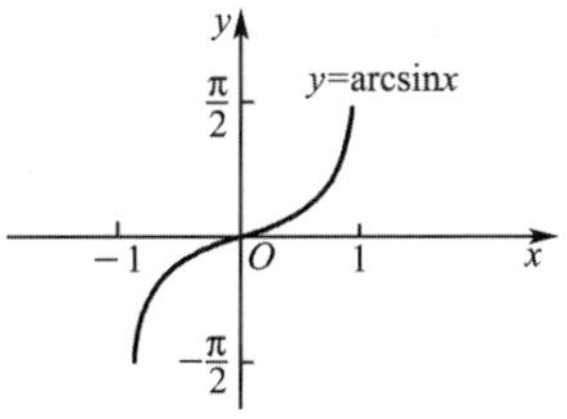	奇函数，有界，单调增加
	反余弦函数 $y=\arccos x$	$x\in[-1,1]$ $y\in[0,\pi]$	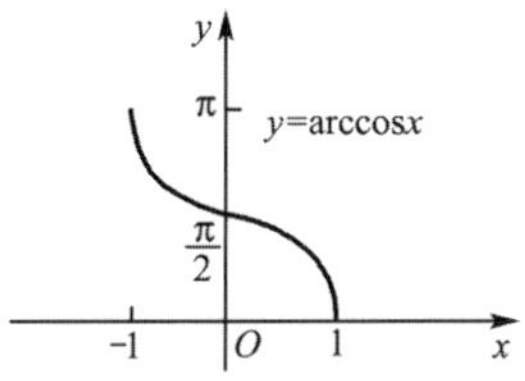	有界，单调减少
	反正切函数 $y=\arctan x$	$x\in(-\infty,+\infty)$ $y\in\left(-\frac{\pi}{2},\frac{\pi}{2}\right)$	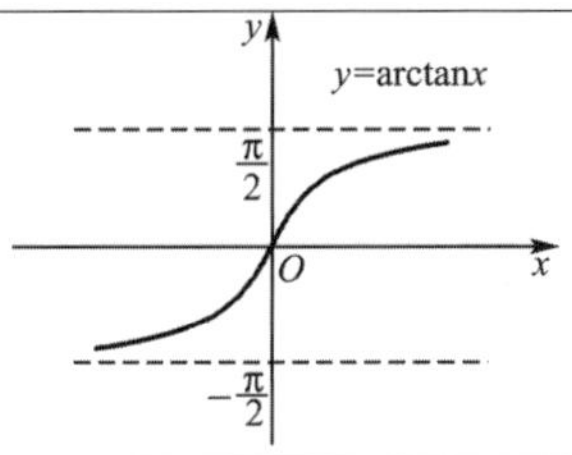	奇函数，有界，单调增加
	反余切函数 $y=\operatorname{arccot} x$	$x\in(-\infty,+\infty)$ $y\in(0,\pi)$	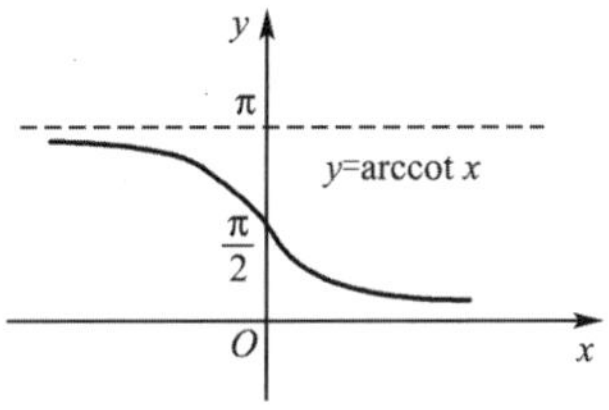	有界，单调减少

2. 复合函数

生活中很多现象的本质不是一个函数就可以简单揭示的，需要函数之间通过复合得到新函数来描述. 例如，某企业的收入 R 是产量 q 的函数

$$R=f(q)=2q+7. \tag{1}$$

而企业的产量 q 又是投入的劳动力 l 的函数

$$q=g(l)=3l^2-2l+7. \tag{2}$$

将式(2)代入式(1)，得

$$R=f[g(l)]=6l^2-4l+21.$$

上式为收入 R 与投入的劳动力 l 之间的关系，即总收入 R 是劳动力 l 的函数.

定义 3 设函数 $y=f(u)$ 的定义域为 D_f，函数 $u=\varphi(x)$ 的定义域为 D_φ，值域为 W_φ. 如果 $D_f\cap W_\varphi\neq\varnothing$，那么 y 通过 u 构成 x 的函数，把 y 叫作 x 的**复合函数**，记作 $y=f[\varphi(x)]$，其中 u 叫作**中间变量**.

例 4 试求由函数 $y=u^3$，$u=\sin x$ 复合而成的函数.

解 将 $u=\sin x$ 代入 $y=u^3$ 中，即得所求复合函数 $y=\sin^3 x$.

有时，一个复合函数也可以由三个或更多个函数复合而成. 例如，由函数 $y=e^u$，$u=\cos v$ 和 $v=2x^2+1$ 可以复合成函数 $e^{\cos(2x^2+1)}$，其中 u 和 v 都是中间变量.

·注意· 只有满足定义 3 中条件的函数才能复合，否则是不可以复合的. 例如，函数 $y=\arcsin u$ 与函数 $u=x^2+2$ 就不能复合成一个函数，因为 $y=\arcsin u$ 的定义域$[-1,1]$与 $u=x^2+2$ 的值域$[2,+\infty)$的交集为空集，即 $y=\arcsin(x^2+2)$没有意义.

对于一个复合函数,我们经常需要知道它是由哪几个函数复合而成的,这就是复合函数的分解问题.

例 5 分析下列函数的复合过程.

(1) $y=\cos(x^2+4)$; (2) $y=\cot^3\dfrac{x}{2}$;

(3) $y=\ln\ln 3x$; (4) $y=e^{\sin\sqrt{2x-1}}$.

解 (1) $y=\cos u, u=x^2+4$.

(2) $y=u^3, u=\cot v, v=\dfrac{x}{2}$.

(3) $y=\ln u, u=\ln v, v=3x$.

(4) $y=e^u, u=\sin v, v=\sqrt{w}, w=2x-1$.

【练习 3】 写出下列复合函数的复合过程.

(1) $y=2^{\sin x}$.

解 $y=($ $), u=($ $)$.

(2) $y=\lg(1-x)$.

解 $y=($ $), u=($ $)$.

(3) $y=\sin^2 2x$.

解 $y=u^2, u=($ $), v=($ $)$.

(4) $y=\ln(\cos e^{2x})$.

解 $y=\ln u, u=($ $), v=($ $), w=($ $)$.

·注意· 对复合函数分解的过程相当于对复合函数从外向内逐层"剥皮"的过程,并且要求每层函数都是基本初等函数或基本初等函数的四则运算式,否则还需要分解.

例 6 一艘装满化工染料的轮船由于事故导致化工染料泄露,泄出染料表面积 s 随时间 t 的增加而不断扩大,试探讨染料表面积随时间变化的大致规律.

解 这个问题有一定的开放性,可以提出假设来解决此问题. 假设染料面积始终呈圆形,再假设圆的半径为 r,随时间 t 的变化规律为

$$r=g(t)=1+t,$$

则由 $s=\pi r^2$ 得到复合函数

$$s=\pi r^2=\pi(1+t)^2.$$

3. 初等函数

由基本初等函数经过有限次四则运算和有限次函数复合所构成的,并且可用一个数学式子表示的函数,称为**初等函数**.

例如,$y=\cos^2(\sqrt{x}+1)$,$y=e^{\sqrt{x+1}}\sin x$ 等都是初等函数. 本书我们讨论的函数多数是初等函数.

分段函数一般不是初等函数,但分段函数 $y=\begin{cases}x, & x\geqslant 0\\ -x, & x<0\end{cases}$,若写成 $y=|x|=\sqrt{x^2}$ 却是初等函数.

1.1.3 经济数学模型

1. 需求函数与供给函数

(1) 需求函数

定义 4 某种商品的市场需求量 Q 与该商品的价格 P 密切相关,通常降低商品价格会使需求量增加;提高商品价格会使需求量减少. 如果不考虑其他因素的影响,需求量 Q 可以看成是价格 P 的一

元函数,称为**需求函数**,记作

$$Q=Q(P).$$

一般来说,需求函数为价格 P 的单调减少函数.

根据市场统计资料,常见的需求函数有以下几种类型:

①线性需求函数　$Q=a-bP\quad(a>0,b>0)$.

②二次需求函数　$Q=a-bP-cP^2\quad(a>0,b>0,c>0)$.

③指数需求函数　$Q=a\mathrm{e}^{-bP}\quad(a>0,b>0)$.

(2)供给函数

定义 5　某种商品的市场供给量 S 也受商品价格 P 的制约,价格上涨将刺激生产者向市场提供更多的商品,使供给量增加;反之,价格下跌将使供给量减少.供给量 S 也可看成价格 P 的一元函数,称为**供给函数**,记为

$$S=S(P).$$

供给函数为价格 P 的单调增加函数.

常见的供给函数有线性函数、二次函数、幂函数、指数函数等.其中,线性供给函数为

$$S=-c+dP\quad(c>0,d>0).$$

使某种商品的市场需求量与供给量相等的价格 P_0 称为均衡价格.当市场价格 P 高于均衡价格 P_0 时,供给量将增加而需求量相应地减少,这时会产生"供大于求"的现象,必然使价格 P 下降;当市场价格 P 低于均衡价格 P_0 时,供给量将减少而需求量增加,这时会产生"物资短缺"的现象,从而使得价格 P 上升.市场价格的调节就是这样来实现的.

2.成本函数、平均成本函数

(1)成本函数

产品的成本一般有两类:一类随产品的数量变化,如需要的劳动力,消耗的原料等,这种生产成本称为**可变成本**;另一类成本无论生产水平如何都固定不变,如房屋、设备的折旧费、保险费等,称为**固定成本**.

定义 6　设 Q 为某种产品的产量,C 为生产此种产品的成本,则用

$$C=C(Q)$$

表示该种产品的**成本函数**.

(2)平均成本函数

定义 7　设生产每个单位产品的成本为 a,固定成本为 C_0,则生产 Q 个单位产品的成本函数为

$$C=C(Q)=aQ+C_0.$$

用 $\overline{C}$ 表示生产 Q 个单位产品的平均成本,则

$$\overline{C}=\overline{C(Q)}=\frac{C(Q)}{Q}$$

表示每个单位的**平均成本函数**,平均成本函数也用 AC 表示.

3.价格函数、收入函数

(1)价格函数

在消费理论中,需求函数是我们前面讨论的形式

$$Q=Q(P),$$

这种形式所强调的是既定价格下的需求量.在厂商理论中,强调的是既定需求下的价格.在这种情况下,价格是需求量的函数,表示为

$$P=P(Q).$$

要注意的是,需求函数 $Q=Q(P)$ 与价格函数 $P=P(Q)$ 是互为反函数的关系.

(2)收入函数

对于卖方来说,其销售收入 R 就是在需求量(即销售量)为 Q 时的价格 P 与需求量 Q 的乘积,即

$$R=PQ.$$

将价格函数 $P=P(Q)$ 代入上式,则收入 R 表示为需求量的函数

$$R=PQ=QP(Q).$$

将需求函数 $Q=Q(P)$ 代入 $R=PQ$ 中时,收入 R 又可表示为价格 P 的函数

$$R=PQ=PQ(P).$$

4. 利润函数

利润函数 L 就是总收益函数与总成本函数 C 的差,即

$$L=L(Q)=R(Q)-C(Q).$$

当 $L>0$ 时,表示生产有盈利;当 $L<0$ 时,表示生产有亏损;当 $L=0$ 时,表示无盈亏. 使 $L(Q)=0$ 的点称为无盈亏点或保本点.

例 7 设某商品的需求函数为 $Q=a-bP(a,b>0)$,供给函数为 $S=-c+dP(c,d>0)$,求均衡价格 P_0.

解 在均衡价格 P_0 处,需求量等于供给量,即

$$a-bP_0=-c+dP_0,$$

解出 P_0,得 $P_0=\dfrac{c+a}{b+d}$,所以均衡价格 P_0 为$\dfrac{c+a}{b+d}$.

例 8 某商品,若每件售价 70 元,可卖出 10 000 件,价格每增加 3 元,就会少卖 300 件,求需求量 Q 与价格 P 的函数关系.

解 设价格由 70 元增加 k 个 3 元,则价格 P 和需求量 Q 的函数关系分别为

$$P=70+3k, Q=10\ 000-300k,$$

于是

$$k=\frac{1}{3}(P-70),$$

代入得 $Q=17\ 000-100P, P\in[70,170]$.

例 9 已知某种商品的需求函数是 $Q=200-5P$,试求该商品的收入函数,并求出销售 20 件商品时的总收入.

解 由需求函数可得

$$P=40-\frac{Q}{5},$$

该商品的收入函数为

$$R(Q)=P\cdot Q=40Q-\frac{Q^2}{5},$$

所以销售 20 件商品时的总收入为

$$R(20)=40\times20-\frac{20^2}{5}=720.$$

例 10 设某企业生产某种产品的固定成本为 10 万元,每生产一件商品需增加 0.8 万元的成本,求总成本函数及平均成本函数,并判断平均成本函数的单调性.

解 由题意知固定成本 $C_1=10$ 万元,可变成本 $C_2(Q)=0.8Q$,所以总成本为

$$C(Q)=C_1+C_2(Q)=10+0.8Q,$$

平均成本函数为

$$\overline{C}=\overline{C(Q)}=\frac{C(Q)}{Q}=\frac{10}{Q}+0.8.$$

显然,平均成本函数是单调递减的.也就是说随着产量的增加,平均成本越来越小.

例 11 设生产某种商品 x 件时的总成本为

$$C(x)=100+2x+x^2.$$

若每售出一件该商品的收入是 50 万元,求生产 30 件时的总利润.

解 由于该商品的价格 $P=50$ 万元,故售出 x 件该商品时的总收入函数为 $R(x)=Px=50x$. 因此,总利润函数

$$\begin{aligned}L(x)&=R(x)-C(x)\\&=50x-(100+2x+x^2)\\&=-100+48x-x^2.\end{aligned}$$

当 $x=30$ 时,总利润

$$L(30)=(-100+48x-x^2)\big|_{x=30}=440(\text{万元}).$$

同步训练 1-1

1. 判断题

(1)函数 $y=\frac{1}{\sqrt{x-2}}$ 的定义域是 $x\neq2$. ( )

(2)函数 $f(x)=\frac{1}{x}$ 是单调函数. ( )

(3)函数 $y=\cos x$ 为偶函数. ( )

(4)函数 $y=\arcsin u$ 与函数 $u=2x^2+3$ 能复合成复合函数. ( )

(5)分段函数也是初等函数. ( )

2. 填空题

(1)函数 $f(x)=\frac{1}{\ln|x-2|}$ 的定义域是________.

(2)奇函数的图像关于________对称,偶函数的图像关于________对称.

(3)函数的表示法通常有________法、________法、________法.

(4)函数 $y=2^{3x+1}$ 是由函数________和________复合而成的.

(5)设函数 $f(x)=\sin x, g(x)=5x^2-2$,则 $f[g(x)]=$________________.

3. 选择题

(1)下列各组函数为同一函数的是( ).

A. $f(x)=|x|$ 与 $g(x)=\sqrt{x^2}$　　B. $f(x)=x$ 与 $g(x)=(\sqrt{x})^2$

C. $f(x)=\lg x$ 与 $g(x)=2\lg|x|$　　D. $f(x)=\frac{x^2-1}{x+1}$ 与 $g(x)=x-1$

(2)函数 $y=\ln(2x+1)+\frac{1}{x^2-1}$ 的定义域为( ).

A. $[-2,1]$　　B. $[-2,-1]$

C. $\left(-\frac{1}{2},1\right)\cup(1,+\infty)$　　D. $\left(-\frac{1}{2},+\infty\right)$

(3)函数 $f(x)=\sin3x$ 的周期是( ).

A. 2π　　B. $\frac{2\pi}{3}$　　C. $\frac{3\pi}{2}$　　D. $\frac{\pi}{3}$

(4)函数 $y=\sin x$ 与 $y=\arccos x$ 都是(　　).

A. 有界函数　　B. 周期函数　　C. 奇函数　　D. 偶函数

(5)下列函数中不是复合函数的是(　　).

A. $y=\sqrt[3]{2x+1}$　　B. $y=\left(\frac{1}{3}\right)^x$　　C. $y=\cos(3x+2)$　　D. $y=\ln x^2$

1.2　函数的极限

在实际问题中,有时除了要讨论变量之间的函数关系外,还需要进一步讨论自变量在某一变化过程中,函数随之变化的趋势,这里蕴含的是极限思想.

引例 1　将一盆 100 ℃的水放在室温为 25 ℃的房间里,水温 T 将逐渐降低,随着时间 t 的推移,水温会越来越接近于室温.

引例 2　在某一自然保护区中生长的一群野生动物,其群体数量会逐渐增长,但随着时间 t 的推移,由于自然保护区内各种资源的限制,这一动物群体不可能无限地增大,它会达到某一饱和状态,饱和状态就是时间 t 无限增长时野生动物群的数量.

引例 3　某高校为进行以工作过程为导向的课程教学,需购置一批数控机床为教学设备,预计投资额 100 万元,每年的折旧费为这批数控机床账面价格(即以前各年折旧费用提取后余下的价格)的 $\frac{1}{10}$,其账面价格见表 1-3.

表 1-3　　**账面价格**　　单位:万元

第一年	第二年	第三年	…	第 n 年
$100\times\frac{9}{10}$	$100\times\left(\frac{9}{10}\right)^2$		…	

思考　补全上表并考虑,当 n 无限增大时,该批数控机床的账面价格如何变化?

上述引例反映了一个特点:当自变量逐渐增大时,相应的函数值逐渐接近于一个确定的常数.实际上,这个问题隐含了极限的思想.

1.2.1　极限的定义

1. 数列的极限

(1)数列的概念

自变量为正整数的函数(整标函数)$u_n=f(n)(n=1,2,3,\cdots)$,其函数值按自变量 n 由小到大排列成一列数

$$u_1,u_2,u_3,\cdots,u_n,\cdots$$

叫作数列,简记为 $\{u_n\}$.数列中的每一个数叫作数列的项,第 n 项 u_n 叫作数列的通项或一般项.

(2)数列的极限

考察以下两个数列:

①$\{u_n\}=\left\{\frac{1}{n}\right\}$,即数列 $1,\frac{1}{2},\frac{1}{3},\cdots,\frac{1}{n},\cdots$

②$\{u_n\}=\left\{\frac{1+(-1)^n}{2}\right\}$,即数列 $0,1,0,1,\cdots$

观察上述例子可以发现,当 n 无限增大时,数列①的各项呈现出确定的变化趋势,即无限趋近于

常数 0，而数列②的各项在 0 和 1 两数变动，不趋近于一个确定的常数.

定义 1 对于数列 $\{u_n\}$，如果 n 无限增大时，通项 u_n 无限接近于某个确定的常数 A，则称该数列以 A 为极限，或称数列 $\{u_n\}$ 收敛于 A，记为 $\lim\limits_{n\to\infty} u_n = A$ 或 $u_n \to A\ (n\to\infty)$.

若数列 $\{u_n\}$ 没有极限，则称该数列发散.

中国春秋战国时期的哲学家庄子(公元 4 世纪)在《庄子 · 天下篇》中对“截丈问题”有一段名言：“一尺之棰，日取其半，万世不竭”. 它反映的数学思想是：假设有长度为 1 的木棒，每天截去一半，不管截取多少次，木棒总有剩余，不可穷尽. 但另一方面，也发现剩余木棒的总长度越来越小.

·思考· (1)用数列的形式表示出“截丈问题”中剩余木棒的长度.

(2)用数列极限表达“一尺之棰，日取其半，万世不竭”，并求出极限值.

例 1 观察下列数列的极限.

(1) $\{u_n\} = C$ (C 为常数)； (2) $\{u_n\} = \left\{\dfrac{n}{n+1}\right\}$； (3) $\{u_n\} = \left\{\dfrac{1}{2^n}\right\}$； (4) $\{u_n\} = \{(-1)^{n+1}\}$.

解 观察数列在 $n\to+\infty$ 时的变化趋势，得

(1) $\lim\limits_{n\to+\infty} C = C$.

(2) $\lim\limits_{n\to+\infty} \dfrac{n}{n+1} = 1$.

(3) $\lim\limits_{n\to+\infty} \dfrac{1}{2^n} = 0$.

(4) $\lim\limits_{n\to+\infty} (-1)^{n+1}$ 不存在.

如果数列 $\{u_n\}$ 对于每一个正整数 n，都有 $u_{n+1} > u_n$，则称数列 $\{u_n\}$ 为单调递增数列. 类似地，如果数列 $\{u_n\}$ 对于每一个正整数 n，都有 $u_{n+1} < u_n$，则称数列 $\{u_n\}$ 为单调递减数列. 如果对于数列 $\{u_n\}$，存在一个正的常数 M，使得对于每一项 u_n，都有 $|u_n| \leqslant M$，则称数列 $\{u_n\}$ 为有界数列.

我们给出下面的定理：

定理 1 (**单调有界定理**)单调有界数列必有极限.

·思考· 下列数列极限是否存在？

(1) $\lim\limits_{n\to+\infty} (2n+1)$； (2) $\lim\limits_{n\to+\infty} \dfrac{1}{n^2+1}$.

函数极限的概念

2. 函数的极限

现实生活中，我们经常要考虑以下问题：我国人口的变化趋势，某种传染病的传播趋势等. 而这些问题都涉及函数的极限. 在理解了“无限接近、无限逼近”的基础上，本节将沿着数列极限的思路，讨论函数的极限.

对于函数 $y=f(x)$，函数 y 随着自变量 x 的变化而变化. 为方便起见，我们规定：当 x 无限增大时，用记号 $x\to+\infty$ 表示；当 x 无限减小时，用记号 $x\to-\infty$ 表示；当 $|x|$ 无限增大时，用记号 $x\to\infty$ 表示；当 x 从 x_0 的左右两侧无限接近于 x_0 时，用记号 $x\to x_0$ 表示；当 x 从 x_0 的右侧无限接近于 x_0 时，用记号 $x\to x_0^+$ 表示；当 x 从 x_0 的左侧无限接近于 x_0 时，用记号 $x\to x_0^-$ 表示.

(1)当 $x\to\infty$ 时，函数 $f(x)$ 的极限

先考察当 $x\to\infty$ 时，函数 $f(x)=\dfrac{1}{x}$ 的变化趋势.

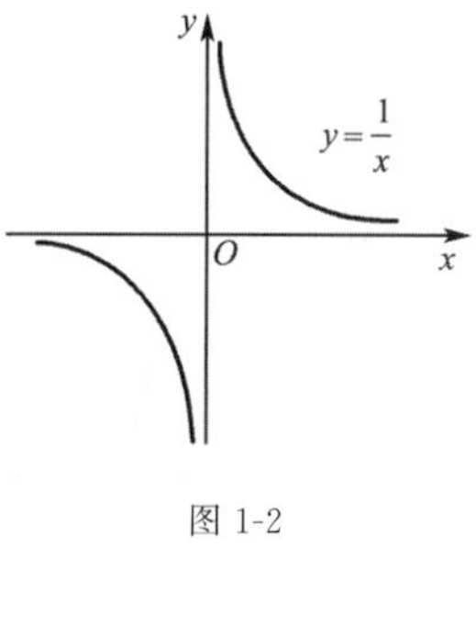

图 1-2

通过图 1-2 可以看出，当 $x\to+\infty$ 或 $x\to-\infty$ 时，函数 $f(x)=\dfrac{1}{x}$ 的

值都无限接近于确定的常数 0,即当 $x\to\infty$ 时,函数 $f(x)=\dfrac{1}{x}$ 的值无限接近于确定的常数 0,此时,我们称 0 为函数 $f(x)=\dfrac{1}{x}$ 当 $x\to\infty$ 时的极限.

定义 2 如果当 $|x|$ 无限增大($x\to\infty$)时,函数 $f(x)$ 无限接近于一个确定的常数 A,则称 A 为函数 $f(x)$ 当 $x\to\infty$ 时的极限. 记作

$$\lim_{x\to\infty}f(x)=A \text{ 或 } f(x)\to A(x\to\infty)$$

定义 3 如果 x 取负值,且 $|x|$ 无限增大时,函数 $f(x)$ 趋近于一个确定的常数 A,则称 $x\to-\infty$ 时函数 $f(x)$ 以 A 为极限. 记作

$$\lim_{x\to-\infty}f(x)=A \text{ 或 } f(x)\to A(x\to-\infty)$$

如果 x 取正值,且 x 无限增大时,函数 $f(x)$ 趋近于一个确定的常数 A,则称 $x\to+\infty$ 时函数 $f(x)$ 以 A 为极限. 记作

$$\lim_{x\to+\infty}f(x)=A \text{ 或 } f(x)\to A(x\to+\infty)$$

由上述极限定义容易得到结论:

$$\lim_{x\to\infty}f(x)=A\Leftrightarrow\lim_{x\to-\infty}f(x)=\lim_{x\to+\infty}f(x)=A.$$

例 2 讨论当 $x\to\infty$ 时,函数 $y=\dfrac{1}{x}+2$ 的极限.

解 如图 1-3 所示,当 $x\to\infty$ 时,函数 $y=\dfrac{1}{x}+2$ 的值无限接近于 2,所以

$$\lim_{x\to\infty}\left(\frac{1}{x}+2\right)=2.$$

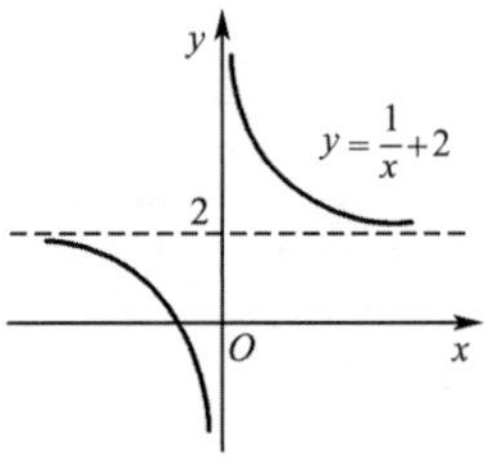

图 1-3

例 3 讨论当 $x\to\infty$ 时,函数 $y=\arctan x$ 的极限.

解 如图 1-4 所示,当 $x\to+\infty$ 时,函数 $y=\arctan x$ 无限接近于 $\dfrac{\pi}{2}$,即 $\lim\limits_{x\to+\infty}\arctan x=\dfrac{\pi}{2}$;当 $x\to-\infty$ 时,函数 $y=\arctan x$ 无限接近于 $-\dfrac{\pi}{2}$,即 $\lim\limits_{x\to-\infty}\arctan x=-\dfrac{\pi}{2}$,而当 $x\to\infty$ 时,函数 $y=\arctan x$ 不能无限接近于同一个确定的常数,所以,当 $x\to\infty$ 时,函数 $y=\arctan x$ 的极限不存在.

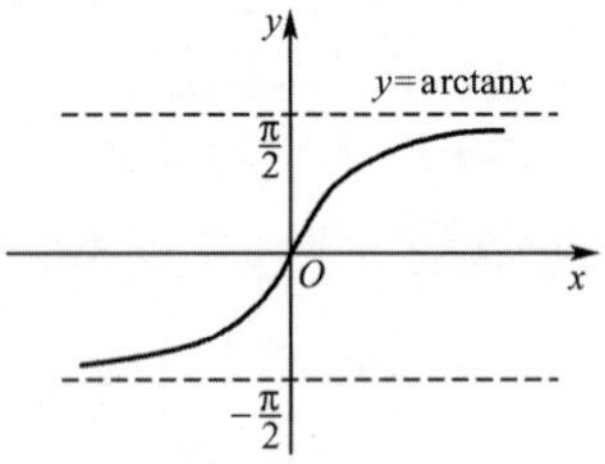

图 1-4

思考 假定某种疾病流行 t 天后,感染的人数 N 由 $N(t)=\dfrac{1\ 000\ 000}{1+5\ 000e^{-0.1t}}$ 给出,从长远考虑,假设没有其他外部因素干扰的情况下,将会有多少人染上这种病?

(2) 当 $x\to x_0$ 时,函数 $f(x)$ 的极限

考察当 $x\to0$ 时,三个函数 $y=x^2$,$y=x^2(x\neq0)$ 与 $y=\begin{cases}x^2, & x\neq0\\1, & x=0\end{cases}$ 的变化趋势.

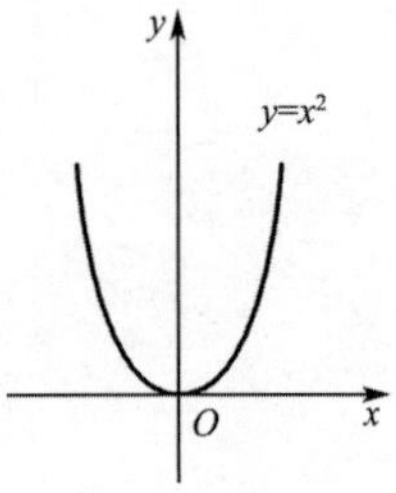

图 1-5

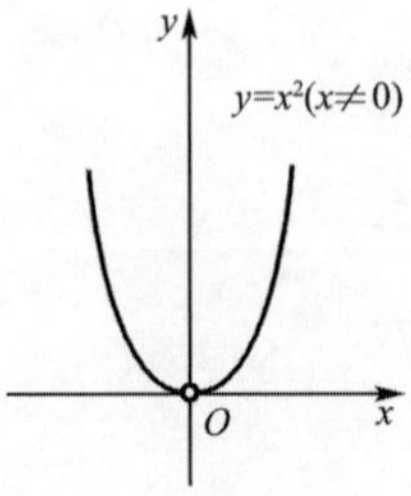

图 1-6

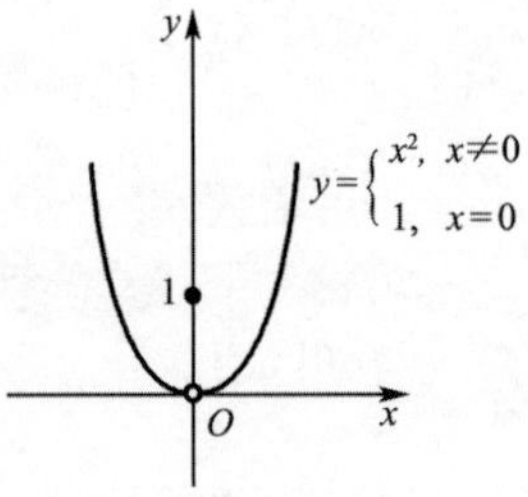

图 1-7

通过图 1-5 可以看出，当 $x\to 0$ 时，函数 $y=x^2$ 的值无限接近于 0；通过图 1-6 看出，当 $x\to 0$ 时，函数 $y=x^2(x\neq 0)$ 的值也无限接近于 0；通过图 1-7 看出，当 $x\to 0$ 时，函数 $y=\begin{cases}x^2, & x\neq 0\\ 1, & x=0\end{cases}$ 的值也无限接近于 0. 我们称当 $x\to 0$ 时，这三个函数的极限都是 0.

虽然这三个函数在 $x=0$ 点的情况完全不同，但当 $x\to 0$ 时，它们的极限却相同.

定义 4 设函数 $f(x)$ 在点 x_0 的附近（不含点 x_0）有定义，如果当 x 无限接近于 x_0 时，函数 $f(x)$ 无限接近于一个确定的常数 A，则称 A 为函数 $f(x)$ 当 $x\to x_0$ 时的极限，记作

$$\lim_{x\to x_0} f(x)=A\text{（或当 } x\to x_0 \text{ 时，} f(x)\to A\text{）}$$

·注意· 极限 $\lim\limits_{x\to x_0} f(x)=A$ 刻画了当 x 无限接近于 x_0 时，函数 $f(x)$ 的变化趋势，它与函数在 x_0 点是否有定义无关.

定义 5 如果当 $x\to x_0^-$ 时，函数 $f(x)$ 无限接近于一个确定的常数 A，则称 A 为函数 $f(x)$ 当 $x\to x_0$ 时的左极限，记作

$$\lim_{x\to x_0^-} f(x)=A\text{（或 } f(x_0-0)=A\text{）}$$

如果当 $x\to x_0^+$ 时，函数 $f(x)$ 无限接近于一个确定的常数 A，则称 A 为函数 $f(x)$ 当 $x\to x_0$ 时的右极限，记作

$$\lim_{x\to x_0^+} f(x)=A\text{（或 } f(x_0+0)=A\text{）}$$

由定义 4 和定义 5 容易得到结论：$\lim\limits_{x\to x_0} f(x)=A$ 的充要条件是 $\lim\limits_{x\to x_0^+} f(x)=\lim\limits_{x\to x_0^-} f(x)=A$.

例 4 考察并写出下列函数的极限.

(1) $\lim\limits_{x\to x_0} C$；（C 为常数） (2) $\lim\limits_{x\to x_0} x$；

(3) $\lim\limits_{x\to 1}(x+1)$； (4) $\lim\limits_{x\to 1}\dfrac{x^2-1}{x-1}$.

解 (1) 由于 $y=C$ 是常值函数，无论自变量如何变化，函数 $y=C$ 始终为常数 C，所以

$$\lim_{x\to x_0} C=C.$$

(2) 如图 1-8 所示，当 x 无限接近于定值 x_0 时，函数 $y=x$ 也无限接近于定值 x_0，所以

$$\lim_{x\to x_0} x=x_0.$$

(3) 如图 1-9 所示，当 x 无限接近于 1 时，函数 $y=x+1$ 无限接近于 2，所以

$$\lim_{x\to 1}(x+1)=2.$$

(4) 如图 1-10 所示，当 x 无限接近于 1 时，函数 $y=\dfrac{x^2-1}{x-1}$ 无限接近于 2，所以

$$\lim_{x\to 1}\frac{x^2-1}{x-1}=2.$$

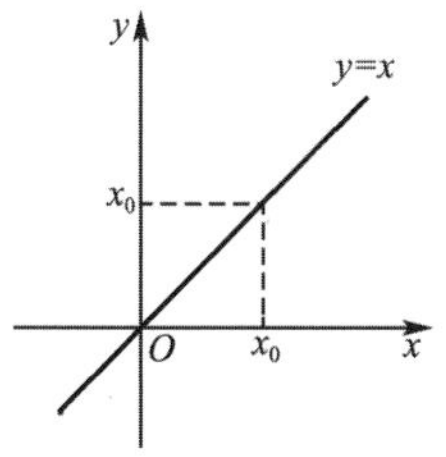

图 1-8

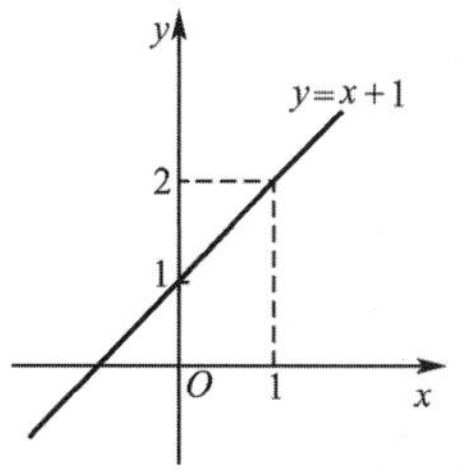

图 1-9

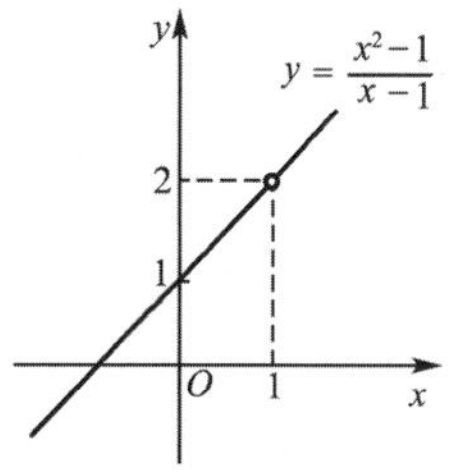

图 1-10

【练习 1】 画图并写出下列极限.

(1)$\lim\limits_{x\to 1}(2x+1)=($ $)$;

(2)$\lim\limits_{x\to 2}\dfrac{x^2-4}{x-2}=($ $)$.

例 5 设函数 $f(x)=\begin{cases}-x, & x<0\\ 1, & x=0\\ x, & x>0\end{cases}$,作出该函数的图像,并讨论$\lim\limits_{x\to 0}f(x)$是否存在?

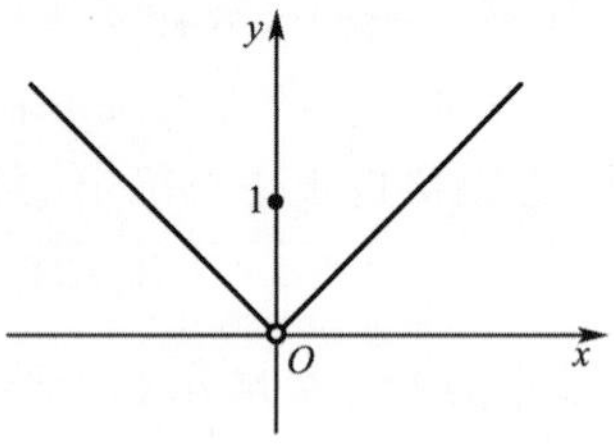

图 1-11

解 函数图像如图 1-11 所示,由图可知

$$\lim_{x\to 0^+}f(x)=\lim_{x\to 0^+}x=0;$$

$$\lim_{x\to 0^-}f(x)=\lim_{x\to 0^-}(-x)=0.$$

因为 $\lim\limits_{x\to 0^-}f(x)=\lim\limits_{x\to 0^+}f(x)$,所以$\lim\limits_{x\to 0}f(x)=0$.

【练习 2】 设函数 $f(x)=\begin{cases}x+2, & x<1\\ 1, & x=1\\ 2x+1, & x>1\end{cases}$,求 $\lim\limits_{x\to 1^-}f(x)$和 $\lim\limits_{x\to 1^+}f(x)$,并讨论$\lim\limits_{x\to 1}f(x)$是否存在?

解 $\lim\limits_{x\to 1^-}f(x)=\lim\limits_{x\to 1^-}(x+2)=($ $)$;

$\lim\limits_{x\to 1^+}f(x)=\lim\limits_{x\to 1^+}($ $)=($ $)$.

因为 $\lim\limits_{x\to 1^-}f(x)($ $)\lim\limits_{x\to 1^+}f(x)$,所以$\lim\limits_{x\to 1}f(x)($ $)$.

例 6 设函数 $f(x)=\begin{cases}x-1, & x<0\\ 0, & x=0\\ x+1, & x>0\end{cases}$,讨论 $\lim\limits_{x\to 0}f(x)$是否存在?

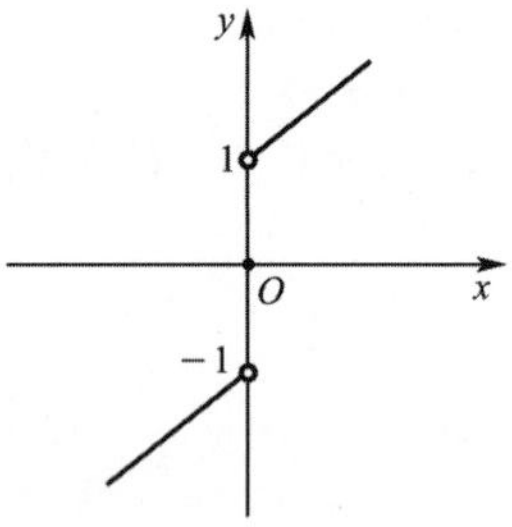

图 1-12

解 函数图像如图 1-12 所示,由图可知

$$\lim_{x\to 0^-}f(x)=\lim_{x\to 0^-}(x-1)=-1;$$

$$\lim_{x\to 0^+}f(x)=\lim_{x\to 0^+}(x+1)=1.$$

因为 $\lim\limits_{x\to 0^-}f(x)\neq\lim\limits_{x\to 0^+}f(x)$,所以$\lim\limits_{x\to 0}f(x)$不存在.

【练习 3】 设函数 $f(x)=\begin{cases}2x+1, & x>1\\ 1, & x=0\\ 2x^2, & x<1\end{cases}$,求 $\lim\limits_{x\to 1^-}f(x)$和 $\lim\limits_{x\to 1^+}f(x)$,并讨论$\lim\limits_{x\to 1}f(x)$是否存在?

解 $\lim\limits_{x\to 1^-}f(x)=\lim\limits_{x\to 1^-}($ $)=($ $)$;

$\lim\limits_{x\to 1^+}f(x)=\lim\limits_{x\to 1^+}($ $)=($ $)$.

因为 $\lim\limits_{x\to 1^-}f(x)($ $)\lim\limits_{x\to 1^+}f(x)$,所以$\lim\limits_{x\to 1}f(x)($ $)$.

同步训练 1-2

1. 判断题

(1)有极限的数列称为收敛极限,没有极限的数列称为发散数列. ( )

(2)$x\to\infty$同时要考虑 $x\to+\infty$与 $x\to-\infty$. ( )

(3)极限$\lim\limits_{x\to\infty}f(x)=A$ 的充要条件是 $\lim\limits_{x\to+\infty}f(x)=\lim\limits_{x\to-\infty}f(x)=A$. ( )

(4)若极限$\lim\limits_{x\to 0}f(x)$存在,则 $f(x)$在 $x=0$ 处不一定有意义. ( )

(5)设数列$\{u_n\}=\left\{\dfrac{1}{n+1}\right\}$,则$\lim\limits_{n\to\infty}\dfrac{1}{n+1}=0$. ( )

2. 填空题

(1)极限$\lim\limits_{n\to\infty}\left(1-\dfrac{1}{10^n}\right)=$________.

(2)极限$\lim\limits_{x\to x_0}f(x)=A$ 存在的充要条件是________.

(3)设函数 $f(x)=\begin{cases}2x, & 0\leqslant x<1\\ 3-x, & 1<x\leqslant 2\end{cases}$,则$\lim\limits_{x\to 1^-}f(x)=$__________,$\lim\limits_{x\to 1^+}f(x)=$__________,$\lim\limits_{x\to 1}f(x)=$__________.

(4)$\lim\limits_{x\to 1}\ln x=$________.

(5)函数的左极限与右极限统称为________.

3. 选择题

(1)下列各式中,极限存在的是( ).

A. $\lim\limits_{x\to+\infty}2^x$　　B. $\lim\limits_{x\to\infty}\arctan x$

C. $\lim\limits_{x\to\infty}\sin x$　　D. $\lim\limits_{x\to 0}\cos x$

(2)函数 $f(x)=\dfrac{x-2}{x^2-4}$在点 $x=2$ 处( ).

A. 有定义　　B. 有极限　　C. 没有极限　　D. 不确定有无极限

(3)设函数 $f(x)=\begin{cases}x+2, & x<0\\ 0, & x=0\\ x-2, & x>0\end{cases}$,判断$\lim\limits_{x\to 0}f(x)=$( ).

A. 2　　B. -2　　C. 0　　D. 不存在

(4)设函数 $f(x)=\begin{cases}e^x, & x>0\\ k, & x<0\end{cases}$,当 $k=$( )时,极限$\lim\limits_{x\to 0}f(x)$存在.

A. 1　　B. 2　　C. -1　　D. 不存在

(5)设函数 $f(x)=\dfrac{|x|}{x}$,则$\lim\limits_{x\to 0}f(x)=$( ).

A. 1　　B. -1　　C. 不存在　　D. 0

1.3 极限的运算

1.3.1 极限的四则运算

设$\lim f(x)$及$\lim g(x)$都存在,则有

法则 1 $\lim[f(x)\pm g(x)]=\lim f(x)\pm\lim g(x)$.

法则 2 $\lim[f(x)\cdot g(x)]=\lim f(x)\cdot\lim g(x)$.

推论 1 $\lim[cf(x)]=c\lim f(x)$(c 为常数).

推论 2 $\lim[f(x)]^n=[\lim f(x)]^n$.

法则 3 $\lim\dfrac{f(x)}{g(x)}=\dfrac{\lim f(x)}{\lim g(x)}$($\lim g(x)\neq 0$).

·注意· (1)极限符号 lim 的下边不标明自变量的变化过程时，对 $x\to x_0$ 或 $x\to\infty$ 结论都成立，但要求自变量必须是同一变化过程.

(2)法则成立的前提条件是 $\lim f(x)$ 及 $\lim g(x)$ 必须存在.

(3)法则 1 和法则 2 均可推广到有限个具有极限的函数的情形.

1.3.2 极限运算举例

例 1 求$\lim\limits_{x\to4}(x^2-3x+1)$.

解 根据极限运算法则，有

$$\lim_{x\to4}(x^2-3x+1)=\lim_{x\to4}x^2-\lim_{x\to4}3x+\lim_{x\to4}1=5.$$

【练习 1】 求$\lim\limits_{x\to2}(2x^2+5x-3)$.

解 $\lim\limits_{x\to2}(2x^2+5x-3)=(\qquad)+5\lim\limits_{x\to2}x-3=(\qquad)$.

例 2 求$\lim\limits_{x\to0}\dfrac{x+2}{x^2+3x+2}$.

解 因为$\lim\limits_{x\to0}(x^2+3x+2)=2\neq0$，所以由法则 3 得

$$\lim_{x\to0}\frac{x+2}{x^2+3x+2}=\frac{\lim\limits_{x\to0}(x+2)}{\lim\limits_{x\to0}(x^2+3x+2)}=\frac{2}{2}=1.$$

【练习 2】 求$\lim\limits_{x\to2}\dfrac{x+2}{x^2-1}$.

解 因为$\lim\limits_{x\to2}(x^2-1)\neq0$，所以由法则 3 得

$$\lim_{x\to2}\frac{x+2}{x^2-1}=\frac{\lim\limits_{x\to2}(x+2)}{(\qquad\qquad)}=(\qquad).$$

例 3 求$\lim\limits_{x\to3}\dfrac{x-3}{x^2-9}$.

解 当 $x\to3$ 时，分子及分母的极限都是 0，法则 3 不能使用. 但在 $x\to3$ 时，分子及分母的公因子 $x-3\neq0$，故可约去后再用法则 3 求极限

$$\lim_{x\to3}\frac{x-3}{x^2-9}=\lim_{x\to3}\frac{x-3}{(x+3)(x-3)}=\lim_{x\to3}\frac{1}{x+3}=\frac{1}{6}.$$

【练习 3】 求$\lim\limits_{x\to3}\dfrac{x^2-x-6}{x^2+x-12}$.

解 $\lim\limits_{x\to3}\dfrac{x^2-x-6}{x^2+x-12}=\lim\limits_{x\to3}\dfrac{(\qquad)(\qquad)}{(\qquad)(\qquad)}=\lim\limits_{x\to3}\dfrac{(\qquad)}{(\qquad)}=(\qquad)$.

例 4 求$\lim\limits_{x\to0}\dfrac{\sqrt{1-x}-1}{x}$.

解 因为$\lim\limits_{x\to0}x=0$，所以不能直接应用法则 3，但可以先分子有理化，再约去分式中非零公因子，即

$$\lim_{x\to0}\frac{\sqrt{1-x}-1}{x}=\lim_{x\to0}\frac{-x}{x(\sqrt{1-x}+1)}=\lim_{x\to0}\frac{-1}{\sqrt{1-x}+1}=-\frac{1}{2}.$$

【练习 4】 求$\lim\limits_{x\to0}\dfrac{x^2}{1-\sqrt{1+x^2}}$.

解 这是一个"$\dfrac{0}{0}$"型的极限，不能直接用法则 3 计算，可先对分母进行有理化，然后再求极限.

$$\lim_{x\to 0}\frac{x^2}{1-\sqrt{1+x^2}}=\lim_{x\to 0}\frac{x^2(\qquad\qquad)}{(1-\sqrt{1+x^2})(\qquad\qquad)}$$
$$=\lim_{x\to 0}\frac{x^2(\qquad\qquad)}{(\qquad\qquad)}$$
$$=\lim_{x\to 0}(\qquad\qquad)=-2.$$

例 5 求$\lim\limits_{x\to\infty}\dfrac{2x^3-3x}{x^3-9x^2+2}$.

解 分子、分母同时除以 x^3 得

$$\lim_{x\to\infty}\frac{2x^3-3x}{x^3-9x^2+2}=\lim_{x\to\infty}\frac{2-\frac{3}{x^2}}{1-\frac{9}{x}+\frac{2}{x^3}}=2.$$

例 6 求$\lim\limits_{x\to\infty}\dfrac{3x^3-3x+1}{2x^4-x^2+2}$.

解 分子、分母同时除以 x^4 得

$$\lim_{x\to\infty}\frac{3x^3-3x+1}{2x^4-x^2+2}=\lim_{x\to\infty}\frac{\frac{3}{x}-\frac{3}{x^3}+\frac{1}{x^4}}{2-\frac{1}{x^2}+\frac{2}{x^4}}=0.$$

【练习 5】 $\lim\limits_{x\to\infty}\dfrac{2x^5+3x^3+x^2}{3x^5+4x^2+5x}$.

解 分子、分母同时除以(　　)得

$$\lim_{x\to\infty}\frac{2x^5+3x^3+x^2}{3x^5+4x^2+5x}=\lim_{x\to\infty}\frac{(\qquad)}{(\qquad)}=(\qquad).$$

一般情形有下列结论：

$$\lim_{x\to\infty}\frac{a_nx^n+a_{n-1}x^{n-1}+\cdots+a_1x+a_0}{b_mx^m+b_{m-1}x^{m-1}+\cdots+b_1x+b_0}=\begin{cases}0, & m>n\\ \dfrac{a_n}{b_m}, & m=n\\ \infty, & m<n\end{cases}\quad(a_n\neq 0,b_m\neq 0).$$

1.3.3 两个重要极限

重要极限一

1. $\lim\limits_{x\to 0}\dfrac{\sin x}{x}=1$.

函数$\dfrac{\sin x}{x}$的定义域为 $x\neq 0$ 的全体实数，当 $x\to 0$ 时，我们列出数值表(表 1-4)，观察其变化趋势.

表 1-4 数值表

x(弧度)	± 1.000	± 0.100	± 0.010	± 0.001	$\cdots\to 0$
$\dfrac{\sin x}{x}$	0.841 709 8	0.998 334 17	0.999 983 34	0.999 998 4	$\cdots\to 1$

由表 1-4 可见，当 $x\to 0$ 时，$\dfrac{\sin x}{x}\to 1$，即$\lim\limits_{x\to 0}\dfrac{\sin x}{x}=1$.

注意 这个重要极限是“$\dfrac{0}{0}$”型的，为了强调其形式，我们把它形象地写成$\lim\limits_{\Delta\to 0}\dfrac{\sin\Delta}{\Delta}=1$(三角号 Δ 代表同一变量).

例 7 求下列函数的极限.

(1) $\lim\limits_{x\to 0}\dfrac{\sin 2x}{x}$；　　　　(2) $\lim\limits_{x\to\infty}x\sin\dfrac{1}{x}$.

解 (1) $\lim\limits_{x\to 0}\dfrac{\sin 2x}{x}=\lim\limits_{x\to 0}\dfrac{\sin 2x}{x}\cdot\dfrac{2}{2}=2\cdot\lim\limits_{x\to 0}\dfrac{\sin 2x}{2x}=2$.

(2) $\lim\limits_{x\to\infty}x\sin\dfrac{1}{x}=\lim\limits_{x\to\infty}\dfrac{\sin\dfrac{1}{x}}{\dfrac{1}{x}}=1$.

【练习 6】 求 $\lim\limits_{x\to 0}\dfrac{\sin 2x}{\sin 3x}$.

解 $\lim\limits_{x\to 0}\dfrac{\sin 2x}{\sin 3x}=\lim\limits_{x\to 0}\dfrac{\dfrac{\sin 2x}{2x}\cdot 2x}{\dfrac{\sin 3x}{(\quad)}\cdot(\quad)}=(\qquad)$.

2. $\lim\limits_{x\to\infty}\left(1+\dfrac{1}{x}\right)^{x}=\mathrm{e}$(无理数 e=2.718 281 8)

当 $x\to\infty$ 时，我们列出 $\left(1+\dfrac{1}{x}\right)^{x}$ 的数值(表 1-5)，观察其变化趋势.

表 1-5　　数值表

x	…	10	100	1 000	10 000	100 000	…
$\left(1+\frac{1}{x}\right)^{x}$	…	2.593 74	2.704 81	2.716 92	2.718 15	2.718 27	…
x	…	−10	−100	−1 000	−10 000	−100 000	…
$\left(1+\frac{1}{x}\right)^{x}$	…	2.867 97	2.732 00	2.719 64	2.718 4	2.718 30	…

由表 1-5 可以看出，当 $x\to+\infty$ 或 $x\to-\infty$ 时，$\left(1+\dfrac{1}{x}\right)^{x}\to\mathrm{e}$，事实上，可以证明

$$\lim_{x\to\infty}\left(1+\frac{1}{x}\right)^{x}=\mathrm{e}.$$

重要极限二

我们指出这个公式有两个特征，一个是它是属于 1^{∞} 型的极限，一个是它可形象地表示为 $\lim\limits_{\Delta\to\infty}\left(1+\dfrac{1}{\Delta}\right)^{\Delta}=\mathrm{e}$(三角号 Δ 代表同一变量).

如果令 $\dfrac{1}{x}=u$，当 $x\to\infty$ 时，$u\to 0$，于是有

$$\lim_{u\to 0}(1+u)^{\frac{1}{u}}=\mathrm{e}.$$

例 8 求下列函数的极限.

(1) $\lim\limits_{x\to 0}\left(1+\dfrac{x}{2}\right)^{\frac{1}{x}}$；　　　　(2) $\lim\limits_{x\to\infty}\left(1-\dfrac{1}{x}\right)^{x}$.

解 (1) $\lim\limits_{x\to 0}\left(1+\dfrac{x}{2}\right)^{\frac{1}{x}}=\lim\limits_{x\to 0}\left[\left(1+\dfrac{x}{2}\right)^{\frac{2}{x}}\right]^{\frac{1}{2}}=\left[\lim\limits_{x\to 0}\left(1+\dfrac{x}{2}\right)^{\frac{2}{x}}\right]^{\frac{1}{2}}=\mathrm{e}^{\frac{1}{2}}$.

(2) $\lim\limits_{x\to\infty}\left(1-\dfrac{1}{x}\right)^{x}=\lim\limits_{x\to\infty}\left[\left(1-\dfrac{1}{x}\right)^{-x}\right]^{-1}=\left[\lim\limits_{x\to\infty}\left(1-\dfrac{1}{x}\right)^{-x}\right]^{-1}=\mathrm{e}^{-1}$.

【练习 7】 求$\lim\limits_{x\to 0}\left(1+\dfrac{x}{4}\right)^{\frac{1}{x}+1}$.

解 $\lim\limits_{x\to 0}\left(1+\dfrac{x}{4}\right)^{\frac{1}{x}+1}=\lim\limits_{x\to 0}\left(1+\dfrac{x}{4}\right)^{\frac{1}{x}(\quad)}$

$=\lim\limits_{x\to 0}\left[\left(1+\dfrac{x}{4}\right)^{(\quad)}\right]^{(\quad)}\lim\limits_{x\to 0}\left(1+\dfrac{x}{4}\right)$

$=\left[\lim\limits_{x\to 0}\left(1+\dfrac{x}{4}\right)^{(\quad)}\right]^{(\quad)}=(\quad)$.

例 9 求$\lim\limits_{x\to\infty}\left(\dfrac{2-x}{3-x}\right)^{x}$.

解 $\lim\limits_{x\to\infty}\left(\dfrac{2-x}{3-x}\right)^{x}=\lim\limits_{x\to\infty}\dfrac{\left(1-\dfrac{2}{x}\right)^{x}}{\left(1-\dfrac{3}{x}\right)^{x}}=\lim\limits_{x\to\infty}\dfrac{\left[\left(1-\dfrac{2}{x}\right)^{-\frac{x}{2}}\right]^{-2}}{\left[\left(1-\dfrac{3}{x}\right)^{-\frac{x}{3}}\right]^{-3}}=\dfrac{\lim\limits_{x\to\infty}\left[\left(1-\dfrac{2}{x}\right)^{-\frac{x}{2}}\right]^{-2}}{\lim\limits_{x\to\infty}\left[\left(1-\dfrac{3}{x}\right)^{-\frac{x}{3}}\right]^{-3}}=\dfrac{e^{-2}}{e^{-3}}=e$.

同步训练 1-3

1. 判断题

(1) $\lim\dfrac{f(x)}{g(x)}=\dfrac{\lim f(x)}{\lim g(x)}$. ( )

(2) 四则运算法则可以推广到无穷多项. ( )

(3) $\lim\limits_{x\to 0}\dfrac{\sin x}{x}=1$. ( )

(4) $\lim\limits_{x\to 0}(1+x)^{\frac{1}{x}}=e$. ( )

(5) $\lim\limits_{x\to 0}\dfrac{\sin 3x}{x}=3$. ( )

2. 填空题

(1) $\lim\limits_{x\to 2}\dfrac{x^3-3}{x-3}=$________.

(2) $\lim\limits_{x\to 2}\dfrac{x-2}{x^2-4}=$________.

(3) $\lim\limits_{x\to\infty}\dfrac{x^3+x-4}{4x^3-2x^2+1}=$________.

(4) $\lim\limits_{x\to 0}\dfrac{\sin 4x}{6x}=$________, $\lim\limits_{x\to 0}\dfrac{\tan x}{3x}=$________.

(5) $\lim\limits_{x\to\infty}\left(1+\dfrac{3}{x}\right)^{\frac{x}{3}}=$________, $\lim\limits_{x\to 0}(1-2x)^{\frac{1}{x}}=$________.

3. 选择题

(1) $\lim\limits_{x\to\infty}\dfrac{2x^2-3x+1}{3x^2+1}=(\quad)$.

A. 0　　B. $\dfrac{2}{3}$　　C. ∞　　D. 不存在

(2) $\lim\limits_{x\to\sqrt{3}}\dfrac{x^2-3}{x^2+1}=(\quad)$.

A. 0　　B. 1　　C. ∞　　D. 不存在

(3)下列式子中正确的是(　　).

A. $\lim\limits_{x\to 0}\dfrac{x^2-3}{x^2+1}=2$　　B. $\lim\limits_{x\to \infty}\dfrac{x^2-3}{x^2+1}=\infty$

C. $\lim\limits_{x\to 1}\dfrac{x^2-3}{x^2+1}=-1$　　D. $\lim\limits_{x\to 1}\dfrac{x^2-3}{x^2+1}=1$

(4)下列式子中正确的是(　　).

A. $\lim\limits_{x\to 0}\dfrac{\sin x}{2x}=2$　　B. $\lim\limits_{x\to 0}\dfrac{\sin x}{2x}=\dfrac{1}{2}$

C. $\lim\limits_{x\to 0}\dfrac{\sin x}{2x}=1$　　D. $\lim\limits_{x\to 0}\dfrac{\sin x}{2x}=\infty$

(5)下列各式中,成立的是(　　).

A. $\lim\limits_{x\to \infty}\left(1+\dfrac{1}{x}\right)^x=\mathrm{e}$.　　B. $\lim\limits_{x\to \infty}(1+x)^{\frac{1}{x}}=\mathrm{e}$

C. $\lim\limits_{x\to \infty}\left(1-\dfrac{1}{x}\right)^x=\mathrm{e}$　　D. $\lim\limits_{x\to 0}\left(1-\dfrac{1}{x}\right)^x=\mathrm{e}$

1.4　无穷小量与无穷大量

1.4.1　无穷小量与无穷大量的定义

1. 无穷小量

引例1　一台正在工作的电机突然断电,转轮的转速会逐渐慢下来,越来越趋近于0.

引例2　向平静的水面投入一颗石子,水波向外传开,它的振幅将随时间的增加越来越小,逐渐趋近于0.

无穷小量的概念

引例3　当 $x\to 2$ 时,函数 $y=x-2$ 无限接近于0.

这三个引例的共同点是:自变量在某一变化过程中,相应函数的极限都为0.

定义1　如果 $x\to x_0$(或 $x\to\infty$)时,函数 $f(x)$ 的极限为零,则称 $f(x)$ 为 $x\to x_0$(或 $x\to\infty$)时的**无穷小量**,简称**无穷小**.

·注意·　(1)无穷小是以零为极限的函数.不要把一个很小的数误以为是无穷小.例如,10^{-40} 这个数虽然非常小,但它不是以0为极限的函数,所以不是无穷小.常数中只有"0"是无穷小.

(2)无穷小与自变量的变化趋势密切相关.不能笼统地说某个函数是无穷小,必须指出自变量的变化趋势.在某个变化过程中的无穷小,在其他变化过程中,则不一定是无穷小.例如,当 $x\to 0$ 时,x 是无穷小,但当 $x\to 1$ 时,x 就不是无穷小.

(3)当 $x\to x_0^+$,$x\to x_0^-$,$x\to+\infty$,$x\to-\infty$ 时可得到相应的无穷小的定义.无穷小的定义对数列也适用.例如,数列 $\left\{\dfrac{1}{n}\right\}$ 为 $n\to\infty$ 时的无穷小.

例如,$\sin x$ 为 $x\to 0$ 时的无穷小;$3x-3$ 为 $x\to 1$ 时的无穷小;$\dfrac{1}{x}$ 为 $x\to\infty$ 时的无穷小.

"孤帆远影碧空尽,唯见长江天际流."这是唐代诗人李白《黄鹤楼送孟浩然之广陵》中的诗句,赏析并体会诗句中关于"无穷小"的意境.

思考 自变量在怎样的过程中，下列函数为无穷小？

(1)$y=\frac{1}{x-1}$；　(2)$y=2x-4$；　(3)$y=2^x$；　(4)$y=\left(\frac{1}{4}\right)^x$.

2. 无穷大量

定义 2 如果 $x\to x_0$(或 $x\to\infty$)时，$|f(x)|$无限增大，则称 $f(x)$为 $x\to x_0$(或 $x\to\infty$)时的**无穷大量**，简称**无穷大**. 记作

$$\lim_{\substack{x\to x_0\\(x\to\infty)}} f(x)=\infty.$$

注意 (1)无穷大是指绝对值无限增大的量. 无论多么大的数(例如 10^{10})都不能称为无穷大.
(2)按函数极限的定义，"函数的极限为无穷大"是属于极限不存在的情况.
(3)当说某个函数是无穷大时，必须同时指出它的自变量的变化趋势.
(4)无穷大的定义对数列也适用.

例如，当 $x\to 0$ 时，$\frac{1}{x^3}$是无穷大；当 $x\to\infty$时，x^2 是无穷大.

思考 自变量在怎样的过程中，下列函数为无穷大？

(1)$y=\frac{1}{x-1}$；　(2)$y=2x-1$；　(3)$y=\ln x$；　(4)$y=3^x$.

3. 无穷小与无穷大的关系

定理 1 在自变量的同一变化过程 $x\to x_0$(或 $x\to\infty$)中，如果 $f(x)$为无穷大，则$\frac{1}{f(x)}$为无穷小；反之，如果 $f(x)$为无穷小，且 $f(x)\neq 0$，则$\frac{1}{f(x)}$为无穷大.

1.4.2 无穷小的性质

性质 1 有限个无穷小的代数和仍是无穷小.
性质 2 有限个无穷小的乘积仍是无穷小.
性质 3 有界函数与无穷小的乘积仍是无穷小.
推　论 常数与无穷小的乘积仍是无穷小.

例 1 求$\lim\limits_{x\to\infty}\frac{\sin x}{x}$.

分析 当 $x\to\infty$时，分子和分母的极限都不存在，但考虑到$\frac{\sin x}{x}=\frac{1}{x}\sin x$，而$\frac{1}{x}$为当 $x\to\infty$时的无穷小，$\sin x$ 是有界函数.

由上面性质 3 可求得结果.

解 因为$\frac{\sin x}{x}=\frac{1}{x}\sin x$，而$\frac{1}{x}$为当 $x\to\infty$时的无穷小，$\sin x$ 是有界函数. 由无穷小的性质 3 可得

$$\lim_{x\to\infty}\frac{\sin x}{x}=0.$$

思考 求$\lim\limits_{x\to 0}x\sin\frac{1}{x}$.

1.4.3 无穷小的比较

如前所述，两个无穷小的和、差及乘积仍然是无穷小，但两个无穷小之比，却会出现不同的情况.

例如，当 $x\to0$ 时，$3x$，x^2 都是无穷小，但是 $\lim\limits_{x\to0}\frac{x^2}{3x}=0$，$\lim\limits_{x\to0}\frac{3x}{x^2}=\infty$，比值的极限不同，反映了不同的无穷小趋于零的速度的差异. 为了比较无穷小趋于零的速度的快慢，我们给出以下定义.

定义 3 设在自变量的同一变化过程中，α 和 β 都是无穷小.

(1)若 $\lim\frac{\beta}{\alpha}=0$，则称 β 是比 α 高阶的无穷小，记作 $\beta=o(\alpha)$；

(2)若 $\lim\frac{\beta}{\alpha}=\infty$，则称 β 是比 α 低阶的无穷小；

(3)若 $\lim\frac{\beta}{\alpha}=c(c\neq0)$，则称 β 与 α 是同阶无穷小. 特别地，若 $\lim\frac{\beta}{\alpha}=1$，则称 β 与 α 是等价无穷小，记作 $\alpha\sim\beta$.

1.4.4 函数极限与无穷小的关系

定理 2 在自变量的同一变化过程中，具有极限的函数等于它的极限与一个无穷小之和；反之，如果函数可以表示为常数与无穷小之和，那么该常数就是这个函数的极限，即

$$\lim_{\substack{x\to x_0\\(x\to\infty)}} f(x)=A\Leftrightarrow f(x)=A+\alpha,$$

其中 α 为 $x\to x_0$(或 $x\to\infty$)时的无穷小.

同步训练 1-4

1. 判断题

(1)$y=\frac{1}{x}$是无穷小量. ( )

(2)常数与无穷小的乘积仍为无穷小. ( )

(3)无穷小是负无穷大. ( )

(4)当 $x\to0$ 时 $\tan5x$ 与 $\sin5x$ 都是无穷小量. ( )

(5)两个无穷小的商为无穷小. ( )

2. 填空题

(1)无穷小量是以________为极限的函数.

(2)当________时，$y=x-2$ 为无穷小量.

(3)有界函数与无穷小的乘积仍是________.

(4)当 $x\to1$ 时，$y=\frac{1}{x-1}$是________.

(5)当 $x\to0$ 时. $\sin x$ 与 x 为________.

3. 选择题

(1)下列说法正确的是( ).

A. 常数 0 是特殊的无穷小　　B. 无穷小是一个特别小的数值

C. 无穷小与无穷小的乘积为无穷大　　D. 无穷小与无穷大互为倒数

(2)当 $x\to0$ 时，下列变量是无穷小量的是( ).

A. $\frac{1}{x}$　　B. $\frac{|x|}{x}$　　C. $\arcsin x$　　D. $\ln|x|$

(3)函数 $y=\sin\frac{1}{x}$为无穷小量的条件是( ).

A. $x\to0$　　B. $x\to\frac{1}{\pi}$　　C. $x\to\pi$　　D. $x\to\sqrt{\pi}$

(4)函数 $y=\frac{1}{x}$ 为无穷大量的条件是(　　).

A. $x\to\infty$　　B. $x\to 0$　　C. $x\to 1$　　D. $x\to\frac{1}{2}$

(5)当 $x\to 0$ 时,下列各式中为等价无穷小的是(　　).

A. $\sin x\sim\cos x$　　B. $\tan x\sim x$　　C. $\tan x\sim\cot x$　　D. $e^x\sim x$

1.5　函数的连续性

在自然界和日常生活中有许多现象,如气温的变化、动植物的生长、空气和水的流动等都是随时间连续不断变化的.这些现象反映在数学上就是函数的连续性.本节将讨论函数连续性的相关问题.

1.5.1　连续函数的概念

1. 函数的增量

定义 1　在函数 $y=f(x)$ 中,当 x 由 x_0(初值)变化到 x_1(终值)时,终值与初值之差 x_1-x_0 叫作自变量的增量(或改变量),记作

$$\Delta x=x_1-x_0.$$

相应地,函数的终值 $f(x_1)$ 与初值 $f(x_0)$ 之差 $f(x_1)-f(x_0)=f(x_0+\Delta x)-f(x_0)$ 叫作**函数的增量**(或函数的改变量),记作

$$\Delta y=f(x_0+\Delta x)-f(x_0).$$

函数增量的几何意义如图 1-13 所示.

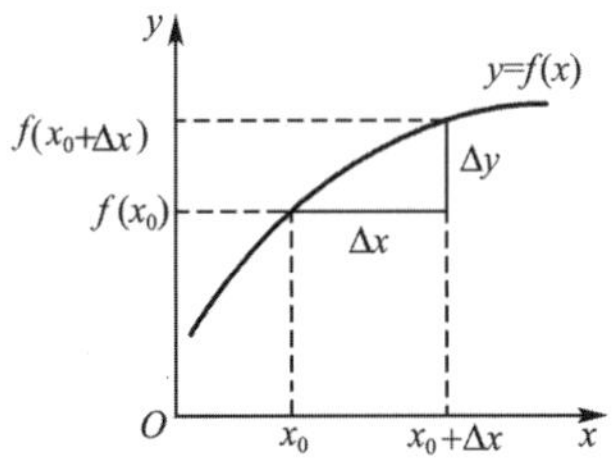

图 1-13

注意　(1)增量记号 Δx,Δy 都是不可分割的整体;

(2)自变量的增量 Δx 可正、可负,但不能为零;函数的增量可正、可负,也可为零.

例 1　设函数 $y=f(x)=3x^2-1$,求适合下列条件的增量 Δx 和 Δy.

(1)当 x 由 1 变化到 0.5 时;

(2)当 x 由 1 变化到 $1+\Delta x$ 时.

解　(1)$\Delta x=0.5-1=-0.5$;

$$\Delta y=f(0.5)-f(1)=(3\times 0.5^2-1)-(3\times 1^2-1)=-2.25.$$

(2)$\Delta x=(1+\Delta x)-1=\Delta x$;

$$\begin{aligned}\Delta y&=f(1+\Delta x)-f(1)\\&=[3(1+\Delta x)^2-1]-(3\times 1^2-1)\\&=6\Delta x+3(\Delta x)^2.\end{aligned}$$

2. 函数在一点处连续的概念

我们首先观察图 1-14 和图 1-15 中两个函数在点 x_0 处的情况.

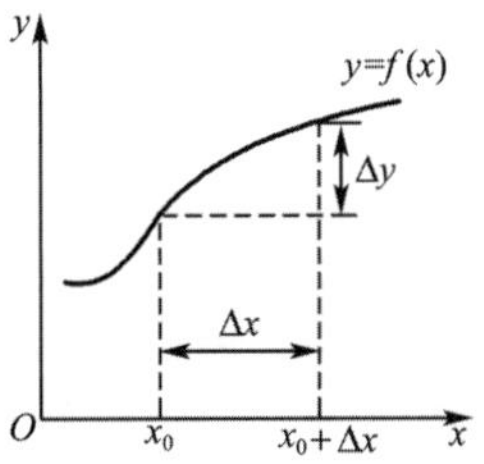

图 1-14

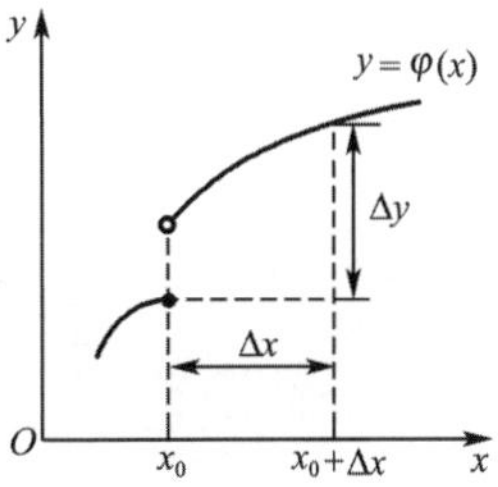

图 1-15

通过图 1-14 看出，函数 $y=f(x)$ 在点 x_0 处是连续不断的，此时，当 Δx 趋近于 0 时，Δy 也趋近于 0；通过图 1-15 看出，函数 $y=\varphi(x)$ 在点 x_0 处是断开的，此时，当 Δx 趋近于 0 时，Δy 不趋近于 0.

事实上，以上的结论具有一般性，由此，我们给出函数在一点处连续的定义.

定义 2 设函数 $y=f(x)$ 在点 x_0 及其附近有定义，如果当自变量 x 在点 x_0 处的增量 Δx 趋近于 0 时，对应的函数的增量 Δy 也趋近于 0，即

$$\lim_{\Delta x\to 0}\Delta y=\lim_{\Delta x\to 0}[f(x_0+\Delta x)-f(x_0)]=0,$$

则称函数 $y=f(x)$ 在点 x_0 处连续，称点 x_0 为函数 $y=f(x)$ 的连续点.

令 $x_0+\Delta x=x$，当 $\Delta x\to 0$（即 $x\to x_0$）时，定义 2 中的表达式可写为

$$\lim_{\Delta x\to 0}\Delta y=\lim_{\Delta x\to 0}[f(x_0+\Delta x)-f(x_0)]=\lim_{x\to x_0}[f(x)-f(x_0)]=0,$$

即

$$\lim_{x\to x_0}f(x)=f(x_0).$$

因此，函数 $y=f(x)$ 在点 x_0 处连续的定义又可叙述为

定义 3 设函数 $y=f(x)$ 在点 x_0 及其附近有定义，若 $\lim\limits_{x\to x_0}f(x)=f(x_0)$，则称函数 $y=f(x)$ 在点 x_0 处连续.

若函数 $y=f(x)$ 在点 x_0 处有 $\lim\limits_{x\to x_0^-}f(x)=f(x_0)$ 或 $\lim\limits_{x\to x_0^+}f(x)=f(x_0)$，则分别称函数 $y=f(x)$ 在点 x_0 处**左连续**或**右连续**.

函数 $y=f(x)$ 在点 x_0 处连续的几何意义是：函数 $y=f(x)$ 的图形在点 $(x_0,f(x_0))$ 处不断开.

例 2 试确定函数 $f(x)=2x^2-1$ 在点 $x=1$ 处的连续性.

解 因为 $\lim\limits_{x\to 1}f(x)=\lim\limits_{x\to 1}(2x^2-1)=1$，且 $f(1)=1$，则有 $\lim\limits_{x\to 1}f(x)=f(1)$，即函数 $f(x)$ 在点 $x=1$ 处连续.

由定义 3 容易得到以下结论：

函数 $y=f(x)$ 在点 x_0 处连续的充分必要条件是：函数 $y=f(x)$ 在点 x_0 处左连续同时右连续.

例 3 试确定函数 $f(x)=\begin{cases}x+1, & x\leqslant 0\\ \cos x, & x>0\end{cases}$ 在点 $x=0$ 处的连续性.

解 因为 $\lim\limits_{x\to 0^-}f(x)=\lim\limits_{x\to 0^-}(x+1)=1$，$\lim\limits_{x\to 0^+}f(x)=\lim\limits_{x\to 0^+}\cos x=1$，则 $\lim\limits_{x\to 0}f(x)=1$，且 $f(0)=1$，所以 $\lim\limits_{x\to 0}f(x)=f(0)$，即函数 $f(x)$ 在点 $x=0$ 处连续.

【练习 1】 讨论函数 $f(x)=\begin{cases}x^2-1, & 0\leqslant x\leqslant 1\\ x+1, & x>1\end{cases}$ 在 $x=1$ 处是否连续？

解 因为 $\lim\limits_{x\to 1^-}f(x)=\lim\limits_{x\to 1^-}(x^2-1)=0$，$\lim\limits_{x\to 1^+}f(x)=\lim\limits_{x\to 1^+}(x+1)=(\quad)$，则

$$\lim_{x\to 1^-}(x^2-1)(\quad)\lim_{x\to 1^+}(x+1),$$

则函数 $f(x)$ 在 $x=1$ 处（　　）.

·思考· 如果 $f(x)$ 在 x_0 处连续，那么 $|f(x)|$ 在 x_0 处是否连续？

3. 函数在区间上连续的概念

若函数 $y=f(x)$ 在开区间 (a,b) 内每一点处都连续，则称函数 $f(x)$ 在区间 (a,b) 内连续.

若函数 $y=f(x)$ 在开区间 (a,b) 内连续，且在左端点 $x=a$ 处右连续，在右端点 $x=b$ 处左连续，则称函数 $f(x)$ 在闭区间 $[a,b]$ 上连续.

函数 $y=f(x)$ 在区间 (a,b) 内连续的几何意义是：函数 $y=f(x)$ 的图形在 (a,b) 内连续不断.

1.5.2 函数间断的概念

定义 4 设函数 $f(x)$ 在点 x_0 的附近（不含点 x_0）有定义，如果函数 $f(x)$ 有下列任何一种情况：

(1)在点 x_0 处没有定义；

(2)在点 x_0 处有定义，但 $\lim\limits_{x\to x_0} f(x)$ 不存在；

(3)在点 x_0 处有定义，且 $\lim\limits_{x\to x_0} f(x)$ 存在，但 $\lim\limits_{x\to x_0} f(x)\neq f(x_0)$，则称**函数 $f(x)$ 在点 x_0 处间断**或不连续，且称点 x_0 为**函数 $f(x)$ 的间断点**或不连续点.

间断点的类型及其判断

通常把间断点分为两类：如果 x_0 是函数 $f(x)$ 的间断点，但左极限 $\lim\limits_{x\to x_0^-} f(x)$ 和右极限 $\lim\limits_{x\to x_0^+} f(x)$ 都存在，则称 x_0 为函数 $f(x)$ 的**第一类间断点**. 不是第一类间断点的任意间断点，称为**第二类间断点**.

李白《望庐山瀑布》中的诗句“飞流直下三千尺，疑是银河落九天”的意境如果可以用函数的间断点来比拟的话，比拟的是哪类间断点呢？

例 4 正切函数 $y=\tan x$ 在 $x=\dfrac{\pi}{2}$ 处无定义，且 $\lim\limits_{x\to\frac{\pi}{2}}\tan x=\infty$，所以 $x=\dfrac{\pi}{2}$ 是函数 $y=\tan x$ 的第二类间断点.

例 5 设函数 $f(x)=\begin{cases} x, & x\neq 1 \\ \dfrac{1}{2}, & x=1 \end{cases}$，其图像如图 1-16 所示，因为 $\lim\limits_{x\to 1} f(x)=\lim\limits_{x\to 1} x=1$，且 $f(1)=\dfrac{1}{2}$，所以点 $x=1$ 是函数 $f(x)$ 的第一类间断点.

例 6 设函数 $f(x)=\begin{cases} x-1, & x<0 \\ 0, & x=0 \\ x+1, & x>0 \end{cases}$，其图像如图 1-17 所示，$\lim\limits_{x\to 0^-} f(x)=\lim\limits_{x\to 0^-}(x-1)=-1$，$\lim\limits_{x\to 0^+} f(x)=\lim\limits_{x\to 0^+}(x+1)=1$，显然，$\lim\limits_{x\to 0^-} f(x)\neq\lim\limits_{x\to 0^+} f(x)$，因此，点 $x=0$ 是函数 $f(x)$ 的第一类间断点.

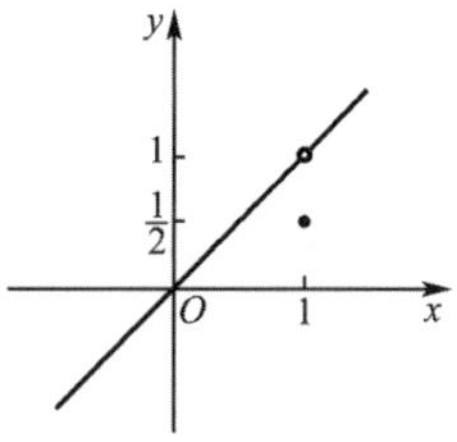

图 1-16

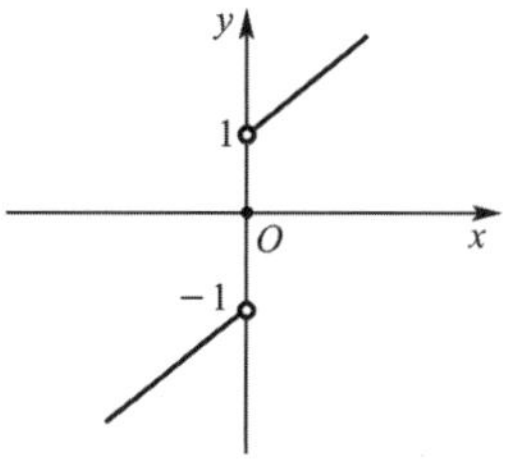

图 1-17

【练习 2】 判断函数 $f(x)=\begin{cases} 2x-1, & x<0 \\ 0, & x=0 \\ x+1, & x>0 \end{cases}$ 的间断点.

解 因为 $\lim\limits_{x\to 0^-} f(x)=\lim\limits_{x\to 0^-}(\qquad)=(\qquad)$，$\lim\limits_{x\to 0^+} f(x)=\lim\limits_{x\to 0^+}(\qquad)=(\qquad)$，显然

$$\lim_{x\to 0^-} f(x)\neq\lim_{x\to 0^+} f(x).$$

所以点 $x=0$ 是函数的(　　)间断点.

1.5.3 初等函数的连续性

因为基本初等函数的图像在其定义区间内都是连续不断的曲线，所以基本初等函数在其定义区间内都是连续的.

根据连续函数的定义和极限的运算法则,可得下列连续函数的运算法则.

法则 1 若函数 $f(x)$ 和 $g(x)$ 在 x_0 处均连续,则 $f(x)\pm g(x)$,$f(x)g(x)$,$\dfrac{f(x)}{g(x)}(g(x)\neq 0)$ 在 x_0 处也连续.

法则 2 若函数 $y=f(u)$ 在 u_0 处连续,函数 $u=\varphi(x)$ 在 x_0 处连续,且 $u_0=\varphi(x_0)$,则复合函数 $y=f[\varphi(x)]$ 在 x_0 处连续,即

$$\lim_{x\to x_0} f[\varphi(x)]=f[\varphi(x_0)]=f[\lim_{x\to x_0}\varphi(x)].$$

上式表明:在求复合函数极限时,若满足法则 2 的条件,极限符号与函数符号可以交换次序.事实上,只要当 $x\to x_0$ 时函数 $u=\varphi(x)$ 的极限存在,而函数 $y=f(u)$ 在此极限值处连续,极限符号与函数符号就可以交换次序.

例 7 求 $\lim\limits_{x\to 2}\sqrt{\dfrac{x-2}{x^2-4}}$.

解 函数 $y=\sqrt{\dfrac{x-2}{x^2-4}}$ 可视为由 $y=\sqrt{u}$,$u=\dfrac{x-2}{x^2-4}$ 复合而成的,又因为 $\lim\limits_{x\to 2}\dfrac{x-2}{x^2-4}=\dfrac{1}{4}$,而 $y=\sqrt{u}$ 在点 $u=\dfrac{1}{4}$ 处连续,所以有

$$\lim_{x\to 2}\sqrt{\frac{x-2}{x^2-4}}=\sqrt{\lim_{x\to 2}\frac{x-2}{x^2-4}}=\sqrt{\frac{1}{4}}=\frac{1}{2}.$$

【练习 3】 求 $\lim\limits_{x\to\frac{\pi}{6}}\ln(2\cos 2x)$.

解 因为 $\ln(2\cos 2x)$ 是初等函数,且 $x=\dfrac{\pi}{6}$ 是它定义域的一点,所以有

$$\lim_{x\to\frac{\pi}{6}}\ln(2\cos 2x)=\ln(\lim_{x\to\frac{\pi}{6}}2\cdot\cos 2x)=\ln(\qquad)=0.$$

由基本初等函数的连续性及连续函数的运算法则可以得到下面的结论:

初等函数在其定义区间(包含在定义域内的区间)内都是连续的.

注意 此结论中"定义区间"不能换成"定义域".因为有些函数的定义域内存在孤立点.显然在这些点处函数是不连续的.

因此,在求初等函数在其定义区间内某点处的极限值时,只需求出它的函数值.

例 8 求 $\lim\limits_{x\to 2}\dfrac{x-\cos x^2}{e^x\sqrt{5+x^2}}$.

解 因为函数 $\dfrac{x-\cos x^2}{e^x\sqrt{5+x^2}}$ 是初等函数,且 $x=2$ 是它定义区间内的一点,所以有

$$\lim_{x\to 2}\frac{x-\cos x^2}{e^x\sqrt{5+x^2}}=\frac{2-\cos 4}{3e^2}.$$

【练习 4】 求 $\lim\limits_{x\to\frac{\pi}{2}}\dfrac{x\cdot\sin x}{\sqrt{1+x^2}}$.

解 因为函数 $\dfrac{x\cdot\sin x}{\sqrt{1+x^2}}$ 是初等函数,且 $x=\dfrac{\pi}{2}$ 是它定义区间内的一点,所以有

$$\lim_{x\to\frac{\pi}{2}}\frac{x\cdot\sin x}{\sqrt{1+x^2}}=(\qquad).$$

1.5.4 闭区间上连续函数的性质

定理 1 (**最值定理**)若函数 $f(x)$ 在闭区间 $[a,b]$ 上连续,则函数 $f(x)$ 在 $[a,b]$ 上至少存在一个

最大值和一个最小值.

·注意· 上述定理中“闭区间”和“连续”这两个条件缺少一个，结论就不一定成立了.

例如，函数 $y=x$ 在开区间$(0,1)$内是连续的，但在开区间$(0,1)$内既无最大值又无最小值.

又如，函数

$$f(x)=\begin{cases}-x+1, & 0\leqslant x<1\\ 1, & x=1\\ -x+3, & 1<x\leqslant 2\end{cases}$$

在闭区间$[0,2]$上有间断点 $x=1$，此函数 $f(x)$在闭区间$[0,2]$上既无最大值又无最小值.(图 1-18)

定理 2 （**零点定理**）若函数 $f(x)$在闭区间$[a,b]$上连续，且 $f(a)$与 $f(b)$异号，则至少存在一点 $\xi\in(a,b)$，使得 $f(\xi)=0$.(图 1-19)

定理 3 （**介值定理**）若函数 $f(x)$在闭区间$[a,b]$上连续，最大值和最小值分别为 M 和 m，且 $M\neq m$，μ 为介于 M 与 m 之间的任意一个值，则至少存在一点 $\xi\in(a,b)$，使得 $f(\xi)=\mu$.(图 1-20)

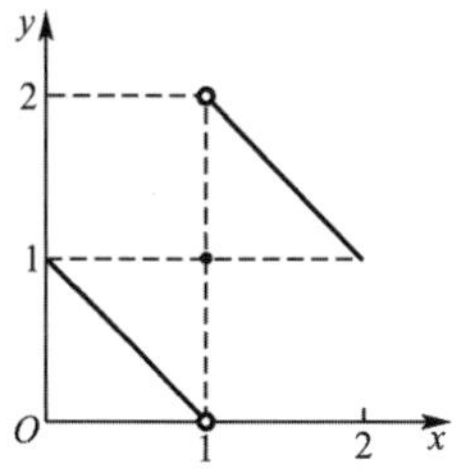

图 1-18

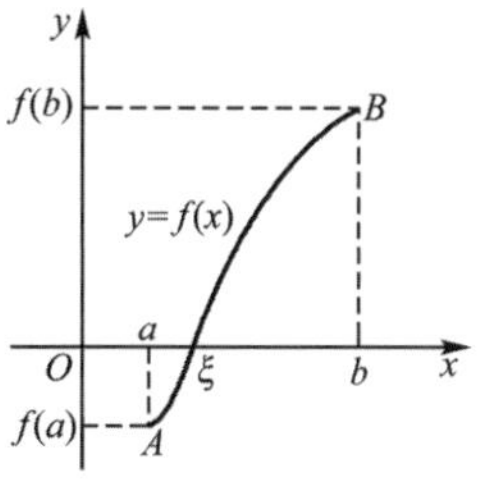

图 1-19

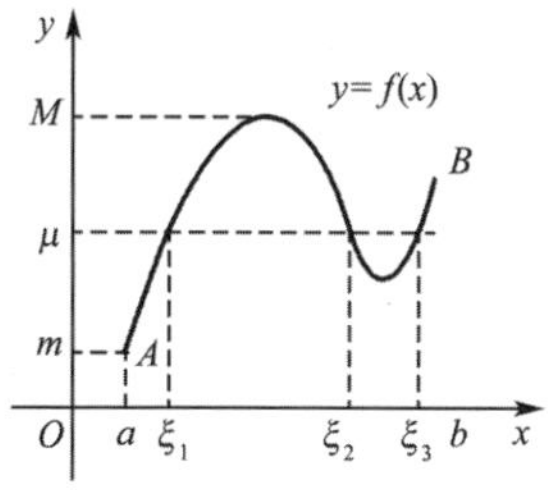

图 1-20

例 9 证明方程 $x^5-3x=1$ 至少有一个实根介于 1 和 2 之间.

证明 设函数 $f(x)=x^5-3x-1$，因为 $f(x)$在$(-\infty,+\infty)$内连续，所以 $f(x)$在$[1,2]$上也连续，而

$$f(1)=-3<0,f(2)=25>0.$$

由零点定理知，至少存在一点 $\xi\in(1,2)$，使得 $f(\xi)=0$，即方程 $x^5-3x=1$ 至少有一个实根介于 1 和 2 之间.

【练习 5】 证明方程 $\sin x-x+1=0$ 在 0 与 π 之间有实根.

证明 设 $f(x)=($　　　　$)$，因为 $f(x)$在$(-\infty,+\infty)$内连续，所以 $f(x)$在$[0,\pi]$上也连续，而 $f(0)=($　　$)>0$，$f(\pi)=($　　$)<0$，所以由零点定理知，至少存在一点 $\xi\in(0,\pi)$，使得 $f(\xi)=0$，即方程 $\sin x-x+1=0$ 在 0 与 π 之间至少有一个实根.

同步训练 1-5

1. 判断题

(1)分段函数必有间断点.　（　）

(2)函数在某点处有定义且左、右极限都存在，则函数在该点处必连续.　（　）

(3)基本初等函数在其定义区间内连续.　（　）

(4)$x=x_0$ 为函数 $f(x)$的第一类间断点，则 $\lim\limits_{x\to x_0}f(x)$存在.　（　）

(5)闭区间上的连续函数一定存在最大值和最小值.　（　）

2. 填空题

(1)由定义可知函数 $y=f(x)$在点 x_0 处连续，必须满足以下三个条件：①________；②________；③________；

(2)若 $\lim\limits_{x\to x_0}f(x)=f(x_0)$，则称函数 $f(x)$在 x_0 处________.

(3)函数 $f(x)=\dfrac{x^2-1}{x-1}$的间断点是 $x=$________.

(4)$\lim\limits_{x\to\frac{\pi}{9}}\ln(2\cos 3x)=$________.

(5)$\lim\limits_{x\to 3}\sqrt{\dfrac{x-2}{x^2-4}}=$________.

3. 选择题

(1)判断函数 $y=\dfrac{1}{x}$在 $x=0$ 处的连续性,下列结论正确的是(　　).

A. 函数 $y=\dfrac{1}{x}$在 $x=0$ 处连续

B. 函数 $y=\dfrac{1}{x}$在 $x=0$ 处不连续,这类间断点叫第一类间断点

C. 函数 $y=\dfrac{1}{x}$在 $x=0$ 处不连续,这类间断点叫第二类间断点

D. 无法判断

(2)已知 $f(x)=\dfrac{1}{x-2}$,则 $x=2$ 是函数 $f(x)$的(　　).

A. 无法判断　　B. 第一类间断点　　C. 连续点　　D. 第二类间断点

(3)设函数 $f(x)=\begin{cases}e^x, & x<0\\ a+x, & x\geqslant 0\end{cases}$是$(-\infty,+\infty)$上的连续函数,则 $a=$(　　).

A. 0　　B. 1　　C. -1　　D. 2

(4)$\lim\limits_{x\to x_0^-}f(x)=\lim\limits_{x\to x_0^+}f(x)=A$,是函数 $f(x)$在点 $x=x_0$ 处连续的(　　).

A. 充分条件　　B. 必要条件

C. 充分必要条件　　D. 既非充分条件也非必要条件

(5)设函数 $f(x)=\begin{cases}2x, & 0\leqslant x<1\\ 3-x, & 1<x\leqslant 2\end{cases}$,它在 $x=1$ 处不连续是因为(　　).

A. $f(x)$在 $x=1$ 处没有定义　　B. $\lim\limits_{x\to 1^-}f(x)$不存在

C. $\lim\limits_{x\to 1^+}f(x)$不存在　　D. $\lim\limits_{x\to 1}f(x)$不存在

单元训练 1

1. 求下列函数的定义域.

(1)$y=\sqrt{x+5}-\dfrac{1}{x^2-1}$;　　(2)$y=\ln(x+1)-\sqrt{x^2-4}$;

(3)$y=\dfrac{5}{x^2-3x+2}$;　　(4)$y=\sqrt{3-x}+\sin\sqrt{x}$.

2. 下列各对函数是否是同一个函数?为什么?

(1)$y=\dfrac{x^2-1}{x-1}$与 $y=x+1$;

(2)$y=\lg x^2$ 与 $y=2\lg x$;

(3)$y=\sqrt{x^2}$ 与 $y=|x|$;

(4)$y=\sin x$ 与 $y=\sqrt{1-\cos^2 x}$.

3. 已知分段函数

$$f(x)=\begin{cases}x+2, & 0\leqslant x<2\\ x^2+1, & 2\leqslant x<4\end{cases},$$

求:(1)分段函数 $f(x)$的定义域 D;(2)$f(0)$,$f(1)$,$f(2)$,$f(3)$.

4. 讨论下列函数的奇偶性.

(1)$f(x)=x^3+x^2$;　　(2)$f(x)=\dfrac{2^x-1}{2^x+1}$;

(3)$f(x)=x\cos x$;　　(4)$f(x)=\lg(\sqrt{x^2+1}+x)$.

5. 指出下列复合函数的结构.

(1)$y=\sqrt{\cos\dfrac{x^2}{2}}$;　　(2)$y=2^{\sin\sqrt{x-1}}$;

(3)$y=2^{\frac{1}{x^2}}$;　　(4)$y=\ln\sqrt{1+x}$;

(5)$y=\arctan\sqrt{e^x+1}$;　　(6)$y=\sin^3 4x$.

6. 设 $f(x)=\begin{cases}2-x, & x<0\\ 0, & x=0\\ 2+x, & x>0\end{cases}$,判断$\lim\limits_{x\to 0}f(x)$是否存在?

7. 求下列极限.

(1)$\lim\limits_{x\to 2}\dfrac{x-3}{x^2-x+3}$;　　(2)$\lim\limits_{x\to 1}\dfrac{2x-3}{x^2-3x+2}$;

(3)$\lim\limits_{x\to\infty}\dfrac{\cos x}{x}$;　　(4)$\lim\limits_{x\to\infty}\dfrac{3x^2+4x-1}{4x^3-x^2+3}$;

(5)$\lim\limits_{x\to 0}\dfrac{\sin 2x}{\sin 5x}$;　　(6)$\lim\limits_{x\to 0}(1+2x)^{\frac{1}{x}}$;

(7)$\lim\limits_{x\to -1}\dfrac{\sin(x+1)}{2(x+1)}$;　　(8)$\lim\limits_{x\to 0}\dfrac{\sin(x^2-1)}{x^2+x-2}$;

(9)$\lim\limits_{n\to\infty}\left(\dfrac{n-1}{n+1}\right)^n$;　　(10)$\lim\limits_{x\to\infty}\left(\dfrac{2x+3}{2x+1}\right)^{x+1}$.

8. 函数 $f(x)=\dfrac{x+2}{x-2}$在什么条件下是无穷大?在什么条件下是无穷小?

9. 已知极限$\lim\limits_{x\to 0}\dfrac{\sin kx}{x}=\lim\limits_{x\to 0}(1+4x)^{-\frac{1}{x}}$,求常数 k.

10. 设 $f(x)=\begin{cases}x, & x<1\\ 1, & x=1\\ 6x-5, & x>1\end{cases}$,讨论 $f(x)$在 $x=1$ 处的连续性,并写出 $f(x)$的连续区间.

11. 某厂生产产品 1 000 吨,定价为每吨 130 元,当售出量不超过 700 吨时,按原定价出售,超过 700 吨时超过的部分按原价的九折出售.试将收入表示成销售量的函数.

12. 某种品牌的电视机每台售价为 500 元时,每月销售 2 000 台,每台售价为 450 元时,每月可多售 400 台,试求该电视机的线性需求函数.

13. 已知某种产品的总成本函数为 $C(Q)=1\ 000+\dfrac{Q^2}{4}$,求生产 100 件该产品时的总成本和平均成本.

单元1参考答案

14. 某公司加工并销售某种农产品,每千克售价 10 元,而每天的固定成本为 1 500 元,每千克农产品的加工费为 5 元,试分析该公司每天应销售多少千克农产品才能使公司的收支平衡?

函数一词的来源

中文数学书上使用的“函数”一词是转译词，最早出现在我国清代数学家李善兰翻译《代数学》(1859 年)一书时，把“*function*”译成“函数”的“函”，在中国古代与“含”字通用，都有着“包含”的意思. 李善兰给出的定义是：“凡式中含天，为天之函数.”中国古代用天、地、人、物 4 个字来表示 4 个不同的未知数或变量. 这个定义的含义是：凡公式中含有变量 x，则该式子叫作 x 的函数. 所以“函数”是指公式中含有变量的意思.“函”又有信函之意，是一种对应关系，“数”指数字，故而从字面可以知道“函数”就是一种数与数之间的对应关系.

中国古代极限思想

作为微分学基础的极限理论，早在春秋战国时期(公元前 770—前 221)，古人就对极限有了思考. 道家的庄子在《庄子 · 天下篇》中记载：“一尺之棰，日取其半，万世不竭.”意思是说，把一尺长的木棒，每天取下前一天所剩的一半，如此下去，永远也取不完. 也就是说，剩余部分会逐渐趋于零，但是永远不会为零. 而墨家有不同的观点，提出一个“非半”的命题，墨子说：“非半弗，则不动，说在端.”意思是说，将一线段按一半一半地无限分割下去，就必将出现一个不能再分割的“非半”，这个“非半”就是点. 道家是“无限分割”的思想，而墨家则是无限分割最后会达到一个“不可分”的思想.

公元 3 世纪，我国魏晋时期的数学家刘徽在注释《九章算术》时创立了有名的“割圆术”，他创造性地将极限思想应用到数学领域. 他设圆的半径为一尺，从圆内接正六边形开始，每次把边数加倍，用勾股定理算得圆内接正十二、二十四、四十八…边形的面积，内接正多边形的边数越多，内接多边形的面积就与圆面积越接近，正如刘徽所说：“割之弥细，所失弥少，割之又割，以至于不可割，则与圆周合体，而无所失矣.”这已经运用了极限论的思想来解决求圆周率的实际问题，“以至于不可割，则与圆周合体”，这一思想是墨家“不可分”思想的实际应用.

祖暅之《缀术》有云：“缘幂势既同，则积不容异.”祖暅沿用了刘徽的思想，利用刘徽“牟合方盖”的理论去进行体积计算，得出“幂势既同，则积不容异”的结论. 意思是介于两个平行平面之间的两个立体，被任一平行于这两个平面的平面所截，如果两个截面的面积相等，则这两个立体的体积相等. 这正是“不可分”思想的延续.

对“无穷大”和“无穷小”的认识

春秋战国时期，墨家的代表作《墨经》中，包含有一定的无穷思想. 墨子(约公元前 478—前 392)认为：“宇，弥异所也”(《经上》)；“宇，东西家南北”(《经说上》)；“久，弥异时也”(《经上》)；“久，古今旦莫”(《经说上》).“弥”有“遍、满”的意思，可用来表示无穷. 墨子认为宇宙无边无际，时间无始无终，含有无穷大的观念. 而且，墨家已用具体、形象的语言给出了“有穷”“无穷”的定义.“穷，或有前不容尺”(《经上》).“穷，或不容尺，有穷；莫不容尺，无穷”(《经说上》).“或”指“域”，“穷”指一个区域向前量去只剩不到一尺的距离. 一个区域向前量去只剩不到一尺的距离，这是有穷；如果继续量下去，前面总是长于一尺，就是无穷.

在《庄子 · 天下篇》中有名家惠施(约公元前 370—前 310)提出的“至大无外，谓之大一；至小无内，谓之小一”的无限观.“大一”相当于无穷大，“小一”相当于无穷小，“外”是“外界”或“边界”. 至大是没有边界的，叫作无穷大；至小是没有内部的，叫作无穷小. 我们也可以把“大一”理解为概莫能外，无所不包的无穷空间；“小一”理解为小之至极，无所包容的几何学中的点. 在《庄子 · 秋水》中还有“至精无形，至大不可围”的说法，与惠施的观点相同.

单元任务评价表

组别：		模型名称：		成员姓名及个人评价			
项目	A级	B级	C级				
课堂表现情况20分	上课认真听讲，积极举手发言，积极参与讨论与交流	偶尔举手发言，有参与讨论与交流	很少举手，极少参与讨论与交流				
模型完成情况20分	观点明确，模型结构完整，内容无理论性错误，条理清晰，大胆尝试并表达自己的想法	模型结构基本完整，内容无理论性错误，有提出自己的不同看法，并做出尝试	观点不明确，模型无法完成，不敢尝试和表达自己的想法				
合作学习情况20分	善于与人合作，虚心听取别人的意见	能与人合作，能接受别人的意见	缺乏与人合作的精神，难以听进别人的意见				
个人贡献情况20分	能鼓励其他成员参与协作，能有条理地表达自己的意见，且意见对任务完成有重要帮助	能主动参与协作，能表达自己的意见，且意见对任务完成有帮助	需要他人督促参与协作，基本不能准确表达自己的意见，且意见对任务基本没有帮助				
模型创新情况20分	具有创造性思维，能用不同的方法解决问题，独立思考	能用老师提供的方法解决问题，有一定的思考能力和创造性	思考能力差，缺乏创造性，不能独立地解决问题				
教师评价							
小组自评评语：							

单元 2

导数与微分

知识目标

• 理解导数与微分的概念及其本质含义.

• 牢记常用的导数公式和微分公式.

• 了解导数的几何意义、物理意义、经济意义等.

• 正确使用导数与微分的基本公式.

能力目标

• 能利用导数与微分的概念、几何意义分析相关实际问题.

• 能利用导数与微分的运算法则解决简单的计算问题.

• 协作完成本单元相关的实际问题.

素质目标

• 通过引入"刘翔在雅典奥运会夺冠""全红婵东京奥运会夺冠"素材,感受中华民族的荣耀与自豪.

• 具有利用导数的实际意义完成简单数学建模的意识,对实际问题中量的变化快慢有一定的理解,锻炼独立思考的能力.

• 能够利用导数的相关知识,解决实际生活中的相关问题.

• 通过导数与微分的运算,培养自身精益求精的学习态度.

课前准备

做好预习,搜集高中阶段学过的导数公式,查找导数的几何意义.

课堂学习任务

单元任务二　易拉罐最优设计

我们只要稍加留意就会发现销量很大的饮料(例如,容量为 330 毫升的可口可乐、青岛啤酒等)的饮料罐(即易拉罐)的形状和尺寸几乎都是一样的,这并非偶然现象,而是某种意义下的最优设计.

现在就请你们小组来研究易拉罐的形状和尺寸的最优设计问题.请你们完成以下的任务:

1.回忆实际生活中,容器类物品大多选取什么形状?请计算:底面积为 100 平方米、高为 10 米的圆柱体与正方体,体积与表面积各为多少?

2.在实际生活中,易拉罐可谓无处不在,大部分的易拉罐,只要容量一致,无论装的是可乐还是其他饮品，设计尺寸往往相同，你认为这是巧合吗？

3. 取一个容量为 330 毫升的易拉罐，测量你们认为验证模型所需要的数据，例如易拉罐各部分的直径、高度、厚度等，并把数据列表加以说明. 如果数据不是你们自己测量得到的，那么你们必须注明出处.

4. 设易拉罐是一个正圆柱体，什么是它的最优设计？其结果是否可以合理地说明你们所测量的易拉罐的形状和尺寸，例如半径和高之比等.

5. 结合你们所测量的易拉罐的各项数据，做出你们自己的关于易拉罐形状和尺寸的最优设计.

6. 结合本题内容及以前学习和实践数学建模的亲身体验，写一篇短文.

2.1 导数的概念

2.1.1 两个引例

微分学的第一个最基本的概念——导数，来源于实际生活中最典型的概念：速度与切线.

1. 变速直线运动的瞬时速度

对于匀速直线运动来说，根据速度公式：

$$\text{速度}=\frac{\text{距离}}{\text{时间}}$$

可求出匀速直线运动状态下每一刻的瞬时速度，但是，在实际问题中，物体运动往往是变速的，因此，上述公式只表示物体在某一路程的平均速度，而没有反映任意时刻物体运动的快慢. 要想精确地刻画出物体运动中的这种变化，就需要进一步讨论物体在运动中每一时刻的速度，即瞬时速度.

设某物体沿直线做变速运动，经过的路程 s 与时间 t 的函数关系是 $s=s(t)$，求该物体在时刻 t_0 处的瞬时速度 $v(t_0)$.

设物体从 t_0 到 $t_0+\Delta t$ 时间段经过的路程为 Δs，即 $\Delta s=s(t_0+\Delta t)-s(t_0)$，则该物体在时间段内运动的平均速度为

$$\overline{v}=\frac{\Delta s}{\Delta t}=\frac{s(t_0+\Delta t)-s(t_0)}{\Delta t}.$$

如果物体做匀速运动，则 $\overline{v}$ 是常数，它就是物体在时刻 t_0 的瞬时速度，但在变速运动中，$\overline{v}$ 随时间 Δt 的不同取值而不同，故平均速度 $\overline{v}$ 只是时刻 t_0 速度的近似值. 但是我们发现 $|\Delta t|$ 越小，这种近似程度就越好，于是当 $\Delta t\to 0$ 时，平均速度 $\overline{v}$ 就应无限接近于物体在时刻 t_0 的瞬时速度 $v(t_0)$. 即有

$$v(t_0)=\lim_{\Delta t\to 0}\overline{v}=\lim_{\Delta t\to 0}\frac{\Delta s}{\Delta t}=\lim_{\Delta t\to 0}\frac{s(t_0+\Delta t)-s(t_0)}{\Delta t}.$$

从上式可发现变速直线运动在时刻 t_0 的瞬时速度反映了路程 s 对时刻 t 变化快慢的程度，因此，速度 $v(t_0)$ 又称为路程 s 在时刻 t_0 的变化率.

·思考· 2004 年雅典奥运会 110 米栏决赛刘翔成绩是 12 秒 91，夺得我国首枚短道项目奥运金牌. 该成绩追平了 12 秒 91 的世界纪录，打破了阿兰·维翰逊的 12 秒 95 的奥运会纪录，创造了中国在短道项目上的奇迹和神话. 表 2-1 是刘翔在雅典奥运会上跨栏时的数据，可得出平均速度为 8.52 m/s，位移函数是 $s=-0.044t^2+9.686t-8.268$，请你求出第 5 秒时的瞬时速度.

表 2-1　　跨栏数据

栏数	0	1	2	3	4	5	6	7	8	9	10	终点
s/m	0.00	13.72	22.86	32.00	41.14	50.28	59.42	68.56	77.7	86.84	95.98	110.00
t/s	0.00	2.10	3.30	4.30	5.20	6.20	7.30	8.30	9.30	10.30	11.30	12.91

·思考· 高速公路一般有区间测速和单点测速两种测速设备，区间测速指的是测一段距离的平均速度，单点测速指的是测某一时刻车经过时的瞬时速度. 你还能想到生活中哪些平均速度和瞬时速度的例子吗？

2. 平面曲线的切线斜率

求曲线 $y=f(x)$ 在点 $M(x_0,y_0)$ 处的切线斜率.(图 2-1)

在曲线 $y=f(x)$ 上取异于 M 的点 N,并过 M 和 N 作直线,直线 MN 称为曲线的割线. 当点 N 沿着曲线无限接近点 M 时,直线 MN 的极限位置 MP 称为曲线 $y=f(x)$ 在点 M 处的切线.

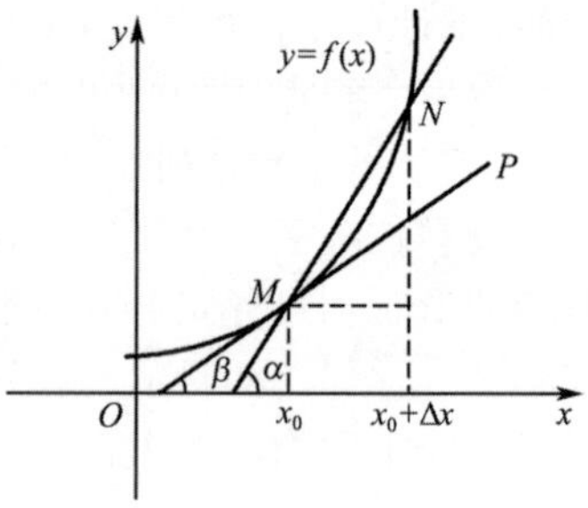

图 2-1

设 $N(x_0+\Delta x,y_0+\Delta y)$. 记直线 MN,MP 的倾斜角分别为 α 和 $\beta\left(\beta\neq\frac{\pi}{2}\right)$,则割线 MN 的斜率为

$$k_{MN}=\tan\alpha=\frac{\Delta y}{\Delta x}.$$

当 $N\to M$ 时,$\alpha\to\beta$,$k_{MN}\to k_{MP}$,$\Delta x\to 0$ 为同一变化过程,所以切线 MP 的斜率为

$$k_{MP}=\tan\beta=\lim_{\alpha\to\beta}\tan\alpha=\lim_{\Delta x\to 0}\frac{\Delta y}{\Delta x}=\lim_{\Delta x\to 0}\frac{f(x_0+\Delta x)-f(x_0)}{\Delta x}.$$

观察下面两个现象的轨迹是否为切线在实际生活中的体现.

☆ 在雨中将雨伞转动,雨滴甩出的轨迹.

☆ 砂轮机打磨时火花的飞溅方向.

·思考· 你是否能举出生活中瞬时速度和切线的例子?

上述两个引例,一个是运动问题,一个是几何问题,虽然所研究的问题内容不同,但数学模型却是一样的,都是求函数的改变量与自变量的改变量之比在自变量的改变量趋于零时的极限. 此外,还有很多理论或实际问题,也要求计算这种类型的极限,如电流强度、线速度、角速度等,这些都是变化率问题,因此对于它们的讨论与研究,也都可归为求这类极限问题. 因此,撇开这些量的具体意义,抓住它们在数量关系上的共性,便得出了函数导数的概念.

2.1.2 导数的定义

1. 一点处的导数

定义 1 设函数 $y=f(x)$ 在点 x_0 及其附近有定义,当自变量 x 在 x_0 处有增量 $\Delta x(\Delta x\neq 0)$ 时,相应地函数 y 取得增量 $\Delta y=f(x_0+\Delta x)-f(x_0)$. 若极限

$$\lim_{\Delta x\to 0}\frac{\Delta y}{\Delta x}=\lim_{\Delta x\to 0}\frac{f(x_0+\Delta x)-f(x_0)}{\Delta x}$$

存在,则称函数 $y=f(x)$ 在点 x_0 处可导,并称此极限值为函数 $f(x)$ 在点 x_0 处的导数.

记为
$$f'(x_0),y'\bigg|_{x=x_0},\frac{\mathrm{d}y}{\mathrm{d}x}\bigg|_{x=x_0},\frac{\mathrm{d}f(x)}{\mathrm{d}x}\bigg|_{x=x_0},$$

即
$$f'(x_0)=\lim_{\Delta x\to 0}\frac{\Delta y}{\Delta x}=\lim_{\Delta x\to 0}\frac{f(x_0+\Delta x)-f(x_0)}{\Delta x}.$$

若令 $x=x_0+\Delta x$,则上式变形为

$$f'(x_0)=\lim_{x\to x_0}\frac{f(x)-f(x_0)}{x-x_0}.$$

若 $\lim\limits_{\Delta x\to 0}\frac{\Delta y}{\Delta x}$ 不存在,则称函数 $y=f(x)$ 在点 x_0 处**不可导**.

比值 $\frac{\Delta y}{\Delta x}=\frac{f(x_0+\Delta x)-f(x_0)}{\Delta x}$ 反映的是 x 从 x_0 变化到 $x_0+\Delta x$ 时,函数 $y=f(x)$ 的平均变化速度,称为函数的**平均变化率**.

导数 $f'(x_0)=\lim\limits_{\Delta x\to 0}\dfrac{f(x_0+\Delta x)-f(x_0)}{\Delta x}$ 刻画的是函数 $f(x)$ 在点 x_0 处变化的快慢程度，称为函数 $f(x)$ 在点 x_0 处的**变化率**.

若 $\lim\limits_{\Delta x\to 0^+}\dfrac{\Delta y}{\Delta x}=\lim\limits_{\Delta x\to 0^+}\dfrac{f(x_0+\Delta x)-f(x_0)}{\Delta x}$ 存在，称该极限为函数 $y=f(x)$ 在点 x_0 处的**右导数**，记作 $f'(x_0^+)$.

若 $\lim\limits_{\Delta x\to 0^-}\dfrac{\Delta y}{\Delta x}=\lim\limits_{\Delta x\to 0^-}\dfrac{f(x_0+\Delta x)-f(x_0)}{\Delta x}$ 存在，称该极限为函数 $y=f(x)$ 在点 x_0 处的**左导数**，记作 $f'(x_0^-)$.

定理1 $f'(x_0)$ 存在的充分必要条件是 $f'(x_0^-)$ 与 $f'(x_0^+)$ 都存在且相等.

2. 导函数

定义2 若函数 $y=f(x)$ 在区间 (a,b) 内的每一点都可导，则称 $f(x)$ 在区间 (a,b) 内可导，即对 (a,b) 内的每一个 x，都有唯一的导数值 $f'(x)$ 与其对应，当 x 取遍 (a,b) 内一切值时，符合函数定义，构成一个新的函数，这个新函数叫作 $y=f(x)$ 的**导函数**，简称**导数**. 记为

$$y',f'(x),\frac{dy}{dx}\text{或}\frac{df(x)}{dx}.$$

导数的概念

按照导数定义，有

$$f'(x)=\lim_{\Delta x\to 0}\frac{f(x+\Delta x)-f(x)}{\Delta x}.$$

由此可见，函数 $y=f(x)$ 在点 x_0 处的导数 $f'(x_0)$ 是导函数 $f'(x)$ 在点 x_0 处的函数值，即

$$f'(x_0)=f'(x)\Big|_{x=x_0}.$$

以后所说的求导数指求**导函数**.

根据导数的定义，前面讨论的两个引例可做如下叙述：

(1)变速直线运动的速度 v 是路程 $s=s(t)$ 对时间 t 的导数，即 $v=s'(t)=\dfrac{ds}{dt}$；

(2)曲线 $y=f(x)$ 在点 $M(x,y)$ 处切线的斜率是曲线函数 $y=f(x)$ 对自变量 x 的导数，即

$$k=f'(x)=\frac{dy}{dx}.$$

·思考· $f'(x_0)$ 与 $[f(x_0)]'$ 有无区别？为什么？

2.1.3 求导举例

根据导数的定义，求函数 $y=f(x)$ 的导数有以下步骤：

(1)求函数的增量 $\Delta y=f(x+\Delta x)-f(x)$；

(2)作比值 $\dfrac{\Delta y}{\Delta x}$；

(3)取极限 $y'=\lim\limits_{\Delta x\to 0}\dfrac{\Delta y}{\Delta x}$.

例1 求函数 $y=C$（C 为常数）的导数.

解 (1) $\Delta y=f(x+\Delta x)-f(x)=C-C=0$；

(2) $\dfrac{\Delta y}{\Delta x}=0$；

(3) $y'=\lim\limits_{\Delta x\to 0}\dfrac{\Delta y}{\Delta x}=\lim\limits_{\Delta x\to 0}0=0$，

所以$(C)'=0$.

【练习1】 求 $y=x$ 的导数.

解 (1)$\Delta y=f(x+\Delta x)-f(x)=(\quad)=(\quad)$;

(2)$\dfrac{\Delta y}{\Delta x}=(\quad)$;

(3)$y'=\lim\limits_{\Delta x\to 0}\dfrac{\Delta y}{\Delta x}=(\quad)$,

所以$(x)'=(\quad)$.

例 2 已知 $f(x)=x^2$,求 $f'(x)$,$f'(1)$.

解 (1)$\Delta y=f(x+\Delta x)-f(x)=(x+\Delta x)^2-x^2=2x\Delta x+(\Delta x)^2$;

(2)$\dfrac{\Delta y}{\Delta x}=2x+\Delta x$;

(3)$f'(x)=\lim\limits_{\Delta x\to 0}\dfrac{\Delta y}{\Delta x}=2x$.

所以 $f'(x)=2x$,$f'(1)=2x\Big|_{x=1}=2$.

【练习2】 例 2 中 $f'\left(\dfrac{1}{2}\right)=2x\Big|_{(\quad)}=(\quad)$,$f'(x_0)=2x\Big|_{(\quad)}=(\quad)$.

一般地,对任意实数 α,有$(x^\alpha)'=\alpha x^{\alpha-1}$,这是幂函数的导数公式.例如,

$$(x)'=1x^{1-1}=1,$$

$$(x^2)'=2x^{2-1}=2x,$$

$$(\sqrt{x})'=(x^{\frac{1}{2}})'=\frac{1}{2}x^{\frac{1}{2}-1}=\frac{1}{2}x^{-\frac{1}{2}}=\frac{1}{2\sqrt{x}},$$

$$\left(\frac{1}{x}\right)'=(x^{-1})'=-x^{-1-1}=-x^{-2}=-\frac{1}{x^2}.$$

【练习3】 (1)$(x^{2\,022})'=(\quad)$;

(2)$(x^{-100})'=(\quad)$;

(3)$(\sqrt[3]{x})'=(x^{(\quad)})'=(\quad)x^{(\quad)}=(\quad)$.

例 3 求正弦函数 $y=\sin x$ 的导数.

解
$$y'=\lim_{\Delta x\to 0}\frac{\Delta y}{\Delta x}=\lim_{\Delta x\to 0}\frac{\sin(x+\Delta x)-\sin x}{\Delta x}$$

$$=\lim_{\Delta x\to 0}\frac{2\cos\left(x+\dfrac{\Delta x}{2}\right)\sin\dfrac{\Delta x}{2}}{\Delta x}$$

$$=\lim_{\Delta x\to 0}\frac{\cos\left(x+\dfrac{\Delta x}{2}\right)\sin\dfrac{\Delta x}{2}}{\dfrac{\Delta x}{2}}=\cos x.$$

即
$$(\sin x)'=\cos x,$$

类似可得
$$(\cos x)'=-\sin x.$$

例 4 设 $f(x)=\cos x$,求 $f'\left(\dfrac{\pi}{6}\right)$.

解 $f'(x)=(\cos x)'=-\sin x$,则 $f'\left(\dfrac{\pi}{6}\right)=-\sin\dfrac{\pi}{6}=-\dfrac{1}{2}$.

【练习 4】 设 $y=\sin x$，求 $f'\left(\frac{\pi}{3}\right)$.

解 $f'(x)=(\sin x)'=(\quad)$，则 $f'\left(\frac{\pi}{3}\right)=(\quad)$.

例 5 求对数函数 $y=\log_a x(a>0$ 且 $a\neq 1)$的导数.

解
$$y'=\lim_{\Delta x\to 0}\frac{\Delta y}{\Delta x}=\lim_{\Delta x\to 0}\frac{f(x+\Delta x)-f(x)}{\Delta x}=\lim_{\Delta x\to 0}\frac{\log_a(x+\Delta x)-\log_a x}{\Delta x}$$
$$=\lim_{\Delta x\to 0}\frac{\log_a\left(1+\frac{\Delta x}{x}\right)}{\Delta x}=\lim_{\Delta x\to 0}\log_a\left(1+\frac{\Delta x}{x}\right)^{\frac{1}{\Delta x}}=\lim_{\Delta x\to 0}\log_a\left[\left(1+\frac{\Delta x}{x}\right)^{\frac{x}{\Delta x}}\right]^{\frac{1}{x}}$$
$$=\lim_{\Delta x\to 0}\frac{1}{x}\log_a\left(1+\frac{\Delta x}{x}\right)^{\frac{x}{\Delta x}}=\frac{1}{x}\log_a \mathrm{e}=\frac{1}{x\ln a},$$

即
$$(\log_a x)'=\frac{1}{x\ln a}.$$

特别地，$(\ln x)'=\frac{1}{x}$.

为了学习方便，我们把这些导数公式归纳如下：

(1)$(C)'=0$(C 为常数)；　(2)$(x^\alpha)'=\alpha x^{\alpha-1}$；

(3)$(a^x)'=a^x\ln a$；　(4)$(\mathrm{e}^x)'=\mathrm{e}^x$；

(5)$(\log_a x)'=\frac{1}{x\ln a}$；　(6)$(\ln x)'=\frac{1}{x}$；

(7)$(\sin x)'=\cos x$；　(8)$(\cos x)'=-\sin x$；

(9)$(\tan x)'=\sec^2 x$；　(10)$(\cot x)'=-\csc^2 x$；

(11)$(\sec x)'=\sec x\tan x$；　(12)$(\csc x)'=-\csc x\cot x$；

(13)$(\arcsin x)'=\frac{1}{\sqrt{1-x^2}}$；　(14)$(\arccos x)'=-\frac{1}{\sqrt{1-x^2}}$；

(15)$(\arctan x)'=\frac{1}{1+x^2}$；　(16)$(\mathrm{arccot}\, x)'=-\frac{1}{1+x^2}$.

2.1.4 导数的几何意义

由对切线问题的讨论及导数的定义可知，函数 $y=f(x)$在点 x_0 处的导数值 $f'(x_0)$在几何上表示为曲线 $y=f(x)$在点 $M_0(x_0,y_0)$处切线的斜率，即
$$k=f'(x_0)=\tan\alpha\ \left(\alpha\neq\frac{\pi}{2}\right),$$
这就是导数的几何意义(图 2-2).

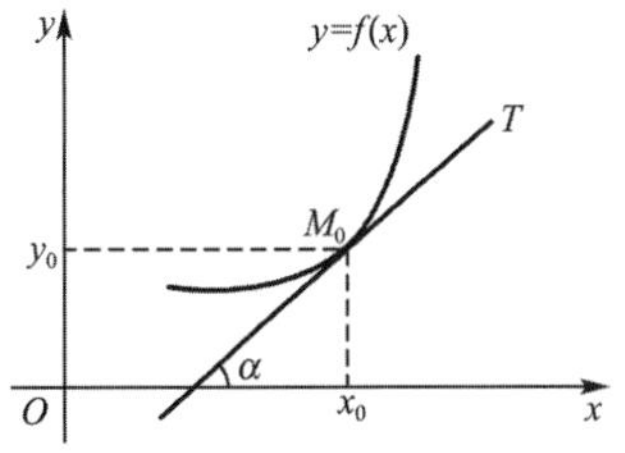

图 2-2

如果 $y=f(x)$在点 x_0 处的导数为无穷大，即 $\tan\alpha$ 不存在，这时，曲线 $y=f(x)$在点 $M_0(x_0,y_0)$处的切线垂直于 x 轴；如果 $y=f(x)$在点 x_0 处的导数为零，这时曲线 $y=f(x)$在点 $M_0(x_0,y_0)$处的切线平行于 x 轴.

根据导数的几何意义及直线的点斜式方程，我们即可得到曲线 $y=f(x)$在点 $M_0(x_0,y_0)$处的切线方程
$$y-y_0=f'(x_0)(x-x_0),$$
法线方程

$$y-y_0=-\frac{1}{f'(x_0)}(x-x_0)\quad (f'(x_0)\neq 0).$$

例 6 求曲线 $y=\frac{1}{x}$ 在点 $\left(\frac{1}{2},2\right)$ 处的切线方程与法线方程.

解 因为 $y'=\left(\frac{1}{x}\right)'=-\frac{1}{x^2}$. 由导数的几何意义得，$k_切=y'\Big|_{x=\frac{1}{2}}=-4$. 所以，所求的切线方程为

$$y-2=-4\left(x-\frac{1}{2}\right),$$

即

$$4x+y-4=0.$$

法线方程为 $y-2=\frac{1}{4}\left(x-\frac{1}{2}\right)$，即

$$2x-8y+15=0.$$

【练习 5】 求曲线 $y=x^3$ 在点(1,1)处的切线方程与法线方程.

解 因为 $y'=(x^3)'=(\quad)$. 由导数的几何意义得，$k_切=y'\Big|_{x=1}=(\quad)\Big|_{x=1}=(\quad)$. 所以，所求的切线方程为

$$y-1=(\quad)(x-1).$$

法线方程为 $y-1=(\quad)(x-1)$.

2.1.5 函数可导与连续的关系

定理 2 若函数 $y=f(x)$ 在点 x_0 处可导，则函数 $f(x)$ 在点 x_0 处连续.

证明 因为 $f(x)$ 在点 x_0 处可导，所以 $\lim\limits_{\Delta x\to 0}\frac{\Delta y}{\Delta x}=f'(x_0)$ 存在，由极限与无穷小量的关系定理有

$$\frac{\Delta y}{\Delta x}=f'(x_0)+\alpha\quad (其中\lim_{\Delta x\to 0}\alpha=0),$$

所以

$$\Delta y=f'(x_0)\Delta x+\alpha\Delta x.$$

则有 $\lim\limits_{\Delta x\to 0}\Delta y=0$，即函数 $y=f(x)$ 在点 x_0 处是连续的.

注意 上述定理的逆定理不一定成立，也就是说，若函数 $y=f(x)$ 在点 x_0 处连续，则函数 $y=f(x)$ 在点 x_0 处不一定可导.

例如，函数 $y=|x|$ 在 $x=0$ 处连续，但不可导(图 2-3).

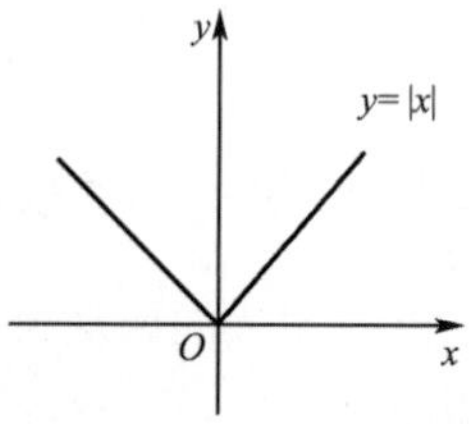

图 2-3

因为 $\lim\limits_{x\to 0}y=\lim\limits_{x\to 0}|x|=0=f(0)$，所以函数 $y=|x|$ 在点 $x=0$ 处连续.

因为 $\frac{\Delta y}{\Delta x}=\frac{|\Delta x|}{\Delta x}=\begin{cases}1, & \Delta x>0\\ -1, & \Delta x<0\end{cases}$，所以 $\lim\limits_{\Delta x\to 0^+}\frac{\Delta y}{\Delta x}=1$，$\lim\limits_{\Delta x\to 0^-}\frac{\Delta y}{\Delta x}=-1$，

因此 $\lim\limits_{\Delta x\to 0}\frac{\Delta y}{\Delta x}$ 不存在，也就是说 $y=|x|$ 在 $x=0$ 处不可导.

可见，函数在某点连续是函数在该点可导的必要条件，但不是充分条件.

2.1.6 导数概念的应用

前面我们从实际问题中抽象出了导数的概念，利用导数的定义可以求一些函数的导数，这当然是很重要的一方面；但另一方面，我们还要将导数的概念应用到具体的问题中去，例如在科学技术中常把导数称为变化率. 因为，对于一个未赋予具体含义的一般函数 $y=f(x)$ 来说，

$$\frac{\Delta y}{\Delta x}=\frac{f(x_0+\Delta x)-f(x_0)}{\Delta x},$$

函数增量与自变量增量的比值$\frac{\Delta y}{\Delta x}$是函数 y 在以 x_0 和 $x_0+\Delta x$ 为端点的区间上的平均变化率，而导数$y'|_{x=x_0}$ 则是函数 y 在点 x_0 处的变化率，它反映了函数随自变量变化而变化的快慢程度. 显然，当函数有不同实际含义时，变化率的含义也不同，我们来举一些变化率的例子.

例 7 （电流模型）设在$[0,t]$这段时间内通过导线横截面的电荷为 $Q=Q(t)$，求时刻 t_0 的电流.

解 如果是恒定电流，在 Δt 这段时间内通过导线横截面的电荷为 ΔQ，那么它的电流为

$$i=\frac{电荷}{时间}=\frac{\Delta Q}{\Delta t},$$

如果电流是非恒定电流，就不能直接用上面的公式来求时刻 t_0 的电流，此时

$$\bar{i}=\frac{\Delta Q}{\Delta t}=\frac{Q(t_0+\Delta t)-Q(t_0)}{\Delta t},$$

$\bar{i}$ 称为在 Δt 这段时间内的平均电流. 当$|\Delta t|$很小时，平均电流 $\bar{i}$ 只是时刻 t_0 电流的近似值，而且$|\Delta t|$越小，这种近似程度就越好，于是当 $\Delta t\to 0$ 时，平均电流 $\bar{i}$ 就应趋向于物体在时刻 t_0 的电流 $i(t_0)$. 即

$$i(t_0)=\lim_{\Delta t\to 0}\frac{\Delta Q}{\Delta t}=\lim_{\Delta t\to 0}\frac{Q(t_0+\Delta t)-Q(t_0)}{\Delta t}=Q'(t)\Big|_{t=t_0}.$$

例 8 （边际成本模型）在经济学中，边际成本定义为产量增加一个单位时所增加的总成本.

解 设某产品产量为 x 单位时所需的总成本为 $C=C(x)$，称 $C(x)$为总成本函数，简称成本函数. 当产量由 x 变成 $x+\Delta x$ 时，总成本函数的改变量为

$$\Delta C=C(x+\Delta x)-C(x).$$

这时，总成本函数的平均变化率为

$$\frac{\Delta C}{\Delta x}=\frac{C(x+\Delta x)-C(x)}{\Delta x},$$

表示产量由 x 变成 $x+\Delta x$ 时，在平均意义下的边际成本.

当总成本函数 $C(x)$可导时，其变化率

$$C'(x)=\lim_{\Delta x\to 0}\frac{\Delta C}{\Delta x}=\lim_{\Delta x\to 0}\frac{C(x+\Delta x)-C(x)}{\Delta x},$$

表示该产品产量为 x 时的边际成本，即边际成本是总成本函数关于产量的导数.

类似地，在经济学中，边际收入定义为多销售一个单位产品所增加的销售总收入，即 $R'(x)$. 这里 $R(x)$为销售量为 x 时的总收入.

例 9 （运动模型）2021 年 8 月 5 日，14 岁的全红婵在东京奥运会跳水女子单人十米台决赛以 466.20 分获得冠军，创造了新的世界纪录. 想要获得成功就要不断的努力，假设在高台跳水运动中，运动员相对于水面的高度 h（单位：m）与起跳后的时间 t（单位：s）存在函数关系 $h(t)=-4.9t^2+6.5t+10$. 试估计运动员在 $t=2$ 时的瞬时速度.

分析 运动员某段时间的高度改变量 Δh 除以这段时间的改变量 Δt 就是这段时间的平均速度.

解 将时间间隔每次缩短为前面的$\frac{1}{10}$，计算出相应的平均速度，见表 2-2.

表 2-2 计算结果

t_0/s	t_1/s	时间 t 的改变量 Δt/s	高度 h 的改变量 Δh/m	平均速度$\frac{\Delta h}{\Delta t}$/m·s^{-1}
2	2.1	0.1	−1.359	−13.59
2	2.01	0.01	−1.314 9	−13.149
2	2.001	0.001	−1.310 49	−13.104 9
2	2.000 1	0.000 1	−1.3100 49	−13.100 49
2	…	…	…	…

可以看出，当时间 t_1 趋于 $t_0=2$ s 时，平均速度趋于 -13.1 m/s. 因此，可以认为运动员在 $t=2$ s 时的瞬时速度为 -13.1 m/s.

总结：从物理角度来看，时间间隔 $|\Delta t|$ 无限变小时，平均速度就无限接近于 $t=2$ 时的瞬时速度.

同步训练 2-1

1. 选择题

(1)设 $y=\cos\frac{\pi}{3}$，则 $y'=$(　　).

A. 0　　B. $\cos\frac{\pi}{3}$　　C. $-\sin\frac{\pi}{3}$　　D. $\sin\frac{\pi}{3}$

(2)若极限 $\lim\limits_{\Delta x\to 0}\frac{f(x-3\Delta x)-f(x)}{\Delta x}$ 存在，则其值为(　　).

A. $-f'(x)$　　B. $f'(x_0)$　　C. $-3f'(x)$　　D. $3f'(x_0)$

(3)函数 $y=x^2+1$ 在点(1,2)处切线的斜率是(　　).

A. 0　　B. 1　　C. 2　　D. 4

(4)设函数 $y=f(x)$ 在点 x_0 处可导，且 $f'(x_0)>0$，则曲线 $y=f(x)$ 在点 $(x_0, f(x_0))$ 处的切线的倾斜角是(　　).

A. 锐角　　B. 钝角　　C. 0°　　D. 180°

(5)已知 $f(x)=\ln x$，则 $[f(2)]'=$(　　).

A. 0　　B. $\frac{1}{2}$　　C. $\frac{1}{x}$　　D. 2

2. 填空题

(1)函数 $y=x^2$ 从 $x=1$ 变化到 $x=1+\Delta x$ 处的改变量 $\Delta y=$________，$\lim\limits_{\Delta x\to 0}\frac{\Delta y}{\Delta x}=$________.

(2) $y=x^3$ 在点(1,1)处的切线方程为________.

(3) $y=e^2$，$y'=$________.

(4)设函数 $f(x)=x^2\cdot\sqrt{x}$，则 $f'(1)=$________.

(5)曲线 $y=x^2$ 上点________处的切线平行于直线 $y=2x$.

3. 判断题

(1)函数 $f(x)$ 在点 x_0 处可导，则 $f(x)$ 在 $x=x_0$ 处一定连续.　　(　　)

(2)已知 $(\sin x)'=\cos x$，则 $\left(\sin\frac{\pi}{3}\right)'=\cos\frac{\pi}{3}$.　　(　　)

(3)曲线方程为 $y=x^2$，则在点(2,4)处的切线斜率 $k=1$.　　(　　)

(4)设 $f(0)=0$，$f'(0)$ 存在，则 $\lim\limits_{x\to 0}\frac{f(x)}{x}=f'(0)$.　　(　　)

(5)若函数 $f(x)$ 为分段函数，则该函数 $f(x)$ 一定不连续.　　(　　)

4. 计算题

(1) $y=\cos 30°$，求 y'.　　(2) $y=\dfrac{x}{\sqrt{x}}$，求 y'.

(3) $y=x^2\cdot\sqrt{x}$，求 y'.　　(4) 求 $y=\ln x$ 在 $x=2$ 处的导数.

(5) 求曲线 $y=e^x$ 在点 $x=1$ 处的切线方程与法线方程.

2.2　导数的运算

在上一节中，根据导数的定义可以求出一些简单函数的导数，但是对于比较复杂的函数，直接利用定义来求它们的导数往往是很困难的. 这一节我们将讨论函数的求导法则，利用这些法则，能比较简便地求出任意可导的初等函数的导数.

2.2.1　导数的四则运算法则

法则1　设函数 $u=u(x)$，$v=v(x)$ 都在点 x 处可导，则它们的和、差、积、商(分母不为零)也在点 x 处可导，且有

(1) $(u\pm v)'=u'\pm v'$.

例1　设函数 $f(x)=x^2-\ln x+\cos x+1$，求 $f'(x)$，$f'(1)$.

解

$$\begin{aligned}f'(x)&=(x^2-\ln x+\cos x+1)'\\&=(x^2)'-(\ln x)'+(\cos x)'+(1)'\\&=2x-\frac{1}{x}-\sin x,\end{aligned}$$

所以

$$f'(1)=\left(2x-\frac{1}{x}-\sin x\right)\bigg|_{x=1}=1-\sin 1.$$

【练习1】　设函数 $f(x)=x^3+\sin x+\ln 5$，求 $f'(x)$，$f'(1)$.

解

$$\begin{aligned}f'(x)&=(x^3+\sin x+\ln 5)'\\&=(x^3)'+(\qquad)'+(\ln 5)'\\&=(\qquad),\end{aligned}$$

所以

$$f'(1)=(\qquad)\bigg|_{x=1}=(\qquad).$$

(2) $(uv)'=u'v+uv'$.

特别地，$(Cu)'=Cu'$.

下面只证明(2)，其余略.

证明　(2) 设函数 $y=f(x)=u(x)v(x)$，在点 x 处给自变量增量 Δx，则

$$\begin{aligned}\frac{\Delta y}{\Delta x}&=\frac{f(x+\Delta x)-f(x)}{\Delta x}=\frac{u(x+\Delta x)v(x+\Delta x)-u(x)v(x)}{\Delta x}\\&=\frac{u(x+\Delta x)-u(x)}{\Delta x}v(x+\Delta x)+u(x)\frac{v(x+\Delta x)-v(x)}{\Delta x}\\&=\frac{\Delta u}{\Delta x}v(x+\Delta x)+u(x)\frac{\Delta v}{\Delta x},\end{aligned}$$

当 $\Delta x\to 0$ 时，$\dfrac{\Delta u}{\Delta x}$，$\dfrac{\Delta v}{\Delta x}$，$v(x+\Delta x)$ 的极限都存在，所以 $\lim\limits_{\Delta x\to 0}\dfrac{\Delta y}{\Delta x}$ 存在，且有

$$\lim_{\Delta x\to 0}\frac{\Delta y}{\Delta x}=u'v+uv',$$

导数的乘除法则

即
$$(uv)'=u'v+uv'.$$
法则(1)(2)可推广到任意有限个函数,例如
$$(u+v+w)'=u'+v'+w',$$
$$(uvw)'=u'vw+uv'w+uvw'.$$

例 2 求函数 $y=(1-x^2)e^x$ 的导数.

解
$$\begin{aligned}y'&=[(1-x^2)e^x]'\\&=(1-x^2)'e^x+(1-x^2)(e^x)'\\&=-2xe^x+(1-x^2)e^x\\&=(1-2x-x^2)e^x.\end{aligned}$$

【练习 2】 求函数 $f(x)=x^5(\sin x+1)$的导数.

解
$$\begin{aligned}f'(x)&=[x^5(\sin x+1)]'\\&=(\qquad)'(\sin x+1)+(x^5)(\qquad)'\\&=(\qquad\qquad\qquad\qquad).\end{aligned}$$

(3) $\left(\dfrac{u}{v}\right)'=\dfrac{u'v-uv'}{v^2}(v\neq 0)$.

特别地,$\left(\dfrac{1}{v}\right)'=-\dfrac{v'}{v^2}$.

例 3 求函数 $y=\tan x$ 的导数.

解
$$\begin{aligned}y'=(\tan x)'&=\left(\frac{\sin x}{\cos x}\right)'\\&=\frac{(\sin x)'\cos x-\sin x(\cos x)'}{\cos^2 x}\\&=\frac{\cos^2 x+\sin^2 x}{\cos^2 x}=\frac{1}{\cos^2 x}\\&=\sec^2 x.\end{aligned}$$

【练习 3】 求函数 $y=\dfrac{\sin x}{x}$的导数.

解
$$\begin{aligned}y'=\left(\frac{\sin x}{x}\right)'&=\frac{(\qquad)'x-(\sin x)(\qquad)'}{x^2}\\&=(\qquad\qquad\qquad).\end{aligned}$$

例 4 求函数 $y=\sec x$ 的导数.

解
$$\begin{aligned}y'=(\sec x)'&=\left(\frac{1}{\cos x}\right)'=-\frac{(\cos x)'}{\cos^2 x}\\&=\frac{\sin x}{\cos^2 x}=\sec x\cdot\tan x,\end{aligned}$$

即
$$(\sec x)'=\sec x\tan x.$$

类似地,有
$$(\csc x)'=-\csc x\cot x.$$

【练习 4】 求函数 $y=\dfrac{x}{2x+1}$的导数.

解
$$y'=\left(\frac{x}{2x+1}\right)'=\frac{(\qquad)'(2x+1)-x(\qquad)'}{(2x+1)^2}$$

$=(\qquad\qquad)$.

【练习 5】 求函数 $y=\dfrac{3\sin x}{x-1}$ 的导数.

解 $$y'=\left(\frac{3\sin x}{x-1}\right)'=\frac{(\qquad)'(x-1)-3\sin x(\qquad)'}{(x-1)^2}$$

$=(\qquad\qquad)$.

利用导数的四则运算和一些基本初等函数的导数公式求出了一些比较简单的初等函数的导数，但是，初等函数除了含有四则运算外，还有函数的复合，因而复合函数的求导法则是求初等函数的导数不可或缺的工具.

2.2.2 复合函数求导法

对复合函数求导数能否使用学过的导数公式呢？例如，$\sin 2x$ 的导数是否为 $\cos 2x$，$[(2x+1)^2]'=2(2x+1)$是否正确？我们来计算一下.

例 5 求下列复合函数的导数.

(1) $y=\sin 2x$；　　(2) $y=(2x+1)^2$.

解 (1) $(\sin 2x)'=(2\sin x\cos x)'=2(\sin x)'\cos x+2\sin x(\cos x)'$

$=2\cos^2 x-2\sin^2 x=2\cos 2x$.

(2) $[(2x+1)^2]'=(4x^2+4x+1)'=8x+4=4(2x+1)$.

可见，不能简单地按照导数公式求复合函数的导数.

下面给出复合函数的求导法则.

法则 2 设函数 $y=f(u)$在点 u 处可导，而函数 $u=\varphi(x)$在点 x 处可导，则复合函数 $y=f[\varphi(x)]$在点 x 处也可导，且有

$$\frac{\mathrm{d}y}{\mathrm{d}x}=\frac{\mathrm{d}y}{\mathrm{d}u}\cdot\frac{\mathrm{d}u}{\mathrm{d}x} \text{ 或写成 } y'_x=y'_u\cdot u'_x.$$

语言叙述：复合函数的导数等于复合函数对中间变量的导数乘以中间变量对自变量的导数.

该法则可以推广到多个中间变量的情形. 例如，函数 $y=f(u)$，$u=\varphi(v)$，$v=\psi(x)$均可导，则复合函数 $y=f[\varphi(\psi(x))]$的导数为

$$\frac{\mathrm{d}y}{\mathrm{d}x}=\frac{\mathrm{d}y}{\mathrm{d}u}\cdot\frac{\mathrm{d}u}{\mathrm{d}v}\cdot\frac{\mathrm{d}v}{\mathrm{d}x} \text{ 或写成 } y'_x=y'_u\cdot u'_v\cdot v'_x.$$

复合函数的求导法则又称**链式法则**.

复合函数的求导法则

例 6 求复合函数 $y=\mathrm{e}^{x^2+1}$ 的导数.

解 设 $y=\mathrm{e}^u$，$u=x^2+1$，由复合函数的求导法则，有

$$\frac{\mathrm{d}y}{\mathrm{d}x}=\frac{\mathrm{d}y}{\mathrm{d}u}\cdot\frac{\mathrm{d}u}{\mathrm{d}x}=(\mathrm{e}^u)'_u\cdot(x^2+1)'_x=\mathrm{e}^u\cdot 2x=2x\mathrm{e}^{x^2+1}.$$

【练习 6】 求复合函数 $y=\cos x^2$ 的导数.

解 设 $y=\cos u$，$u=x^2$，由复合函数的求导法则，有

$$\frac{\mathrm{d}y}{\mathrm{d}x}=\frac{\mathrm{d}y}{\mathrm{d}u}\cdot\frac{\mathrm{d}u}{\mathrm{d}x}=(\cos u)'_u\cdot(\qquad)'_x=(-\sin u)\cdot(\qquad)=(\qquad).$$

例 7 求函数 $y=\sin^3(\ln x)$的导数.

解 设 $y=u^3$，$u=\sin v$，$v=\ln x$，则

$$y'_x=y'_u\cdot u'_v\cdot v'_x=3u^2\cdot\cos v\cdot\frac{1}{x}$$

$$=3\sin^2(\ln x)\cos(\ln x)\frac{1}{x}.$$

运算比较熟练后，就不必写出中间变量，而只要在心中找准中间变量，按求导的链式法则直接由外往里，逐层求导即可.

例 8 求下列复合函数的导数.

(1) $y=\lg(2x-1)$；　　(2) $y=\sin(4x+8)$.

解 (1) $(\lg(2x-1))'=\frac{1}{(2x-1)\ln 10}\cdot(2x-1)'=\frac{2}{(2x-1)\ln 10}$.

(2) $(\sin(4x+8))'=\cos(4x+8)\cdot(4x+8)'=4\cos(4x+8)$.

【练习 7】 求下列导数.

(1) $(\ln(2x+1))'=\frac{1}{2x+1}(\quad)'=(\quad)$.

(2) $(\sqrt{1+x})'=\frac{1}{2}(1+x)^{-\frac{1}{2}}(\quad)'=(\quad)$.

(3) $(\tan\sqrt{1+x^2})'=\sec^2(\sqrt{1+x^2})(\quad)'=\sec^2(\sqrt{1+x^2})(\quad)(\quad)'=(\quad)$.

·思考· 复合函数求导法的关键是什么？

2.2.3 隐函数求导法

1. 隐函数的定义

形如 $y=f(x)$ 的函数，叫作**显函数**. 如果变量 x,y 之间的函数关系是以一个方程 $F(x,y)=0$ 的形式给出的，称 y 是 x 的**隐函数**. 例如，$\sin(x+y)+xy-e^x=5$，$2x+5y=6$，$x^2+y^2=9$ 等都是隐函数.

有些隐函数可以化成显函数，例如，隐函数 $2x+5y=6$ 可化为显函数 $y=\frac{6-2x}{5}$. 把隐函数化成显函数的过程称为隐函数的显化. 有些隐函数不能化成显函数(如 $\sin(x+y)+xy-e^x=5$)或显化非常困难，所以想通过将隐函数转化为显函数的方法求隐函数的导数，未必可行. 因而，给出隐函数的求导方法.

2. 隐函数的求导方法

由方程 $F(x,y)=0$ 确定的隐函数(x 是自变量，y 是函数)的求导方法：将方程两边同时对 x 求导，特别注意：x 是自变量，y 是函数，含 y 的式子是关于 x 的复合函数，最后解出 $\frac{dy}{dx}$.

隐函数的导数结果中允许含变量 y.

例 9 求由方程 $xy-\sin y-x=x^2+1$ 所确定的隐函数的导数.

解 将方程两边同时对 x 求导数得

$$y+x\cdot\frac{dy}{dx}+\cos y\cdot\frac{dy}{dx}-1=2x,$$

$$(x+\cos y)\cdot\frac{dy}{dx}=1+2x-y,$$

即

$$\frac{dy}{dx}=\frac{1+2x-y}{x+\cos y}.$$

例 10 求由方程 $y\sin x+x\cos y=1$ 所确定的隐函数的导数.

解 将方程两边同时对 x 求导数得

$$\frac{dy}{dx}\cdot \sin x+y\cos x+\cos y-x\cdot \sin y\cdot \frac{dy}{dx}=0,$$

$$(x\sin y-\sin x)\cdot \frac{dy}{dx}=y\cos x+\cos y,$$

即

$$\frac{dy}{dx}=\frac{y\cos x+\cos y}{x\sin y-\sin x}.$$

【练习 8】 求由方程 $x^2+y^2=1$ 所确定的隐函数的导数.

解 将方程两边同时对 x 求导数得

$$2x+(\qquad)=0,$$

即

$$\frac{dy}{dx}=(\qquad).$$

【练习 9】 求由方程 $x^2+2x-y^2+3y=4$ 所确定的隐函数的导数.

解 将方程两边同时对 x 求导数得

$$2x+(\qquad)-(\qquad)+(\qquad)=0,$$

即

$$\frac{dy}{dx}=(\qquad).$$

例 11 求指数函数 $y=a^x(a>0$ 且 $a\neq 1)$的导数.

解 把 $y=a^x$ 改写成 $\log_a y=x$,并将方程两边同时对 x 求导数得

$$\frac{1}{y\ln a}y'_x=1,$$

解得

$$y'_x=y\ln a=a^x\ln a,$$

即

$$(a^x)'=a^x\ln a.$$

$(a^x)'=a^x\ln a$ 可作为公式使用,特别地,当 $a=e$ 时,$(e^x)'=e^x$.

例 12 求幂函数 $y=x^\alpha(x>0)$的导数.

解 将 $y=x^\alpha$ 两边取自然对数得

$$\ln y=\alpha\ln x,$$

上式两边同时对 x 求导数得

$$\frac{1}{y}y'_x=\alpha(\ln x)'$$

即

$$\frac{1}{y}\cdot y'_x=\alpha\cdot\frac{1}{x},$$

所以

$$y'_x=y\cdot\alpha\cdot\frac{1}{x}=\alpha x^{\alpha-1}.$$

【练习 10】 求函数 $y=x^x$ 的导数.

解 将 $y=x^x$ 两边取自然对数得

$$\ln y=x\ln x,$$

上式两边同时对 x 求导数得

$$\frac{1}{y}y'_x=(\qquad)'\ln x+x(\qquad)',$$

即

$$\frac{1}{y}y'_x=(\qquad)\ln x+x(\qquad),$$

所以

$$y'_x=y(\qquad\qquad)=(\qquad\qquad).$$

例 13 求反三角函数 $y=\arcsin x(-1<x<1)$ 的导数.

解 因为 $y=\arcsin x(-1<x<1)$,所以有

$$\sin y=x\left(-\frac{\pi}{2}<y<\frac{\pi}{2}\right),$$

上式两边同时对 x 求导数得

$$\cos y\cdot y'_x=1,$$

解得

$$y'_x=\frac{1}{\cos y},$$

因为 $\cos y=\sqrt{1-\sin^2 y}=\sqrt{1-x^2}\left(-\frac{\pi}{2}<y<\frac{\pi}{2}\right)$,所以 $y'_x=\frac{1}{\sqrt{1-x^2}}$,

即

$$(\arcsin x)'=\frac{1}{\sqrt{1-x^2}}.$$

类似地,可以得到其他反三角函数的导数公式

$$(\arccos x)'=-\frac{1}{\sqrt{1-x^2}},$$

$$(\arctan x)'=\frac{1}{1+x^2},$$

$$(\operatorname{arccot} x)'=-\frac{1}{1+x^2}.$$

例 14 求函数 $y=\left[\frac{x(2x-1)}{(x-2)(x+3)}\right]^{\frac{1}{4}}$ 的导数.

解 将函数两边同时取自然对数得

$$\ln y=\ln\left[\frac{x(2x-1)}{(x-2)(x+3)}\right]^{\frac{1}{4}},$$

可得

$$\ln y=\frac{1}{4}[\ln x+\ln(2x-1)-\ln(x-2)-\ln(x+3)],$$

上式两边同时对 x 求导数得

$$\frac{1}{y}\cdot y'_x=\frac{1}{4}\left(\frac{1}{x}+\frac{2}{2x-1}-\frac{1}{x-2}-\frac{1}{x+3}\right),$$

解得

$$\begin{aligned}y'_x&=\frac{1}{4}y\left(\frac{1}{x}+\frac{2}{2x-1}-\frac{1}{x-2}-\frac{1}{x+3}\right)\\&=\frac{1}{4}\left[\frac{x(2x-1)}{(x-2)(x+3)}\right]^{\frac{1}{4}}\left(\frac{1}{x}+\frac{2}{2x-1}-\frac{1}{x-2}-\frac{1}{x+3}\right).\end{aligned}$$

【练习 11】 求函数 $y=\left[\frac{x(x-1)}{(x-5)(x+6)}\right]^{\frac{1}{2}}$ 的导数.

解 将函数两边同时取自然对数得

$$\ln y=\ln\left[\frac{x(x-1)}{(x-5)(x+6)}\right]^{\frac{1}{2}},$$

可得

$$\ln y=\frac{1}{2}[\ln x+\ln(\qquad)-\ln(\qquad)-\ln(\qquad)],$$

上式两边同时对 x 求导数得

$$\frac{1}{y}\cdot y'_x=\frac{1}{2}\left[\frac{1}{x}+\frac{1}{(\quad)}-\frac{1}{(\quad)}-\frac{1}{(\quad)}\right],$$

解得

$$y'_x=\frac{1}{2}y(\qquad\qquad\qquad\qquad)$$
$$=(\qquad\qquad\qquad\qquad).$$

2.2.4 高阶导数

1. 高阶导数的概念

一般地，函数 $y=f(x)$ 的导数 $y'=f'(x)$ 仍是 x 的函数. 如果 $f'(x)$ 仍然可导，则称 $y'=f'(x)$ 的导数 $(y')'=[f'(x)]'$ 是函数 $y=f(x)$ 的**二阶导数**，记为

$$y'',f''(x),\frac{d^2y}{dx^2}\text{或}\frac{d^2f(x)}{dx^2}.$$

相应地，把 $f'(x)$ 称为函数 $y=f(x)$ 的**一阶导数**.

类似地，把 $f(x)$ 二阶导数的导数称为 $f(x)$ 的**三阶导数**，…，$f(x)$ 的 $n-1$ 阶导数的导数称为 $f(x)$ 的 n **阶导数**，依次记作

$$y''',f'''(x),\frac{d^3y}{dx^3}\text{或}\frac{d^3f(x)}{dx^3},$$
$$y^{(4)},f^{(4)}(x),\frac{d^4y}{dx^4}\text{或}\frac{d^4f(x)}{dx^4},$$
$$\cdots$$
$$y^{(n)},f^{(n)}(x),\frac{d^ny}{dx^n}\text{或}\frac{d^nf(x)}{dx^n}.$$

函数 $f(x)$ 具有 n 阶导数，称其 n **阶可导**. 二阶及二阶以上的导数统称为**高阶导数**.

可见，高阶导数的求法就是对 $f(x)$ 逐次求导数.

例 15 求 $y=\cos 2x$ 的二阶导数.

解

$$y'=(\cos 2x)'=-2\sin 2x,$$
$$y''=(-2\sin 2x)'=-4\cos 2x.$$

【练习 12】 求 $f(x)=\ln(x+1)$ 的二阶导数.

解

$$f'(x)=[\ln(x+1)]'=(\qquad),$$
$$f''(x)=(\qquad\qquad)'=(\qquad\qquad).$$

例 16 求函数 $y=x^n(n\in\mathbf{N}_+)$ 的各阶导数.

解

$$y'=nx^{n-1},y''=n(n-1)x^{n-2},y'''=n(n-1)(n-2)x^{n-3},\cdots,$$
$$y^{(n)}=n(n-1)\cdot\cdots\cdot 1\cdot x^{n-n}=n!.$$

若 $k>n(k\in\mathbf{N}_+)$，$f^{(k)}(x)=0$.

·思考· $y^{(n+1)}$ 是什么？

【练习 13】 求函数 $y=(e^{2x})^{(n)}$ 的 n 阶导数.

解 $y'=(2e^{2x})$，$y''=(\qquad)$，$y'''=(\qquad)$，…，$y^{(n)}=(\qquad)$.

2. 二阶导数的意义

高阶导数也有许多实际背景，以二阶导数为例，加速度是速度的变化率，因而加速度是速度对时间的导数，但速度本身是路程对时间的导数，所以加速度是路程对时间的二阶导数.

即设物体做变速直线运动，其运动方程为 $s=s(t)$，则物体运动的加速度 a 为 $a=s''(t)$，这就是二阶导数的物理意义. 此外二阶导数还有非常重要的几何意义，即曲线的凹凸性，在“曲线的凹凸性与拐点”一节中专门讨论.

例 17 某物体做直线运动，其运动方程是 $s(t)=\frac{1}{3}t^3+t$（s 的单位：米，t 的单位：秒），求该物体在 2 秒末的速度与加速度.

解 物体的运动速度为

$$v(t)=s'(t)=\left(\frac{1}{3}t^3+t\right)'=t^2+1,$$

加速度为

$$a(t)=v'(t)=(t^2+1)'=2t,$$

当 $t=2$ 时，

$$v(2)=(t^2+1)\Big|_{t=2}=5\ \text{米/秒},$$

$$a(2)=2t\Big|_{t=2}=4\ \text{米/秒}^2.$$

同步训练 2-2

1. 选择题

(1)已知 $y=2\sin x$，则 $y'\Big|_{x=\frac{\pi}{4}}=$（　　）.

A. 1　　B. 0　　C. $\frac{\sqrt{2}}{2}$　　D. $\sqrt{2}$

(2)若 $u(x)$，$v(x)$ 在点 x 处可导，则下列式子不正确的是（　　）.

A. $[u(x)+v(x)]'=u'(x)+v'(x)$　　B. $[u(x)-v(x)]'=u'(x)-v'(x)$

C. $[4u(x)]'=4u'(x)$　　D. $[u(x)v(x)]'=u'(x)v'(x)$

(3)一质点做直线运动的方程是 $s=1+2t-t^2$，则 $t=1$ 时质点运动的速度为（　　）.

A. 0　　B. 1　　C. 2　　D. 4

(4)若 $y-xe^y=1$，则 $\frac{dy}{dx}=$（　　）.

A. $\frac{e^y}{xe^y-1}$　　B. $\frac{e^y}{1-xe^y}$　　C. $\frac{1-xe^y}{e^y}$　　D. $\frac{1-xe^y}{1-e^y}$

(5)已知 $y=x^a+a^x+\ln a$（其中 $a>0$ 且 $a\neq1$），则 $y'=$（　　）.

A. $y'=ax^{a-1}+xa^{x-1}+aa^{a-1}$　　B. $y'=ax^{a-1}+a^x\ln a+a^a\ln a$

C. $y'=ax^{a-1}+a^x\ln a$　　D. $y'=x^a\ln x+a^x\ln a$

2. 填空题

(1)设 $y=2^x-\sqrt{x}+\ln 2$，则 $y'\Big|_{x=1}=$________.

(2)设 $y=\frac{e^x}{x}$，则 $y'=$________.

(3)设 $y=e^{\sin x}$，则 $y'=$________.

(4)一质点做直线运动的方程是 $s=t^3+2t^2-1$，则 $t=1$ 时质点运动的加速度为________.

(5)$y=x^n+e^x$，则 $y^{(n)}=$________.

3. 判断题

(1)函数 $y=2x^2+5x+e$ 的导数为 $4x+5+e$.　　（　　）

(2)设函数 $f(x)=e^{\tan x}$，则 $f'(x)=e^{\tan x}$. （　）

(3)设 $y=(2x+1)^3$，则 $y'=6(2x+1)^2$. （　）

(4)设 $y=f(-3x)$，则 $y'=f'(-3x)$. （　）

(5)已知 $y=\cos x$，则 $y^{(5)}=\sin x$. （　）

4. 计算题

(1)$y=x\cdot\sqrt{x}-\dfrac{1}{x}+\cos\dfrac{\pi}{6}$，求 y'.

(2)$y=x^4+3^x$，求 y'.

(3)$y=\dfrac{\ln x}{2x}$，求 y'.

(4)$y=\dfrac{\tan x}{x^2}$，求 y'.

(5)$y=(6x+5)^3$，求 y'.

(6)$y=\ln(\sin 2x)$，求 y'.

(7)$xy-e^x-\ln y=1$，求 y'.

(8)$2y=\cos(x+2y)$，求 y'.

2.3　函数的微分

函数的导数表示函数的变化率，它描述了函数变化的快慢程度. 在实际问题中，有时还需要计算当自变量取得一个微小的增量时，函数相应的增量. 一般来说，计算函数增量 Δy 的精确值比较困难，另外，有时也不需要计算它的精确值，所以，往往需要运用简便的方法计算它的近似值，这就是函数的微分所要解决的问题.

2.3.1　微分的概念

1. 引例

设正方形金属薄片的边长为 x_0，受热后它的边长伸长了 Δx（图 2-4），则相应的面积增量为

$$\Delta y=(x_0+\Delta x)^2-x_0^2=2x_0\Delta x+(\Delta x)^2.$$

Δy 由两部分组成，第一部分 $2x_0\Delta x$ 是 Δx 的线性函数，第二部分 $(\Delta x)^2$ 是 Δx 的二次函数. 当 $|\Delta x|$ 很小时，第二部分 $(\Delta x)^2$ 可忽略不计，面积 y 的增量可近似地用 $2x_0\Delta x$ 来代替，即 $\Delta y\approx 2x_0\Delta x$.

由于正方形面积 $y=f(x)=x^2$，所以 $y'|_{x=x_0}=2x_0$，即 $f'(x_0)=2x_0$，于是有

$$\Delta y\approx f'(x_0)\Delta x$$

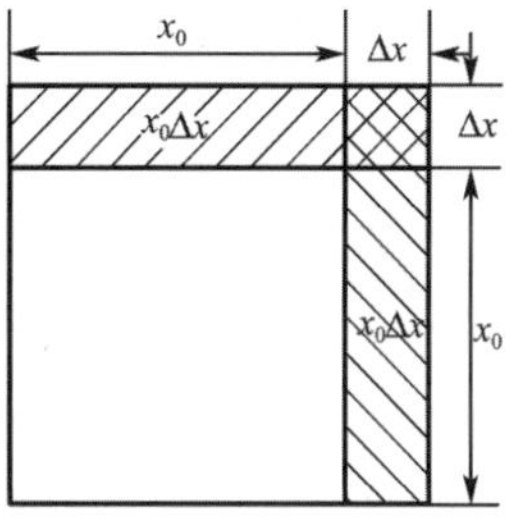

图 2-4

这个结论具有一般性.

设函数 $y=f(x)$ 在点 x 处可导，即

$$\lim_{\Delta x\to 0}\frac{\Delta y}{\Delta x}=f'(x),$$

所以 $\dfrac{\Delta y}{\Delta x}=f'(x)+\alpha$（$\alpha$ 是当 $\Delta x\to 0$ 时的无穷小量），因而 $\Delta y=f'(x)\Delta x+\alpha\Delta x$（$\alpha$ 是 $\Delta x\to 0$ 时的无穷小量）.

可见，函数增量 Δy 被分成了两部分，第一部分 $f'(x)\Delta x$ 是 Δx 的线性部分，当 $|\Delta x|$ 充分小时，第二部分 $\alpha\Delta x$ 可忽略不计，即 $f'(x)\Delta x$ 称为 Δy 的主要组成部分，简称**线性主部**，可用它近似代替 Δy 的值，即 $\Delta y\approx f'(x)\Delta x$. 把 $f'(x)\Delta x$ 称为 $y=f(x)$ 在点 x 处的微分.

2. 微分的定义

定义 1　设函数 $y=f(x)$ 在点 x 处可导，称 $f'(x)\Delta x$ 为函数 $f(x)$ 在点 x 处的**微分**，记为 dy 或 $df(x)$，即

微分的概念

$$dy=f'(x)\Delta x.$$

若令函数 $y=x$，则 $dy=dx=(x)'\Delta x=\Delta x$，即

$$dx=\Delta x.$$

上式说明，自变量 x 的微分 dx 等于它的增量 Δx，因此，微分表达式中常用 dx 代替 Δx，即

$$dy=f'(x)dx.$$

将其变形得

$$f'(x)=\frac{dy}{dx}.$$

上式表明，函数 $y=f(x)$ 的导数等于函数的微分 dy 与自变量的微分 dx 之比，因此**导数**又称**微分的商**，简称**微商**.

由此可见，若函数在点 x 处可导，则函数在点 x 处可微；反之，若函数在点 x 处可微，必有函数在点 x 处可导，可导函数也称可微函数.

例 1 求函数 $y=x^2$ 在点 $x=1$ 处当 $\Delta x=0.01$ 时的增量 Δy 与微分 dy.

解

$$\Delta y\Big|_{\substack{x=1\\ \Delta x=0.01}}=f(1.01)-f(1)=(1.01)^2-1^2=0.0201,$$

$$dy\Big|_{\substack{x=1\\ \Delta x=0.01}}=(x^2)'\cdot\Delta x\Big|_{\substack{x=1\\ \Delta x=0.01}}=2\times1\times0.01=0.02.$$

【练习 1】 求函数 $y=3x^2+1$ 在点 $x=2$ 处当 $\Delta x=0.05$ 时的增量 Δy 与微分 dy.

解

$$\Delta y\Big|_{\substack{x=1\\ \Delta x=0.05}}=f(\quad)-f(\quad)=(\quad)-(\quad)=(\quad),$$

$$dy\Big|_{\substack{x=1\\ \Delta x=0.05}}=(\quad)'\Delta x\Big|_{\substack{x=1\\ \Delta x=0.05}}=(\quad)=(\quad).$$

·思考· 函数 $y=x^{10}$ 在点 $x=1$ 处当 $\Delta x=0.01$ 时的增量 Δy 与微分 dy 分别是什么？

例 2 求函数 $y=\sin x$ 的微分.

解 $dy=d(\sin x)=(\sin x)'dx=\cos x\,dx.$

【练习 2】 求函数 $y=x^3$ 的微分.

解 $dy=d(\quad)=(\quad)'dx=(\quad)dx.$

例 3 求函数 $y=x\tan x$ 的微分.

解 $dy=d(x\tan x)=(x\tan x)'dx=(\tan x+x\sec^2 x)dx.$

【练习 3】 求函数 $y=\ln(x+1)$ 的微分.

解 $dy=d(\quad)=(\quad)'dx=(\quad)dx.$

3. 微分的几何意义

如图 2-5 所示，设 MT 为曲线 $y=f(x)$ 在点 $M(x,y)$ 处的切线，由导数的几何意义知，$f'(x)=\tan\alpha$. 当自变量 x 有增量 Δx 时，得到曲线上另一点 $N(x+\Delta x,y+\Delta y)$，切线 MT 的纵坐标相应的增量为

$$QP=MQ\cdot\tan\alpha=\Delta x\cdot\tan\alpha=\Delta x\cdot f'(x)=f'(x)dx,$$

即

$$dy=QP.$$

图 2-5

由此可见，函数 $y=f(x)$ 在点 x 处的微分 dy 的几何意义，就是曲线 $y=f(x)$ 在点 $M(x,y)$ 处的切线 MT 上的纵坐标对应于 dx 的增量 QP. 它是曲线 $y=f(x)$ 在点 M 处纵坐标增量 QN 的近似值.

由图 2-5 可知，当 $\Delta x\to0$ 时，$QN\to QP$，略去的 $PN\to0$. 即当 $\Delta x\to0$ 时，用函数的微分近似代替函数的增量，产生的误差非常小，可忽略不计.

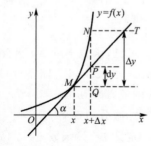

那么微分的几何意义和导数有什么关系呢？微分是用来描述变化量的线性逼近的，几何上看就是局部很小的一段，引入微分可以用来描述局部性态，导数是微分的商，研究的是一个量对另一个量的变化率.

2.3.2 微分的运算

由微分的定义，函数的微分 $dy=f'(x)dx$，所以由导数的公式及其运算法则，就可以得到相应的微分的公式及其运算法则.

1. 微分的基本公式

(1) $d(C)=0$（C 为常数）；

(2) $d(x^{\alpha})=\alpha x^{\alpha-1}dx$；

(3) $d(a^x)=a^x\ln a\,dx$；

(4) $d(e^x)=e^x dx$；

(5) $d(\log_a x)=\dfrac{1}{x\ln a}dx$；

(6) $d(\ln x)=\dfrac{1}{x}dx$；

(7) $d(\sin x)=\cos x\,dx$；

(8) $d(\cos x)=-\sin x\,dx$；

(9) $d(\tan x)=\sec^2 x\,dx$；

(10) $d(\cot x)=-\csc^2 x\,dx$；

(11) $d(\sec x)=\sec x\tan x\,dx$；

(12) $d(\csc x)=-\csc x\cot x\,dx$；

(13) $d(\arcsin x)=\dfrac{1}{\sqrt{1-x^2}}dx$；

(14) $d(\arccos x)=-\dfrac{1}{\sqrt{1-x^2}}dx$；

(15) $d(\arctan x)=\dfrac{1}{1+x^2}dx$；

(16) $d(\text{arccot}\,x)=-\dfrac{1}{1+x^2}dx$.

2. 函数和、差、积、商的微分法则

设 $u=u(x)$，$v=v(x)$ 都是可微函数，则

(1) $d(u\pm v)=du\pm dv$；

(2) $d(uv)=v\,du+u\,dv$；

(3) $d\left(\dfrac{u}{v}\right)=\dfrac{v\,du-u\,dv}{v^2}\ (v\neq 0)$.

例 4 求函数 $y=\dfrac{\sin(2x+4)}{4}$ 的微分.

解

$$dy=d\left(\frac{\sin(2x+4)}{x}\right)=\frac{x\,d\sin(2x+4)-\sin(2x+4)dx}{x^2}$$

$$=\frac{2x\cos(2x+4)dx-\sin(2x+4)dx}{x^2}$$

$$=\frac{2x\cos(2x+4)-\sin(2x+4)}{x^2}dx.$$

【练习 4】 求函数 $y=\dfrac{x^2}{2x+1}$ 的微分.

解

$$dy=d\left(\frac{x^2}{2x+1}\right)=\frac{(\quad)dx^2-x^2d(\quad)}{(\quad)^2}$$

$$=\frac{(\quad)dx-(\quad)dx}{(\quad)^2}=\frac{(\quad)}{(\quad)^2}dx.$$

3. 复合函数的微分法则

设函数 $y=f(u)$，$u=\varphi(x)$ 都是可导函数，则复合函数 $y=f[\varphi(x)]$ 的微分

$$dy=f'(u)\varphi'(x)dx=f'(u)du,$$

即

$$dy=f'(u)du.$$

这个公式与 $dy=f'(x)dx$ 在形式上完全一样. 可见，不论 u 是中间变量还是自变量，函数 $y=$

$f(u)$的微分都是$f'(u)\mathrm{d}u$，这个性质称为**微分形式的不变性**.

根据这一性质，上面所得到的微分基本公式中的x都可以换成可微函数u，例如，$\mathrm{d}(\ln u)=\frac{1}{u}\mathrm{d}u$，这里$u$是$x$的可微函数.

例 5 求$y=\tan(1+2x)$的微分.

解 设$u=1+2x$，则$y=\tan u$，于是，利用微分形式的不变性有

$$\mathrm{d}y=(\tan u)'\mathrm{d}u,$$

$$\begin{aligned}\mathrm{d}y&=\sec^2 u\,\mathrm{d}u\\&=\sec^2(1+2x)\mathrm{d}(1+2x)\\&=2\sec^2(1+2x)\mathrm{d}x.\end{aligned}$$

【练习 5】 求$y=\ln(x^2+1)$的微分.

解 设$u=x^2+1$，则$y=\ln u$，于是，利用微分形式的不变性有

$$\mathrm{d}y=(\qquad)'\mathrm{d}u,$$

$$\begin{aligned}\mathrm{d}y&=(\qquad)\mathrm{d}u\\&=(\qquad)\mathrm{d}(x^2+1)\\&=(\qquad)\mathrm{d}x.\end{aligned}$$

例 6 利用微分形式的不变性，求下列函数的微分.

(1)$y=\ln(1+\mathrm{e}^x)$； (2)$y=\mathrm{e}^{x^2}$.

解 (1)$\mathrm{d}y=\mathrm{d}\ln(1+\mathrm{e}^x)=\frac{1}{1+\mathrm{e}^x}\mathrm{d}(1+\mathrm{e}^x)=\frac{\mathrm{e}^x}{1+\mathrm{e}^x}\mathrm{d}x$.

(2)$\mathrm{d}y=\mathrm{d}(\mathrm{e}^{x^2})=\mathrm{e}^{x^2}\mathrm{d}(x^2)=2x\mathrm{e}^{x^2}\mathrm{d}x$.

【练习 6】 求$y=\tan(x+1)$的微分.

解 $\mathrm{d}y=\mathrm{d}\tan(x+1)=(\qquad)\mathrm{d}(x+1)=(\qquad)\mathrm{d}x$.

例 7 在等式$\mathrm{d}(\qquad)=x\mathrm{d}x$左端的括号中填入适当的函数，使等式成立.

解 因为

$$\mathrm{d}(x^2)=2x\mathrm{d}x,$$

所以

$$x\mathrm{d}x=\frac{1}{2}\mathrm{d}(x^2)=\mathrm{d}\left(\frac{x^2}{2}\right),$$

即

$$\mathrm{d}\left(\frac{x^2}{2}\right)=x\mathrm{d}x.$$

一般地，有$\mathrm{d}\left(\frac{x^2}{2}+C\right)=x\mathrm{d}x$（$C$为任意常数）.

【练习 7】 在等式$\mathrm{d}(\qquad)=\cos 6x\mathrm{d}x$左端的括号中填入适当的函数，使等式成立.

解 因为

$$\mathrm{d}(\sin 6x)=(\qquad)\cos 6x\mathrm{d}x,$$

所以

$$\cos 6x\mathrm{d}x=(\qquad)\mathrm{d}(\sin 6x)=\mathrm{d}(\qquad\qquad),$$

即

$$\mathrm{d}(\qquad\qquad)=\cos 6x\mathrm{d}x.$$

2.3.3 微分的近似计算

设函数$y=f(x)$在点x_0处可导，若$f'(x_0)\neq 0$，且$|\Delta x|$很小时，有

$$\Delta y=f(x_0+\Delta x)-f(x_0)\approx f'(x_0)\Delta x,$$

变形可得

$$f(x_0+\Delta x)\approx f(x_0)+f'(x_0)\Delta x.$$

这是计算 x_0 附近的点的函数值的近似公式.

若令 $x_0+\Delta x=x$,则有

$$f(x)\approx f(x_0)+f'(x_0)(x-x_0),$$

特别地,当 $x_0=0$ 时,有

$$f(x)\approx f(0)+f'(0)x,$$

这是计算 $x=0$ 附近的点的函数值的近似公式.

由上式可以得出工程上常用的几个近似公式:

当 $|x|$ 很小时,有

$$\sin x\approx x(x\text{ 的单位是弧度});$$

$$\tan x\approx x(x\text{ 的单位是弧度});$$

$$\ln(1+x)\approx x;\mathrm{e}^x\approx 1+x;$$

$$\sqrt[n]{1+x}\approx 1+\frac{1}{n}x(\text{当 } n \text{ 为正整数时}).$$

例 8 计算 $\sin 30°30'$ 的近似值.

解 设 $f(x)=\sin x$,则 $f'(x)=\cos x$,取 $x_0=30°=\frac{\pi}{6}$,则 $\Delta x=30'=\frac{\pi}{360}$,由近似公式

$$f(x_0+\Delta x)\approx f(x_0)+f'(x_0)\Delta x,$$

得

$$\sin 30°30'=\sin\left(\frac{\pi}{6}+\frac{\pi}{360}\right)\approx\sin\frac{\pi}{6}+\cos\frac{\pi}{6}\cdot\frac{\pi}{360}$$

$$=\frac{1}{2}+\frac{\sqrt{3}}{2}\cdot\frac{\pi}{360}\approx 0.507\ 6.$$

例 9 设某国的国民经济消费模型为 $y=10+0.4x+0.01x^{\frac{1}{2}}$,其中,$y$ 为总消费(单位:十亿元),x 为可支配收入(单位:十亿元).当 $x=100.05$ 时,问总消费是多少?

解 令 $x_0=100,\Delta x=0.05$,因为 Δx 相对于 x_0 很小,所以

$$\begin{aligned}f(x_0+\Delta x)&\approx f(x_0)+f'(x_0)\Delta x\\&=(10+0.4\times 100+0.01\times 100^{\frac{1}{2}})+(10+0.4x+0.01x^{\frac{1}{2}})'\Big|_{x=100}\times 0.05\\&=50.1+\left(0.4+\frac{0.01}{2\sqrt{x}}\right)\Big|_{x=100}\times 0.05\\&=50.1200\ 25.\end{aligned}$$

·思考· 微分概念在实际应用中有何实际意义?微分与导数有何区别?

同步训练 2-3

1. 选择题

(1) $\mathrm{d}(x^4)=($　　$)$.

A. $x^3\mathrm{d}x$　　B. $\frac{1}{3}x^3\mathrm{d}x$　　C. $4x^3\mathrm{d}x$　　D. $\frac{1}{4}x^4\mathrm{d}x$

(2)$d(\ln 2x)=($　　).

A. $\frac{1}{2x}dx$　　B. $\frac{1}{x}dx$　　C. $\frac{2}{x}dx$　　D. $2dx$

(3)设 $u=u(x)$,$v=v(x)$都是可微函数,则 $d(uv)=($　　).

A. $udu+vdv$　　B. $u'dv+v'du$　　C. $udv+vdu$　　D. $udv-vdu$

(4)设 $y=f(-x)$,则 $dy=($　　).

A. $f(-x)dx$　　B. $-f'(-x)dx$　　C. $f(x)dx$　　D. $-f(x)dx$

(5)若等式 d(　　)$=-2xe^{-x^2}dx$ 成立,那么应填入的表达式是(　　).

A. $-2xe^{-x^2}+C$　　B. $-2e^{-x^2}+C$　　C. e^{-x^2+C}　　D. $2xe^{-x^2}+C$

2. 填空题

(1)函数 $y=2x^2+1$ 在 $x=3$ 处的微分为________.

(2)已知 $f(x)=\ln(4x^2-1)$,则 $df(x)=$________.

(3)d________$=3xdx$,d________$=e^{-x}dx$.

(4)设 $y=2e^x$,则 $dy=$________.

(5)设 $y=f(x)$是可微函数,则 $df(\cos x)=$________.

3. 判断题

(1)若函数 $y=f(x)$在 x_0 处可微,则 $y=f(x)$在点 x_0 处一定可导.　　(　　)

(2)设函数 $f(x)=\ln(\ln 2x)$,则 $df(x)=\frac{1}{\ln 2x}dx$.　　(　　)

4. 计算题

(1)$y=\sqrt{1+x^2}$,求 dy.　　(2)$y=\sqrt{x}+\frac{1}{\sqrt{x}}$,求 dy.

(3)$y=\arctan x^2$,求 dy.　　(4)$y=\cos x\sin 3x$,求 dy.

2.4 导数的应用

2.4.1 中值定理

中值定理是导数应用的桥梁,它是研究函数整体性质强有力的工具.

定理 1 (**罗尔定理**)如果函数 $f(x)$满足:

(1)在闭区间$[a,b]$上连续;

(2)在开区间(a,b)内可导;

(3)$f(a)=f(b)$.

则在(a,b)内至少存在一点 ξ,使得 $f'(\xi)=0$.

罗尔定理的几何意义是:如果一条连续曲线 $y=f(x)$,除曲线端点外每一点都存在切线,并且曲线的两个端点在同一水平线上,那么在该曲线上至少存在一点,使得过该点的切线为水平切线(图 2-6).

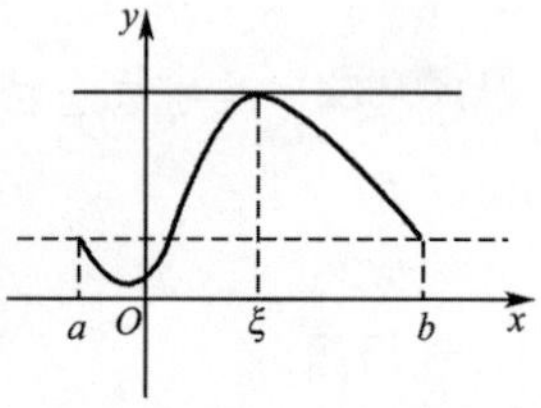

图 2-6

定理 2 (**拉格朗日中值定理**)如果函数 $f(x)$满足:

(1)在闭区间$[a,b]$上连续;

(2)在开区间(a,b)内可导.

则在区间(a,b)内至少存在一点 ξ,使得

$$f'(\xi)=\frac{f(b)-f(a)}{b-a},$$

即 $f(b)-f(a)=f'(\xi)(b-a),a<\xi<b$.

拉格朗日中值定理

该定理给出了函数在闭区间上的平均变化率(或改变量)和函数在该区间内某点处导数之间的关系,从而使我们能利用导数去研究函数在区间上的特性.

拉格朗日中值定理的几何意义是:连续曲线 $y=f(x)$ 除端点外,如果每一点都存在导数,那么至少存在一点,使得过该点的切线与过曲线两端点的割线平行.(图 2-7)

推论 1 如果在区间 (a,b) 内 $f'(x)\equiv 0$,则在 (a,b) 内 $f(x)$ 为一常数.

推论 2 如果对区间 (a,b) 内的任意 x,有 $f'(x)=g'(x)$,则有 $f(x)-g(x)=C$,其中 C 是常数.

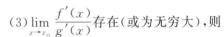

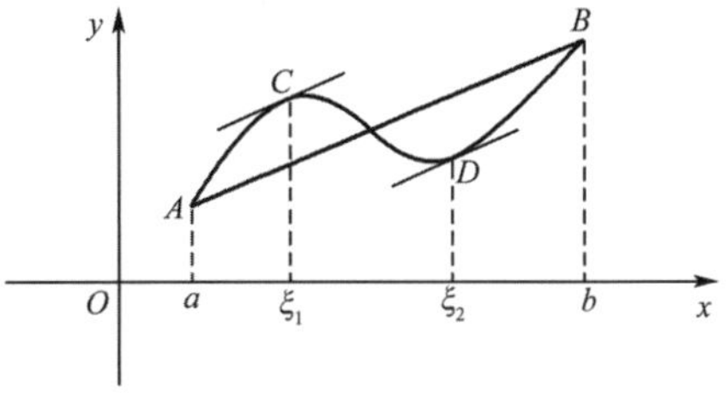

图 2-7

2.4.2 洛必达法则

中值定理的一个重要应用是计算函数的极限.我们已经知道,当分子、分母都是无穷小或都是无穷大时,两个函数之比的极限可能存在也可能不存在,即使极限存在也不能用“商的极限等于极限的商”这一运算法则.前一种情况是“$\frac{0}{0}$”型极限问题,后一种情况是“$\frac{\infty}{\infty}$”型极限问题,在数学上,统称为未定式.在此之前,没有很好的办法求出它们的极限值,一般都是采用恒等变形后,再进行计算的.这里介绍一种较为便捷的方法——洛必达法则,用它就可以比较便利地解决未定式的极限.

洛必达法则

1.“$\frac{0}{0}$”型未定式

定理 3 设函数 $f(x),g(x)$ 满足:

(1) $\lim\limits_{x\to x_0}f(x)=0,\lim\limits_{x\to x_0}g(x)=0$;

(2)在点 x_0 的附近(点 x_0 可除外),$f'(x)$ 与 $g'(x)$ 存在且 $g'(x)\neq 0$;

(3) $\lim\limits_{x\to x_0}\frac{f'(x)}{g'(x)}$ 存在(或为无穷大),则

$$\lim_{x\to x_0}\frac{f(x)}{g(x)}=\lim_{x\to x_0}\frac{f'(x)}{g'(x)}.$$

上述关于 $x\to x_0$ 时,“$\frac{0}{0}$”型未定式的洛必达法则,对于 $x\to\infty$ 时的“$\frac{0}{0}$”型未定式同样适用.

例 1 求 $\lim\limits_{x\to 0}\frac{\sin x}{2x}$.

解 这是“$\frac{0}{0}$”型未定式,用洛必达法则有:

$$\lim_{x\to 0}\frac{\sin x}{2x}=\lim_{x\to 0}\frac{\cos x}{2}=\frac{1}{2}.$$

【练习 1】 求 $\lim\limits_{x\to 0}\frac{1-\cos x}{x^2}$.

解 这是“$\frac{0}{0}$”型未定式,用洛必达法则有:

$$\lim_{x\to 0}\frac{1-\cos x}{x^2}\overset{\frac{0}{0}}{=\!=}\lim_{x\to 0}\frac{(\quad)}{2x}=(\quad).$$

例 2 求$\lim\limits_{x\to 0}\dfrac{\ln(1+x)}{x}$.

解 这是“$\dfrac{0}{0}$”型未定式,用洛必达法则有：

$$\lim_{x\to 0}\frac{\ln(1+x)}{x}=\lim_{x\to 0}\frac{1}{1+x}=1.$$

【练习 2】 求$\lim\limits_{x\to 0}\dfrac{\sin 2x}{\sin x}$.

解 这是“$\dfrac{0}{0}$”型未定式,用洛必达法则有：

$$\lim_{x\to 0}\frac{\sin 2x}{\sin x}\overset{\frac{0}{0}}{=\!=}\lim_{x\to 0}\frac{2\cos 2x}{(\qquad)}=(\qquad\qquad).$$

例 3 求$\lim\limits_{x\to 0}\dfrac{x-\sin x}{\sin x^{3}}$.

解 这是“$\dfrac{0}{0}$”型未定式,用洛必达法则有：

$$\lim_{x\to 0}\frac{x-\sin x}{\sin x^{3}}=\lim_{x\to 0}\frac{1-\cos x}{3x^{2}\cos x^{3}}=\lim_{x\to 0}\frac{1}{3\cos x^{3}}\cdot\lim_{x\to 0}\frac{1-\cos x}{x^{2}}$$

$$=\frac{1}{3}\lim_{x\to 0}\frac{\sin x}{2x}=\frac{1}{6}\lim_{x\to 0}\frac{\sin x}{x}=\frac{1}{6}.$$

如果$\lim\limits_{x\to x_0}\dfrac{f'(x)}{g'(x)}$仍为“$\dfrac{0}{0}$”型,且满足洛必达法则中的条件,那么可继续应用洛必达法则进行计算.

【练习 3】 求$\lim\limits_{x\to 1}\dfrac{\sin x-\sin 1}{x-1}$.

解 这是“$\dfrac{0}{0}$”型未定式,用洛必达法则有：

$$\lim_{x\to 1}\frac{\sin x-\sin 1}{x-1}\overset{\frac{0}{0}}{=\!=}\lim_{x\to 1}\frac{\cos x}{(\qquad)}=(\qquad).$$

2. “$\dfrac{\infty}{\infty}$”型未定式

定理 4 设函数$f(x)$,$g(x)$满足：

(1)$\lim\limits_{x\to x_0}f(x)=\infty$,$\lim\limits_{x\to x_0}g(x)=\infty$;

(2)在点x_0的附近(点x_0可除外),$f'(x)$与$g'(x)$存在且$g'(x)\neq 0$;

(3)$\lim\limits_{x\to x_0}\dfrac{f'(x)}{g'(x)}$存在(或为无穷大),则

$$\lim_{x\to x_0}\frac{f(x)}{g(x)}=\lim_{x\to x_0}\frac{f'(x)}{g'(x)}.$$

对于$x\to\infty$时的“$\dfrac{\infty}{\infty}$”型未定式,定理 4 同样成立.

例 4 求$\lim\limits_{x\to+\infty}\dfrac{\ln x}{x^{2}}$.

解 这是“$\dfrac{\infty}{\infty}$”型未定式,用洛必达法则有：

$$\lim_{x\to+\infty}\frac{\ln x}{x^2}=\lim_{x\to+\infty}\frac{\frac{1}{x}}{2x}=\lim_{x\to+\infty}\frac{1}{2x^2}=0.$$

【练习 4】 求 $\lim\limits_{x\to+\infty}\dfrac{x^2+1}{e^x}$.

解 这是"$\dfrac{\infty}{\infty}$"型未定式，用洛必达法则有：

$$\lim_{x\to+\infty}\frac{x^2+1}{e^x}\overset{\frac{\infty}{\infty}}{=\!=}\lim_{x\to+\infty}\frac{2x}{(\quad)}\overset{\frac{\infty}{\infty}}{=\!=}\lim_{x\to+\infty}\frac{(\quad)}{(\quad)}=(\qquad).$$

3."0 · ∞""∞－∞"等其他类型的未定式

例 5 求 $\lim\limits_{x\to+\infty}\left(\dfrac{\pi}{2}-\arctan x\right)x$.

解 这是"$0\cdot\infty$"型未定式，先转化为"$\dfrac{\infty}{\infty}$"型再用洛必达法则，有

$$\lim_{x\to+\infty}\left(\frac{\pi}{2}-\arctan x\right)x=\lim_{x\to+\infty}\frac{\frac{\pi}{2}-\arctan x}{\frac{1}{x}}\overset{\frac{0}{0}}{=\!=}\lim_{x\to+\infty}\frac{-\frac{1}{1+x^2}}{-\frac{1}{x^2}}$$

$$\overset{\frac{\infty}{\infty}}{=\!=}\lim_{x\to+\infty}\frac{x^2}{1+x^2}=\lim_{x\to+\infty}\frac{2x}{2x}=1.$$

【练习 5】 求 $\lim\limits_{x\to+\infty}xe^{-x}$.

解 这是"$0\cdot\infty$"型未定式，先变形再用洛必达法则，有

$$\lim_{x\to+\infty}xe^{-x}=\lim_{x\to+\infty}\frac{x}{(\quad)}\overset{\frac{\infty}{\infty}}{=\!=}\lim_{x\to+\infty}\frac{(\quad)}{(\quad)}=(\qquad).$$

例 6 求$\lim\limits_{x\to1}\left(\dfrac{2}{x^2-1}-\dfrac{1}{x-1}\right)$.

解 这是"$\infty-\infty$"型未定式，先变形再用洛必达法则，有

$$\lim_{x\to1}\left(\frac{2}{x^2-1}-\frac{1}{x-1}\right)\overset{\infty-\infty}{=\!=}\lim_{x\to1}\frac{1-x}{x^2-1}\overset{\frac{0}{0}}{=\!=}\lim_{x\to1}\frac{-1}{2x}=-\frac{1}{2}.$$

【练习 6】 求$\lim\limits_{x\to0}\left(\dfrac{1}{\sin x}-\dfrac{1}{x}\right)$.

解 这是"$\infty-\infty$"型未定式，先变形再用洛必达法则，有

$$\lim_{x\to0}\left(\frac{1}{\sin x}-\frac{1}{x}\right)\overset{\infty-\infty}{=\!=}\lim_{x\to0}\frac{x-\sin x}{x\sin x}$$

$$\overset{\frac{0}{0}}{=\!=}\lim_{x\to0}\frac{(\qquad)}{\sin x+x\cos x}$$

$$\overset{\frac{0}{0}}{=\!=}\lim_{x\to0}\frac{(\qquad)}{2\cos x-x\sin x}=(\qquad\qquad).$$

在利用洛必达法则解题时，应注意：

(1)每次使用洛必达法则前，应检验是否为"$\dfrac{0}{0}$"型或"$\dfrac{\infty}{\infty}$"型未定式，若不是这种未定式，就不能使用；

(2)洛必达法则的条件是充分而非必要的，因此，有时洛必达法则会失效，但失效时极限仍可能存在；

例如，$\lim\limits_{x\to\infty}\dfrac{x-\sin x}{x+\sin x}=\lim\limits_{x\to\infty}\dfrac{1-\cos x}{1+\cos x}$极限不存在，洛必达法则失效. 但

$$\lim_{x\to\infty}\frac{x-\sin x}{x+\sin x}=\lim_{x\to\infty}\frac{1-\dfrac{\sin x}{x}}{1+\dfrac{\sin x}{x}}=1.$$

又如，$\lim\limits_{x\to+\infty}\dfrac{\sqrt{1+x^2}}{x}=\lim\limits_{x\to+\infty}\sqrt{\dfrac{1}{x^2}+1}=1$，该极限不能用洛必达法则求解.

·思考· 用洛比达法则求极限时应注意什么？

2.4.3 函数的单调性、极值、最值

1. 函数的单调性

用函数单调性的定义来判断一个函数在区间上的单调性，往往比较困难；而利用拉格朗日中值定理很容易推得下面这个非常简便的方法，它是通过函数的导数来确定函数的单调性.

函数的单调性

定理 5 设函数 $y=f(x)$在(a,b)内可导，

(1)如果在(a,b)内 $f'(x)>0$，那么函数 $f(x)$在$[a,b]$内单调递增；

(2)如果在(a,b)内 $f'(x)<0$，那么函数 $f(x)$在$[a,b]$内单调递减.

·注意· 若 $f'(x)\geqslant 0$(或 $f'(x)\leqslant 0$)，等号只在个别点处成立，则 $f(x)$在此区间仍是单调增加的(减少的).

证明 设函数 $f(x)$在$[a,b]$上连续，在(a,b)内可导，在$[a,b]$上任取 $x_1<x_2$，由拉格朗日中值定理可知，至少存在 $\xi\in(x_1,x_2)$，使

$$f(x_2)-f(x_1)=f'(\xi)(x_2-x_1).$$

因为

$$x_2-x_1>0,$$

所以，当 $f'(x)>0$ 时有 $f(x_2)>f(x_1)$表明 $f(x)$在(a,b)内单调递增.

当 $f'(x)<0$ 时有 $f(x_2)<f(x_1)$表明 $f(x)$在(a,b)内单调递减.

例 7 讨论函数 $f(x)=\arctan x-x$ 的单调性.

解 $x\in(-\infty,+\infty)$，

$$f'(x)=\frac{1}{1+x^2}-1=-\frac{x^2}{1+x^2}\leqslant 0,$$

上式中等号仅在 $x=0$ 处成立，故 $f(x)$在$(-\infty,+\infty)$上单调减少.

【练习 7】 讨论函数 $f(x)=x-\cos x$ 在$(0,2\pi)$内的单调性.

解 在$(0,2\pi)$内，

$$f'(x)=(\qquad\qquad)>(\qquad),$$

故 $f(x)$在$(0,2\pi)$内单调(　　).

例 8 讨论函数 $f(x)=2x^3-6x^2-18x+7$ 的单调性.

解 $x\in(-\infty,+\infty)$，

$$f'(x)=6x^2-12x-18=6(x-3)(x+1),$$

令

$$f'(x)=0,$$

即

$$6(x-3)(x+1)=0,$$

解得

$$x_1=-1, x_2=3.$$

列表 2-3 讨论函数的单调性：

表 2-3　　函数区间单调性讨论

x	$(-\infty,-1)$	$(-1,3)$	$(3,+\infty)$
$f'(x)$	+	−	+
$f(x)$	↗	↘	↗

当 $x\in(-\infty,-1)$时，有 $f'(x)>0$，所以函数 $f(x)$在$(-\infty,-1)$单调递增；

当 $x\in(-1,3)$时，有 $f'(x)<0$，所以函数 $f(x)$在$[-1,3]$单调递减；

当 $x\in(3,+\infty)$时，有 $f'(x)>0$，所以函数 $f(x)$在$(3,+\infty)$单调递增.

从上例可以看出，判定函数单调性的步骤为：

(1)确定函数的定义区间；

(2)求导数 $f'(x)$，令 $f'(x)=0$，求出其在定义区间的所有实根，并将根从小到大排列；

(3)用根将定义区间分成若干个开区间；

(4)判定 $f'(x)$在每个小区间的符号，确定单调区间.

【练习 8】 讨论函数 $f(x)=\dfrac{1}{3}x^3-x+1$ 的单调性.

解　$x\in(-\infty,+\infty)$，

$$f'(x)=x^2-1=(\quad)(\quad),$$

令

$$f'(x)=0,$$

即

$$x^2-1=0,$$

解得

$$x_1=-1, x_2=1.$$

列表 2-4 讨论函数的单调性：

表 2-4　　函数区间单调性讨论

x	$(-\infty,-1)$	$(-1,1)$	$((\quad),(\quad))$
$f'(x)$	+	(　)	(　)
$f(x)$	↗	(　)	(　)

当 $x\in(-\infty,-1)$时，有 $f'(x)>0$，所以函数 $f(x)$在$(-\infty,-1)$单调递减；

当 $x\in(-1,1)$时，有 $f'(x)(\quad)0$，所以函数 $f(x)$在$[-1,1]$单调递(　　)；

当 $x\in((\quad),(\quad))$时，有 $f'(x)(\quad)0$，所以函数 $f(x)$在(　　　　)单调递(　　).

2. 函数的极值

函数的极值不仅在实际问题中占有重要的地位，而且也是函数性态的一个重要特征.

> 横看成岭侧成峰，远近高低各不同。
>
> ——宋 · 苏轼《题西林壁》

定义 1　设函数 $f(x)$在 x_0 的附近有定义，且对此附近任一与 x_0 不同的点 x，均有 $f(x)<f(x_0)$(或 $f(x)>f(x_0)$)，则称 $f(x_0)$是函数 $f(x)$的一个**极大值**(或**极小值**).

函数的极值

函数的极大值与极小值统称为函数的**极值**，使函数取得极值的点称为**极值点**.

需要说明的是：(1)函数的极值是局部的概念，也就是说，极小值与极大值之间没有必然的关系.

例如 $f(x)=\begin{cases}1+(x-1)^2, & x>0\\ -1-(x+1)^2, & x<0\end{cases}$，如图 2-8 所示，极小值 $f(1)=1$，极大值 $f(-1)=-1$，极小值大于极大值.

(2)函数在定义域内可能有多个极大值和极小值，并且极值点不能是端点，如图 2-9 所示.

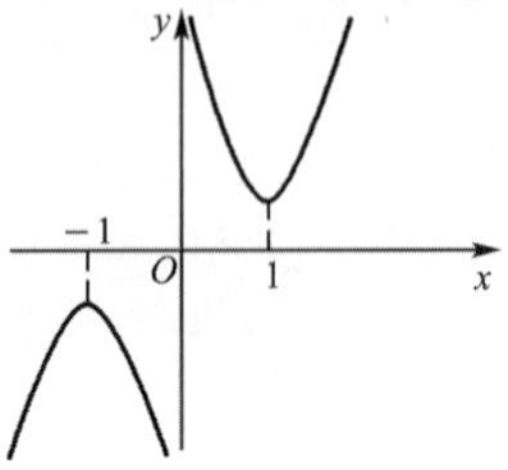

图 2-8

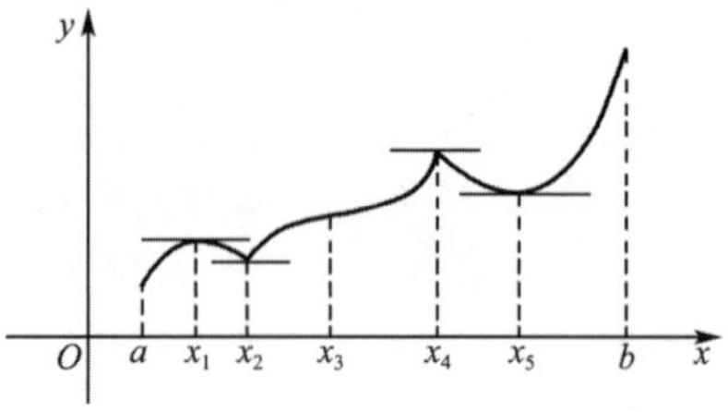

图 2-9

定理 6 (**必要条件**)若函数 $f(x)$ 在点 x_0 处可导，并且在点 x_0 处取得极值，则必有 $f'(x_0)=0$. 当 $f'(x_0)=0$ 时，称点 x_0 为函数 $f(x)$ 的驻点.

·注意· 可导函数 $f(x)$ 的极值点必是 $f(x)$ 的驻点，反过来 $f(x)$ 的驻点不一定是 $f(x)$ 的极值点. 例如，设 $f(x)=x^3$，则 $f'(x)=3x^2$，所以 $f'(0)=0$，即 $x=0$ 是 $f(x)$ 的驻点，但 $x=0$ 不是函数 $f(x)=x^3$ 的极值点.

总之，可导函数 $f(x)$ 的极值点是函数由增(减)到减(增)的分界点，在这一点处曲线的切线总是与 x 轴平行的，因此，在极值点处曲线的切线斜率为零. 另外，函数在不可导点处也可能有极值，例如，函数 $f(x)=\sqrt{x^2}=|x|$，在 $x=0$ 处不可导，而 $x=0$ 是 $f(x)=\sqrt{x^2}=|x|$ 的极小值点.

定理 7 设函数 $f(x)$ 在点 x_0 的附近连续且可导($f'(x_0)$ 可以不存在)，

(1)如果在点 x_0 附近，当 $x<x_0$ 时，$f'(x)>0$，而当 $x>x_0$ 时，有 $f'(x)<0$，则 $f(x)$ 在点 x_0 处取得极大值，$f(x_0)$ 是 $f(x)$ 的极大值；

(2)如果在点 x_0 附近，当 $x<x_0$ 时，$f'(x)<0$，而当 $x>x_0$ 时，有 $f'(x)>0$，则 $f(x)$ 在点 x_0 处取得极小值，$f(x_0)$ 是 $f(x)$ 的极小值；

(3)若 $f'(x)$ 在点 x_0 的左右两侧同号，则 $f(x)$ 在点 x_0 处无极值.

例 9 求出函数 $f(x)=x^3-3x^2-9x+5$ 的极值.

解 $x\in(-\infty,+\infty)$，$f'(x)=3x^2-6x-9=3(x+1)(x-3)$，令

$$f'(x)=0,$$

得驻点

$$x_1=-1, x_2=3.$$

列表 2-5 讨论函数的极值.

表 2-5　函数极值讨论

x	$(-\infty,-1)$	-1	$(-1,3)$	3	$(3,+\infty)$
$f'(x)$	+	0	−	0	+
$f(x)$	↗	极大值	↘	极小值	↗

所以极大值 $f(-1)=10$，极小值 $f(3)=-22$.

【练习 9】 求出函数 $f(x)=\dfrac{1}{3}x^3-\dfrac{1}{2}x^2-6x+5$ 的极值.

解 $f'(x)=x^2-x-6=(x-3)(\quad)$

令 $f'(x)=0$，得驻点

$$x_1=(\quad),x_2=3.$$

列表 2-6 讨论函数的极值.

表 2-6　　函数极值讨论

x	$(-\infty,-2)$	-2	$(-2,(\quad))$	$(\quad)$	$((\quad),+\infty)$
$f'(x)$	$+$	0	$-$	0	(　)
$f(x)$	↗	极大值	↘	(　)	(　)

所以极大值 $f(-2)=(\quad)$，极小值 $f(\quad)=(\quad)$.

例 10　求函数 $y=3-2(x+1)^{\frac{1}{3}}$ 的极值，并讨论它的单调区间.

解　函数的定义域是全体实数，

$$y'=-\frac{2}{3(x+1)^{\frac{2}{3}}},$$

无驻点，但 $x=-1$ 是导数不存在的点，所以 $x=-1$ 可能是函数的极值点.

列表 2-7 讨论函数的极值和单调区间.

表 2-7　函数极值和单调区间讨论

x	$(-\infty,-1)$	-1	$(-1,+\infty)$
y'	$-$	不存在	$-$
y	↘	非极值	↘

由此可得，函数在定义域内是单调递减的.

注意　在驻点或连续不可导点的两侧，若导函数不变号，则该点不是极值点.

由以上各例可以看出，求函数极值点及极值的步骤如下：

(1)确定函数 $f(x)$ 的定义区间，并求其导数 $f'(x)$；

(2)解方程 $f'(x)=0$，求出 $f(x)$ 在其定义区间内的所有驻点；

(3)找出 $f(x)$ 连续但导数不存在的所有点；

(4)讨论 $f'(x)$ 在驻点和不可导点的左、右两侧附近符号变化的情况，确定函数的极值点；

(5)求出极值点所对应的函数值(极大值或极小值).

思考　可能的极值点有哪几种？如何判定可能的极值点是否为极值点？

3. 函数的最值问题

在工农业生产、科学技术研究、经营管理中，经常会遇到在一定条件下，怎样用料最省、产量最多、效率最高、成本最低等问题，这些问题在数学上有时可归结为求某一函数的最大值或最小值问题.

函数的最值是一个整体概念，是对整个定义域而言的.

函数的最值

设函数 $f(x)$ 在闭区间 $[a,b]$ 上连续，则函数的最大值和最小值一定存在. 函数的最大值和最小值有可能在区间的端点处取得，如果最大值不在区间的端点处取得，则必在开区间 (a,b) 内取得，在这种情况下，最大值一定是函数的极大值. 因此，函数在闭区间 $[a,b]$ 上的最大值一定是函数的所有极大值和函数在区间端点的函数值中的最大者. 同理，函数在闭区间 $[a,b]$ 上的最小值一定是函数的所有极小值和函数在区间端点的函数值中的最小者.

闭区间上连续的函数必在该区间上存在最大值和最小值. 一般情况下，函数的最大值、最小值即为函数的极大值、极小值或定义区间端点的函数值. 因此，函数的最大值、最小值可按如下方法求得：

(1)求出函数 $f(x)$ 在 (a,b) 内所有可能的极值点(驻点和不可导点)；

(2)求出 $f(x)$ 在这些点处相应的函数值及端点的函数值 $f(a)$, $f(b)$,然后比较它们的大小,其中最大者为 $f(x)$ 在 $[a,b]$ 上的最大值,最小者为 $f(x)$ 在 $[a,b]$ 上的最小值.

例 11 求函数 $f(x)=x(x-1)^{\frac{1}{3}}$ 在区间 $[-2,2]$ 上的最大值和最小值.

解 因为
$$f'(x)=(x-1)^{\frac{1}{3}}+\frac{1}{3}x(x-1)^{-\frac{2}{3}}=\frac{4x-3}{3\sqrt[3]{(x-1)^2}},$$
令 $f'(x)=0$,得驻点 $x_1=\frac{3}{4}$,且在点 $x_2=1$ 处导数不存在.

计算 $f(x)$ 在区间端点及驻点 x_1,导数不存在的点 x_2 处的函数值,得
$$f(-2)=2\sqrt[3]{3},f(2)=2,f\left(\frac{3}{4}\right)=-\frac{3}{4}\sqrt[3]{\frac{1}{4}},f(1)=0.$$

比较以上各值可得,$f(x)$ 在区间 $[-2,2]$ 上的最大值为 $f(-2)=2\sqrt[3]{3}$,最小值为 $f\left(\frac{3}{4}\right)=-\frac{3}{4}\sqrt[3]{\frac{1}{4}}$.

【练习 10】 求函数 $f(x)=x^3-3x^2+1$ 在 $[-2,6]$ 上的最大值和最小值.

解 因为
$$f'(x)=3x^2-6x=3x(\quad),$$
令
$$f'(x)=0,$$
解得驻点
$$x_1=(\quad),x_2=(\quad).$$
计算 $f(x)$ 在区间端点及驻点,导数不存在的点处的函数值,得
$$f(-2)=(\quad),f(6)=(\quad),f(\quad)=(\quad),f(\quad)=(\quad).$$
比较以上各值可得,$f(x)$ 在 $[-2,6]$ 上的最大值为 $f(\quad)=(\quad)$,最小值为 $f(\quad)=(\quad)$.

例 12 把一根直径为 d 的圆木锯成截面为矩形的梁(图 2-10).问矩形截面的高 h 和宽 b 应如何选择才能使梁的抗弯截面模量 $W\left(W=\frac{1}{6}bh^2\right)$ 最大?

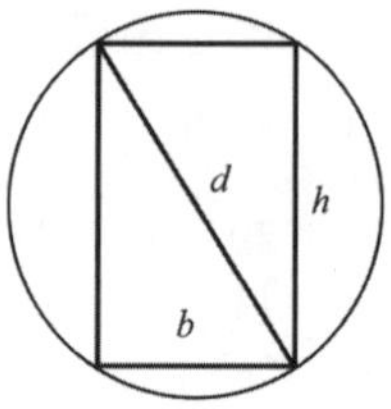

图 2-10

解 h 与 b 有下面的关系:$h^2=d^2-b^2$,因而
$$W=\frac{1}{6}b(d^2-b^2)\quad(0<b<d),$$
于是问题转化为:当 b 等于多少时目标函数 W 取最大值.

为此,求 W 对 b 的导数 $W'=\frac{1}{6}(d^2-3b^2)$,解方程 $W'=0$ 得驻点 $b=\sqrt{\frac{1}{3}}d$.

由于梁的最大抗弯截面模量一定存在,且在 $(0,d)$ 内取得,又函数 $W=\frac{1}{6}b(d^2-b^2)$ 在 $(0,d)$ 内只有一个驻点,所以当 $b=\sqrt{\frac{1}{3}}d$ 时,W 的值最大.此时,
$$h^2=d^2-b^2=d^2-\frac{1}{3}d^2=\frac{2}{3}d^2,$$
即

$$h=\sqrt{\frac{2}{3}}d,$$

所以有

$$d:h:b=\sqrt{3}:\sqrt{2}:1.$$

【练习 11】 某宾馆有 50 个房间供游客居住，当每个房间每天的定价为 180 元时，房间会全部住满；房间的单价每增加 10 元，就会有一个房间空闲. 如果游客居住房间，宾馆每天每间需花费 20 元的维修费，问房间如何定价才能使宾馆的利润最大？

解 设宾馆定价为 180＋(　　)元时，宾馆的利润为 W 最大

$$W(x)=f(x)=(180+(\quad))(50-x)-20(50-x)\quad(0\leqslant x<50)$$
$$=(\qquad\qquad).$$

求出 $W'(x)=(\quad)$，令 $W'(x)=0$，求得 $x=(\quad)$.

列表 2-8.

表 2-8　　函数极值讨论

x	$(0,x)$	(　　)	$(x,50)$
$W'(x)$		0	
$W(x)$		极大值	

当房间单价不增加，房间全部住满，即 $f(0)=(\quad)$，所以当 $x=(\quad)$，利润 W 最大.

此时房价为 180＋(　　)＝(　　).

【拓展练习】 某制造商制造并出售球形瓶装的某种饮料，瓶子的制造成本是 $0.8\pi r^2$ 分，其中 r 是瓶子的半径，单位是厘米. 已知每出售 1 mL 的饮料，制造商可获利 0.2 分，且制造商能制造的瓶子的最大半径为 6 厘米.

问题：(1)瓶子的半径多大时，能使每瓶饮料的利润最大？

(2)瓶子的半径多大时，能使每瓶饮料的利润最小？

2.4.4　曲线的凹凸性与拐点

利用一阶导数可以判断函数的单调性，使人们很容易地知道函数曲线在某一区间是上升的，还是下降的. 但是，对于同为上升(或下降)的曲线，其弯曲方向可能是不同的.(图 2-11、图 2-12)

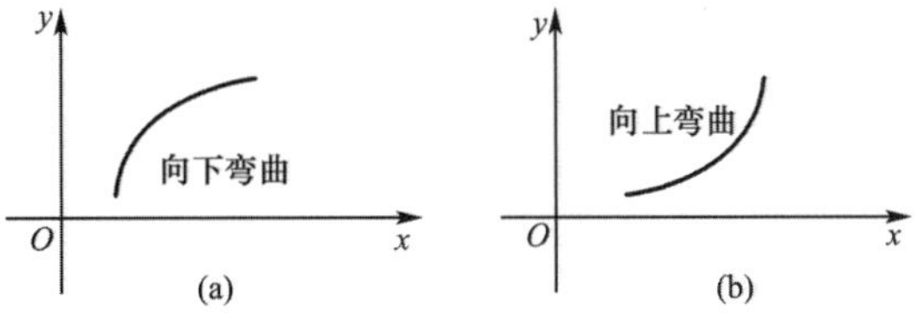

图 2-11　上升曲线

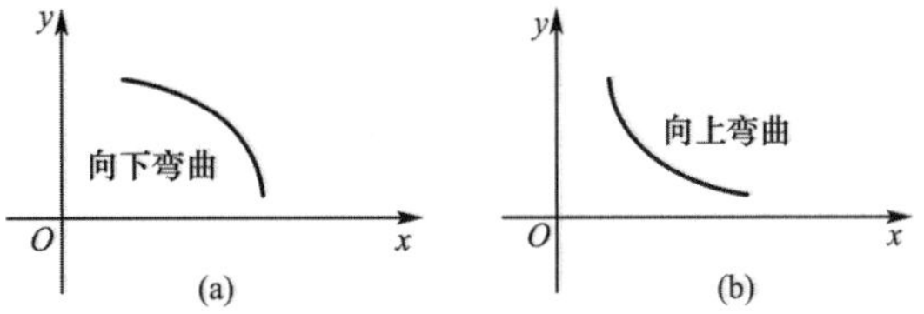

图 2-12　下降曲线

在研究函数曲线时，考虑它的弯曲方向及弯曲方向发生改变的点，是很有必要的，我们将利用函数的二阶导数研究这一问题，这就是曲线的凹凸性问题.

定义 2 在区间(a,b)内，如果曲线弧位于其上任意一点的切线的下方，则称此曲线弧在区间(a,b)内是**凸的**(或向下凹的)；如果曲线弧位于其上任意一点的切线的上方，则称此曲线弧在区间(a,b)内是**凹的**(或向上凹的).

曲线凹凸性的判定法：

从图 2-13 容易看出，随着坐标 x 的增加，凹弧上各点的切线斜率逐渐增大，即 $f'(x)$是单调增加的；从图 2-14 可以看出，随着坐标 x 的增加，凸弧上各点的切线斜率逐渐减小，即 $f'(x)$是单调减少的. 对于 $f'(x)$的增减性可由 $f'(x)$的导数，即 $f''(x)$来判定，由此可得出曲线凹凸性的判定法.

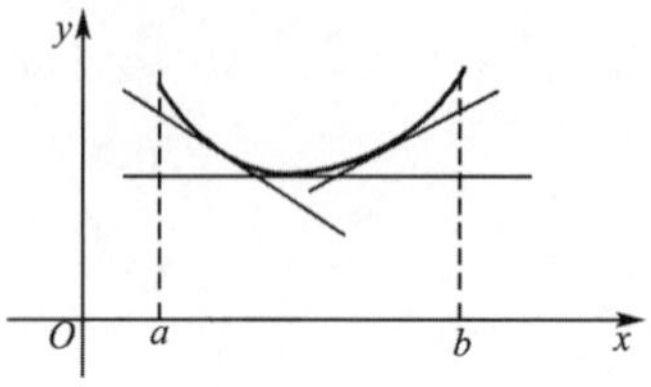

图 2-13　凹弧

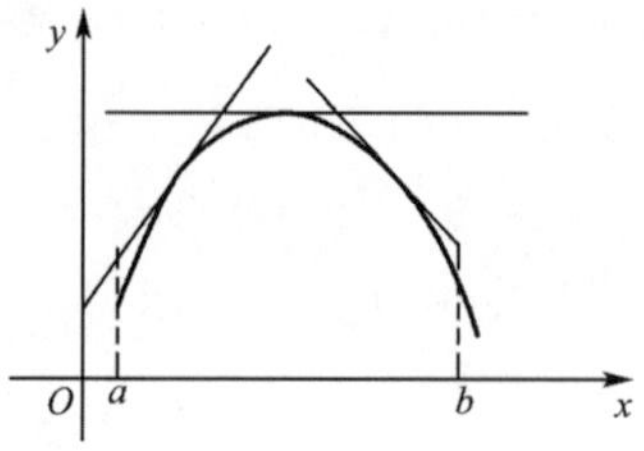

图 2-14　凸弧

定理 8 设函数 $y=f(x)$在(a,b)内具有二阶导数，

(1)如果在(a,b)内 $f''(x)>0$，那么曲线 $y=f(x)$在(a,b)内是凹的；

(2)如果在(a,b)内 $f''(x)<0$，那么曲线 $y=f(x)$在(a,b)内是凸的.

例 13 判断曲线 $y=\frac{1}{x}$的凹凸性.

解 函数的定义域为$(-\infty,0)$及$(0,+\infty)$，

$$y'=-\frac{1}{x^2},$$

$$y''=\frac{2}{x^3},$$

当 $x<0$ 时，$y''<0$，曲线是凸的；当 $x>0$ 时，$y''>0$，曲线是凹的.

为了方便，我们经常以列表的形式考察曲线的凹凸性，现列表 2-9.

表 2-9　曲线凹凸性讨论

x	$(-\infty,0)$	$(0,+\infty)$
y''	$-$	$+$
y	凸	凹

【练习 12】 讨论曲线 $y=x^2\ln x$ 的凹凸性.

解 函数的定义域为$(0,+\infty)$.

$$y'=(\qquad\qquad),$$

$$y''=(\qquad\qquad),$$

令 $y''=0$，解得 $x=(\quad)$.

函数在定义域内只有一个使二阶导数为零的点，没有使二阶导数不存在的点. 现列表 2-10.

表 2-10　曲线凹凸性讨论

x	$(0,(\quad))$	$((\quad),+\infty)$
y''	$-$	(　)
y	凸	(　)

所以 $y=x^2\ln x$ 在区间(　　)内是凸的，在区间(　　)内是凹的.

定义 3 连续曲线上，凹的曲线弧与凸的曲线弧的分界点，叫作曲线的**拐点**.

·注意· 拐点是曲线上的点，拐点的坐标需用横坐标与纵坐标同时表示，即

$$M(x_0, f(x_0)).$$

由于拐点是曲线凹凸的分界点，所以拐点左右两侧近旁 $f''(x)$ 必然异号. 因此，曲线拐点的横坐标 x_0，只可能是使 $f''(x)=0$ 的点或 $f''(x)$ 不存在的点. 从而可得求 (a,b) 内连续函数 $y=f(x)$ 拐点的步骤：

(1)确定函数 $y=f(x)$ 的定义区间；

(2)求出使 $f''(x)=0$ 的点和 $f''(x)$ 不存在的点 x_i；

(3)在点 x_i 的左右两侧判别二阶导数 $f''(x)$ 的符号. 如果 $f''(x)$ 的符号相反，则点 $(x_i, f(x_i))$ 是曲线 $y=f(x)$ 的拐点；如果 $f''(x)$ 的符号相同，则点 $(x_i, f(x_i))$ 不是曲线 $y=f(x)$ 的拐点.

例 14 求曲线 $y=xe^x$ 的拐点.

解 函数的定义域为 $(-\infty,+\infty)$，$y'=(1+x)e^x$，$y''=(2+x)e^x$，令 $y''=0$，解得 $x=-2$.

当 $x>-2$ 时，$y''>0$，曲线是凹的；当 $x<-2$ 时，$y''<0$，曲线是凸的，显然，在 $x=-2$ 的左右两侧曲线的凹凸性不同，因此 $(-2,-2e^{-2})$ 是曲线的拐点.

为了方便，我们经常以列表的形式求曲线的拐点，现列表 2-11.

表 2-11　曲线拐点确认

x	$(-\infty,-2)$	-2	$(-2,+\infty)$
y''	$-$	0	$+$
y	凸	拐点 $(-2,-2e^{-2})$	凹

所以，曲线的凸区间为 $(-\infty,-2)$，凹区间为 $(-2,+\infty)$；拐点为 $(-2,-2e^{-2})$.

【练习 13】 求曲线 $f(x)=x^4-2x^3+1$ 的凹凸区间及拐点.

解 定义域为 $(-\infty,+\infty)$，

$$f'(x)=4x^3-6x^2,$$

$$f''(x)=12x^2-12x=12x(\qquad\qquad),$$

令 $f''(x)=0$，解得 $x_1=0$，$x_2=(\quad)$.

列表 2-12.

表 2-12　曲线拐点确认

x	$(-\infty,0)$	0	$(0,(\quad))$	$(\quad)$	$((\quad),+\infty)$
$f''(x)$	$+$	0	$-$	$(\quad)$	$(\quad)$
$f(x)$	凹	拐点 $(0,1)$	凸	$(\quad)$	$(\quad)$

所以，曲线的凹区间为 $(-\infty,0)$ 和 $(\qquad)$，凸区间为 $(\qquad)$；拐点为 $(0,1)$，$(\qquad)$.

2.4.5 导数在经济问题中的应用

1. 边际分析

导数在经济领域中非常重要，在经济学中，称函数 $f(x)$ 的导数 $f'(x)$ 为 $f(x)$ 的边际函数，利用函数的导数研究边际问题是经济理论中的重要方法. 常见的边际函数有**边际成本** $MC=C'(x)$；**边际收入** $MR=R'(x)$；**边际利润** $ML=L'(x)$. 在经济学上，边际成本表示在产量为 x 的基础上，再多生产单位产品所增加的总成本；边际收入表示在销售量为 x 的基础上，再多售出单位产品所增加的收

入；边际利润表示在销售量为 x 的基础上，再多销售单位产品所增加的利润.

例 15 设某加工厂生产某种产品的每日总成本和每日总收入函数分别为

$$C(x)=100+2x+0.02x^2(\text{元}),R(x)=7x+0.01x^2(\text{元}),$$

其中 x 为日产量(千克). 求边际利润函数及日产量为 200 千克时的边际利润，并说明其经济意义.

解 总利润函数为

$$L(x)=R(x)-C(x)=-0.01x^2+5x-100,$$

则边际利润函数为

$$L'(x)=-0.02x+5,$$

日产量为 200 千克时的边际利润为

$$L'(200)=-0.02\times200+5=1(\text{元}),$$

其经济意义是：在日产量为 200 千克的基础上，再增加 1 千克产量，利润可增加 1 元.

【练习 14】 在例 15 的已知条件下，求日产量为 250 千克和 300 千克时的边际利润，并说明其经济意义.

解 总利润函数为

$$L(x)=R(x)-C(x)=-0.01x^2+5x-100,$$

则边际利润函数为

$$L'(x)=-0.02x+5.$$

日产量为 250 千克时的边际利润为

$$L'(250)=(\quad\quad)(\text{元}),$$

其经济意义是：在日产量为 250 千克的基础上，再增加 1 千克产量，利润(　　　　　　).

日产量为 300 千克时的边际利润为

$$L'(300)=(\quad\quad)(\text{元}),$$

其经济意义是：在日产量为 300 千克的基础上，再增加 1 千克产量，利润(　　　　　　).

当 $L'(x)=R'(x)-C'(x)=0$ 时(同时 $L''(x)<0$)，利润最大.

一般地，$L'(x)=R'(x)-C'(x)=0$ 时，即 MC=MR 时利润最大.

·思考· 导数对我们的经济决策有什么帮助？

2. 弹性分析

弹性概念是经济学中另一个重要的概念，用来定量地描述一个经济变量对另一个经济变量变化的灵敏程度.

定义 4 设函数 $y=f(x)$ 在 x 处可导，则我们称极限

$$\lim_{\Delta x\to0}\frac{\frac{\Delta y}{y}}{\frac{\Delta x}{x}}=\lim_{\Delta x\to0}\frac{\Delta y}{\Delta x}\cdot\frac{x}{y}=\frac{x}{y}f'(x)$$

为函数 $y=f(x)$ 在 x 处的**相对变化率**，或**弹性**，记作 $E(x)$，即

$$E(x)=\frac{x}{y}f'(x).$$

当 x 为给定点 x_0 时，$E(x_0)$ 为常数；当 x 为任意点时，$E(x)$ 是关于 x 的函数，也称弹性函数.

弹性 $E(x_0)=\lim\limits_{\Delta x\to0}\frac{\frac{\Delta y}{y_0}}{\frac{\Delta x}{x_0}}$，当 $|\Delta x|$ 很小时，$\frac{\frac{\Delta y}{y_0}}{\frac{\Delta x}{x_0}}\approx E(x_0)$，即 $\frac{\Delta y}{y_0}\approx E(x_0)\cdot\frac{\Delta x}{x_0}$. 因此当 $\frac{\Delta x}{x_0}=1\%$

时，$\frac{\Delta y}{y_0}\approx E(x_0)\%$.

所以函数 $y=f(x)$ 在点 x_0 处的弹性表示在点 x_0 处，当 x 增加 1% 时，函数 y 近似地改变 $E(x_0)\%$；$E(x_0)>0$ 时，y 增加 $E(x_0)\%$；$E(x_0)<0$ 时，y 减少 $E(x_0)\%$.

$E(x)$ 反映了 y 对 x 的相对变化率，即 y 对 x 变化的灵敏度. 在应用问题中解释弹性的具体意义时，常略去"近似"二字，这就是弹性的经济含义.

若函数 $Q=Q(p)$ 为需求函数，则需求弹性为

$$E(p)=\frac{p}{Q}\cdot Q'(p),$$

由于需求函数 $Q=Q(p)$ 是 p 的单调减少函数，ΔQ 与 Δp 异号，因此需求的价格弹性（需求弹性）为负数.

需求弹性的经济意义是，在价格达到 p 时如果价格再提高或降低 1%，需求则会由 Q 起，减少或增加 $|E(p)|\%$.

商品的需求弹性 $E=E(p)$ 一般分为如下三类：

(1) 若 $|E|>1$，则称该商品的需求是高弹性的. 在这种情况下，需求变动的幅度大于价格变化的幅度，价格提高（或降低）1%，需求则会减少（或增加）超过 1%，奢侈品多属此情况.

(2) 若 $|E|=1$，则称该商品的需求是单位弹性的. 在这种情况下，需求变动的幅度等于价格变化的幅度，价格提高（或降低）1%，需求则会恰好减少（或增加）1%，这种情况较为少见.

(3) 若 $|E|<1$，则称该商品的需求是低弹性的. 在这种情况下，需求变动的幅度小于价格变化的幅度，价格提高（或降低）1%，需求则会减少（或增加）不到 1%，生活必需品多属此情况.

例 16 某企业根据市场调查，建立了某种商品的需求量 Q 与价格 p 之间的函数关系，$Q=100-2p$.

(1) 试求需求弹性；

(2) 当销售价格 p 为 24 元时，要使销售收入有所增加，应采取何种价格措施？

解 (1) 需求弹性 $E(p)$ 为

$$E(p)=\frac{p}{Q}Q'(p)=p\,\frac{-2}{100-2p}=\frac{p}{p-50}.$$

(2) 当价格 $p=24$ 元时，

$$E(p)=\frac{24}{24-50}\approx -0.92.$$

因为价格 $p=24$ 元时 $|E(p)|<1$，该产品的需求是低弹性的，要使销售收入有所增加，可以适当提价.

【练习 15】 在例 16 的已知条件下，当销售价格 $p=30$ 元时，要使销售收入有所增加，应采取何种价格措施？

解 需求弹性 $E(p)$ 为

$$E(p)=\frac{p}{Q}Q'(p)=p\,\frac{-2}{100-2p}=\frac{p}{p-50}.$$

当价格 $p=30$ 元时，

$$E(p)=\frac{(\quad)}{(\quad)-50}=(\qquad).$$

因为价格 $p=30$ 元时 $|E(p)|$( )1,该产品的需求是( )弹性的,要使销售收入有所增加,可以(   ).

用同样的方法可求供应量对价格的弹性、产量对劳动力的弹性、税收对国民收入的弹性等.

趣味数学:中值定理的"前世今生"

中值定理通常包括:罗尔定理、拉格朗日中值定理、柯西中值定理,他们不但是研究函数形态的基础,同时也是洛必达法则及泰勒公式的理论基础.人们对微分中值定理的认识可以上溯到公元前古希腊时代,古希腊数学家在几何研究中,得到如下结论:过抛物线弓形的顶点的切线必平行于抛物线弓形的底,这正是拉格朗日中值定理的特殊情况.希腊著名数学家阿基米德(Archimedes)正是巧妙地利用这一结论,求出抛物弓形的面积.

意大利卡瓦列里(Cavalieri)在《不可分量几何学》(1635 年)的卷一中给出处理平面和立体图形切线的有趣引理,其中引理 3 基于几何的观点也叙述了同样一个事实:曲线段上必有一点的切线平行于曲线的弦.这是几何形式的微分中值定理,被人们称为卡瓦列里定理.

导致微分学产生的第三类问题是"求最大值和最小值",这类问题有着深刻的应用背景,如炮弹的射程问题、行星近日点和远日点的计算.人们对微分中值定理的研究,从微积分建立之始就开始了.著名法国数学家费马(Fermat)在研究曲线切线的过程中,找到了在一条多项式曲线上任意求切线的方法,并建立了求多项式曲线的极大值与极小值的方法.1637 年,他在《求最大值和最小值的方法》中给出费马定理,在教科书中人们也称为费马引理.

费马引理的几何解释:在曲线的峰点或谷点处,如果曲线有切线,则切线与 x 轴平行.

从叙述来看,费马引理与我们课本上的罗尔定理已经非常接近,但罗尔定理是在费马引理 50 多年后提出来的.

同步训练 2-4

1.选择题

(1)若可导函数 $f(x)$ 在 (a,b) 上单调递增,则有( ).

A. $f(x)>0$ B. $f(x)<0$ C. $f'(x)>0$ D. $f'(x)<0$

(2)可导函数 $y=f(x)$ 在 $x=x_0$ 处取得极大值,则必有( ).

A. $f'(x_0)=0$ B. $f''(x_0)<0$

C. $f'(x_0)=0, f''(x_n)<0$ D. $f'(x_0)=0$ 或 $f'(x_0)$ 不存在

(3)函数 $y=\ln(1+x^2)$ 的单调增加区间是( ).

A. $(-\infty,+\infty)$ B. $(-\infty,0)$ C. $(0,+\infty)$ D. 以上都不对

(4)函数 $f(x)=x^2-x$ 在区间 $(2,+\infty)$ 内的单调性为( ).

A. 单调递增 B. 单调递减 C. 先增后减 D. 先减后增

(5)下列函数中在区间 $[-2,2]$ 上满足罗尔定理条件的是( ).

A. $y=1+|x|$　B. $y=x^2-1$　C. $y=\frac{1}{x-1}$　D. $y=x^3+1$

2. 填空题

(1)$\lim\limits_{x\to 0}\frac{\sin x}{e^x-1}=$________.

(2)函数 $y=5x^2-x-1$ 在 $x=$________处取得极小值.

(3)函数 $y=f(x)=mx^2+nx$ 在点 $x=1$ 处取得极大值 2,则 $m=$________,$n=$________.

(4)函数 $f(x)=\ln x-x$ 的单调增加区间是________.

3. 判断题

(1)若函数 $f(x)$在区间$[-10,10]$上取得极大值和最大值,则最大值一定大于极大值.　(　　)

(2)函数 $f(x)=x+2$ 在点$(-\infty,+\infty)$上单调递增.　(　　)

(3)设 $f(x)=x^3+1$,则 $f(x)$在$(-\infty,+\infty)$内单调递增.　(　　)

(4)设 $f'(x_0)=0$,则 $f(x)$在点 $x=x_0$ 处取得极值.　(　　)

4. 计算题

(1)求$\lim\limits_{x\to 0}\frac{x+\sin x}{x}$.

(2)求$\lim\limits_{x\to 0^+}\frac{\ln\tan x}{\ln\tan 2x}$.

(3)求$\lim\limits_{x\to 0}\frac{e^{2x}-1}{\sin x}$.

(4)求$\lim\limits_{x\to 2}\frac{x^3-2^3}{x^2-2^2}$.

(5)求函数 $f(x)=4x^3-6x^2-24x+1$ 的单调区间.

(6)求函数 $f(x)=x^2(x-1)$的极值.

(7)求函数 $y=2x^3+3x^2-12x+14$ 在$[0,4]$上的最大值与最小值.

单元训练 2

1. 选择题

(1)设 $y=x^2-x$,则 $y'(1)=($　　$)$.

A. 0　B. 1　C. 2　D. 4

(2)若极限$\lim\limits_{\Delta x\to 0}\frac{f(x+\Delta x)-f(\Delta x)}{5\Delta x}$存在,则其值为(　　).

A. $-5f'(x)$　B. $5f'(x)$　C. $f'(x)$　D. $\frac{1}{5}f'(x)$

(3)已知 $f(x)=\ln 4x$,则$[f(4)]'=($　　$)$.

A. 0　B. $\frac{1}{x}$　C. $\frac{1}{4x}$　D. $\frac{1}{4}$

(4)一质点做直线运动的方程是 $s=t^4-t^2+5$,则 $t=1$ 时质点运动的加速度为(　　).

A. 0　B. 10　C. 12　D. 2

(5)若 $y=\sin x+\sin y$,则$\frac{dy}{dx}=($　　$)$.

A. $\frac{\cos x}{1-\cos y}$　B. $\frac{\cos y}{1+\cos y}$　C. $\frac{1-\cos y}{\cos y}$　D. $\frac{1+\cos y}{\cos y}$

(6) $d(e^{3x})=($　　$)$.

A. $e^{3x}dx$　　B. $3e^{3x}dx$　　C. $\frac{1}{3}e^{3x}dx$　　D. $-e^{3x}dx$

(7)函数 $y=x^3-3x+1$ 的单调递增区间是(　　).

A. $(-\infty,-1]$　　B. $(-\infty,-1]$ 和 $[1,+\infty)$

C. $[1,+\infty)$　　D. $[-1,1]$

(8)已知函数 $f(x)=2^x+1$,则 $f'(2)=($　　$)$.

A. 0　　B. ln2　　C. 2ln2　　D. 4ln2

2. 填空题

(1) $y=\ln 2x$ 在点$(1,\ln 2)$处的切线方程为________.

(2)设函数 $f(x)=e^{3x}+\cos 2x$,则 $f'(0)=$________.

(3)设函数 $y=\frac{\sin x}{2x+1}$,则 $y'=$________.

(4)设函数 $y=5^x+e^x$,则 $y^{(n)}=$________.

(5)函数 $y=\lg x+10x$ 在 $x=1$ 处的微分为________.

(6)函数 $y=xe^x$ 的单调递减区间是________.

(7) $\lim\limits_{x\to 0}\frac{e^{3x}-1}{\sin 2x}=$________.

3. 判断题

(1)函数 $f(x)$在闭区间上的最小值一定是函数所有极小值中的最小者.　(　　)

(2)已知$(\sin x)'=\cos x$,则$(\sin 3x)'=\cos 3x$.　(　　)

(3)函数 $y=7x^3+\ln 7$ 的导数为 $21x^2+\frac{1}{7}$.　(　　)

(4)已知 $y=\cos 2x$,则 $y^{(3)}=\sin 2x$.　(　　)

(5)若函数 $y=f(x)$在点 x_0 处可导,则 $y=f(x)$在点 x_0 处一定可微.　(　　)

(6)若 $f'(x_0)=0$,则 $f(x)$在点 $x=x_0$ 处取得极值.　(　　)

4. 计算题

(1) $y=2x$,求 y'.　　(2) $y=x^2\cdot\sqrt{x^3}$,求 y'.

(3) $y=x\ln x+\tan x$,求 y'.　　(4) $y=\frac{1}{x^2}$,求 y'.

(5) $y=\sqrt{\sin x+1}$,求 y'.　　(6) $y=1+5\ln 5x$,求 y'.

(7) $e^x+xy=1$,求 y'.　　(8) $x^2+xy+\ln y=5x$,求 y'.

(9) $y=\cos(2x+1)$,求 y''.　　(10) $y=3\ln(x+1)$,求 y''.

(11)求 $\lim\limits_{x\to\infty}\frac{3x^3-3x+2}{4x^2-x+1}$.　　(12)求 $\lim\limits_{x\to 0^+}\frac{\ln 3x}{\ln x}$.

(13)求曲线 $y=3x^2-1$ 在点$(1,2)$处的切线方程与法线方程.

(14)求函数 $y=1-2x+x^2$ 的极值和单调区间.

单元2参考答案

单元任务评价表

组别：		模型名称：		成员姓名及个人评价			
项目	A级	B级	C级				
课堂表现情况 20分	上课认真听讲，积极举手发言，积极参与讨论与交流	偶尔举手发言，有参与讨论与交流	很少举手，极少参与讨论与交流				
模型完成情况 20分	观点明确，模型结构完整，内容无理论性错误，条理清晰，大胆尝试并表达自己的想法	模型结构基本完整，内容无理论性错误，有提出自己的不同看法，并做出尝试	观点不明确，模型无法完成，不敢尝试和表达自己的想法				
合作学习情况 20分	善于与人合作，虚心听取别人的意见	能与人合作，能接受别人的意见	缺乏与人合作的精神，难以听进别人的意见				
个人贡献情况 20分	能鼓励其他成员参与协作，能有条理地表达自己的意见，且意见对任务完成有重要帮助	能主动参与协作，能表达自己的意见，且意见对任务完成有帮助	需要他人督促参与协作，基本不能准确表达自己的意见，且意见对任务基本没有帮助				
模型创新情况 20分	具有创造性思维，能用不同的方法解决问题，独立思考	能用老师提供的方法解决问题，有一定的思考能力和创造性	思考能力差，缺乏创造性，不能独立地解决问题				
教师评价							
小组自评评语：							

单元 3

积分学

知识目标

- 理解不定积分和定积分的概念、性质、几何意义.
- 知道常用的不定积分公式.
- 牢记不定积分的基本公式,掌握不定积分直接积分法的求解方法.
- 通过换元积分法的学习,掌握换元积分法的运算技巧.
- 通过分部积分法的学习,掌握分部积分法的运算技巧.

能力目标

- 会使用积分运算法则.
- 会使用定积分的几何意义解决几何和物理中的应用问题.
- 会利用不定积分与定积分解决日常生活中的相关实际问题.
- 小组协作完成本单元单元任务.

素质目标

• 利用不定积分计算冰面结冰厚度时,引入"2022 年北京冬奥会、冬残奥会的胜利举办",开幕式与闭幕式上的中华文化元素再一次惊艳了世界,体会中国文化的魅力.通过不定积分计算问题"安全驾驶",践行拒绝酒驾、遵纪守法、珍爱生命,践行社会主义核心价值观.通过不定积分计算问题"垃圾处理",弘扬爱护环境、注意环保、勤俭节约等美德.

• 在定积分的概念,引入"积水成渊,聚沙成塔""不积跬步,无以至千里.不积小流,无以成江海"等词句,感受"累积"的力量,追求卓越的品质.

• 广义积分计算中,引入了神州十三号载人飞船案例,体会"泱泱华夏文明写入九天星河,中国人逐梦航天的脚步从未停歇"的航天精神.

• 通过严谨的数学知识与相关计算,弘扬精益求精、勇于创新的工匠精神.

课前准备

做好预习,搜集本单元相关资料.

课堂学习任务

单元任务三

某建筑造型如图 3-1 所示,现开发商想将该建筑物的正面贴满玻璃,现已知该建筑物高 280 米,上底宽 50 米，下底宽 90 米，中间拱形的高度为 225 米，拱形下底的宽度为 30 米，且玻璃的造价为 100 元/平方米.

(1)请将该建筑物的平面图绘制在二维平面直角坐标系中.

(2)请计算该建筑物正面的面积.

(3)若想将该建筑物的正面贴满玻璃，需要多少钱？

图 3-1

3.1 不定积分的概念与性质

在实际问题中常常会遇到与求导数(或微分)相反的问题，即已知一个函数的导数(或微分)，去寻求原来的函数. 例如，已知某曲线 $y=f(x)$ 在任意点 (x,y) 处切线的斜率为 $2x$，如何确定该曲线方程？又如，观察到某质点 M 正在做变速直线运动，已知其位移函数 $s=s(t)$，我们可知质点 M 在时刻 t 的瞬时速度为 $v=s'(t)$；反过来，如果质点做变速直线运动，已知在时刻 t 的瞬时速度为 $v=v(t)$，如何求该质点的位移函数 $s=s(t)$. 为了便于研究这类问题，我们首先介绍原函数与不定积分的概念.

1. 原函数的概念

定义 1 已知函数 $f(x)$ 在区间 I 上有定义，如果存在函数 $F(x)$，使得对于任一点 $x\in I$，都有

$$F'(x)=f(x) \text{或} \mathrm{d}F(x)=f(x)\mathrm{d}x,$$

那么称函数 $F(x)$ 为 $f(x)$ 在区间 I 上的一个**原函数**.

例如，在 $(0,+\infty)$ 内，因为 $(\ln x)'=\frac{1}{x}$，所以 $\ln x$ 是函数 $\frac{1}{x}$ 在 $(0,+\infty)$ 内的一个原函数. 又因为 $(x^3)'=3x^2$，所以函数 x^3 是函数 $3x^2$ 在 $(-\infty,+\infty)$ 内的一个原函数.

定理 1 **(原函数存在定理)** 如果函数 $f(x)$ 在区间 I 内连续，那么在区间 I 内必存在可导函数 $F(x)$，使得对每一个 $x\in I$，都有 $F'(x)=f(x)$.

另外，$(x^2)'=2x$，不难验证 $(x^2+1)'=2x$，$(x^2-1)'=2x$，$(x^2+C)'=2x$(C 为任意常数). 这就是说 x^2，x^2+1，x^2-1，x^2+C 都是 $2x$ 在 $(-\infty,+\infty)$ 内的原函数.

定理 2 **(原函数族定理)** 如果 $F(x)$ 是 $f(x)$ 在区间 I 上的一个原函数，那么 $F(x)+C$(C 为任意常数)也是 $f(x)$ 的原函数，且 $f(x)$ 的任一原函数都可表示为 $F(x)+C$ 的形式.

定理 2 说明，如果 $f(x)$ 有原函数，则必有无穷多个，它们之间只相差一个常数. 并且所有原函数都可以表示为 $F(x)+C$ 的形式.

例 1 求函数 $f(x)=\cos x$ 的所有原函数.

解 因为 $(\sin x)'=\cos x$，所以 $f(x)=\cos x$ 的所有原函数为 $\sin x+C$.

如何求 $f(x)$ 的全体原函数 $F(x)+C$，这是本单元将要学习研究的重点，由此产生了不定积分的概念和积分法.

2. 不定积分的概念

定义 2 设函数 $F(x)$ 是 $f(x)$ 在区间 I 上的一个原函数，则 $f(x)$ 的全体原函数 $F(x)+C$(C 为任意常数)称为函数 $f(x)$ 在该区间上的**不定积分**，记作 $\int f(x)\mathrm{d}x$. 即

$$\int f(x)\mathrm{d}x=F(x)+C.$$

其中，记号“$\int$”称为**积分号**，$f(x)$ 称为**被积函数**，$f(x)\mathrm{d}x$ 称为**被积表达式**，x 称为**积分变量**，C 称为**积分常数**.

定义 2 说明不定积分是被积函数的全体原函数，求不定积分即求出一个原函数后再加上常数 C.

例 2 求 $\int\frac{1}{x}\mathrm{d}x$.

解 当 $x>0$ 时，

$$(\ln x)'=\frac{1}{x},$$

当 $x<0$ 时，

$$[\ln(-x)]'=(-1)\frac{1}{-x}=\frac{1}{x},$$

所以

$$\int\frac{1}{x}dx=\ln|x|+C.$$

3. 不定积分的几何意义

不定积分的几何意义是，如果函数 $F(x)$ 是 $f(x)$ 的一个原函数，则称 $F(x)$ 的图像是 $f(x)$ 的一条**积分曲线**. 由不定积分定义可知，常数 C 可以取任意值，因此不定积分 $\int f(x)dx=F(x)+C$ 是函数 $f(x)$ 的一族积分曲线，称之为**积分曲线族**(图 3-2). 而 $f(x)$ 正是积分曲线在点 x_0 处的斜率.

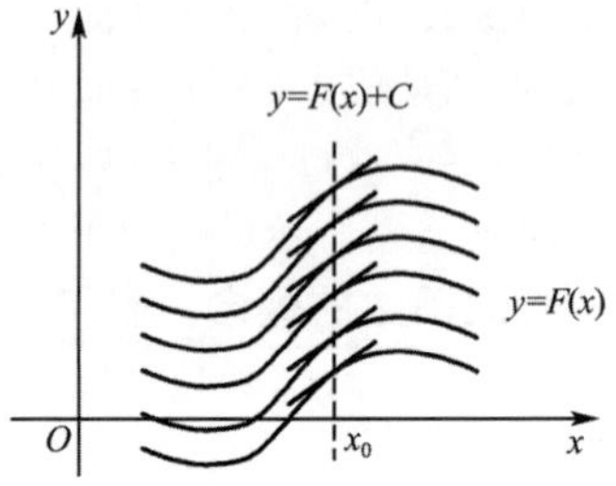

图 3-2

例 3 已知某曲线上任一点 (x,y) 处的切线斜率为 $\sqrt{x}$，求通过点 $(1,1)$ 的积分曲线.

解 设 $y=f(x)$ 为所求的积分曲线，则有 $y'=\sqrt{x}$. 由

$$\left(\frac{2}{3}x^{\frac{3}{2}}\right)'=\sqrt{x}$$

得

$$y=\int\sqrt{x}\,dx=\frac{2}{3}x^{\frac{3}{2}}+C.$$

由于所求曲线通过点 $(1,1)$，故有 $1=\frac{2}{3}+C$，得 $C=\frac{1}{3}$.

故所求曲线方程为

$$y=\frac{2}{3}x^{\frac{3}{2}}+\frac{1}{3}.$$

【练习 1】 已知某曲线上任一点 (x,y) 处的切线斜率为 $2x$，求通过点 $(1,2)$ 的积分曲线.

解 设 $y=f(x)$ 为所求的积分曲线，则有 $y'=2x$. 由

$$(\qquad)'=2x$$

得

$$y=\int 2x\,dx=(\qquad)+C.$$

由于所求曲线通过点 $(1,2)$，故有 $2=1+C$，得 $C=1$.

故所求曲线方程为

$$y=x^2+(\qquad).$$

4. 不定积分的基本公式

根据不定积分的定义和基本初等函数的导数公式，可对应地得到以下基本积分公式(表 3-1)：

表 3-1　基本积分公式和基本导数公式

序号	基本积分公式	基本导数公式
1	$\int 0dx=C$	$(C)'=0$
2	$\int x^{\alpha}dx=\frac{1}{\alpha+1}x^{\alpha+1}+C\quad(\alpha\neq-1)$	$(x^{\alpha+1})'=(\alpha+1)x^{\alpha}$
3	$\int\frac{1}{x}dx=\ln|x|+C$	$(\ln x)'=\frac{1}{x}$
4	$\int a^{x}dx=\frac{1}{\ln a}a^{x}+C\quad(a>0且a\neq1)$	$(a^{x})'=a^{x}\ln a$

（续表）

序号	基本积分公式	基本导数公式
5	$\int e^x dx = e^x + C$	$(e^x)' = e^x$
6	$\int \cos x dx = \sin x + C$	$(\sin x)' = \cos x$
7	$\int \sin x dx = -\cos x + C$	$(\cos x)' = -\sin x$
8	$\int \sec^2 x dx = \tan x + C$	$(\tan x)' = \sec^2 x$
9	$\int \csc^2 x dx = -\cot x + C$	$(\cot x)' = -\csc^2 x$
10	$\int \sec x \tan x dx = \sec x + C$	$(\sec x)' = \sec x \tan x$
11	$\int \csc x \cot x dx = -\csc x + C$	$(\csc x)' = -\csc x \cot x$
12	$\int \frac{1}{\sqrt{1-x^2}} dx = \arcsin x + C$	$(\arcsin x)' = \frac{1}{\sqrt{1-x^2}}$
13	$\int \frac{1}{1+x^2} dx = \arctan x + C$	$(\arctan x)' = \frac{1}{1+x^2}$

以上积分公式是计算不定积分的基础，必须熟记并熟练地应用.

5. 不定积分的性质

性质1 被积函数中不为零的常数因子可以移到积分号前面，即

$$\int kf(x)dx = k\int f(x)dx \quad (k \neq 0).$$

性质2 两个函数代数和的不定积分等于其不定积分的代数和，即

$$\int [f(x) \pm g(x)]dx = \int f(x)dx \pm \int g(x)dx.$$

性质2可以推广到有限个函数代数和的情形，即

$$\int [f_1(x) \pm f_2(x) \pm \cdots \pm f_n(x)]dx = \int f_1(x)dx \pm \int f_2(x)dx \pm \cdots \pm \int f_n(x)dx.$$

由不定积分的定义知 $\int f(x)dx$ 是 $f(x)$ 的所有原函数，即可知下述关系

$$\frac{d}{dx}\left[\int f(x)dx\right] = f(x) \text{ 或 } d\left[\int f(x)dx\right] = f(x)dx.$$

又由于 $F(x)$ 是 $F'(x)$ 的原函数，所以

$$\int F'(x)dx = F(x) + C \text{ 或} \int dF(x) = F(x) + C.$$

由此可见，微分运算与不定积分的运算是互逆的.

利用不定积分的性质及基本积分公式，可以求出一些简单函数的不定积分，这种求不定积分的方法称为**直接积分法**.

例4 求不定积分 $\int x^2 dx$ 及 $\int x^{\frac{1}{2}} dx$.

解 由基本积分公式，得

$$\int x^2 dx = \frac{x^3}{3} + C;$$

$$\int x^{\frac{1}{2}} dx = \frac{x^{\frac{1}{2}+1}}{\frac{1}{2}+1} + C = \frac{2}{3}x^{\frac{3}{2}} + C.$$

例 5 求不定积分$\int(3x^2-\sec^2 x)\mathrm{d}x$.

解 利用不定积分基本公式和性质,有

$$\int(3x^2-\sec^2 x)\mathrm{d}x=3\int x^2\mathrm{d}x-\int\sec^2 x\,\mathrm{d}x$$

$$=3\cdot\frac{x^{2+1}}{2+1}-\tan x+C=x^3-\tan x+C.$$

【练习 2】 求不定积分$\int\left(\frac{1}{x}+\sin x\right)\mathrm{d}x$.

解 利用不定积分基本公式和性质,有

$$\int\left(\frac{1}{x}+\sin x\right)\mathrm{d}x=\int\frac{1}{x}\mathrm{d}x+\int(\qquad)\mathrm{d}x$$

$$=\ln|x|+(\qquad)+C.$$

例 6 求不定积分$\int\frac{2+x^2}{1+x^2}\mathrm{d}x$.

解 利用不定积分基本公式和性质,有

$$\int\frac{2+x^2}{1+x^2}\mathrm{d}x=\int\frac{1+1+x^2}{1+x^2}\mathrm{d}x$$

$$=\int\frac{1+x^2}{1+x^2}\mathrm{d}x+\int\frac{1}{1+x^2}\mathrm{d}x$$

$$=\int 1\mathrm{d}x+\int\frac{1}{1+x^2}\mathrm{d}x$$

$$=x+\arctan x+C.$$

【练习 3】 求不定积分$\int\frac{1+x+x^2}{x(1+x^2)}\mathrm{d}x$.

解 利用不定积分基本公式和性质,有

$$\int\frac{1+x+x^2}{x(1+x^2)}\mathrm{d}x=\int\frac{x+(\qquad)}{x(1+x^2)}\mathrm{d}x$$

$$=\int\frac{x}{x(1+x^2)}\mathrm{d}x+\int\frac{(\qquad)}{x(1+x^2)}\mathrm{d}x$$

$$=\int\frac{1}{1+x^2}\mathrm{d}x+\int(\qquad)\mathrm{d}x$$

$$=\arctan x+(\qquad)+C.$$

例 7 求不定积分$\int\sqrt{x}(x^2+x)\mathrm{d}x$.

解 利用不定积分基本公式和性质,有

$$\int\sqrt{x}(x^2+x)\mathrm{d}x=\int(x^{\frac{5}{2}}+x^{\frac{3}{2}})\mathrm{d}x$$

$$=\frac{2}{7}x^{\frac{7}{2}}+\frac{2}{5}x^{\frac{5}{2}}+C.$$

【练习 4】 求不定积分$\int x(1+x^2)\mathrm{d}x$.

解 利用不定积分基本公式和性质,有

$$\int x(1+x^2)\mathrm{d}x=\int(x+x^3)\mathrm{d}x$$

$$=\int x\,\mathrm{d}x+\int(\qquad)\mathrm{d}x$$

$$=\frac{1}{2}x^{2}+(\quad)+C.$$

例 8 求不定积分$\int\frac{\cos 2x}{\sin x+\cos x}\mathrm{d}x$.

解 利用不定积分基本公式和性质，有

$$\int\frac{\cos 2x}{\sin x+\cos x}\mathrm{d}x=\int\frac{\cos^{2}x-\sin^{2}x}{\sin x+\cos x}\mathrm{d}x$$
$$=\int(\cos x-\sin x)\mathrm{d}x$$
$$=\sin x+\cos x+C.$$

【练习 5】 求不定积分$\int\frac{1}{\sin^{2}x\cos^{2}x}\mathrm{d}x$.

解 利用不定积分基本公式和性质，有

$$\int\frac{1}{\sin^{2}x\cos^{2}x}\mathrm{d}x=\int\frac{\sin^{2}x+(\quad)}{\sin^{2}x\cos^{2}x}\mathrm{d}x$$
$$=\int\frac{\sin^{2}x}{\sin^{2}x\cos^{2}x}\mathrm{d}x+\int\frac{(\quad)}{\sin^{2}x\cos^{2}x}\mathrm{d}x$$
$$=\int\frac{1}{\cos^{2}x}\mathrm{d}x+\int(\quad)\mathrm{d}x$$
$$=\tan x+(\quad)+C.$$

小任务 实验数据显示，一般成人喝半斤低度白酒后，1.5 小时内其血液中酒精含量 y(毫克 / 百毫升) 关于时间的变化率可近似地表示为 $y'=-400x+400$；1.5 小时后(包括 1.5 小时) 其血液中酒精含量 y(毫克 / 百毫升) 关于时间的变化率可近似地表示为 $y'=-225x^{-2}$，已知 $x=5$ 时，$y=45$. 按照国家规定，车辆驾驶人员血液中酒精含量大于或等于 20 毫克 / 百毫升时属于“酒后驾驶”，不能驾车上路，假设某驾驶员 20:00 在家喝完半斤低度白酒，第二天 7:00 能否驾车去上班？

解 本题假设的某驾驶员 20:00 在家喝完半斤低度白酒，到第二天 7:00 经过了 11 个小时(用大于等于 1.5 小时的式子即可)，

$$y=\int(-225x^{-2})\mathrm{d}x=\frac{225}{x}+C,$$

将 $x=5$ 时，$y=45$ 代入上式求得

$$C=0.$$

此时 $y=\frac{225}{x}$，经过 11 小时，即将 $x=11$ 代入得

$$y=\frac{225}{11}\approx 20.45.$$

按照国家规定，车辆驾驶人员血液中酒精含量大于或等于 20 毫克 / 百毫升时属于“酒后驾驶”，不能驾车上路，所以该驾驶员 20:00 在家喝完半斤低度白酒，第二天 7:00 不能驾车去上班.

关爱生命，拒绝酒驾，遵守交通规则.
抵制交通违法行为，树立交通文明意识.

思考 随着 2022 年我国北京冬季奥林匹克运动会(冬奥会)、冬季残疾人奥林匹克运动会(冬残奥会) 胜利举办，人们更加热爱冰上运动. 假如美丽的冰城整个冬季结冰，滑雪场完全靠自然结冰，

结冰的速度为 $v(t)=kt^{\frac{2}{3}}$，其中 $k>0$ 为常数，y 是从开始结冰起到时刻 t 时的厚度，求冰厚度 y 关于时间 t 的函数式.

2022 年，北京冬奥会、冬残奥会胜利举办，举国关注，举世瞩目. 再一次共创了一场载入史册的奥运盛会，再一次共享奥林匹克的荣光. 我国广大运动员、教练员牢记党和人民嘱托，争分夺秒、刻苦训练，在赛场上敢打敢拼、超越自我，胜利完成各项比赛任务.

同步训练 3-1

1. 选择题

(1) 若函数 $F(x)$ 是 $f(x)$ 的一个原函数，则下列说法正确的是(　　).

A. $f'(x)=F(x)$　　B. $F(x)=f(x)+C$

C. $F'(x)=f(x)$　　D. $F(x)=f(x)$

(2) 下列各式成立的是(　　).

A. $d\int f(x)dx=f(x)$　　B. $\frac{d}{dx}\int f(x)dx=f(x)dx$

C. $\frac{d}{dx}\int f(x)dx=f(x)+C$　　D. $d\int f(x)dx=f(x)dx$

(3) 在区间 (a,b) 内，若 $f'(x)=g'(x)$，则下列各式中一定成立的是(　　).

A. $f(x)=g(x)$　　B. $f(x)=g(x)+1$

C. $\left[\int f(x)dx\right]'=\left[\int g(x)dx\right]'$　　D. $\int f'(x)dx=\int g'(x)dx$

(4) 设 $f(x)$ 是可导函数，则 $\left[\int f(x)dx\right]'$ 为(　　).

A. $f(x)$　　B. $f(x)+C$　　C. $f'(x)$　　D. $f'(x)+C$

(5) $\int f'(x)dx-f(x)=$(　　).

A. 0　　B. 1　　C. ∞　　D. C

2. 填空题

(1) $\int 2x\,dx=$________.

(2) 设 $f(x)=a$(a 为任意常数且 $a\neq 0$)，则 $\int f(x)dx=$________.

(3) 曲线经过点 $(1,0)$，且在其任意一点 x 处切线斜率为 $3x^2$，则曲线方程为________.

(4) $\int (x-4)dx=$________.

(5) 设 $f'(x)=1$，且 $f(0)=0$，则 $\int f(x)dx=$________.

3. 判断题

(1) 若 $f(x)$ 有原函数，那么它一定有有限多个原函数.　　(　　)

(2) $\sin x$ 是 $\cos x$ 的一个原函数.　　(　　)

(3) 若 $F(x)$ 是函数 $f(x)$ 的一个原函数，则称 $F(x)$ 是 $f(x)$ 的不定积分.　　(　　)

(4) $\int x^2dx=\int x\,dx\cdot\int x\,dx$.　　(　　)

(5) $\int 3\sin x\,dx=3\int \sin x\,dx$.　　(　　)

3.2 不定积分的计算

3.2.1 不定积分的第一类换元积分法

有些函数的不定积分可以用直接积分法解决,但有些函数的不定积分比较难或不能直接用积分基本公式来计算.

例1 求$\int\sin(2x+3)\mathrm{d}x$.

解 其被积函数$\sin(2x+3)$由$y=\sin u$,$u=2x+3$复合而成,若以u为积分变量,则$\mathrm{d}u=2\mathrm{d}x$,解出$\mathrm{d}x=\frac{1}{2}\mathrm{d}u$,于是

$$\begin{aligned}\int\sin(2x+3)\mathrm{d}x&=\frac{1}{2}\int\sin u\,\mathrm{d}u\\&=-\frac{1}{2}\cos u+C\\&=-\frac{1}{2}\cos(2x+3)+C.\end{aligned}$$

由此可见,通过适当的变量替换,使原积分化成基本积分表中所列函数的形式,再计算出最终结果,这种方法称为换元积分法.

定理1 **(第一类换元积分法)** 设函数$F(u)$是$f(u)$的一个原函数,即

$$\int f(u)\mathrm{d}u=F(u)+C.$$

如果u是变量x的函数$u=\varphi(x)$且可导,则有换元积分公式

$$\begin{aligned}\int f[\varphi(x)]\varphi'(x)\mathrm{d}x&=\int f[\varphi(x)]\mathrm{d}\varphi(x)=\int f(u)\mathrm{d}u\\&=F(u)+C=F[\varphi(x)]+C.\end{aligned}$$

利用复合函数的求导法则,验证右端函数的导数等于左端被积函数,即可证明定理1.

定理1说明,在基本积分公式中,自变量u换成任意可微函数$u=\varphi(x)$时,公式仍然成立,这就大大扩展了积分基本公式的适用范围.对于换元积分法的掌握是基于我们对积分公式的熟悉,对复合函数分解的熟练掌握,同时要会将微分公式反过来使用.

例2 求$\int(3x-1)^5\mathrm{d}x$.

解 其被积函数$(3x-1)^5$由$y=u^5$,$u=3x-1$复合而成,若以u为积分变量,则$\mathrm{d}u=3\mathrm{d}x$,解出$\mathrm{d}x=\frac{1}{3}\mathrm{d}u$,于是

$$\int(3x-1)^5\mathrm{d}x=\frac{1}{3}\int u^5\mathrm{d}u=\frac{1}{18}u^6+C=\frac{1}{18}(3x-1)^6+C.$$

【练习1】 求$\int\mathrm{e}^{4x+5}\mathrm{d}x$.

解 其被积函数e^{4x+5}由$y=\mathrm{e}^u$,$u=(\quad)$复合而成,若以u为积分变量,则$\mathrm{d}u=4\mathrm{d}x$,解出$\mathrm{d}x=(\quad)\mathrm{d}u$,于是

$$\int\mathrm{e}^{4x+5}\mathrm{d}x=\frac{1}{4}\int\mathrm{e}^{(\quad)}\mathrm{d}u$$

$$=\frac{1}{4}e^{(\quad)}+C$$

$$=\frac{1}{4}e^{4x+5}+C.$$

【练习 2】 求$\int\frac{dx}{2x+1}$.

解 其被积函数$\frac{1}{2x+1}$由$y=\frac{1}{u}$，$u=(\quad)$复合而成，若以 u 为积分变量，则 $du=2dx$，解出 $dx=(\quad)du$，于是

$$\int\frac{1}{2x+1}dx=\frac{1}{2}\int\frac{1}{(\quad)}du$$

$$=\frac{1}{2}(\quad)+C$$

$$=\frac{1}{2}\ln|2x+1|+C.$$

例 3 求$\int x\sin(2x^2+3)dx$.

解 其被积函数 $\sin(2x^2+3)$ 由 $y=\sin u$，$u=2x^2+3$ 复合而成，若以 u 为积分变量，则 $du=4x\,dx$，解出 $x\,dx=\frac{1}{4}du$，于是

$$\int x\sin(2x^2+3)dx=\frac{1}{4}\int\sin u\,du$$

$$=-\frac{1}{4}\cos u+C$$

$$=-\frac{1}{4}\cos(2x^2+3)+C.$$

例 4 求$\int e^x(1+e^x)^3dx$.

解 其被积函数$(1+e^x)^3$ 由 $y=u^3$，$u=1+e^x$ 复合而成，若以 u 为积分变量，则 $du=e^x dx$，于是

$$\int e^x(1+e^x)^3dx=\int u^3du=\frac{1}{4}u^4+C$$

$$=\frac{1}{4}(1+e^x)^4+C.$$

【练习 3】 求$\int x e^{4x^2+5}dx$.

解 其被积函数 e^{4x^2+5} 由 $y=e^u$，$u=(\quad)$复合而成，若以 u 为积分变量，则 $du=8x\,dx$，解出 $x\,dx=(\quad)du$，于是

$$\int x e^{4x^2+5}dx=\frac{1}{8}\int e^{(\quad)}du$$

$$=\frac{1}{8}e^{(\quad)}+C$$

$$=\frac{1}{8}e^{4x^2+5}+C.$$

例 5 求$\int\cos(3x-2)dx$.

解 被积函数 $\cos(3x-2)$ 是 $y=\cos u$ 与 $u=3x-2$ 的复合函数，并且 $du=d(3x-2)=3dx$，

即 $dx=\frac{1}{3}du$，于是可直接凑微分，得

$$\begin{aligned}\int\cos(3x-2)dx&=\frac{1}{3}\int\cos(3x-2)d(3x-2)\\&=\frac{1}{3}\int\cos u\,du\\&=\frac{1}{3}\sin u+C\\&=\frac{1}{3}\sin(3x-2)+C.\end{aligned}$$

【练习 4】 求 $\int\sin 8x\,dx$.

解 被积函数 $\sin 8x$ 是 $y=\sin u$ 与 $u=(\quad)$ 的复合函数，并且 $du=d(8x)=(\quad)dx$，于是有

$$\begin{aligned}\int\sin 8x\,dx&=(\quad)\int\sin 8x\,d(8x)\\&=\frac{1}{8}\int\sin(\quad)du\\&=(\quad)\cos u+C\\&=(\quad)\cos 8x+C.\end{aligned}$$

【练习 5】 求 $\int 2x e^{-x^2}dx$.

解 被积函数中 e^{-x^2} 是 $y=e^u$ 与 $u=(\quad)$ 的复合函数，并且 $du=(\quad)dx$，于是有

$$\begin{aligned}\int 2x e^{-x^2}dx&=-\int e^{-x^2}d(\quad)\\&=-\int e^u du\\&=-e^{(\quad)}+C.\end{aligned}$$

◎ **常用凑微分公式**(其中 a,b 为使式子有意义的常数)

(1) $dx=\frac{1}{a}d(ax+b)$.

(2) $x\,dx=\frac{1}{2}d(x^2+b)=\frac{1}{2a}d(ax^2+b)$.

(3) $\frac{1}{\sqrt{x}}dx=2d\sqrt{x}$.

(4) $\frac{1}{x^2}dx=-d\left(\frac{1}{x}\right)$.

(5) $e^x dx=d(e^x)=\frac{1}{a}d(ae^x+b)$.

(6) $\frac{1}{x}dx=d(\ln x)$.

(7) $\sin x\,dx=-d(\cos x)$.

(8) $\cos x\,dx=d(\sin x)$.

(9) $\frac{1}{\cos^2 x}dx=\sec^2 x\,dx=d(\tan x)$.

(10) $\frac{1}{\sin^2 x}dx=\csc^2 x\,dx=-d(\cot x)$.

(11) $\frac{1}{\sqrt{1-x^2}}\mathrm{d}x=\mathrm{d}(\arcsin x)=-\mathrm{d}(\arccos x)$.

(12) $\frac{1}{1+x^2}\mathrm{d}x=\mathrm{d}(\arctan x)=-\mathrm{d}(\operatorname{arccot} x)$.

对变量替换熟练之后，可省略设积分变量的过程而直接凑微分，第一类换元积分法也称为**凑微分法**. 通过上面的例子，可以看到换元积分法在求不定积分时是非常有效的，它的重要性可以与复合函数求导法在求导运算中所起的重要作用相类比.

小任务 某小区有垃圾 639.75 吨未及时处理，现绿化环境，要将 639.75 吨垃圾无公害处理，若垃圾场以速度 $v=(1+t)^3$（吨 / 天）进行处理，试讨论多长时间能把这些垃圾处理完？

解 设 Q 表示每天垃圾剩余量

$$Q=\int -(1+t)^3\mathrm{d}t=-\frac{1}{4}(1+t)^4+C.$$

把 $t=0$ 时，$Q=639.75$ 代入上式，得

$$C=640.$$

所以

$$Q=-\frac{1}{4}(1+t)^4+640.$$

令 $Q=0$，解得

$$t\approx 6.11,$$

大约 6 天多就能把这些垃圾处理完.

勤俭节约，垃圾分类，爱护环境，注意环保，从我做起.

3.2.2 不定积分的第二类换元积分法

不定积分计算中还会遇到被积函数不能凑微分的情形，需要使用被称为第二类换元积分法的积分方法.

定理 2 （**第二类换元积分法**）若 $f(x)$ 是连续函数，$x=\varphi(t)$ 有连续导数 $\varphi'(t)$，且 $\varphi'(t)\neq 0$，又设

$$\int f[\varphi(t)]\varphi'(t)\mathrm{d}t=F(t)+C,$$

则有换元公式

$$\int f(x)\mathrm{d}x=\int f[\varphi(t)]\varphi'(t)\mathrm{d}t=F[\varphi^{-1}(x)]+C.$$

例 6 求 $\int\frac{\sqrt{x-1}}{x}\mathrm{d}x$.

解 被积函数 $\frac{\sqrt{x-1}}{x}$ 中，令 $t=\sqrt{x-1}$，则 $x=t^2+1$，并且 $\mathrm{d}x=2t\,\mathrm{d}t$，于是有

$$\begin{aligned}\int\frac{\sqrt{x-1}}{x}\mathrm{d}x&=\int\frac{t}{1+t^2}2t\,\mathrm{d}t\\&=2\int\left(1-\frac{1}{1+t^2}\right)\mathrm{d}t\\&=2(t-\arctan t)+C\end{aligned}$$

$$=2(\sqrt{x-1}-\arctan\sqrt{x-1})+C.$$

【练习 6】 求$\int\frac{x}{\sqrt{x-1}}\mathrm{d}x$.

解　被积函数$\frac{x}{\sqrt{x-1}}$中，令 $t=\sqrt{x-1}$，则 $x=($　　$)$，并且 $\mathrm{d}x=($　　$)\mathrm{d}t$，于是有

$$\begin{aligned}\int\frac{x}{\sqrt{x-1}}\mathrm{d}x&=\int\frac{1+t^2}{t}2t\,\mathrm{d}t\\&=2\int(\quad)\mathrm{d}t\\&=2\left(t+\frac{1}{3}t^3\right)+C\\&=2\sqrt{x-1}+\frac{2}{3}(\quad)+C.\end{aligned}$$

例 7　求$\int\sqrt{a^2-x^2}\,\mathrm{d}x\ (a>0)$.

被积函数带有根号，把根号去掉是解决这个不定积分的难点，本题不能依照例 6 的方法去掉根号，可以通过将根号下转换成平方的形式，即利用三角函数进行平方的转换.

解　设 $x=a\sin t\left(-\frac{\pi}{2}<t<\frac{\pi}{2}\right)$，得

$$\mathrm{d}x=a\cos t\,\mathrm{d}t,\sqrt{a^2-x^2}=a\sqrt{1-\sin^2 t}=a\cos t.$$

于是

$$\begin{aligned}\int\sqrt{a^2-x^2}\,\mathrm{d}x&=\int a\cos t\cdot a\cos t\,\mathrm{d}t\\&=\int a^2\cos^2 t\,\mathrm{d}t\\&=\frac{a^2}{2}\left(t+\frac{1}{2}\sin 2t\right)+C\\&=\frac{a^2}{2}(t+\sin t\cos t)+C.\end{aligned}$$

由 $x=a\sin t$，$\sin t=\frac{x}{a}$ 得 $t=\arcsin\frac{x}{a}$，于是 $\cos t=\frac{\sqrt{a^2-x^2}}{a}$，将它们代入上式，有

$$\begin{aligned}\int\sqrt{a^2-x^2}\,\mathrm{d}x&=\frac{a^2}{2}\left(\arcsin\frac{x}{a}+\frac{x}{a}\cdot\frac{\sqrt{a^2-x^2}}{a}\right)+C\\&=\frac{a^2}{2}\arcsin\frac{x}{a}+\frac{x}{2}\sqrt{a^2-x^2}+C.\end{aligned}$$

第二类换元积分法是将原变量 x 设为新变量 t 的函数，这样通过将积分$\int f(x)\mathrm{d}x$ 换元后，得到的$\int f[\varphi(t)]\varphi'(t)\mathrm{d}t$ 容易计算，从而使问题得到解决. 注意在应用第二类换元积分法时，为了积分后能顺利回代，所设函数 $x=\varphi(t)$ 要在某区间上具有反函数.

小任务　某地区靠山路段由于自然灾害山体滑坡，有 40 米长的道路严重损坏需要维修，若修建道路速度函数为 $v(t)=\sqrt{t+1}$（米 / 天），试讨论多长时间之内能把这段路建完？

解　设 $S(t)$ 表示修完道路长度函数

$$S(t)=\int(\sqrt{t+1})\mathrm{d}t.$$

令$\sqrt{t+1}=x$，则

$$t=x^2-1, \mathrm{d}t=2x\,\mathrm{d}x,$$

得

$$\begin{aligned}S(t)&=\int(\sqrt{t+1})\mathrm{d}t=\int 2x^2\mathrm{d}x\\&=\frac{2}{3}x^3+C\\&=\frac{2}{3}(t+1)^{\frac{3}{2}}+C.\end{aligned}$$

由于$t=0$时，$S(t)=0$，解得

$$C=-\frac{2}{3},$$

即

$$S(t)=\frac{2}{3}(t+1)^{\frac{3}{2}}-\frac{2}{3},$$

令$S(t)=40$，解得

$$t\approx 14.496$$

大约15天之内能把该路段修完.

3.2.3 不定积分的分部积分法

利用前面我们介绍的直接积分法和换元积分法，仍然有一些积分问题不能解决，如$\int x\sin x\,\mathrm{d}x$，$\int \ln x\,\mathrm{d}x$等. 为此，我们再介绍一种常用的积分方法——分部积分法.

定理3 设$u=u(x)$，$v=v(x)$都是连续可微函数，则有积分公式

$$\int u\,\mathrm{d}v=uv-\int v\,\mathrm{d}u \tag{3-1}$$

或

$$\int uv'\mathrm{d}x=uv-\int u'v\,\mathrm{d}x \tag{3-2}$$

公式(3-1)、(3-2)称为**分部积分公式**.

·说明· (1) 利用分部积分公式求不定积分的方法是，把左边积分$\int u\,\mathrm{d}v$转化成右边的积分$\int v\,\mathrm{d}u$（要求$\int v\,\mathrm{d}u$比$\int u\,\mathrm{d}v$容易求得).

(2) 由公式(3-2)的形式还可以看出，分部积分法主要处理两个函数相乘的不定积分问题，在具体使用中，正确地选择$u(x)$，$v'(x)$是解题的关键.

例8 求$\int x\mathrm{e}^x\mathrm{d}x$.

解 设$u=x$，$v'=\mathrm{e}^x$，则$u'=1$，$v=\mathrm{e}^x$，由分部积分公式有

$$\begin{aligned}\int x\mathrm{e}^x\mathrm{d}x&=x\mathrm{e}^x-\int \mathrm{e}^x\mathrm{d}x\\&=x\mathrm{e}^x-\mathrm{e}^x+C.\end{aligned}$$

例 9 求$\int x\sin 2x\,dx$.

解 设 $u=x, v'=\sin 2x$，则 $u'=1, v=-\frac{1}{2}\cos 2x$，利用公式有

$$\int x\sin 2x\,dx=-\frac{1}{2}x\cos 2x+\frac{1}{2}\int\cos 2x\,dx$$
$$=-\frac{1}{2}x\cos 2x+\frac{1}{4}\sin 2x+C.$$

【练习 7】 求$\int x\ln x\,dx$.

解 因为$\ln x$不能直接求出原函数，所以不能设为v'，故设$u=\ln x, v'=x$，则$u'=\frac{1}{x}, v=(\quad)$利用公式有

$$\int x\ln x\,dx=\frac{1}{2}x^2\ln x-\frac{1}{2}\int x^2(\quad)dx$$
$$=\frac{1}{2}x^2\ln x+(\quad)+C.$$

例 10 求$\int\arccos x\,dx$.

解 令 $u=\arccos x, v'=1$，则 $u'=-\frac{1}{\sqrt{1-x^2}}, v=x$，利用公式有

$$\int\arccos x\,dx=x\arccos x-\int x\left(-\frac{1}{\sqrt{1-x^2}}\right)dx$$
$$=x\arccos x-\frac{1}{2}\int\frac{1}{\sqrt{1-x^2}}d(1-x^2)$$
$$=x\arccos x-\sqrt{1-x^2}+C.$$

例 11 求$\int\ln(x-1)dx$.

解 令 $u=\ln(x-1), v'=1$，则 $u'=\frac{1}{x-1}, v=x$，利用公式有

$$\int\ln(x-1)dx=x\ln(x-1)-\int\frac{x}{x-1}dx$$
$$=x\ln(x-1)-\int\frac{x-1+1}{x-1}dx$$
$$=x\ln(x-1)-\int 1dx-\int\frac{1}{x-1}dx$$
$$=x\ln(x-1)-x-\ln(x-1)+C.$$

【练习 8】 求$\int\ln x\,dx$.

解 因为$\ln x$不能直接求出原函数，所以不能设为v'，故设$u=\ln x, v'=1$，则$u'=\frac{1}{x}, v=$ $(\quad)$，利用公式有

$$\int\ln x\,dx=x\ln x-\int(\quad)dx$$
$$=x\ln x+(\quad)+C.$$

工欲善其事，必先利其器，我们要熟练掌握不定积分的运算公式与相关算法，这样才能在解决相关问题时起到事半功倍的效果. 我们在日常生活中处理一些事情时，也要遵循一定的原则，以提高我们解决问题的能力.

思考 进行了不定积分相关知识的学习后，你有没有在实际生活中通过多角度思考问题和解决问题的例子？向老师和同学们分享一下.

同步训练 3-2

1. 选择题

(1) 下面“凑微分”正确的是(　　).

A. $dx=3d\left(\frac{x}{3}\right)$

B. $\frac{1}{\sqrt{x}}dx=d(\sqrt{x})$

C. $4dx=d\left(\frac{1}{4}x\right)$

D. $\frac{1}{x^2}dx=d\left(\frac{1}{x}\right)$

(2) $\int\sin 3x\,dx=$(　　).

A. $\cos 3x+C$　　B. $3\cos 3x+C$　　C. $-\frac{1}{3}\cos 3x+C$　　D. $-\frac{1}{3}\sin 3x+C$

(3) $\int e^{\frac{1}{3}x}dx=$(　　).

A. $e^{\frac{1}{3}x}+C$

B. $\frac{1}{3}e^{\frac{1}{3}x}+C$

C. $3e^{\frac{1}{3}x}+C$

D. 以上结论都不对

(4) 下列不定积分适合分部积分法的是(　　).

A. $\int x\sin x\,dx$

B. $\int\frac{x}{\sqrt{4-x^2}}dx$

C. $\int\cos x\ln(\sin x)dx$

D. $\int\tan x\,dx$

(5) 下列不定积分不适合分部积分法的是(　　).

A. $\int\ln x\,dx$　　B. $\int x\ln x\,dx$　　C. $\int x\sin x\,dx$　　D. $\int\frac{\sin\sqrt{x}}{\sqrt{x}}dx$

2. 填空题

(1) $\int\cos 2x\,dx=$________.

(2) $\int e^{x-3}dx=$________.

(3) $\int xe^{-x}dx=-xe^{-x}-\int$________$dx$.

(4) $\int\sin(x-2)dx=$________.

(5) 利用分部积分法计算$\int x\arcsin x\,dx$时，设 $u=$________，$v'=$________.

3. 判断题

(1) $\int e^{-x}dx=-e^{-x}+C$.　(　　)

(2) $\int \sin x \cdot \cos x \, dx = \int \sin x \, d(\sin x) = \frac{\sin^2 x}{2}$. ( )

(3) $\int x^2 \sin x \, dx = \int \sin x \, d(2x) = 2\int \sin x \, dx = -2\cos x + C$. ( )

(4) $\int \sin 2x \, dx = 2\int \sin x \, dx$. ( )

(5) $\int x\cos 2x \, dx = \frac{1}{2}\int x \, d(\sin 2x) = \frac{1}{2}x\sin 2x + \frac{1}{4}\cos 2x + C$. ( )

3.3 定积分的概念与性质

定积分是积分学中又一个重要的基本概念，在自然科学、工程技术、经济学等各个领域中都有着广泛的应用.本部分从典型的实例入手，引出定积分的概念，进而讨论定积分的性质.

引例 1 不规则图形的面积.

冰墩墩是 2022 年北京冬季奥运会的吉祥物，它将熊猫形象与富有超能量的冰晶外壳相结合，寓意创造非凡以及面向未来的无限可能，其周边产品也深受欢迎，现有冰墩墩胸针的正视图(主视图，图 3-3)，能否根据其主视图求出该冰墩墩的表面积?

图 3-3

将冰墩墩主视图放入平面直角坐标系中，用若干条平行于 x 轴及 y 轴的直线将图形分为若干个小图形(图 3-4)，故冰墩墩表面积应等于被分割的所有小面积之和.其中中间部分为正方形或长方形，其面积可根据已知面积公式求取，故现关键问题转化为求边上的这些不规则图形的面积问题.以图 3-4 中阴影部分为例，其阴影部分的图形是由三条直线和一条曲线围成的平面图形，两条直线互相平行，第三条直线与这两条直线垂直，另一边为曲线，这样的不规则图形称为曲边梯形.

过去我们能求规则图形(矩形、梯形等)的面积，但无法求曲边梯形的面积(图 3-5).故现在我们采用如下的分析方法，通过"分割、近似代替、求和、取极限"的步骤，求得曲边梯形的面积.

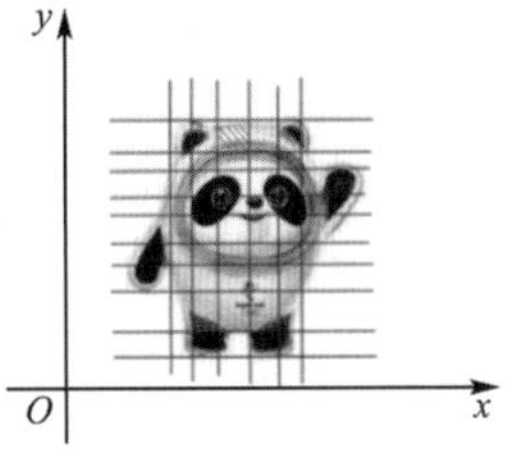

图 3-4

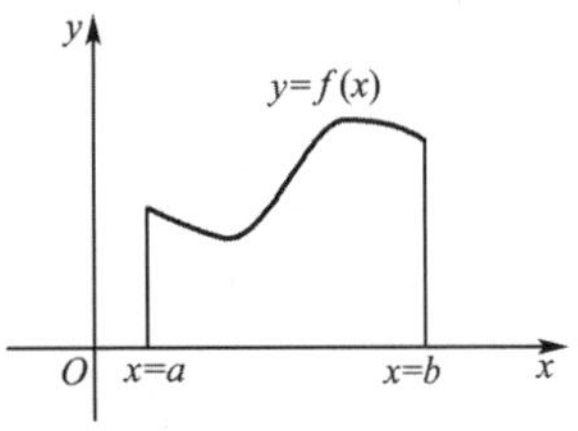

图 3-5

如图 3-6 所示，设 $y=f(x)$ 在区间$[a,b]$上是非负连续函数，由直线 $x=a$，$x=b$，$y=0$ 及曲线 $y=f(x)$ 所围成的曲边梯形面积求解方法为

(1) 分割.点 $a=x_0<x_1<x_2<\cdots<x_{n-1}<x_n=b$ 把区间$[a,b]$分成 n 个小区间$[x_0,x_1]$，$[x_1,x_2]$，$\cdots$，$[x_{n-1},x_n]$，记 $\Delta x_i=x_i-x_{i-1}(i=1,2,\cdots,n)$ 为第 i 个小区间的长度.

(2) 近似代替.任取 $\xi_i\in[x_{i-1},x_i]$，以$[x_{i-1},x_i]$为底的小曲边梯形的面积可近似为 $f(\xi_i)\Delta x_i(i=1,2,\cdots,n)$，所

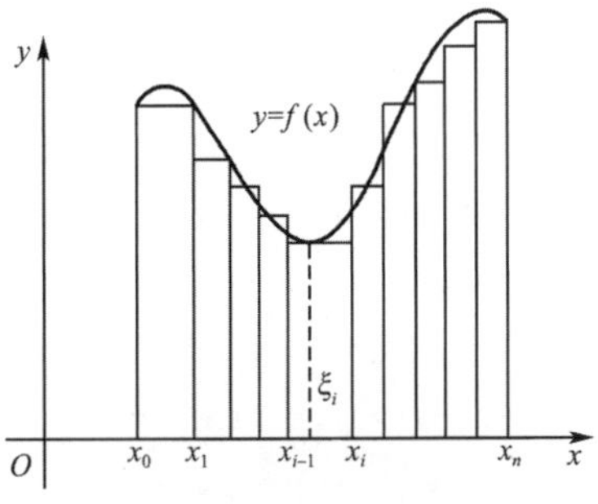

图 3-6

求曲边梯形面积 A_i 的近似值为

$$A_i \approx f(\xi_i)\Delta x_i \quad (i=1,2,\cdots,n).$$

(3) 求和取极限. 记 $\lambda=\max\{\Delta x_1,\Delta x_2,\cdots,\Delta x_n\}$,所以曲边梯形面积为

$$A=\lim_{\lambda\to 0}\sum_{i=1}^{n} f(\xi_i)\Delta x_i.$$

引例 2 变速直线运动的路程.

如今高铁脉络遍布中华大地,“中国速度”惊艳世界,使得古诗里的“千里江陵一日还”照进了现实. 现设某高铁做直线运动,速度与时间的函数为 $v=v(t)$,且速度 $v=v(t)$ 是时间间隔$[T_1,T_2]$上的连续函数($v(t)\geqslant 0$),试计算在$[T_1,T_2]$这段时间内高铁所经过的路程 S.

(1) 用分点 $T_1=t_0<t_1<t_2<\cdots<t_{n-1}<t_n=T_2$ 把时间间隔$[T_1,T_2]$分成 n 个小区间$[t_0,t_1]$,$[t_1,t_2]$,$\cdots$,$[t_{n-1},t_n]$,记 $\Delta t_i=t_i-t_{i-1}(i=1,2,\cdots,n)$ 表示第 i 个小区间的长度.

(2) 任取 $\tau_i\in[t_{i-1},t_i](i=1,2,\cdots,n)$,在时间段$[t_{i-1},t_i]$内物体所经过的路程可近似为 $v(\tau_i)\Delta t_i$,所求路程 S_i 的近似值为

$$S_i\approx v(\tau_i)\Delta t_i.$$

(3) 记 $\lambda=\max\{\Delta t_1,\Delta t_2,\cdots,\Delta t_n\}$,所求路程为

$$S=\lim_{\lambda\to 0}\sum_{i=1}^{n} v(\tau_i)\Delta t_i.$$

思考 (1) 引例 1、引例 2 的异同之处;

(2) 通过两个引例的学习,对你而言有什么收获?

(3) 请总结归纳求不规则曲边梯形面积、变速运动路程都需要哪几步.

3.3.1 定积分的概念

定义 设函数 $f(x)$ 在区间$[a,b]$上有界,在$[a,b]$中任意插入若干个分点 $a=x_0<x_1<x_2<\cdots<x_{n-1}<x_n=b$,把区间$[a,b]$分成 n 个小区间$[x_0,x_1]$,$[x_1,x_2]$,$\cdots$,$[x_{n-1},x_n]$,记 $\Delta x_i=x_i-x_{i-1}(i=1,2,\cdots,n)$ 为第 i 个小区间的长度. 在每个小区间$[x_{i-1},x_i]$上,任取一个点 $\xi_i(x_{i-1}<\xi_i<x_i)$,作函数值 $f(\xi_i)$ 与小区间长度 Δx_i 的乘积 $f(\xi_i)\Delta x_i(i=1,2,\cdots,n)$,并作和

$$\sum_{i=1}^{n} f(\xi_i)\Delta x_i.$$

定积分的概念

记 $\lambda=\max\{\Delta x_1,\Delta x_2,\cdots,\Delta x_n\}$,如果不论对$[a,b]$怎样分法,也不论在小区间$[x_{i-1},x_i]$上点 ξ_i 怎样取法,只要当 $\lambda\to 0$ 时,和式的极限存在且为 I,我们称这个极限值 I 为函数 $f(x)$ 在区间$[a,b]$上的**定积分**. 记作 $\int_a^b f(x)\mathrm{d}x$,即

$$I=\lim_{\lambda\to 0}\sum_{i=1}^{n} f(\xi_i)\Delta x_i=\int_a^b f(x)\mathrm{d}x.$$

其中 $f(x)$ 称为**被积函数**,$f(x)\mathrm{d}x$ 称为**被积表达式**,x 称为**积分变量**,b,a 称为**积分上、下限**,$[a,b]$称为**积分区间**.

定积分的概念体现了整体与局部、近似与精确、量变与质变等矛盾的对立统一.

思考

(1) 设速度为 $v(t)$,则 $v(t)\mathrm{d}t$ 的累加就是( ).

(2) 设曲线 $y=f(x)(f(x)>0)$,则 $f(x)\mathrm{d}x$ 的累加就是( ).

(3) 设变力为 $f(s)$,则 $f(s)\mathrm{d}s$ 的累加结果是( ).

注意

(1) 定义中的 $\lambda\to 0$,表示对区间$[a,b]$的划分越来越细时,每个小区间的长度越来越小,显然当

$\lambda \to 0$ 时，必有小区间个数 $n \to \infty$，但一般情况下当 $n \to \infty$ 时，不一定有 $\lambda \to 0$.

(2) 定积分 I 是积分和 $\sum_{i=1}^{n} f(\xi_i)\Delta x_i$ 的极限值，仅与被积函数 $f(x)$ 及积分区间 $[a,b]$ 有关，而与区间分法和 ξ_i 的取法以及所用积分变量的符号无关，即

$$\int_a^b f(x)\mathrm{d}x = \int_a^b f(t)\mathrm{d}t = \int_a^b f(u)\mathrm{d}u.$$

(3) 如果函数 $f(x)$ 在 $[a,b]$ 上的定积分存在，则称 $f(x)$ 在区间 $[a,b]$ 上**可积**.

·思考· 这个故事蕴含了哪些数学思想？

魏晋数学家刘徽曾说过："割之弥细，所失弥少，割之又割，以至于不可割，则与圆合体，而无所失矣."他首创的割圆术为计算圆周率建立了严密的理论和完善的算法. 所谓割圆术，就是不断倍增圆内接正多边形的边数求出圆周率的方法.

3.3.2 定积分的几何意义

定积分的几何意义是，当 $x \in [a,b]$ 时，$f(x) \geqslant 0$，那么定积分 $\int_a^b f(x)\mathrm{d}x$ 表示由曲线 $y=f(x)$ 及两条直线 $x=a$，$x=b$ 所围成的位于 x 轴上方的图形（图 3-7）面积.

当 $x \in [a,b]$ 时，$f(x) \leqslant 0$，那么定积分 $\int_a^b f(x)\mathrm{d}x$ 表示由曲线 $y=f(x)$ 及两条直线 $x=a$，$x=b$ 所围成的位于 x 轴下方的图形（图 3-8）面积的相反数.

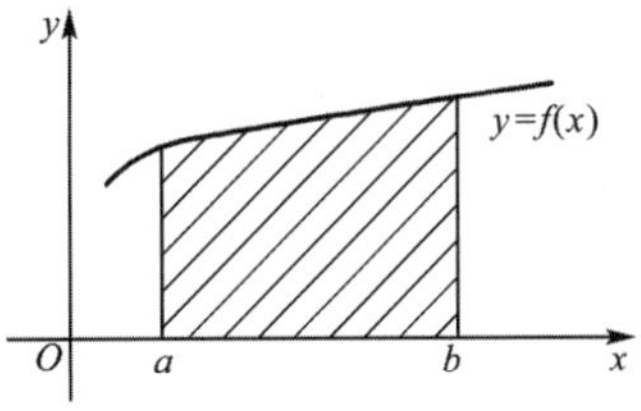

图 3-7

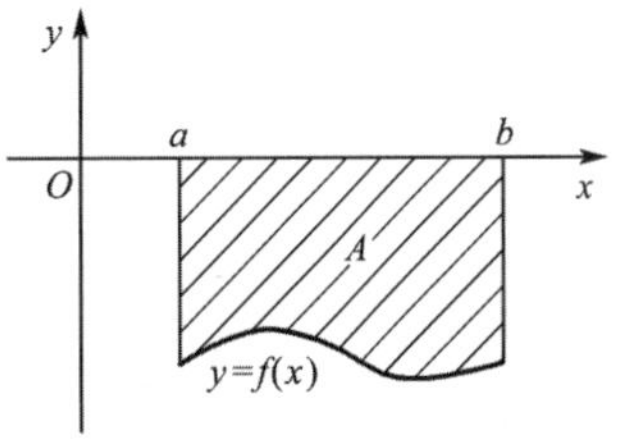

图 3-8

$$A = -\int_a^b f(x)\mathrm{d}x.$$

如在 $[a,c]$ 上 $f(x) \leqslant 0$，在 $[c,b]$ 上 $f(x) \geqslant 0$，那么 $f(x)$ 与直线 $y=0$，$x=a$，$x=b$ 所围图形（图 3-9）的面积为

$$A = A_1 + A_2 = -\int_a^c f(x)\mathrm{d}x + \int_c^b f(x)\mathrm{d}x.$$

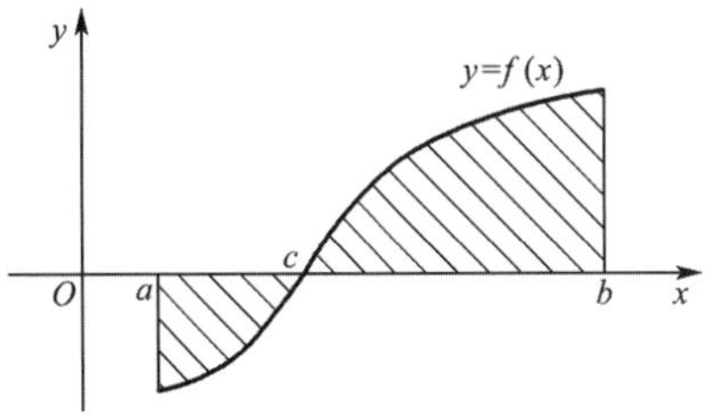

图 3-9

由定积分的定义及几何意义有

(1) 当 $a=b$ 时，$\int_a^b f(x)\mathrm{d}x = 0$.

(2) 当 $a \neq b$ 时，$\int_a^b f(x)\mathrm{d}x = -\int_b^a f(x)\mathrm{d}x$.

3.3.3 定积分的基本性质

为方便今后计算和应用，对 a，b 的大小不做规定（特殊情况除外），且假定各函数在闭区间 $[a,b]$ 上连续.

性质 1 函数代数和的定积分等于其定积分的代数和，即

$$\int_a^b [f(x) \pm g(x)]\mathrm{d}x = \int_a^b f(x)\mathrm{d}x \pm \int_a^b g(x)\mathrm{d}x.$$

性质 1 可推广到有限个函数的代数和情形.

性质 2 被积函数的常数因子可以移到积分号前面，即

$$\int_a^b kf(x)\mathrm{d}x = k\int_a^b f(x)\mathrm{d}x.$$

性质 3 如果将积分区间$[a,b]$分成两部分$[a,c]$及$[c,b]$，无论 a,b,c 的相对位置如何，总有

$$\int_a^b f(x)\mathrm{d}x = \int_a^c f(x)\mathrm{d}x + \int_c^b f(x)\mathrm{d}x.$$

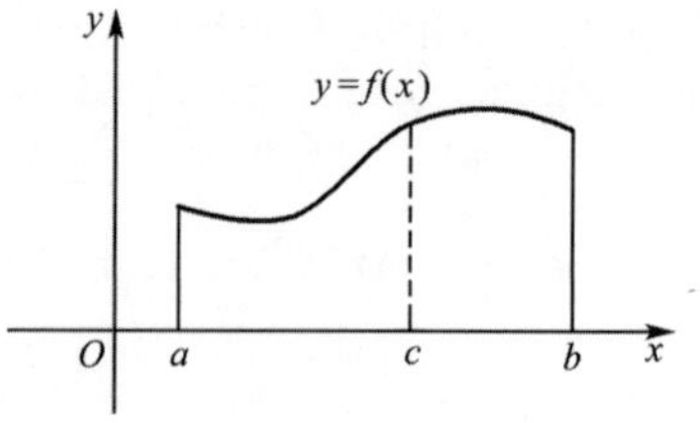

图 3-10

性质 3 表明定积分对于积分区间具有可加性(图 3-10).

3.3.4 微积分基本公式(牛顿-莱布尼兹公式)

定理 设函数 $f(x)$在区间$[a,b]$上连续，$F(x)$是 $f(x)$在区间$[a,b]$上的一个原函数，则

$$\int_a^b f(x)\mathrm{d}x = F(x)\Big|_a^b = F(b) - F(a) \tag{3-3}$$

公式(3-3)称为微积分基本公式，也称为**牛顿-莱布尼兹**(Newton-Leibniz)**公式**，简记为 **N-L 公式**. 它揭示了定积分与原函数之间的内在联系，为计算定积分提供了简便方法. 我们只需求出被积函数的一个原函数，并计算积分上、下限函数值之差 $F(b)-F(a)$，即可得到定积分的值.

> 定积分是微分的无限积累，莱布尼兹将“和”(sum)的第一个字母 s 拉长，并赋予积分上限和积分下限，用来表示对微分在区间上的无限累加.

·思考· 请你谈谈对“聚沙成塔、积水成渊”的理解？

例 1 求$\int_0^1 x^2\mathrm{d}x$.

解 $\int_0^1 x^2\mathrm{d}x = \left(\frac{1}{3}x^3\right)\Big|_0^1 = \frac{1}{3} - \frac{0}{3} = \frac{1}{3}$.

例 2 求$\int_0^2 |1-x|\mathrm{d}x$.

解

$$\int_0^2 |1-x|\mathrm{d}x = \int_0^1 (1-x)\mathrm{d}x + \int_1^2 (x-1)\mathrm{d}x$$

$$= \left(x - \frac{1}{2}x^2\right)\Big|_0^1 + \left(\frac{1}{2}x^2 - x\right)\Big|_1^2 = 1.$$

【练习 1】 求$\int_0^1 (x+1)\mathrm{d}x$.

解

$$\int_0^1 (x+1)\mathrm{d}x = \int_0^1 x\mathrm{d}x + \int_0^1 1\mathrm{d}x$$

$$= \frac{1}{2}(\quad)\Big|_0^1 + x\Big|_0^1$$

$$= \frac{1}{2}(\quad) + 1$$

$$= (\quad).$$

【练习 2】 求$\int_1^e \left(\frac{1}{x} + x^2\right)\mathrm{d}x$.

解

$$\int_1^e \left(\frac{1}{x} + x^2\right)\mathrm{d}x = \int_1^e (\quad)\mathrm{d}x + \int_1^e x^2\mathrm{d}x$$

$$= (\quad)\Big|_1^e + \frac{1}{3}x^3\Big|_1^e$$

$$= (\quad).$$

同步训练 3-3

1. 选择题

(1) $\int_0^3 |2-x|\,dx=$(　　).

A. $\int_0^2 (2-x)dx+\int_2^3 (2-x)dx$　　B. $\int_0^2 (2-x)dx+\int_2^3 (x-2)dx$

C. $\int_0^2 (x-2)dx+\int_2^3 (x-2)dx$　　D. $\int_0^2 (x-2)dx+\int_2^3 (2-x)dx$

(2) 设$[a,b]$上连续函数$f(x)>0$,则$\int_a^b f(x)dx$(　　).

A. >0　　B. $\leqslant 0$　　C. $=0$　　D. 不能确定

(3) 若$\int_{-a}^a (2x-1)dx=4$,则$a=$(　　).

A. -2　　B. 0　　C. 2　　D. 4

(4) 定积分$\int_1^2 4dx=$(　　).

A. 1　　B. 2　　C. 3　　D. 4

2. 填空题

(1) 定积分$\int_{-1}^1 (x-3)dx=$________.

(2) 定积分$\int_0^1 \cos x\,dx=$________.

(3) 定积分$\int_1^2 \frac{1}{x}dx=$________.

(4) 定积分$\int_1^2 \left(x+\frac{1}{x}\right)^2 dx=$________.

(5) 定积分$\int_1^{\sqrt{3}} \frac{1+2x^2}{x^2(x^2+1)}dx=$________.

3. 判断题

(1) $\int_a^b f(x)dx=\int_a^b f(t)dt$.　　(　　)

(2) 定积分$\int_0^1 2x\,dx=1$.　　(　　)

(3) $\int_a^b f(x)dx=-\int_b^a f(t)dt$.　　(　　)

(4) $\int_a^b F'(x)dx=F(b)-F(a)$.　　(　　)

(5) 若$\int_a^b f(x)dx=\int_c^d g(x)dx$,则$f(x)=g(x)$.　　(　　)

3.4 定积分的运算

3.4.1 定积分的换元积分法

例 1 设某物体在水平面上沿 x 轴正方向前进，水平面上各处的摩擦系数不等，因此作用于物体的摩擦力是变力，其中在 $x_0=1$(米) 到 $x_1=2$(米) 这段路程的摩擦力与路程之间的关系可表示为 $f=e^{2x}$，求物体在 $x_0=1$(米) 到 $x_1=2$(米) 这段路程内摩擦力做的功？

设物体在 $x_0=1$(米) 到 $x_1=2$(米) 这段路程内摩擦力做的功为

$$A=\int_1^2 e^{2x}\,dx.$$

解法 1 令 $t=2x$，

$$\begin{aligned}\int e^{2x}\,dx&=\frac{1}{2}\int e^t\,dt\\&=\frac{1}{2}e^t+C\\&=\frac{1}{2}e^{2x}+C,\end{aligned}$$

于是

$$\int_1^2 e^{2x}\,dx=\frac{1}{2}e^{2x}\Big|_1^2=\frac{1}{2}(e^4-e^2).$$

上述方法，要求不定积分的变量必须还原，但是，在计算定积分时，这一步实际上可以省去，只要将原来的变量 x 的上、下限按照代换式 $x=\varphi(t)$ 换成新变量 t 的相应上、下限即可. 由此，本题可用下面的方法来解.

解法 2 令 $t=2x$，即 $x=\frac{1}{2}t$.

当 $x=1$ 时，$t=2$；$x=2$ 时，$t=4$.

$$\begin{aligned}\int_1^2 e^{2x}\,dx&=\int_2^4 e^t\,d\left(\frac{1}{2}t\right)=\frac{1}{2}\int_2^4 e^t\,dt\\&=\frac{1}{2}e^t\Big|_2^4=\frac{1}{2}(e^4-e^2).\end{aligned}$$

换元积分法

与不定积分的计算方法相对应，定积分也有换元积分法和分部积分法. 重提这两个方法，目的在于简化定积分的计算，最终的计算总是离不开牛顿-莱布尼兹公式.

定理 1 设函数 $f(x)$ 在区间 $[a,b]$ 上连续，函数 $x=\varphi(t)$ 满足条件

(1) $\varphi(\alpha)=a$，$\varphi(\beta)=b$.

(2) 在 $[\alpha,\beta]$ 上 $\varphi(t)$ 单调且有连续导数，且 $a\leqslant\varphi(t)\leqslant b$，则有

$$\int_a^b f(x)\,dx=\int_\alpha^\beta f[\varphi(t)]\varphi'(t)\,dt \tag{3-4}$$

上式称为**定积分的换元积分公式**.

使用定积分的换元积分公式时应该注意，$[a,b]$ 是变量 x 的变化范围，而 $[\alpha,\beta]$ 是变量 t 的变化范围，当 x 换元为 t 时，积分限必须相应地换成 α,β，即换元一定要换限，积分变量一定要与积分限相对应.

例 2 求$\int_{2}^{5}\frac{x}{\sqrt{x-1}}\mathrm{d}x$.

解 令$t=\sqrt{x-1}$,由于$\mathrm{d}x=2t\mathrm{d}t$.当$x=2$时,$t=1$;当$x=5$时,$t=2$,由换元积分法有

$$\begin{aligned}\int_{2}^{5}\frac{x}{\sqrt{x-1}}\mathrm{d}x&=\int_{1}^{2}\left(\frac{t^{2}+1}{t}\right)2t\,\mathrm{d}t\\&=2\left(\int_{1}^{2}t^{2}\mathrm{d}t+\int_{1}^{2}1\mathrm{d}t\right)\\&=\frac{2}{3}t^{3}\Big|_{1}^{2}+2t\Big|_{1}^{2}\\&=\frac{20}{3}.\end{aligned}$$

例 3 求$\int_{0}^{1}(4x+1)^{2}\mathrm{d}x$.

解 令$t=4x+1$,由于$\mathrm{d}t=4\mathrm{d}x$,于是$\mathrm{d}x=\frac{1}{4}\mathrm{d}t$.当$x=0$时,$t=1$;当$x=1$时,$t=5$,由换元积分法有

$$\int_{0}^{1}(4x+1)^{2}\mathrm{d}x=\frac{1}{4}\int_{1}^{5}t^{2}\mathrm{d}t=\frac{1}{12}t^{3}\Big|_{1}^{5}=\frac{1}{12}(5^{3}-1^{3})=\frac{31}{3}.$$

例 4 求$\int_{1}^{2}\frac{1}{x+1}\mathrm{d}x$.

解 令$t=x+1$,$\mathrm{d}t=\mathrm{d}x$.当$x=1$时,$t=2$;当$x=2$时,$t=3$,由换元积分法有

$$\int_{1}^{2}\frac{1}{x+1}\mathrm{d}x=\int_{2}^{3}\frac{1}{t}\mathrm{d}t=\ln|t|\Big|_{2}^{3}=\ln3-\ln2.$$

【练习 1】 求$\int_{0}^{\frac{\pi}{6}}\sin2x\,\mathrm{d}x$.

解 令$t=2x$,$\mathrm{d}t=(\quad)\mathrm{d}x$,则$(\quad)\mathrm{d}t=\mathrm{d}x$.当$x=0$时,$t=0$;当$x=\frac{\pi}{6}$时,$t=(\quad)$,由换元积分法有

$$\begin{aligned}\int_{0}^{\frac{\pi}{6}}\sin2x\,\mathrm{d}x&=\frac{1}{2}\int_{0}^{(\quad)}\sin t\,\mathrm{d}t\\&=-\frac{1}{2}\cos t\Big|_{0}^{(\quad)}\\&=-\frac{1}{2}(\cos(\quad)-\cos0)\\&=\frac{1}{4}.\end{aligned}$$

【练习 2】 求$\int_{1}^{4}\frac{1}{\sqrt{x}+x}\mathrm{d}x$.

解 令$t=\sqrt{x}$,则$x=(\quad)$,且$\mathrm{d}x=(\quad)\mathrm{d}t$.当$x=1$时,$t=1$;当$x=4$时,$t=(\quad)$,由换元积分法有

$$\begin{aligned}\int_{1}^{4}\frac{1}{\sqrt{x}+x}\mathrm{d}x&=\int_{1}^{(\quad)}\left(\frac{1}{t+t^{2}}\right)2t\,\mathrm{d}t\\&=2\int_{1}^{(\quad)}\left(\frac{1}{t+1}\right)\mathrm{d}t\\&=2\ln(\quad)\Big|_{1}^{(\quad)}\end{aligned}$$

$$=2\ln\left(\frac{3}{2}\right).$$

【练习 3】 求$\int_1^e \frac{\ln x}{x}dx$.

解 令 $t=\ln x$,则 $dt=(\quad)dx$. 当 $x=1$ 时,$t=(\quad)$;当 $x=e$ 时,$t=(\quad)$,于是

$$\int_1^e \frac{\ln x}{x}dx=\int_{(\ )}^{(\ )} t\,dt=\frac{1}{2}(\qquad)\Big|_0^1=\frac{1}{2}.$$

3.4.2 定积分的分部积分法

类似于不定积分,定积分也有分部积分公式.

定理 2 设函数 $u=u(x)$,$v=v(x)$ 在区间$[a,b]$上连续可微,则

$$\int_a^b u\,dv=uv\Big|_a^b-\int_a^b v\,du \tag{3-5}$$

或

$$\int_a^b uv'dx=uv\Big|_a^b-\int_a^b u'v\,dx \tag{3-6}$$

公式(3-5)、(3-6)称为定积分的**分部积分公式**,其作用及 u 和 dv 的选取原则、使用范围与不定积分的分部积分法相同.

·注意· 使用定积分的分部积分法时,不要忘记对函数 u,v 代入上、下限后做差的计算.

分部积分法

例 5 求$\int_0^1 xe^{-x}dx$.

解 设 $u=x$,$v'=e^{-x}$,则 $u'=1$,$v=-e^{-x}$,于是

$$\int_0^1 xe^{-x}dx=-xe^{-x}\Big|_0^1+\int_0^1 e^{-x}dx$$
$$=-e^{-1}-e^{-x}\Big|_0^1=1-\frac{2}{e}.$$

例 6 求$\int_0^\pi x\sin x\,dx$.

解 设 $u=x$,$v'=\sin x$,则 $u'=1$,$v=-\cos x$,于是

$$\int_0^\pi x\sin x\,dx=-x\cos x\Big|_0^\pi+\int_0^\pi \cos x\,dx$$
$$=\pi+\sin x\Big|_0^\pi$$
$$=\pi.$$

例 7 求$\int_0^1 x\arctan x\,dx$.

解 设 $u=\arctan x$,$v'=x$,则 $u'=\frac{1}{1+x^2}$,$v=\frac{1}{2}x^2$,于是

$$\int_0^1 x\arctan x\,dx=\frac{x^2}{2}\arctan x\Big|_0^1-\frac{1}{2}\int_0^1\frac{x^2}{1+x^2}dx$$
$$=\left(\frac{1}{2}\arctan(1)-0\right)-\frac{1}{2}\int_0^1\left(1-\frac{1}{1+x^2}\right)dx$$
$$=\frac{\pi}{8}-\frac{1}{2}(x-\arctan x)\Big|_0^1$$
$$=\frac{\pi}{4}-\frac{1}{2}.$$

【练习 4】 求$\int_0^{\pi} x\cos x\,\mathrm{d}x$.

解 设$u=x$，$v'=\cos x$，则$u'=1$，$v=($　　$)$，于是

$$\int_0^{\pi} x\cos x\,\mathrm{d}x = x(\quad)\Big|_0^{\pi} - \int_0^{\pi}(\quad)\mathrm{d}x$$
$$=0+\cos x\Big|_0^{(\quad)}$$
$$=-2.$$

【练习 5】 求$\int_2^{\mathrm{e}} \ln x\,\mathrm{d}x$.

解 设$u=\ln x$，$v=x$ 于是

$$\int_2^{\mathrm{e}} \ln x\,\mathrm{d}x = x\ln x\Big|_2^{\mathrm{e}} - \int_2^{\mathrm{e}} x\,\mathrm{d}\ln x$$
$$=(\mathrm{e}-2\ln 2)-\int_2^{\mathrm{e}} x(\quad)\mathrm{d}x$$
$$=(\mathrm{e}-2\ln 2)-x\Big|_2^{\mathrm{e}}$$
$$=(\quad).$$

例 8 设函数$f(x)$在$[-a,a]$ $(a>0)$上连续，求证：

(1) 当$f(x)$为偶函数时，

$$\int_{-a}^{a} f(x)\mathrm{d}x = 2\int_0^a f(x)\mathrm{d}x.$$

(2) 当$f(x)$为奇函数时，

$$\int_{-a}^{a} f(x)\mathrm{d}x = 0.$$

证明 由积分区间的可加性，有

$$\int_{-a}^{a} f(x)\mathrm{d}x = \int_0^a f(x)\mathrm{d}x + \int_{-a}^{0} f(x)\mathrm{d}x.$$

对于右端第二个积分，设$x=-t$，得$\mathrm{d}x=-\mathrm{d}t$. 当$x=-a$时，$t=a$，当$x=0$时，$t=0$. 于是

$$\int_{-a}^{0} f(x)\mathrm{d}x = -\int_a^0 f(-t)\mathrm{d}t = \int_0^a f(-x)\mathrm{d}x.$$

(1) 当$f(x)$为偶函数时，$f(-x)=f(x)$，于是

$$\int_{-a}^{0} f(x)\mathrm{d}x = -\int_a^0 f(-x)\mathrm{d}x = \int_0^a f(x)\mathrm{d}x,$$

所以

$$\int_{-a}^{a} f(x)\mathrm{d}x = \int_0^a f(x)\mathrm{d}x + \int_0^a f(x)\mathrm{d}x = 2\int_0^a f(x)\mathrm{d}x.$$

(2) 当$f(x)$为奇函数时，$f(-x)=-f(x)$，于是

$$\int_{-a}^{0} f(x)\mathrm{d}x = \int_0^a f(-x)\mathrm{d}x = -\int_0^a f(x)\mathrm{d}x,$$

所以

$$\int_{-a}^{a} f(x)\mathrm{d}x = -\int_0^a f(x)\mathrm{d}x + \int_0^a f(x)\mathrm{d}x = 0.$$

例 8 的结论可以简化奇函数和偶函数在对称区间上的定积分的计算.

·思考· 定积分的分部积分法,上下限是否需要改变?

同步训练 3-4

1. 选择题

(1) 下列定积分不为零的是(　　).

A. $\int_{-2}^{2}(x^3+x)\mathrm{d}x$　　B. $\int_{-2}^{2}(x^5+x^3)\mathrm{d}x$

C. $\int_{-2}^{2}x\sin^2 x\,\mathrm{d}x$　　D. $\int_{-2}^{2}\cos x\,\mathrm{d}x$

(2) 定积分$\int_{-\pi}^{\pi}\frac{x^2\sin x}{1+x^2}\mathrm{d}x=$(　　).

A. 2　　B. 1　　C. 0　　D. 3

(3) 若定积分$\int_a^b\frac{f(x)}{f(x)+g(x)}\mathrm{d}x=1$,则$\int_a^b\frac{g(x)}{f(x)+g(x)}\mathrm{d}x=$(　　).

A. 0　　B. $b-a$　　C. -1　　D. $b-a-1$

(4) 若定积分$\int_1^a\left(2x+\frac{1}{x}\right)\mathrm{d}x=3+\ln 2$,则$a=$(　　).

A. 0　　B. 1　　C. 2　　D. 3

(5) 若定积分$\int_0^2 f(x)\mathrm{d}x=3$,则$\int_0^2[f(x)+3]\mathrm{d}x=$(　　).

A. 3　　B. 6　　C. 9　　D. 12

2. 填空题

(1) 定积分$\int_{-1}^{1}x^5\mathrm{d}x=$________.

(2) 定积分$\int_0^1 \mathrm{e}^{-x}\mathrm{d}x=$________.

(3) 定积分$\int_0^{\pi}\cos 2x\,\mathrm{d}x=$________.

(4) 定积分$\int_0^{\frac{\pi}{2}}\cos^3 x\,\mathrm{d}x=$________.

(5) 定积分$\int_0^1\frac{\arctan x}{1+x^2}\mathrm{d}x=$________.

3. 判断题

(1) 定积分$\int_0^2|x-1|\mathrm{d}x=\int_0^1(x-1)\mathrm{d}x+\int_1^2(x-1)\mathrm{d}x$.　(　　)

(2) $\int_{-a}^{a}f(x)g(x)\mathrm{d}x=\int_{-a}^{a}f(x)\mathrm{d}x\int_{-a}^{a}g(x)\mathrm{d}x$.　(　　)

(3) 定积分计算中,若换元则一定换限.　(　　)

(4) $\int_0^1 x^3\mathrm{d}x=\frac{1}{4}$.　(　　)

(5) 定积分$\int_1^{\mathrm{e}}\sin(\ln x)\frac{1}{x}\mathrm{d}x=0$.　(　　)

3.5　广义积分

2021年10月16日,搭载神舟十三号载人飞船的长征二号F遥十三运载火箭,在酒泉卫星发射中心发射，之后载人飞船与火箭成功分离并将我国 3 名航天员翟志刚、王亚平、叶光富成功送入太空，现已知在地球表面垂直发射火箭，要使火箭克服地球引力无限远离地球，这个速度称为第二宇宙速度，试问初速度至少要多大才能使得火箭克服地球引力无限远离地球呢？

分析 设地球半径为 R，火箭质量为 m，初速度为 v_0，地面上的重力加速度为 g. 我们假设火箭从地面 R 处上升到离地心 r 处，火箭在距地心 $x\,(x\geqslant R)$ 处所受的引力为 $\frac{mgR^2}{x^2}$（万有引力定律）. 那么，火箭从地面 R 处上升到离地心 r 处所做的功 $W_r=\int_R^r \frac{mgR^2}{x^2}\mathrm{d}x$.

而火箭无限远离地球引力所做的功 $W=\int_R^{+\infty}\frac{mgR^2}{x^2}\mathrm{d}x$.

此时积分区间为无穷区间，故该积分称为**广义积分**.

$$W=\int_R^{+\infty}\frac{mgR^2}{x^2}\mathrm{d}x=\lim_{r\to+\infty}\int_R^r\frac{mgR^2}{x^2}\mathrm{d}x$$

$$=\lim_{r\to+\infty}mgR^2\left(-\frac{1}{x}\right)\Big|_R^r=mgR.$$

根据机械能守恒定律 $\frac{1}{2}mv_0^2=mgR$，可得

$$v_0=\sqrt{2gR}=11.2\ \mathrm{km/s}.$$

由此可知第二宇宙速度为 11.2 km/s.

3.5.1 无穷区间的广义积分

定义 1 设函数 $f(x)$ 在区间 $[a,+\infty)$ 上连续，取 $b>a$，若极限

$$\lim_{b\to+\infty}\int_a^b f(x)\mathrm{d}x$$

存在，则称此极限为函数 $f(x)$ 在无穷区间 $[a,+\infty)$ 上的**广义积分**，记作 $\int_a^{+\infty}f(x)\mathrm{d}x$，即

$$\int_a^{+\infty}f(x)\mathrm{d}x=\lim_{b\to+\infty}\int_a^b f(x)\mathrm{d}x,$$

这时也称广义积分 $\int_a^{+\infty}f(x)\mathrm{d}x$ 收敛，若上述极限不存在，则称广义积分 $\int_a^{+\infty}f(x)\mathrm{d}x$ 发散.

类似地，可以定义下限为负无穷大或上、下限都是无穷大的广义积分.

$$\int_{-\infty}^b f(x)\mathrm{d}x=\lim_{a\to-\infty}\int_a^b f(x)\mathrm{d}x;$$

$$\int_{-\infty}^{+\infty}f(x)\mathrm{d}x=\int_{-\infty}^0 f(x)\mathrm{d}x+\int_0^{+\infty}f(x)\mathrm{d}x$$

$$=\lim_{a\to-\infty}\int_a^0 f(x)\mathrm{d}x+\lim_{b\to+\infty}\int_0^b f(x)\mathrm{d}x.$$

·注意·

(1) 区间 $(-\infty,+\infty)$ 的内分点是任意选取的.

(2) 广义积分 $\int_{-\infty}^{+\infty}f(x)\mathrm{d}x$ 仅当两个极限同时存在时才收敛.

例 1 计算广义积分 $\int_{-\infty}^1\frac{1}{1+x^2}\mathrm{d}x$.

解 $\int_{-\infty}^1\frac{1}{1+x^2}\mathrm{d}x=\lim_{a\to-\infty}\int_a^1\frac{1}{1+x^2}\mathrm{d}x=\lim_{a\to-\infty}\arctan x\Big|_a^1$

$$=\lim_{a\to-\infty}(\arctan 1-\arctan a)=\frac{\pi}{4}-\left(-\frac{\pi}{2}\right)=\frac{3\pi}{4}.$$

例 2 计算广义积分$\int_{-\infty}^{+\infty}\frac{2x}{1+x^2}\mathrm{d}x$.

解 $$\int_{-\infty}^{+\infty}\frac{2x}{1+x^2}\mathrm{d}x=\int_{-\infty}^{0}\frac{2x}{1+x^2}\mathrm{d}x+\int_{0}^{+\infty}\frac{2x}{1+x^2}\mathrm{d}x$$

$$=\lim_{a\to-\infty}\int_{a}^{0}\frac{2x}{1+x^2}\mathrm{d}x+\lim_{b\to+\infty}\int_{0}^{b}\frac{2x}{1+x^2}\mathrm{d}x$$

因为

$$\lim_{a\to-\infty}\int_{a}^{0}\frac{2x}{1+x^2}\mathrm{d}x=\lim_{a\to-\infty}\int_{a}^{0}\frac{1}{1+x^2}\mathrm{d}(1+x^2)=\lim_{a\to-\infty}\ln(1+x^2)\Big|_{a}^{0}$$

$$=\lim_{a\to-\infty}[-\ln(1+a^2)]\Big|_{a}^{0}=-\infty,$$

极限不存在,所以原广义积分发散.

·思考· 若分点改为 $x=1$,对该广义积分的敛散性是否会产生影响?

【练习】 讨论广义积分$\int_{1}^{+\infty}\frac{1}{x}\mathrm{d}x$ 的敛散性.

解 $\int_{1}^{+\infty}\frac{1}{x}\mathrm{d}x=\lim_{b\to+\infty}\int_{1}^{(\quad)}\frac{1}{x}\mathrm{d}x=\lim_{b\to+\infty}(\ln(\qquad))\Big|_{1}^{b}=+\infty$,故此广义积分发散.

3.5.2 无界函数的广义积分

下面我们把定积分推广到被积函数为无界函数的情形.

定义 2 设函数 $f(x)$ 在区间$(a,b]$上连续,在点 a 处间断,且 $\lim_{x\to a^+}f(x)=\infty$. 取 $\varepsilon>0$,如果极限

$$\lim_{\varepsilon\to 0^+}\int_{a+\varepsilon}^{b}f(x)\mathrm{d}x$$

存在,则称此极限为无界函数 $f(x)$ 在$(a,b]$上的**广义积分**,记作$\int_{a}^{b}f(x)\mathrm{d}x$,即

$$\int_{a}^{b}f(x)\mathrm{d}x=\lim_{\varepsilon\to 0^+}\int_{a+\varepsilon}^{b}f(x)\mathrm{d}x,$$

此时也称广义积分$\int_{a}^{b}f(x)\mathrm{d}x$ **收敛**. 否则,称之**发散**.

类似地,定义 $x=b$ 为函数 $f(x)$ 的无穷间断点时,无界函数 $f(x)$ 的广义积分为

$$\int_{a}^{b}f(x)\mathrm{d}x=\lim_{\varepsilon\to 0^+}\int_{a}^{b-\varepsilon}f(x)\mathrm{d}x,$$

如果上式右端极限存在,则称广义积分$\int_{a}^{b}f(x)\mathrm{d}x$ **收敛**. 否则,称之**发散**.

对于函数 $f(x)$,在区间$[a,b]$上除点 $c\in(a,b)$ 外连续,而$\lim_{x\to c}f(x)=\infty$,则定义为

$$\int_{a}^{b}f(x)\mathrm{d}x=\int_{a}^{c}f(x)\mathrm{d}x+\int_{c}^{b}f(x)\mathrm{d}x$$

$$=\lim_{\varepsilon\to 0^+}\int_{a}^{c-\varepsilon}f(x)\mathrm{d}x+\lim_{\varepsilon\to 0^+}\int_{c+\varepsilon}^{b}f(x)\mathrm{d}x,$$

当上式右端两个极限都存在时,称之**收敛**. 否则,称之**发散**.

例 3 计算广义积分$\int_{0}^{1}\frac{1}{\sqrt{1-x^2}}\mathrm{d}x$.

解 $x=1$ 是函数的无穷间断点.

$$\int_0^1 \frac{1}{\sqrt{1-x^2}}\mathrm{d}x = \lim_{\varepsilon\to 0^+}\int_0^{1-\varepsilon} \frac{1}{\sqrt{1-x^2}}\mathrm{d}x$$
$$= \lim_{\varepsilon\to 0^+} \arcsin x \Big|_0^{1-\varepsilon}$$
$$= \lim_{\varepsilon\to 0^+}(\arcsin(1-\varepsilon)-0) = \frac{\pi}{2}.$$

例 4 计算广义积分$\int_{-1}^1 \frac{1}{x^2}\mathrm{d}x$.

解 $x=0$ 是函数的无穷间断点.

$$\int_{-1}^1 \frac{1}{x^2}\mathrm{d}x = \int_{-1}^0 \frac{1}{x^2}\mathrm{d}x + \int_0^1 \frac{1}{x^2}\mathrm{d}x$$
$$= \lim_{\varepsilon\to 0^+}\int_{-1}^{0-\varepsilon} \frac{1}{x^2}\mathrm{d}x + \lim_{\varepsilon\to 0^+}\int_{0+\varepsilon}^1 \frac{1}{x^2}\mathrm{d}x.$$

又由于$\int_{-1}^0 \frac{1}{x^2}\mathrm{d}x = \lim_{\varepsilon\to 0^+}\left(-\frac{1}{x}\right)\Big|_{-1}^{-\varepsilon} = \lim_{\varepsilon\to 0^+}\left(\frac{1}{\varepsilon}-1\right) = +\infty$，即广义积分$\int_{-1}^0 \frac{1}{x^2}\mathrm{d}x$ 发散，所以广义积分$\int_{-1}^1 \frac{1}{x^2}\mathrm{d}x$ 发散.

·注意· 如果忽视了 $x=0$ 是被积函数的无穷间断点，就会得到以下的错误结果

$$\int_{-1}^1 \frac{1}{x^2}\mathrm{d}x = \left(-\frac{1}{x}\right)\Big|_{-1}^1 = -2.$$

广义积分是定积分的推广，其本质就是求定积分的极限. 对于无界函数的广义积分要特别注意，它与定积分在形式上完全一样，容易疏忽.

同步训练 3-5

1. 选择题

(1) 下列广义积分收敛的是(　　).

A. $\int_{-\infty}^{+\infty} \sin x\,\mathrm{d}x$　　B. $\int_{-1}^1 \frac{1}{x}\mathrm{d}x$　　C. $\int_1^{+\infty} \frac{1}{\sqrt{x}}\mathrm{d}x$　　D. $\int_{-\infty}^0 \mathrm{e}^x\,\mathrm{d}x$

(2) 广义积分$\int_0^1 \frac{1}{x^p}\mathrm{d}x$ 收敛，则有(　　).

A. $p\geqslant 1$　　B. $p>1$　　C. $p\leqslant 1$　　D. $p<1$

(3) 当(　　)时，广义积分$\int_0^{+\infty} \mathrm{e}^{-kx}\,\mathrm{d}x$ 收敛.

A. $k\geqslant 0$　　B. $k>0$　　C. $k\leqslant 0$　　D. $k<0$

2. 填空题

(1) 广义积分$\int_1^{+\infty} \frac{1}{x^4}\mathrm{d}x =$________.

(2) 广义积分$\int_0^{+\infty} f(x)\mathrm{d}x$ 和$\int_{-\infty}^0 f(x)\mathrm{d}x$ 只有一个收敛，则广义积分$\int_{-\infty}^{+\infty} f(x)\mathrm{d}x =$________.

(3) 若广义积分$\int_a^{+\infty} f(x)\mathrm{d}x$ 收敛且$\int_a^{+\infty} f(x)\mathrm{d}x = T$，$k\neq 0$ 为常数，则$\int_a^{+\infty} kf(x)\mathrm{d}x =$________.

3. 判断题

(1) 广义积分$\int_0^1 \ln x\,\mathrm{d}x$ 是发散的.　　(　　)

(2) 广义积分$\int_0^{+\infty} \cos x\,\mathrm{d}x$ 是收敛的.　　(　　)

(3) $\int_0^1 \frac{1}{\sqrt{1-x^2}}\mathrm{d}x$ 是广义积分. ( )

3.6 定积分的应用

3.6.1 平面图形的面积

由定积分的几何意义,可以求得椭圆 $\frac{x^2}{a^2}+\frac{y^2}{b^2}=1$ 的面积(图 3-11). 利用椭圆的对称性,椭圆的面积 A 等于第一象限部分面积 A_1 的 4 倍,第一象限部分面积是以 $[0,a]$ 为底,$y=\frac{b}{a}\sqrt{a^2-x^2}$ 为曲边围成图形的面积,其值即为定积分 $A_1=\int_0^a \frac{b}{a}\sqrt{a^2-x^2}\mathrm{d}x$ 的值. 面积微分元素 $\mathrm{d}A_1=\frac{b}{a}\sqrt{a^2-x^2}\mathrm{d}x$ 表示点 x 处以 $\mathrm{d}x$ 为宽的小曲边梯形面积 ΔA_1 的近似值,即 $\Delta A_1 \approx \frac{b}{a}\sqrt{a^2-x^2}\mathrm{d}x$. 利用面积的可加性,得到椭圆的面积.

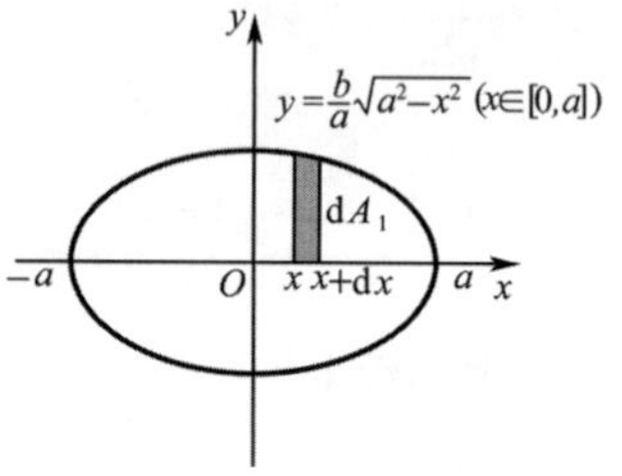

图 3-11

$$A=4A_1=4\,\frac{b}{a}\int_0^a \sqrt{a^2-x^2}\,\mathrm{d}x$$
$$=4\cdot\frac{b}{a}\cdot\frac{\pi}{4}\cdot a^2=\pi ab.$$

平面图形的面积

若 $a=b=R$,椭圆即为圆,圆的面积为 πR^2.

通过上述求椭圆面积的方法,可以得出积分就是微分的无限累加这一特性. 由此归纳出下列微元法.

如果某一实际问题的所求量 A 符合以下条件:

(1) A 是与区间 $[a,b]$ 上一个连续函数 $f(x)$ 有关的量;

(2) A 对于区间 $[a,b]$ 具有可加性,即 $A=\sum \Delta A$;

(3) 部分量 ΔA 的近似值可表示为 $f(x)\mathrm{d}x$,即有 $\Delta A \approx \mathrm{d}A=f(x)\mathrm{d}x$,

则所求量 $A=\int_a^b f(x)\mathrm{d}x$. 这种方法称为**微元法**(或**换元法**),而 $\mathrm{d}A=f(x)\mathrm{d}x$ 称为 A 的微元. 我们可以利用微元法建立定积分模型,其步骤如下:

(1) 按实际问题要求选取积分变量 x,确定积分区间 $[a,b]$.

(2) 在区间 $[a,b]$ 上选取元素 $\mathrm{d}A=f(x)\mathrm{d}x$.

(3) 写出积分表达式 $A=\int_a^b \mathrm{d}A=\int_a^b f(x)\mathrm{d}x$.

如图 3-12 所示,设 $y=f(x)\geqslant 0, x\in[a,b]$,则积分 $A=\int_a^b f(x)\mathrm{d}x$ 是以 $[a,b]$ 为底的曲边梯形的面积. 而微分 $\mathrm{d}A=f(x)\mathrm{d}x$ 表示点 x 处以 $\mathrm{d}x$ 为宽的小曲边梯形面积的近似值 $\Delta A \approx f(x)\mathrm{d}x$,$f(x)\mathrm{d}x$ 称为曲边梯形的**面积微元**. 以 $[a,b]$ 为底的曲边梯形的面积 A,就是以面积微元 $f(x)\mathrm{d}x$ 为被积表达式,以 $[a,b]$ 为积分区间的定积分 $A=\int_a^b f(x)\mathrm{d}x$.

如图 3-13 所示,由边界函数 $y=f(x)$,$y=g(x)$ $(f(x)>g(x))$ 及直线 $x=a$,$x=b$ 所围成的图形,其面积计算步骤为

(1) 确定 x 为积分变量,$[a,b]$ 为积分区间.

(2) 在$[a,b]$上任取小区间$[x,x+\mathrm{d}x]$,其中$[x,x+\mathrm{d}x]$对应的小曲边梯形的面积与以 $\mathrm{d}x$ 为底的小矩形的面积近似,得到面积微元

$$\mathrm{d}A=[f(x)-g(x)]\mathrm{d}x.$$

(3) 计算定积分,面积 A 为

$$A=\int_a^b[f(x)-g(x)]\mathrm{d}x.$$

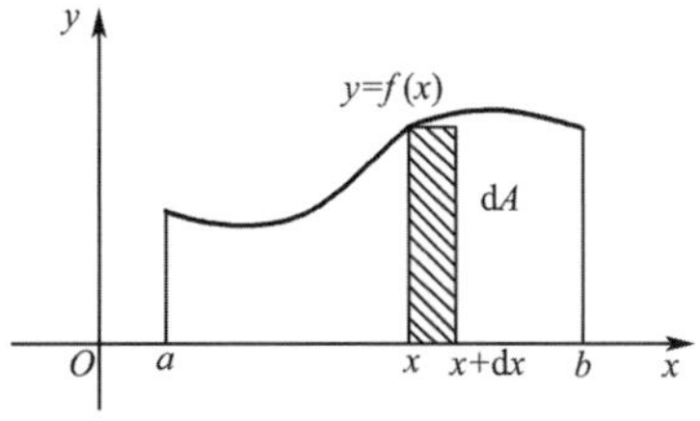

图 3-12

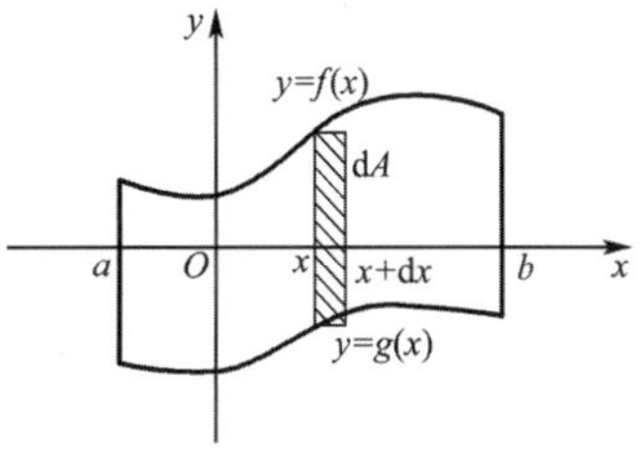

图 3-13

如果 $f(x)-g(x)$ 在$[a,b]$上有正有负,则在$[x,x+\mathrm{d}x]$上的小曲边梯形的面积微元为

$$\mathrm{d}A=|f(x)-g(x)|\mathrm{d}x.$$

因此不论什么情况,总有

$$A=\int_a^b|f(x)-g(x)|\mathrm{d}x. \tag{3-7}$$

式(3-7)是在直角坐标系下计算曲边梯形的面积公式.特别地,当 $g(x)\equiv 0$ 时,式(3-7)为

$$A=\int_a^b|f(x)|\mathrm{d}x.$$

例 1 求由曲线 $y=x^3$ 与直线 $x=-1,x=1$ 及 x 轴所围成的平面图形的面积(图 3-14).

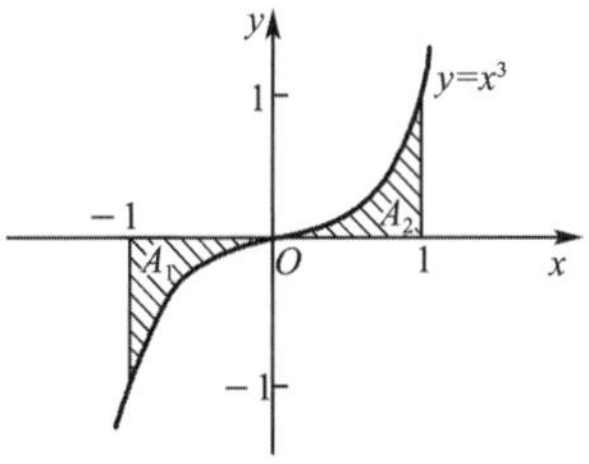

图 3-14

解 由图 3-14 可知

$$A=\int_{-1}^1|x^3|\mathrm{d}x=\int_{-1}^0(-x^3)\mathrm{d}x+\int_0^1x^3\mathrm{d}x$$

$$=-\frac{1}{4}x^4\Big|_{-1}^0+\frac{1}{4}x^4\Big|_0^1=\frac{1}{2}.$$

【练习 1】 求由曲线 $y=x^2$ 与直线 $y=x+6$ 所围成的平面图形的面积.

3.6.2 旋转体的体积

由曲线 $y=f(x)$,直线 $x=a,x=b$ 和 x 轴所围成的平面图形绕 x 轴旋转一周而成的几何体叫作旋转体,这个几何体的体积可用微元法讨论.

如图 3-15 所示,在区间$[a,b]$内任取两点 $x,x+\mathrm{d}x$,在小区间$[x,x+\mathrm{d}x]$上,小旋转体的体积可用以 $f(x)$ 为半径,以 $\mathrm{d}x$ 为高的小圆柱体体积近似代替,小圆柱体体积为

$$\mathrm{d}V=\pi[f(x)]^2\mathrm{d}x,$$

在区间$[a,b]$上积分,得绕 x 轴旋转的旋转体体积为

$$V=\pi\int_a^b[f(x)]^2\mathrm{d}x.$$

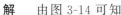

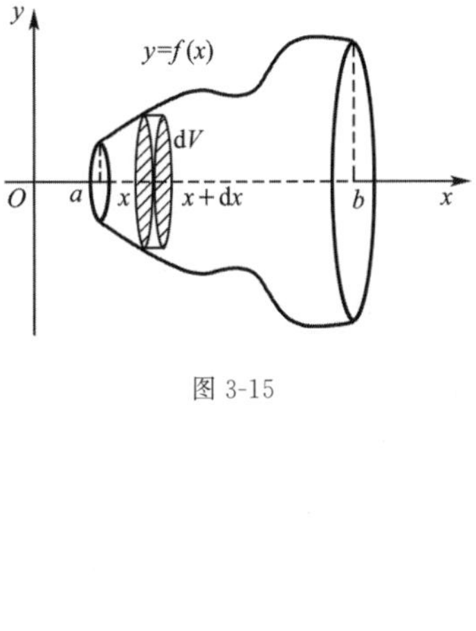

图 3-15

用同样的方法可以得到曲线 $x=g(y)$,直线 $y=c,y=d$ 及 y 轴所围成的平面图形绕 y 轴旋转一周而得旋转体的体积为

$$V=\pi\int_{c}^{d}[g(y)]^{2}\mathrm{d}y.$$

例 2 求椭圆 $\frac{x^2}{a^2}+\frac{y^2}{b^2}=1$ 绕 x 轴旋转而成的旋转体体积.

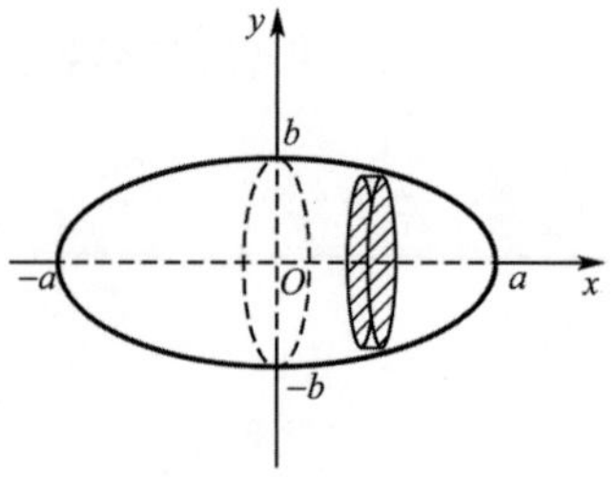

图 3-16

解 如图 3-16 所示，所求旋转体可看成由上半椭圆 $y=\frac{b}{a}\sqrt{a^2-x^2}$ 绕 x 轴旋转而成.

故体积为

$$V=\pi\int_{-a}^{a}y^2\mathrm{d}x=\pi\int_{-a}^{a}\frac{b^2}{a^2}(a^2-x^2)\mathrm{d}x$$

$$=\pi\frac{b^2}{a^2}\left(a^2x-\frac{1}{3}x^3\right)\Big|_{-a}^{a}=\frac{4}{3}\pi ab^2.$$

特别地，当 $a=b$ 时，旋转体为半径为 a 的球，其体积 $V=\frac{4}{3}\pi a^3$.

【练习 2】 求圆 $x^2+y^2=4$ 绕 x 轴旋转而成的旋转体体积.

3.6.3 定积分在经济中的应用

由定积分的概念和牛顿 - 莱布尼兹公式知：

(1) 当知边际函数 $f(x)$，求相应的经济函数 $F(x)$ 在某区间 $[a,b]$ 内的总量（即经济函数 $F(x)$ 从 a 变化到 b 时的改变量）时，则有

$$F(b)-F(a)=\int_{a}^{b}f(x)\mathrm{d}x.$$

(2) 当知边际函数 $f(x)$，求相应的经济函数 $F(x)$ 时，一般有

$$F(x)-F(0)=\int_{0}^{x}f(t)\mathrm{d}t.$$

例 3 某物流公司在仓库储存了 20 000 千克小麦，这批小麦如果每月运走 2 500 千克，要用 8 个月的时间运完. 如果储存费用是每月每千克 0.01 元，8 个月后，物流公司应该向仓库方支付多少元储存费？

解 令 $f(t)$ 表示 t 个月后储存小麦的千克数，则

$$f(t)=20\ 000-2\ 500t.$$

先求储存费用微元，在 t 的变化区间 $[0,8]$ 内，取微小区间 $[t,t+\Delta t]$，则在该小区间内，每千克储存费用为每月每千克储存费用与月数 $\mathrm{d}t$ 的乘积，即

$$每千克储存费用=0.01\mathrm{d}t,$$

用 E 表示储存费用，则在区间 $[t,t+\Delta t]$ 上，储存费用的近似值为

$$\mathrm{d}E=0.01f(t)\mathrm{d}t,$$

于是所求储存费为

$$E=\int_{0}^{8}\mathrm{d}E=\int_{0}^{8}0.01f(t)\mathrm{d}t$$

$$=\int_{0}^{8}0.01\times(20\ 000-2\ 500t)\mathrm{d}t$$

$$=800(元).$$

例 4 已知某产品的边际成本 $C'(Q)=MC=20+\frac{1}{3}Q$（万元／吨），固定成本为 8 万元，边际收益函数 $R'(Q)=MR=140-Q$（万元／吨），求：(1) 利润函数；(2) 产量为多少时利润最大？

解 (1) 成本函数 $C(Q)=8+\int_0^Q\left(20+\frac{1}{3}t\right)\mathrm{d}t=8+20Q+\frac{1}{6}Q^2$.

收益函数 $R(Q)=\int_0^Q(140-t)\mathrm{d}t=140Q-\frac{1}{2}Q^2$.

利润函数 $L(Q)=R(Q)-C(Q)=120Q-\frac{2}{3}Q^2-8$.

(2) 当边际收益＝边际成本时，利润最大，即 $C'(Q)=R'(Q)$，于是有

$$20+\frac{1}{3}Q=140-Q,$$

$$Q=90(\text{吨}).$$

·思考· 某种病毒复制繁殖速度 $r=r(t)$，$r(t)$ 是 $[T_1,T_2]$ 上的连续函数，求这段时间内该病毒复制繁殖的总量为多少？

> 面对突如其来的新冠肺炎疫情，我国统筹疫情防控和经济社会发展取得重大积极成果．例如，10 天时间建成武汉火神山医院，12 天时间建成雷神山医院，向世界展现了中国速度，堪称“奇迹”，奇迹的背后是中国力量的凝聚，是万众一心，众志成城．

单元训练 3

1. 选择题

(1) $\left[\int f(x)\mathrm{d}x\right]'=$（　　）．

A. $f'(x)$　　B. $f'(x)+C$　　C. $f(x)+C$　　D. $f(x)$

(2) $\int F'(x)\mathrm{d}x=$（　　）．

A. $f'(x)$　　B. $f'(x)+C$　　C. $F(x)+C$　　D. $F'(x)+C$

(3) $\int_0^1 x\cos x^2\mathrm{d}x=$（　　）．

A. $\frac{1}{2}$　　B. $\frac{1}{2}\sin 1$　　C. $-\frac{1}{2}$　　D. 0

(4) 下列式子中，正确的是（　　）．

A. $\int \ln x\mathrm{d}x=\frac{1}{x}+C$　　B. $\int \ln|x|\mathrm{d}x=\frac{1}{x}+C$

C. $\int \frac{1}{x}\mathrm{d}x=-\frac{1}{x^2}+C$　　D. $\int \frac{1}{x}\mathrm{d}x=\ln|x|+C$

(5) 若 $f(x)$ 的一个原函数是 $\frac{1}{x}$，则 $f'(x)=$（　　）．

A. $\ln|x|$　　B. $\frac{1}{x}$　　C. $-\frac{1}{x^2}$　　D. $\frac{2}{x^3}$

2. 填空题

(1) $\mathrm{d}x=$ ________ $\mathrm{d}(5x)$.

(2) $x\mathrm{d}x=$ ________ $\mathrm{d}(x^2-1)$.

(3) $\sin x\mathrm{d}x=$ ________ $\mathrm{d}(\cos x)$.

(4) $\dfrac{d}{dx}\displaystyle\int_0^1 \sin 2x\,dx =$ ________.

(5) $\displaystyle\int_0^1 e^x(1-e^{-x})\,dx =$ ________.

3. 判断题

(1) $\displaystyle\int f'(x)\,dx = f(x) + C.$ (　　)

(2) $\displaystyle\int f(x)g(x)\,dx = \int g(x)\,dx \int f(x)\,dx.$ (　　)

(3) $\displaystyle\int_0^{\frac{\pi}{2}} \sin 2x\,dx = \frac{1}{2}\cos 2x + C.$ (　　)

(4) $\displaystyle\int 4f(x)\,dx = \int f(x)\,d(4x) = 4\int f(x)\,dx.$ (　　)

(5) $\displaystyle\int_a^b \frac{f(x)}{g(x)}\,dx = \frac{\int_a^b f(x)\,dx}{\int_a^b g(x)\,dx}.$ (　　)

4. 计算下列各题

(1) $\displaystyle\int (x + \cos x)\,dx.$

(2) $\displaystyle\int (x - 2)\,dx.$

(3) $\displaystyle\int \frac{1}{x-3}\,dx.$

(4) $\displaystyle\int e^{-3x}\,dx.$

(5) $\displaystyle\int_0^1 (x^2 - 1)\,dx.$

(6) $\displaystyle\int_0^1 x(x + \sin x)\,dx.$

5. 求由曲线 $y = x^2 + 1$ 与直线 $y = 10$ 所围成的平面图形的面积.

单元3参考答案

单元任务评价表

组别：		模型名称：		成员姓名及个人评价			
项目	A级	B级	C级				
课堂表现情况20分	上课认真听讲，积极举手发言，积极参与讨论与交流	偶尔举手发言，有参与讨论与交流	很少举手，极少参与讨论与交流				
模型完成情况20分	观点明确，模型结构完整，内容无理论性错误，条理清晰，大胆尝试并表达自己的想法	模型结构基本完整，内容无理论性错误，有提出自己的不同看法，并做出尝试	观点不明确，模型无法完成，不敢尝试和表达自己的想法				
合作学习情况20分	善于与人合作，虚心听取别人的意见	能与人合作，能接受别人的意见	缺乏与人合作的精神，难以听进别人的意见				
个人贡献情况20分	能鼓励其他成员参与协作，能有条理地表达自己的意见，且意见对任务完成有重要帮助	能主动参与协作，能表达自己的意见，且意见对任务完成有帮助	需要他人督促参与协作，基本不能准确表达自己的意见，且意见对任务基本没有帮助				
模型创新情况20分	具有创造性思维，能用不同的方法解决问题，独立思考	能用老师提供的方法解决问题，有一定的思考能力和创造性	思考能力差，缺乏创造性，不能独立地解决问题				
教师评价							
小组自评评语：							

单元 4

常微分方程初步

知识目标

- 理解微分方程的概念.
- 初步了解微分方程的性质.

能力目标

- 会建立简单实际问题中的微分方程关系式.
- 协作完成本单元相关的实际问题.

素质目标

- 能想到用微分方程建立数学模型,解释、判断、猜想自然或社会现象.
- 通过碳十四年龄测定法估算三星堆祭祀坑文物的大致年代,体会三星堆文明既改写了中国青铜器时代的历史,也是中华文明对世界文明的重大贡献,具有世界级考古发现的学术价值和重要地位.
- 常微分方程可以解决实际生活中的一些难题,比如疫情的传播模型,疫情数据的准确性对决策起到相当大的作用.

课前准备

做好预习,搜集本单元相关资料.

课堂学习任务

单元任务四　考古出土文物历史年代的确定

四川省文物考古研究院、三星堆研究院、三星堆博物馆联合主办的“考古中国”重要项目——三星堆遗址考古发掘进一步确认了三星堆祭祀坑的年代.通过碳十四年龄测定法,考古专家把祭祀坑的年代卡定在距今 3 200 年至 3 000 年,解决了 30 年来关于祭祀坑埋藏年代的争议.

假设现测得三星堆祭祀坑某出土文物提取物碳十四残余量为原始含量 69.15%,半衰期 5 730 年.试用碳十四年龄测定法估算该文物的大致年代.

常微分方程的起源

常微分方程的形成与发展是和力学、天文学、物理学，以及其他科学技术的发展密切相关的. 数学的其他分支的新发展，如复变函数、李群、组合拓扑学等，都对常微分方程的发展产生了深刻的影响，当前计算机的发展更是为常微分方程的应用及理论研究提供了非常有力的工具.

牛顿研究天体力学和机械动力学的时候，利用了微分方程这个工具，从理论上得到了行星运动规律. 后来，法国天文学家勒维烈和英国天文学家亚当斯使用微分方程各自计算出那时尚未发现的海王星的位置. 这些都使数学家更加深信微分方程在认识自然、改造自然方面的巨大力量.

随着微分方程理论的逐步完善，利用它就可以精确地表述事物变化所遵循的基本规律，只要列出相应的微分方程，有了解方程的方法，微分方程也就成了最有生命力的数学分支之一.

在科学研究和实际问题中，常常需要寻求变量之间的函数关系，这种函数关系有时可以直接建立，有时却只能找到未知函数与其导数(或微分)之间的某种函数关系. 这种联系着自变量、未知函数及未知函数的导数(或微分)的关系式就是微分方程.

微分方程是一门独立的数学学科，有完整的理论体系，本单元主要讨论微分方程的一些基本概念、如何建立简单的微分方程，并介绍一些常见的微分方程的解法.

4.1 微分方程的基本概念

通过求解方程，可以找到指定未知量之间的函数关系. 因此，微分方程是数学联系实际，并应用于实际的重要途径和桥梁，是各个学科进行科学研究强有力的工具. 1991 年，通过微分方程求解，推断出阿尔卑斯山脉的冰人大约遇难于 5 000 年以前. 通过建立关于碳原子的半衰期的微分方程模型最终推算出马王堆一号墓的年代大约是 2 000 多年前的西汉时代.

引例 1 放射性元素镭因不断放射出各种射线而逐渐减少其质量，这种现象称为衰变. 设在任意时刻 t 镭的质量为 $M(t)$. 由于衰变率 $-\frac{\mathrm{d}M}{\mathrm{d}t}$ 与 $M(t)$ 成比例，则有

$$\frac{\mathrm{d}M}{\mathrm{d}t}=-kM \quad (k \text{ 是正常数}).$$

引例 2 已知一曲线上任一点 $M(x,y)$ 处的切线斜率等于 $3x^2$，且该曲线过点(1,2). 试求这条曲线的方程.

解 设曲线方程为 $y=f(x)$，则根据导数的几何意义有

$$f'(x)=\frac{\mathrm{d}y}{\mathrm{d}x}=3x^2.$$

根据微分的形式写成

$$\mathrm{d}y=3x^2\mathrm{d}x.$$

对两边积分可得到

$$y=\int 3x^2\mathrm{d}x=x^3+C.$$

又因曲线过点(1,2)，即所求方程满足条件 $y\big|_{x=1}=2$，代入上式得 $C=1$，即曲线方程为

$$y=x^3+1.$$

在上述的引例中，无法直接找到问题中两个变量的函数关系，而是通过已知条件建立了含有未知函数导数的方程，然后通过积分手段求出未知函数，我们将这类含有未知函数导数的方程称为微分方程.

定义 1 含有未知函数的导数(或微分)的方程称为**微分方程**，微分方程中出现的未知函数导数的最高阶数称为**微分方程的阶**. 例如，方程 $yy'+\sin x=1$，$y'''+\ln xy=x\cos x$ 分别是一阶、三阶微分方程.

【练习】 $f''(x)=\dfrac{d^2y}{dx^2}=3x^2$ 为(　　)阶微分方程；

$y'''+2y'-y+4x^2=0$ 为(　　)阶微分方程.

·注意· 二阶以及二阶以上的微分方程统称为高阶微分方程.

定义 2 如果函数 $y=f(x)$代入微分方程能使其恒等，则称 $y=f(x)$为这个**微分方程的解**.

在引例 2 中把 $y=x^3+C$ 与 $y=x^3+1$ 代入微分方程$\dfrac{dy}{dx}=3x^2$ 中，都能使其恒等，所以这两个函数都是该微分方程的解. 然而 $y=x^3+C$ 表示一个函数族，而 $y=x^3+1$ 只表示一个函数，显然又是不同的解.

定义 3 如果微分方程的解中含有任意常数，且任意常数的个数与微分方程的阶数相同，则称之为微分方程的**通解**. 在通解中，利用附加条件确定任意常数的取值，所得到的解称为微分方程的**特解**，而这种附加条件称为**初始条件**. 例如，引例 2 中式 $y=x^3+C$ 为通解，$y=x^3+1$ 为特解，$y\big|_{x=1}=2$ 为初始条件.

例 验证函数 $y=x(\cos x+C)$为一阶微分方程 $dy+x\sin x\,dx=\dfrac{y}{x}dx$ 的通解(其中 C 为常数).

解 将 $y=x(\cos x+C)$两边同时对 x 求导有

$$\frac{dy}{dx}=\cos x+C-x\sin x.$$

又由 $y=x(\cos x+C)$得$\dfrac{y}{x}=\cos x+C$，代入上式有

$$\frac{dy}{dx}=\frac{y}{x}-x\sin x.$$

即 $dy=\left(\dfrac{y}{x}-x\sin x\right)dx$，整理得 $dy+x\sin x\,dx=\dfrac{y}{x}dx$，从而函数 $y=x(\cos x+C)$为一阶微分方程 $dy+x\sin x\,dx=\dfrac{y}{x}dx$ 的通解.

如果在一个微分方程中出现的未知函数只含一个自变量，这个方程就叫作**常微分方程**，也可以简单地叫作微分方程. 本单元我们只研究常微分方程.

同步训练 4-1

1. 指出下列方程中哪些是微分方程，并指出微分方程的阶数.

(1) $y''+5=x$；　　(2) $y^2+x^5\sin x=2y$；

(3) $(x+y)\dfrac{dy}{dx}+6x-5y=1$；　　(4) $xy^{(n)}+6=0$.

2. 验证下列函数是否为所给方程的解，如果是，指明是通解还是特解.

(1) $y''+(y')^2=1$，$y=x$；

(2)$y''+3y'-10y=2x, y=-\frac{x}{5}+\frac{3}{10}$;

(3)$3y-xy'=0, y=Cx^3$.

3. 若曲线在点(x,y)处的切线斜率等于该点横坐标的平方，且曲线通过点$(1,0)$，写出该曲线满足的微分方程.

4.2 一阶微分方程

一阶微分方程有许多种形式，这里我们只研究可化为下列形式的一阶微分方程.

$$\frac{\mathrm{d}y}{\mathrm{d}x}=f(x,y).$$

4.2.1 可分离变量的微分方程

可分离变量的微分方程

1. 可分离变量的微分方程的概念

定义1 能化成形如

$$f(y)\mathrm{d}y=g(x)\mathrm{d}x$$

的方程称为**可分离变量的微分方程.**

例如，$\frac{\mathrm{d}y}{\mathrm{d}x}=3x^2$，$\frac{\mathrm{d}y}{\mathrm{d}x}=y+1$，$xy'=4y$，$\sin x\cos y\mathrm{d}x-\cos x\sin y\mathrm{d}y=0$，均是可分离变量的微分方程.

2. 可分离变量的微分方程的解法

可分离变量的微分方程的解法如下：

(1)分离变量，即 $f(y)\mathrm{d}y=g(x)\mathrm{d}x$；

(2)两边积分，$\int f(y)\mathrm{d}y=\int g(x)\mathrm{d}x$；

(3)化简、整理.

例1 求微分方程$\frac{\mathrm{d}y}{\mathrm{d}x}=\frac{y}{x}$的通解.

解 分离变量得

$$\frac{\mathrm{d}y}{y}=\frac{\mathrm{d}x}{x},$$

两边积分得

$$\ln|y|=\ln|x|+\ln C_1 \quad (C_1>0),$$

整理得

$$y=\pm C_1x.$$

令 $C=\pm C_1$，得到通解：

$$y=Cx \quad (C\text{ 为不为零的常数}).$$

在 $y=Cx$ 中若令 $C=0$，得 $y=0$. 将 $y=0$ 代入原方程，方程两边相等，故 $y=0$ 也是该方程的解.

因此，原方程的通解为 $y=Cx$（C 为任意常数）.

·注意· 把 $y=0$ 称为该方程的补解.

【练习1】 求微分方程 $y'=\frac{x(1+y^2)}{(1+x^2)y}$的通解.

解 这是一个可分离变量的微分方程，分离变量得

$$(\qquad)dy=\frac{x}{1+x^2}dx,$$

两边积分得

$$\int(\qquad)dy=\int\frac{x}{1+x^2}dx,$$

即 $$\frac{1}{2}\ln(1+y^2)=\frac{1}{2}\ln(1+x^2)+C_1\quad(C_1\text{ 为任意常数}),$$

记 $C_1=\frac{1}{2}\ln C$，于是

$$\ln(1+y^2)=\ln(1+x^2)+\ln C,$$

所以原方程的通解为 $1+y^2=C(1+x^2)$.

【练习 2】 求微分方程 $y'=e^{2x+y}$ 的通解.

解 $$\frac{dy}{dx}=e^{2x+y},$$

即

$$\frac{dy}{dx}=e^{2x}\cdot(\qquad\qquad),$$

分离变量得

$$(\qquad)dy=e^{2x}dx,$$

两边积分

$$\int e^{-y}dy=\int e^{2x}dx,$$

得

$$-\int e^{-y}d(\qquad)=\frac{1}{2}\int e^{2x}d2x.$$

所以 $-e^{-y}=\frac{1}{2}e^{2x}+C$（$C$ 为任意常数）为所求通解.

例 2 求微分方程 $\sin x\cos y dx-\cos x\sin y dy=0$ 的通解，并求满足初始条件 $y(0)=\frac{\pi}{4}$ 的特解.

解 分离变量得

$$\frac{\sin x}{\cos x}dx=\frac{\sin y}{\cos y}dy,$$

两边积分得

$$-\ln\cos x-\ln C=-\ln\cos y,$$

化简得

$$\cos y=C\cos x.$$

即为方程的通解.

又 $y(0)=\frac{\pi}{4}$，代入得 $\cos\frac{\pi}{4}=C\cos 0$，于是有 $C=\frac{\sqrt{2}}{2}$.

即满足初始条件的特解为 $\cos y=\frac{\sqrt{2}}{2}\cos x$.

【练习 3】 求微分方程 $\cos y\sin x dy-\sin y\cos x dx=0$ 满足初始条件 $y\Big|_{x=\frac{\pi}{6}}=\frac{\pi}{2}$ 的特解.

解 分离变量得

$$\frac{\cos y}{\sin y}\mathrm{d}y=(\qquad\qquad)\mathrm{d}x \qquad (\sin x\sin y\neq 0)$$

两边积分得

$$\ln|\sin y|=\ln|\sin x|+\ln|C_1|,$$

因此，原方程的通解为 $\sin y=C\sin x\,(C=\pm C_1)$，由初始条件 $y\Big|_{x=\frac{\pi}{6}}=\frac{\pi}{2}$，得 $C=(\qquad)$，故原方程的特解为 $\sin y=2\sin x$.

【练习 4】 求微分方程 $(1+x^2)\mathrm{d}y-2x(1+y^2)\mathrm{d}x=0$ 满足初始条件 $y\Big|_{x=0}=1$ 的特解.

解 因

$$(1+x^2)\mathrm{d}y=2x(1+y^2)\mathrm{d}x,$$

所以

$$\frac{\mathrm{d}y}{1+y^2}=(\qquad\qquad).$$

上式两边积分

$$\int\frac{\mathrm{d}y}{1+y^2}=\int(\qquad\qquad)\mathrm{d}x,$$

得

$$\arctan y=\ln(\qquad\qquad)+C.$$

又因为 $y\Big|_{x=0}=1$，代入上式得 $C=(\qquad\qquad)$，所以 $\arctan y=(\qquad\qquad)$ 为所求特解.

·思考· **江河污染物的降解系数**

一般说来，江河自身对污染物都有一定的自然净化能力，即污染物在水环境中通过物理降解、化学降解和生物降解等，可使水中污染物的浓度逐渐降低. 这种变化的规律也可以通过建立和求解微分方程来描述.

设 t 时刻河水中污染物的浓度为 $N(t)$，如果反映某江河自然净化能力的降解系数为 $k\,(0<k<1)$（即单位时间内可将污染物的浓度降低 k 倍），则经过 Δt 时刻后，污染物浓度的改变量 $\Delta N=-kN\cdot\Delta t$，从而有

$$\frac{\Delta N}{\Delta t}=-kN.$$

令 $\Delta t\to 0$，那么我们得到的微分方程是什么？怎么求它的通解？

4.2.2 一阶线性微分方程

一阶线性微分方程

1. 一阶线性微分方程的概念

定义 2 能化成形如

$$y'+P(x)y=Q(x)$$

的方程称为**一阶线性微分方程**.

当 $Q(x)=0$ 时，有 $y'+P(x)y=0$，称为**一阶线性齐次微分方程**；当 $Q(x)\neq 0$ 时，称为**一阶线性非齐次微分方程**.

2. 一阶线性齐次微分方程的解法

一阶线性齐次微分方程 $y'+P(x)y=0$ 可以用**分离变量法**来解.

分离变量，得

$$\frac{\mathrm{d}y}{y}=-P(x)\mathrm{d}x,$$

两边积分

$$\int\frac{\mathrm{d}y}{y}=\int[-P(x)]\mathrm{d}x,$$

得

$$\ln y=-\int P(x)\mathrm{d}x+\ln C,$$

整理为

$$y=C\mathrm{e}^{-\int P(x)\mathrm{d}x}\quad (C\text{ 为任意常数}).$$

这就是一阶线性齐次微分方程的通解.

3. 一阶线性非齐次微分方程的解法

一阶线性非齐次微分方程 $y'+P(x)y=Q(x)$ 有**常数变易法**和**公式法**两种解法.

下面我们先用**常数变易法**来求解：

设一阶线性非齐次微分方程的通解为

$$y=C(x)\mathrm{e}^{-\int P(x)\mathrm{d}x}$$

下面求 $C(x)$：把 $y=C(x)\mathrm{e}^{-\int P(x)\mathrm{d}x}$ 及 $y'=C'(x)\mathrm{e}^{-\int P(x)\mathrm{d}x}+C(x)\mathrm{e}^{-\int P(x)\mathrm{d}x}[-P(x)]$ 代入上面的一阶线性非齐次微分方程，并化简得

$$C'(x)\mathrm{e}^{-\int P(x)\mathrm{d}x}=Q(x),$$

从而有

$$C'(x)=Q(x)\mathrm{e}^{\int P(x)\mathrm{d}x},$$

两边积分得

$$C(x)=\int Q(x)\mathrm{e}^{\int P(x)\mathrm{d}x}\mathrm{d}x+C,$$

于是通解为

$$y=\mathrm{e}^{-\int P(x)\mathrm{d}x}\left[\int Q(x)\mathrm{e}^{\int P(x)\mathrm{d}x}\mathrm{d}x+C\right].$$

此式也可以作为求解公式. 用该公式求通解的方法叫作**公式法**.

例 3　求微分方程 $y'-\frac{y}{x}=-x^2$ 的通解.

解法 1　用公式法. 把

$$P(x)=-\frac{1}{x},Q(x)=-x^2,$$

代入求解公式，得通解为

$$\begin{aligned}y&=\mathrm{e}^{-\int(-\frac{1}{x})\mathrm{d}x}\left[\int(-x^2)\mathrm{e}^{\int(-\frac{1}{x})\mathrm{d}x}\mathrm{d}x+C\right]=\mathrm{e}^{\ln x}\left[\int(-x^2)\mathrm{e}^{-\ln x}\mathrm{d}x+C\right]\\&=x\left[\int(-x)\mathrm{d}x+C\right]=x\left(-\frac{x^2}{2}+C\right)=Cx-\frac{x^3}{2}.\end{aligned}$$

解法 2　用常数变易法. 首先用分离变量法求出对应齐次微分方程 $y'-\frac{y}{x}=0$ 的通解 $y=Cx$.

设原方程通解为 $y=C(x)x$，则 $y'=C'(x)x+C(x)$.

把 y 及 y' 代入原方程并化简得 $C'(x)=-x$，再积分得 $C(x)=-\frac{1}{2}x^2+C$. 因此原方程通解为

$$y=\left(-\frac{1}{2}x^2+C\right)x=Cx-\frac{1}{2}x^3.$$

【练习 5】　求微分方程 $x^2y'+xy=1$ 的通解.（公式法）

解　先将方程变形为

$$\frac{\mathrm{d}y}{\mathrm{d}x}+(\qquad)y=\frac{1}{x^2}.$$

这是一阶线性非齐次微分方程. 应用公式，其中 $P(x)=(\quad)$，$Q(x)=(\quad)$，所以原方程的通解为

$$y=e^{-\int(\quad)dx}\left[C+\int(\quad)e^{\int(\quad)dx}dx\right]$$

$$=e^{(\quad)}\left[C+\int(\quad)e^{(\quad)}dx\right]=(\quad).$$

【练习 6】 求微分方程 $y'+2xy=x$ 的通解.（常数变易法）

解 先求齐次微分方程 $y'+2xy=0$ 的通解：由 $\frac{dy}{dx}=-2xy$ 分离变量得 $\frac{dy}{y}=(\quad)$，两边积分得 $\ln|y|=(\quad)$，则 $y=Ce^{-x^2}$（C 为任意常数）.

再求非齐次微分方程 $y'+2xy=x$ 的通解：设通解为 $y=C(x)e^{-x^2}$，代入方程 $y'+2xy=x$，整理得 $C'(x)e^{-x^2}=(\quad)$，解出 $C(x)=(\quad)$，因此 $y=(\quad)$ 为方程 $y'+2xy=x$ 的通解.

例 4 求一阶微分方程 $y\,dx+(x-y^3)dy=0(y>0)$ 的通解.

解 将原方程化为

$$\frac{dy}{dx}+\frac{y}{x-y^3}=0$$

该方程既不是可分离变量方程也不是齐次型方程，又不是一阶线性微分方程. 但如果将原方程改写为

$$\frac{dx}{dy}+\frac{x-y^3}{y}=0,$$

即 $\frac{dx}{dy}+\frac{1}{y}x=y^2$，将 x 看作 y 的函数，就是一阶线性非齐次微分方程.

直接利用公式，得原方程的通解为

$$x=e^{-\int P(y)dy}\cdot\left[C+\int Q(y)e^{\int P(y)dy}dy\right]$$

$$=e^{-\int\frac{1}{y}dy}\left(C+\int y^2e^{\int\frac{1}{y}dy}dy\right)$$

$$=e^{-\ln y}\left(C+\int y^2e^{\ln y}dy\right)=\frac{1}{y}\left(C+\frac{1}{4}y^4\right).$$

即 $4xy=y^4+4C$.

4.2.3 一阶微分方程应用

用微分方程求解实际问题的关键是建立实际问题的数学模型——微分方程. 现实生活中许多问题都可以抽象为微分方程模型问题，如电磁波的传播、人口增长和仓库存储问题等. 这首先要根据实际问题所提供的条件，选择和确定模型的变量. 再根据有关学科，如物理、化学、生物、几何、经济等的理论，找到这些变量所遵循的定律，用微分方程表示出来. 为此，必须了解相关学科的一些基本概念、原理和定律；会用导数或微分表示几何量和物理量. 如在几何中曲线切线的斜率 $k=\frac{dy}{dx}$（纵坐标对横坐标的导数），物理中变速直线运动的速度 $v=\frac{ds}{dt}$，加速度 $a=\frac{dv}{dt}=\frac{d^2s}{dt^2}$，角速度 $\omega=\frac{d\theta}{dt}$，电流 $i=\frac{dq}{dt}$ 等.

例 5 镭元素的衰变满足如下规律：其衰变速度与它的现存量成正比，经验得知，镭经过 1600 年后，只剩下原始量的一半，试求镭现存量与时间 t 的函数关系.

解 设 t 时刻镭的现存量 $M=M(t)$，由题意知：$M(0)=M_0$，由于镭的衰变速度与现存量成正比，故可列出方程

$$\frac{dM}{dt}=-kM,$$

其中 $k(k>0)$ 为比例系数. 式中出现负号是因为在衰变过程中 M 逐渐减小, $\frac{dM}{dt}<0$.

将方程分离变量得 $M=Ce^{-kt}$, 再由初始条件得 $M_0=Ce^0=C$, 所以

$$M=M_0e^{-kt},$$

至于参数 k, 可用另一附加条件 $M(1\ 600)=\frac{M_0}{2}$ 求出, 即 $\frac{M_0}{2}=M_0e^{-k\cdot 1\ 600}$, 解之得

$$k=\frac{\ln 2}{1\ 600}\approx 0.000\ 433,$$

所以镭的衰变中, 现存量 M 与时间 t 的关系为

$$M=M_0e^{-0.000\ 433t}.$$

例 6 一个质量为 m 的质点在重力的作用下从高 h 处下落, 试求其运动方程.

解 设定坐标原点在水平地面, y 轴垂直向上的坐标系, 在时刻 t 质点的位置是 $y(t)$. 由于质点只受重力 mg 作用, 且力的方向与 y 轴正向相反, 故由牛顿第二定理得质点满足的方程为

$$m\frac{d^2y}{dt^2}=-mg,$$

对上式二阶微分方程积分, 得

$$\frac{dy}{dt}=-gt+C_1,$$

再对上式积分, 得

$$y=-\frac{1}{2}gt^2+C_1t+C_2,$$

其中 C_1, C_2 是两个独立的任意常数.

把条件 $y\Big|_{t=0}=h, \frac{dy}{dt}\Big|_{t=0}=0$, 分别代入上面的两式得 $C_1=0, C_2=h$. 因此所求的运动方程为

$$y=-\frac{1}{2}gt^2+h.$$

例 7 在 R-C 电路中, 当有电流流过时, 说明 U_C 随时间 t 的变化规律.

分析 设 R-C 电路如图 4-1 所示, C(常数) 是电容器电容, R 为电阻, 其中 $R=\frac{1}{10C}$, $E=6$ 为电源电动势, K 是开关, 设开始时的电容器上没有电荷, 两端电压为零, 当开关合上时, 电源就会向电容充电, 电路中有电流流过, 求电容器上的电压 U_C 随时间 t 的变化规律.

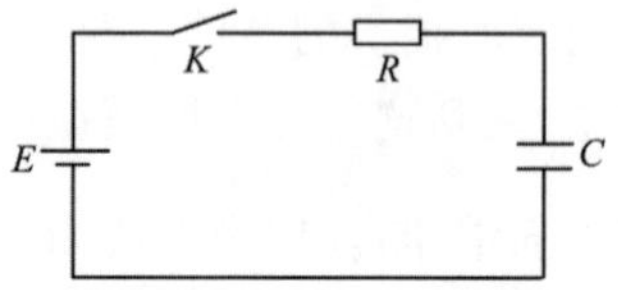

图 4-1

解 $E=U_R+U_C$, U_C 为时间的函数, 由

$$U_R=iR=i\frac{1}{10C}, i=\frac{dQ}{dt}, Q=CU_C,$$

得

$$U_R=\frac{dQ}{dt}\frac{1}{10C}=\frac{1}{10}\frac{dU_C}{dt},$$

即

$$\frac{1}{10}\frac{dU_C}{dt}+U_C=6,$$

由通解公式求得通解 $U_C=6+Ce^{-10t}$，将初始条件 $U_C|_{t=0}=0$ 代入得 $C=-6$，所以 $U_C=6-6e^{-10t}$.

例 8 （第二宇宙速度问题）在地面上以初速度 v_0 垂直向上射出一物体，设地球的引力与物体到地心的距离的平方成反比，求物体可能达到的最大高度（空气阻力不计，地球半径 $R=6\ 370$ km），如果要使发射的物体脱离地球的影响，发射的速度 v_0 至少应多大呢？

解 如图 4-2 所示，因物体射出后，在运动过程中仅受地球引力 F 的作用，时刻 t 物体坐标为 $s=s(t)$，则有初始条件 $s(0)=0$，$\left.\frac{ds}{dt}\right|_{t=0}=v_0$，由于地球的引力 F 与物体到地心的距离 $R+s$ 的平方成反比，所以有

$$F=\frac{k}{(R+s)^2},$$

其中比例系数 k 为常数.

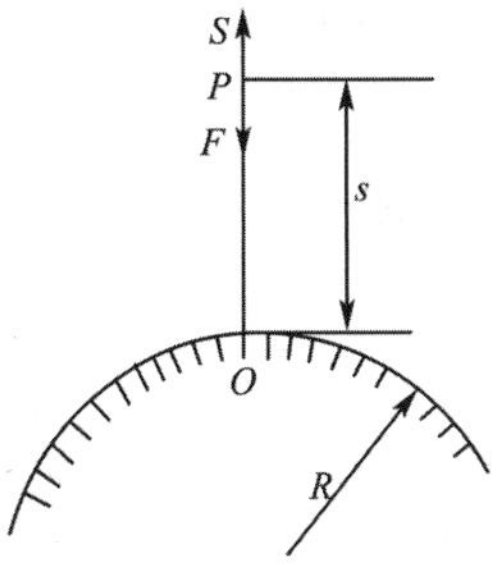

图 4-2

现在先求常数 k. 显然，当物体在地面时，$s=0$，$F=mg$，m 为物体的质量，代入上式得 $mg=\frac{k}{R^2}$. 因此，$k=mgR^2$. 于是

$$F=\frac{mgR^2}{(R+s)^2},$$

根据牛顿第二定律，物体的运动方程为

$$m\frac{d^2s}{dt^2}=-mg\frac{R^2}{(R+s)^2},$$

即

$$\frac{d^2s}{dt^2}=-\frac{gR^2}{(R+s)^2},$$

令 $\frac{ds}{dt}=v$，则有

$$\frac{d^2s}{dt^2}=\frac{dv}{dt}=\frac{dv}{ds}\cdot\frac{ds}{dt}=v\frac{dv}{ds},$$

代入上式得

$$v\frac{dv}{ds}=-g\frac{R^2}{(R+s)^2},$$

分离变量并积分得

$$\frac{1}{2}v^2=\frac{gR^2}{R+s}+C,$$

由初始条件 $s\Big|_{t=0}=0$，$v\Big|_{t=0}=\frac{ds}{dt}\Big|_{t=0}=v_0$ 得

$$C=\frac{1}{2}v_0^2-gR,$$

代入 $\frac{1}{2}v^2=\frac{gR^2}{R+s}+C$，化简得

$$v_0^2-v^2=\frac{2gRs}{R+s}.$$

当物体达到最高点时，$v=0$，于是有

$$v_0^2=\frac{2gRs}{R+s},$$

故得最大高度

$$s_{\max}=\frac{v_0^2R}{2gR-v_0^2}.$$

要使发射体脱离地球引力的影响，即地球引力 $F=0$，由 $F=\frac{mgR^2}{(R+s)^2}$ 可知，此时 $s\to+\infty$，而由 $s_{\max}=\frac{v_0^2R}{2gR-v_0^2}$ 可见，若 $s\to+\infty$ 则 $2gR-v_0^2\to 0$，所以有 $v_0=\sqrt{2gR}$，将 $g=9.8\ \mathrm{m/s^2}=\frac{9.8}{1\ 000}\ \mathrm{km/s^2}$，$R=6\ 370\ \mathrm{km}$ 代入上式可得

$$v_0\approx 11.2\ \mathrm{km/s},$$

这个速度就是通常所说的第二宇宙速度.

同步训练 4-2

1. 求下列可分离变量的微分方程的通解.

(1) $y'=2xy$；

(2) $xy^2\mathrm{d}x+(1+x^2)\mathrm{d}y=0$；

(3) $xy'-y\ln y=0$；

(4) $(1+y^2)\mathrm{d}x-x^2(1+x^2)\mathrm{d}y=0$.

2. 求下列一阶微分方程的通解或满足初始条件的特解.

(1) $y'+y=\mathrm{e}^x$；

(2) $(1+x^2)y'-2xy=(1+x^2)^2$；

(3) $x\frac{\mathrm{d}y}{\mathrm{d}x}-3y=x^5\mathrm{e}^x$，$y\big|_{x=1}=2$.

4.3 二阶常系数线性微分方程

4.3.1 二阶常系数齐次线性微分方程

例 1 一阻尼振动的振幅 s 满足以下微分方程：

$$\frac{\mathrm{d}^2s}{\mathrm{d}t^2}+4\frac{\mathrm{d}s}{\mathrm{d}t}+3s=0.$$

该二阶微分方程的特点为：二阶导函数、一阶导函数和未知函数的系数都是常数，且幂次都是一次的（即线性的），形如这样的方程称为二阶常系数齐次线性微分方程.

定义 1 形如

$$y''+py'+qy=0 \tag{4-1}$$

的方程称为**二阶常系数齐次线性微分方程**，其中 p,q 均为常数.

例如 $y''+3y'-2y=0$，$8y''-y'=0$ 均为二阶常系数齐次线性微分方程，下面来讨论其解的结构和求解的方法.

定理 1 （齐次方程解的结构定理）若 $y_1(x)$，$y_2(x)$（以下简记为 y_1，y_2）是二阶常系数齐次线性微分方程(4-1)的两个特解，且 $\frac{y_1}{y_2}\neq$ 常数，则

$$Y=C_1y_1+C_2y_2$$

是方程(4-1)的**通解**，其中 C_1，C_2 是任意常数.

二阶常系数齐次线性微分方程

根据定理 1 若求出方程(4-1)的两个比值不等于常数的特解，就可得到其通解，下面讨论其特解的求法.

由方程(4-1)不难看出，y''，y'，y 只相差一个常数，由指数函数满足此特性，可推断其解为 $y=e^{rx}$ 形式，其中 r 为待定常数.

由 $y=e^{rx}$ 得 $y'=re^{rx}$，$y''=r^2e^{rx}$，代入 $y''+py'+qy=0$ 有

$$e^{rx}(r^2+pr+q)=0,$$

由于 $e^{rx}\neq 0$，所以只要 r 满足方程 $r^2+pr+q=0$，$y=e^{rx}$ 即为方程(4-1)的解. 因此称 $r^2+pr+q=0$ 为方程 $y''+py'+qy=0$ 的**特征方程**，其根称为**特征根**.

根据一元二次方程的求根公式，特征方程 $r^2+pr+q=0$ 的两个根为

$$r_{1,2}=\frac{-p\pm\sqrt{p^2-4q}}{2}.$$

因此方程(4-1)的通解有下列三种不同的情形：

1. 当 $p^2-4q>0$ 时，r_1，r_2 是两个不相等的实根，有 $\frac{y_1}{y_2}=e^{(r_1-r_2)x}\neq$ 常数，从而方程(4-1)的通解为 $Y=C_1e^{r_1x}+C_2e^{r_2x}$.

例 2 求方程 $y''-4y'-5y=0$ 的通解.

解 所给方程的特征方程为

$$r^2-4r-5=0,$$

即

$$(r+1)(r-5)=0,$$

解得两个不相等的实根 $r_1=-1$，$r_2=5$. 因此方程的通解为

$$y=C_1e^{-x}+C_2e^{5x}.$$

【练习 1】 求微分方程 $y''-y'-6y=0$ 的通解.

解 因为微分方程 $y''-y'-6y=0$ 的特征方程为 $r^2-r-6=0$.

其特征根 $r_1=($　　　　　　$)$，$r_2=($　　　　　　$)$.

所以其通解为 $y=($　　　　　$)$.

2. 当 $p^2-4q=0$ 时，r_1，r_2 是两个相等的实根，此时只能求出方程(4-1)的一个特解 $y_1=e^{r_1x}$，但不难验证 $y_2=xe^{r_1x}$ 也为方程(4-1)的特解，从而方程(4-1)的通解为 $Y=C_1e^{r_1x}+C_2xe^{r_1x}$，即 $Y=(C_1+C_2x)e^{r_1x}$.

例 3 求方程 $y''+2y'+y=0$ 满足初始条件 $y\big|_{x=0}=1$，$y'\big|_{x=0}=1$ 的特解.

解 其特征方程为

$$r^2+2r+1=0,$$

解得重根 $r_1=r_2=-1$，于是方程的通解为

$$y=(C_2x+C_1)e^{-x}.$$

这时

$$y'=[C_2(1-x)-C_1]e^{-x},$$

将初始条件 $y\big|_{x=0}=1, y'\big|_{x=0}=1$，分别代入以上两式，解得 $C_1=1, C_2=2$.

所以方程满足初始条件的特解为 $y=(1+2x)e^{-x}$.

【练习 2】 求微分方程 $4y''+4y'+y=0$ 的通解.

解 所给方程的特征方程为 $4r^2+4r+1=0$，其特征根为 $r=r_1=r_2=($ $)$，因此原方程的通解为

$$y=(C_1+C_2x)e^{-\frac{x}{2}}.$$

3. 当 $p^2-4q<0$ 时，r_1, r_2 是一对共轭复根，设 $r_1=\alpha+i\beta, r_2=\alpha-i\beta(\beta\neq0)$，从而方程(4-1)的通解为 $Y=C_1e^{(\alpha+i\beta)x}+C_2e^{(\alpha-i\beta)x}$，利用欧拉公式可将其形式改写为

$$Y=e^{\alpha x}(C_1\cos\beta x+C_2\sin\beta x).$$

例 4 求方程 $y''-4y'+13y=0$ 的通解.

解 特征方程为 $r^2-4r+13=0$.

解得一对共轭复根 $r_1=2+3i, r_2=2-3i$. 故方程的通解为

$$y=e^{2x}(C_1\cos3x+C_2\sin3x).$$

【练习 3】 求微分方程 $4y''+9y=0$ 满足初始条件 $y\big|_{x=0}=2, y'\big|_{x=0}=\dfrac{3}{2}$ 的特解.

解 特征方程为 $4r^2+9=0$，特征根为 $r_{1,2}=($ $)$，所以原方程的通解为 $y=($ $)$.

由初始条件 $y\big|_{x=0}=2, y'\big|_{x=0}=\dfrac{3}{2}$，可得，$C_1=2, C_2=1$，因此原方程的特解为 $y=($ $)$.

综上所述，求二阶常系数齐次线性微分方程 $y''+py'+qy=0$ 通解的步骤如下：

(1)写出对应的特征方程：$r^2+pr+q=0$；

(2)求特征方程的特征根 r_1, r_2；

(3)根据 r_1, r_2 的不同情形，列表给出方程的通解. 见表 4-1.

表 4-1　特征方程根的不同情形及对应的通解

特征方程 $r^2+pr+q=0$ 的根 r_1, r_2	微分方程 $y''+py'+qy=0$ 的通解
两个不相等的实根 $r_1\neq r_2$	$Y=C_1e^{r_1x}+C_2e^{r_2x}$
两个相等的实根 $r_1=r_2$	$Y=(C_1+C_2x)e^{r_1x}$
一对共轭复根 $r_{1,2}=\alpha\pm i\beta$	$Y=e^{\alpha x}(C_1\cos\beta x+C_2\sin\beta x)$

例 5 有一个底半径为 10 cm，质量分布均匀的圆柱形浮筒浮在水面上，它的轴与水面垂直，今沿轴的方向把浮筒轻轻地按一下再放开，浮筒便开始做以 2 s 为周期的上下振动(浮筒始终有一部分露在水面上)，设水的密度 $\rho=10^3\text{kg/m}^3$，试求浮筒的质量.

解 如图 4-3 所示建立坐标系，并设浮筒在静止状态时，其轴与水面的交点为坐标原点. 在浮筒被按之前，浮筒处于静止状态，它受到的重力与浮力平衡. 设浮筒的质量为 m kg，时刻 t 浮筒的位移为 $y=y(t)$，这时浮筒受到的合力是一个指向平衡位置(原点)的力 $(0.1)^2\pi y\rho g$，则由牛顿第二定律，有

$$m\frac{d^2y}{dt^2}=-(0.1)^2\pi y\times9.8\times10^3=-98\pi y.$$

上式中的负号是由于浮筒受到的合力总是指向平衡位置，而与浮筒的位移方向相反. 以上方程即

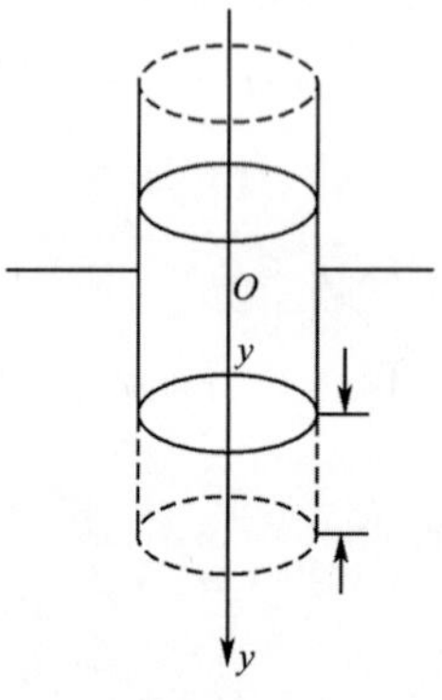

图 4-3

$$\frac{d^2y}{dt^2}+\frac{98\pi}{m}y=0,$$

这是一个二阶常系数齐次线性微分方程，解得通解为

$$\begin{aligned}y&=C_1\sin\sqrt{\frac{98\pi}{m}}t+C_2\cos\sqrt{\frac{98\pi}{m}}t\\&=A\sin\left(\sqrt{\frac{98\pi}{m}}t+\varphi_0\right)\\&=A\sin(\omega t+\varphi_0).\end{aligned}$$

这里 $\omega=\sqrt{\frac{98\pi}{m}}$，由于周期 $T=\frac{2\pi}{\omega}=2$，所以 $\omega=\pi$，$\sqrt{\frac{98\pi}{m}}=\pi$，解得

$$m=\frac{98}{\pi}\approx 31.2\ \text{kg}.$$

即浮筒的质量约为 31.2 kg.

4.3.2 二阶常系数非齐次线性微分方程

定义 2 形如

$$y''+py'+qy=f(x) \tag{4-2}$$

的方程称为**二阶常系数非齐次线性微分方程**，其中 $f(x)\neq 0$ 且 p,q 均为常数.

不难看出方程 $y''+py'+qy=0$ 与方程(4-2)仅相差在有无 $f(x)$ 项，例如 $y''-9y'=0$ 为二阶常系数**齐次**线性微分方程，而 $y''-9y'=x^3$ 为二阶常系数**非齐次**线性微分方程. 那么两者的解有何联系呢？

定理 2 （**非齐次方程解的结构定理**）设 y^* 是**非齐次方程**(4-2)的一个**特解**，而 Y 是**对应齐次方程** $y''+py'+qy=0$ 的**通解**，则

$$y=Y+y^*$$

是非齐次方程(4-2)的**通解**.

下面验证该定理. 由于 y^* 和 Y 分别为非齐次方程与对应齐次方程的解，所以有

$$(y^*)''+p(y^*)'+qy^*=f(x) \text{和} Y''+pY'+qY=0.$$

将 $y=Y+y^*$ 代入方程(4-2)有

$$\begin{aligned}&(Y+y^*)''+p(Y+y^*)'+q(Y+y^*)\\=&Y''+(y^*)''+pY'+p(y^*)'+qY+qy^*\\=&(Y''+pY'+qY)+[(y^*)''+p(y^*)'+qy^*]\\=&0+f(x)=f(x),\end{aligned}$$

说明 $y=Y+y^*$ 是方程(4-2)的解.

又因为 $Y=C_1y_1+C_2y_2$ 中含有两个任意常数 C_1,C_2，所以 $y=Y+y^*$ 中也含有两个任意常数 C_1,C_2，因而它是非齐次方程(4-2)的通解.

前文已讨论过求方程(4-1)通解的方法，下来讨论求方程(4-2)特解的方法.

方程(4-2)特解的形式是由 $f(x)$ 的形式决定的，本节只讨论两种最常用的形式，即

(1) $f(x)=e^{\lambda x}P_m(x)$，其中 λ 为常数，$P_m(x)$ 是一个关于 x 的 m 次多项式函数；

(2) $f(x)=A\cos\omega x+B\sin\omega x$，其中 A,B,ω 均为常数.

1. $f(x)=e^{\lambda x}P_m(x)$ 型的解法

$f(x)=e^{\lambda x}P_m(x)$ 是指数函数 $e^{\lambda x}$ 与多项式 $P_m(x)$ 的乘积，对其求导或求积分仍为同一类型函数，因此方程(4-2)的特解可能为 $y^*=Q(x)e^{\lambda x}$，其中 $Q(x)$ 也是多项式函数.

对 $y^*=Q(x)e^{\lambda x}$ 求导有

$$y^{*\prime}=[\lambda Q(x)+Q'(x)]e^{\lambda x},$$

$$y^{*\prime\prime}=[\lambda^2 Q(x)+2\lambda Q'(x)+Q''(x)]e^{\lambda x},$$

代入方程(4-2)整理并消去 $e^{\lambda x}$ 得

$$Q''(x)+(2\lambda+p)Q'(x)+(\lambda^2+p\lambda+q)Q(x)=P_m(x) \tag{4-3}$$

下面分三种情形讨论：

(1)若 λ 不是方程(4-1)的特征根，即 $\lambda^2+p\lambda+q\neq 0$，那么要使式(4-3)的两端恒等，$Q(x)$ 必须为 m 次多项式函数 $Q_m(x)$，令

$$Q_m(x)=b_0+b_1x+b_2x^2+\cdots+b_mx^m,$$

其中 $b_0,b_1,\cdots,b_m$ 为待定系数，将 $Q_m(x)$ 代入式(4-3)即可解出 $b_0,b_1,\cdots,b_m$，从而得到方程(4-2)的特解 $y^*=Q_m(x)e^{\lambda x}$.

(2)若 λ 是特征方程 $r^2+pr+q=0$ 的单根，即 $\lambda^2+p\lambda+q=0$，$2\lambda+p\neq 0$，那么要使式(4-3)的两端恒等，$Q'(x)$ 必须为 m 次多项式函数 $Q_m(x)$，令

$$Q(x)=xQ_m(x)=x(b_0+b_1x+b_2x^2+\cdots+b_mx^m),$$

用待定系数法求解，得到方程(4-2)的特解 $y^*=xQ_m(x)e^{\lambda x}$.

(3)若 λ 是特征方程 $r^2+pr+q=0$ 的重根，即 $\lambda^2+p\lambda+q=0$，$2\lambda+p=0$，那么要使式(4-3)的两端恒等，$Q''(x)$ 必须为 m 次多项式函数 $Q_m(x)$，令

$$Q(x)=x^2Q_m(x)=x^2(b_0+b_1x+b_2x^2+\cdots+b_mx^m),$$

用待定系数法求解，得到方程(4-2)的特解 $y^*=x^2Q_m(x)e^{\lambda x}$.

综上所述，可将方程(4-2)的特解设为

$$y^*=x^kQ_m(x)e^{\lambda x}=x^k(b_0+b_1x+b_2x^2+\cdots+b_mx^m)e^{\lambda x},$$

其中 m 是 $P_m(x)$ 的最高次幂，k 在 λ 不是特征方程的根，是特征方程的单根，是特征方程的重根时依次取 0,1,2.

例 6 求方程 $y''+y'+y=x$ 的特解.

解 这里 $f(x)=x$ 是 $f(x)=e^{\lambda x}P_m(x)$ 的特殊形式，即 $\lambda=0$，$P_m(x)=x$. 由于 $\lambda=0$ 不是特征方程 $r_2+r+1=0$ 的根，故设

$$y^*=a_0x+a_1 \quad (\text{其中 } a_0,a_1 \text{ 为待定系数})$$

把 y^* 及其一、二阶导数代入所给方程，得

$$a_0x+a_0+a_1=x,$$

比较等式两边同次项的系数，得到

$$\begin{cases}a_0=1\\a_0+a_1=0\end{cases},$$

即 $a_0=1$，$a_1=-1$. 故方程的特解为

$$y^*=x-1.$$

·注意· 尽管 $f(x)=x$ 的常数项为零，但特解不能设为 $y^*=a_0x$，而应设为 $y^*=a_0x+a_1$.

【练习 4】 求方程 $y''+2y'=x$ 的特解.

解 这里 $\lambda=0$，$P_m(x)=x$. 由于 $\lambda=0$ 是特征方程 $r^2+2r=0$ 的单根，故设

$$y^*=x(a_0x+a_1),$$

把 y^* 及其导数代入所给方程，得

$$4a_0x+2a_0+2a_1=x,$$

比较等式两边同次项的系数，得到

$$\begin{cases}4a_0=1\\2a_0+2a_1=0\end{cases},$$

即 $a_0=(\quad)$，$a_1=(\quad)$. 故方程的特解为

$$y^*=(\qquad\qquad).$$

例 7 求方程 $y''-6y'+9y=e^{3x}$ 的通解.

解 对应的齐次方程的特征方程为 $r^2-6r+9=0$，特征根为 $r_1=r_2=3$，故齐次方程的通解为 $Y=(C_1+C_2x)e^{3x}$.

由于 $\lambda=3$ 是特征方程的重根，$P_m(x)=1$，因此设 $y^*=ax^2e^{3x}$，于是

$$y^{*\prime}=(3ax^2+2ax)e^{3x},$$
$$y^{*\prime\prime}=(9ax^2+12ax+2a)e^{3x},$$

代入原方程，得

$$ae^{3x}[(9x^2+12x+2)-6(3x^2+2x)+9x^2]=e^{3x},$$

解得 $a=\dfrac{1}{2}$. 故方程的特解为 $y^*=\dfrac{1}{2}x^2e^{3x}$.

于是原方程的通解为 $y=\left(C_1+C_2x+\dfrac{1}{2}x^2\right)e^{3x}$.

【练习 5】 求方程 $y''-5y'+6y=xe^{2x}$ 的通解.

解 对应的齐次方程的特征方程为 $r^2-5r+6=0$，特征根为 $r_1=(\quad)$，$r_2=(\quad)$，故齐次方程的通解为 $Y=C_1e^{2x}+C_2e^{3x}$.

由于 $\lambda=(\quad)$是特征方程的单根，$P_m(x)=x$，设 $y^*=x(a_0x+a_1)e^{2x}$，求导并代入方程，得

$$-2a_0x+2a_0-a_1=x,$$

比较两边同次项系数，有 $\begin{cases}-2a_0=1\\2a_0-a_1=0\end{cases}$，解得 $a_0=-\dfrac{1}{2}$，$a_1=-1$. 因此方程的特解为

$$y^*=x\left(-\frac{x}{2}-1\right)e^{2x}.$$

于是原方程的通解为 $y=C_1e^{2x}+C_2e^{3x}-\dfrac{x}{2}(x+2)e^{2x}$.

2. $f(x)=A\cos\omega x+B\sin\omega x$ 型的解法

$f(x)=A\cos\omega x+B\sin\omega x$，对其求导或求积分仍为同一类型函数，因此方程(4-2)的特解为

$$y^*=x^k(a\cos\omega x+b\sin\omega x),$$

其中 a，b 为待定系数，k 为 0 或 1：

(1)当 $\pm\omega i$ 不是对应齐次方程的特征根时，$k=0$；

(2)当 $\pm\omega i$ 是对应齐次方程的特征根时，$k=1$.

例 8 求方程 $y''+2y'-3y=4\sin x$ 的通解.

解 由题知 $f(x)$是 $f(x)=A\cos\omega x+B\sin\omega x$ 型，且 $B=4$，$\omega=1$.

特征方程为

$$r^2+2r-3=0,$$

解得特征根为 $r_1=-3$，$r_2=1$，从而对应齐次方程的通解为 $Y=C_1e^{-3x}+C_2e^x$.

又 $\pm\omega i=\pm i$ 不是特征根，故 $k=0$，令特解为

$$y^*=a\cos x+b\sin x,$$

对其求导有

$$y^{*\prime}=-a\sin x+b\cos x,$$
$$y^{*\prime\prime}=-a\cos x-b\sin x,$$

代入原方程得

$$(-4a+2b)\cos x-(2a+4b)\sin x=4\sin x,$$

比较系数有

$$a=-\frac{2}{5}, b=-\frac{4}{5},$$

从而特解为

$$y^*=-\frac{2}{5}\cos x-\frac{4}{5}\sin x,$$

综上所述，原方程的通解为 $y=C_1e^{-3x}+C_2e^x-\frac{2}{5}\cos x-\frac{4}{5}\sin x$.

例 9 求方程 $y''+4y=\sin 2x$ 满足 $y(0)=1, y'(0)=0$ 的特解.

解 对应齐次方程的特征方程为 $r^2+4=0$，解得特征根为 $r_1=2i, r_2=-2i$，于是齐次方程的通解为

$$Y=C_1\cos 2x+C_2\sin 2x,$$

这里 $\omega=2$. 由于 $2i$ 是特征方程的根，故设方程的特解为

$$y^*=x(A\cos 2x+B\sin 2x),$$

于是

$$y^{*\prime}=A\cos 2x+B\sin 2x+x(2B\cos 2x-2A\sin 2x),$$
$$y^{*\prime\prime}=4B\cos 2x-4A\sin 2x-x(4A\cos 2x+4B\sin 2x),$$

将 $y^{*\prime}, y^{*\prime\prime}$ 代入方程，得

$$-4A\sin 2x+4B\cos 2x=\sin 2x.$$

比较系数，得 $A=-\frac{1}{4}, B=0$. 于是方程的特解为

$$y^*=-\frac{1}{4}x\cos 2x.$$

方程的通解为

$$y=C_1\cos 2x+C_2\sin 2x-\frac{x}{4}\cos 2x,$$

而

$$y'=-2C_1\sin 2x+2C_2\cos 2x-\frac{1}{4}\cos 2x+\frac{x}{2}\sin 2x,$$

代入初始条件 $y(0)=1, y'(0)=0$，得 $C_1=1, C_2=\frac{1}{8}$. 于是所求方程的特解为

$$y=\left(1-\frac{x}{4}\right)\cos 2x+\frac{1}{8}\sin 2x.$$

现将二阶常系数非齐次线性微分方程 $y''+py'+qy=f(x)$ 的特解形式整理成表 4-2.

表 4-2　　特解形式整理

$f(x)$ 的形式	与特征方程的根的关系	特解的形式
$f(x)=e^{\lambda x}P_m(x)$	λ 不是特征方程的根	$y^*=Q_m(x)e^{\lambda x}$
	λ 是特征方程的单根	$y^*=xQ_m(x)e^{\lambda x}$
	λ 是特征方程的重根	$y^*=x^2Q_m(x)e^{\lambda x}$
$f(x)=a\cos\omega x+b\sin\omega x$	ωi 不是特征方程的根	$y^*=A\cos\omega x+B\sin\omega x$
	ωi 是特征方程的根	$y^*=x(A\cos\omega x+B\sin\omega x)$

同步训练 4-3

1. 求微分方程 $y'''=2e^{2x}+\sin x$ 的通解.

2. 求微分方程$(1+x^2)y''+2xy'=1$ 的通解.

3. 求微分方程 $2yy''-y'^2=1$ 的通解.

4. 求微分方程 $y''-y'=x^2e^x$ 的一个特解.

5. 求满足方程 $y''+4y'+4y=0$ 的曲线 $y=f(x)$,使它在 $P(2,4)$处与直线 $y-x=2$ 相切.

6. 求微分方程 $2y''+5y'+3y=0$ 满足初始条件 $y(0)=1,y'(0)=2$ 的特解.

·思考· (传染病模型)设某种传染病在某地区传播期间该地区总人数 P 是不变的,开始时(记 $t=0$)传染病人数为 x_0,在任意时刻 t 的染病人数为 $x(t)$(将 $x(t)$ 视为连续可微变量),假设 t 时刻 $x(t)$对时间的变化率与当时未得病的人数成正比(比例系数 $k>0$,表示传染给正常人的传染率).进行了本单元的学习,你可以利用常微分方程建立数学模型,来解决生活中的问题吗?

单元训练 4

1. 选择题

(1)微分方程$\frac{dy}{dx}=2x^2+3$ 的阶数为(　　).

A. 1　　B. 2　　C. 3　　D. 4

(2)微分方程$(x-2)\frac{dy}{dx}=y$ 是(　　)微分方程.

A. 一阶线性齐次　　B. 一阶线性非齐次

C. 二阶线性齐次　　D. 变量可分离

(3)下列方程中为常微分方程的是(　　).

A. x^2-2x+1　　B. $y'=xy^2$

C. $\frac{\partial u}{\partial t}=\frac{\partial^2 u}{\partial x^2}+\frac{\partial^2 u}{\partial y^2}$　　D. $y=x^2+C$(C 为常数)

(4)微分方程 $y''+y=0$ 的通解是(　　).

A. $y=a\sin x$　　B. $y=b\cos x$

C. $y=\sin x+b\cos x$　　D. $y=a\sin x+b\cos x$

(5)微分方程 $y''-4y'+5y=0$ 的通解是(　　).

A. $y=e^x(C_1\cos 2x+C_2\sin 2x)$　　B. $y=e^{2x}(C_1\cos x+C_2\sin x)$

C. $y=e^{-x}(C_1\cos 2x+C_2\sin 2x)$　　D. $y=e^{-2x}(C_1\cos x+C_2\sin x)$

(6)微分方程 $y''-2y'+y=x^2e^{3x}$ 的特解的形式为 $y^*=$(　　).

A. $x(ax+b)e^{3x}$　　B. $(ax^2+bx+c)e^{3x}$

C. $x(ax^2+bx+c)e^{3x}$　　D. ax^2+bx+c

2. 填空题

(1)微分方程 $y^2+x^2\frac{dy}{dx}=xy\frac{dy}{dx}$的通解是________.

(2)微分方程 $x\frac{dy}{dx}=y(1+\ln y-\ln x)$的通解是________.

(3)微分方程 $y''=e^x$ 的通解是________.

(4)微分方程 $y''+y'-2y=0$ 的通解是________.

(5)求二阶常系数齐次线性微分方程 $y''+py'+qy=0$ 的通解的步骤为：

第一步：写出微分方程的特征方程__________________；

第二步：求出特征方程的两个根 r_1,r_2；

第三步：根据特征方程的两根的不同情况，写出微分方程的通解.

3. 求下列微分方程的通解.

(1) $(2x+y-4)dx+(x+y-1)dy=0$.

(2) $\dfrac{dy}{dx}-\dfrac{2y}{x+1}=(1+x)^{\frac{5}{2}}$.

(3) $\dfrac{dy}{dx}-\dfrac{y}{x}=ay^2\ln x$.

(4) $\dfrac{dy}{dx}=\dfrac{1}{x+y}$.

(5) $y'=1+x+y^2+xy^2$.

(6) $(2y\ln y+y+x)dy-ydx=0$.

(7) $y'''=e^{2x}-\cos x$.

(8) $yy''-y'^2=0$.

(9) $y''-2y'-3y=0$.

(10) $y''+y'-2y=0$.

4. 求解下列初值问题.

(1) $\begin{cases} xydy-(1+y^2)\sqrt{1+x^2}\,dy=0 \\ y\Big|_{x=0}=\dfrac{1}{e} \end{cases}$.

(2) $\begin{cases} y'-y=e^x \\ y\Big|_{x=0}=1 \end{cases}$.

(3) $\begin{cases} (1+x^2)y''=2xy' \\ y\Big|_{x=0}=1 \\ y'\Big|_{x=0}=3 \end{cases}$.

(4) $\begin{cases} y^3y''+1=0 \\ y\Big|_{x=1}=1 \\ y'\Big|_{x=1}=0 \end{cases}$.

(5) $\begin{cases} y''-4y'+3y=0 \\ y\Big|_{x=0}=6 \\ y'\Big|_{x=0}=10 \end{cases}$.

5. 列车在平直道路上以 20 m/s 的速度行驶，当制动时列车获得加速度 $-4\ \text{m/s}^2$. 问开始制动后需要多长时间列车才能停住，以及列车在这段时间里行驶了多少路程？

6. 有旋转曲面形状的凹镜，假设由旋转轴上一点 O 发出的一切光线经此凹镜反射后都与旋转轴平行. 求此旋转曲面的方程.

7. 质量为 m 的质点受力 F 的作用沿 Ox 轴做直线运动. 设力 F 仅是时间的函数 $F=F(t)$. 在开始时刻 $t=0$ 时 $F(0)=F_0$，随着时间 t 的增大，此力 F 均匀地减小，直到 $t=T$ 时，$F(T)=0$. 如果开始时质点位于原点，且初速度为零，求这个质点的运动规律.

8. 方程 $y''+9y=0$ 的一条积分曲线通过点 $(\pi,-1)$，且在该点和直线 $y+1=x-\pi$ 相切，求这条曲线的方程.

单元4参考答案

单元任务评价表

组别：		模型名称：		成员姓名及个人评价			
项目	A级	B级	C级				
课堂表现情况20分	上课认真听讲，积极举手发言，积极参与讨论与交流	偶尔举手发言，有参与讨论与交流	很少举手，极少参与讨论与交流				
模型完成情况20分	观点明确，模型结构完整，内容无理论性错误，条理清晰，大胆尝试并表达自己的想法	模型结构基本完整，内容无理论性错误，有提出自己的不同看法，并做出尝试	观点不明确，模型无法完成，不敢尝试和表达自己的想法				
合作学习情况20分	善于与人合作，虚心听取别人的意见	能与人合作，能接受别人的意见	缺乏与人合作的精神，难以听进别人的意见				
个人贡献情况20分	能鼓励其他成员参与协作，能有条理地表达自己的意见，且意见对任务完成有重要帮助	能主动参与协作，能表达自己的意见，且意见对任务完成有帮助	需要他人督促参与协作，基本不能准确表达自己的意见，且意见对任务基本没有帮助				
模型创新情况20分	具有创造性思维，能用不同的方法解决问题，独立思考	能用老师提供的方法解决问题，有一定的思考能力和创造性	思考能力差，缺乏创造性，不能独立地解决问题				
教师评价							
小组自评评语：							

单元 5

线性代数初步

知识目标

- 理解矩阵、线性方程组的概念.
- 知道矩阵的运算公式.
- 了解矩阵的产生背景.

能力目标

- 会用矩阵记号表示线性方程组.
- 会用矩阵形式表示一些实际问题.
- 协作完成本单元相关的实际问题.

素质目标

- 通过矩阵变换过程培养学生的逆向思维.
- 线性方程组及其解法引入了配送物资问题，疫情期间全国各地争分夺秒科学地配送援助物资，正所谓“一方有难、八方支援”，中华儿女万众一心.

课前准备

做好预习，搜集本单元相关资料.

课堂学习任务

单元任务五　密码传递

编码是现代许多行业和学科发展都需要的一门技术，其中，利用线性代数及相关理论进行编码，是编码的一种形式，有广泛的应用. 编码就是把相应的信息进行处理，以另一种文字的形式出现，以达到某种目的. 其中一类常见的应用就是密码，也就是传送方的信息不是直接想表达的内容，而是转换成另外一种文字信息出现（这个过程叫加密），而接收信息的一方按照编码的规则，把收到的信息还原为传送方要表达的真实信息. 其中一种方式就是利用逆矩阵对信息进行加密做成密码. 利用这些信息，完成下列问题.

(1)信息传送者将给定的要发出的信息（明文），例如“I　LOVE　YOU”，建立成明文矩阵.

(2)信息传送者给定一可逆矩阵，与明文作乘积运算，得到新的矩阵，作为要发出的信息（密文）.

(3)接收者按给定的可逆矩阵的逆，就是密钥，将密钥与密文进行乘积得到明文.

线性代数是基础数学的重要分支.在自然科学、工程技术及社会科学等诸多领域应用广泛，它是解决工程实际问题的重要数学工具.本单元将介绍矩阵的概念和运算，讨论线性方程组的解法及其简单应用.

5.1 矩 阵

矩阵是线性代数的一个重要内容，也是一个重要的运算工具.在现代科学技术和日常生活中，许多问题的描述和计算机操作都可以用到矩阵，例如，经济问题中的投入与产出分析、铁路运输的调度安排，以及计算机科学中的网络设计、图像处理等都用到了矩阵.因此，掌握矩阵的概念、性质及应用不仅是学好线性代数的基础，而且为今后的学习和科学实践奠定了基础.

(田忌赛马)战国时期，齐国的国王与大将田忌进行赛马.双方约定，各自出三匹马，分别为三个等级——一等马(好的)、二等马(中等的)、三等马(差的)各一匹，已知齐王每个等级的马都比田忌同等级的马好.但田忌的一等马比齐王的二等马好，二等马比齐王的三等马好.比赛时，每次双方各自从自己的三匹马中任选一匹来比，输者得付给胜者一千两黄金，一回赛三次，每匹马都参加.大将田忌怎样布置马匹参赛才能赢得一千两黄金?

解 由于同一等级的马，齐王的马都比田忌的马好，所以用1表示田忌赢得一千两黄金，用-1表示田忌输一千两黄金，这样齐王和田忌选择不同马匹参赛的情况可排出表5-1.

表 5-1　　田忌赛马

田忌的马	齐王的马		
	一等马	二等马	三等马
一等马	-1	1	1
二等马	-1	-1	1
三等马	-1	-1	-1

表5-1中的数据可写成数表$\begin{pmatrix} -1 & 1 & 1 \\ -1 & -1 & 1 \\ -1 & -1 & -1 \end{pmatrix}$，由数表中的数据可知，田忌输多赢少，且只有当田忌用一等马对齐王的二等马，二等马对齐王的三等马，三等马对齐王的一等马时，才能获胜，赢得一千两黄金.

5.1.1 矩阵的概念

在实际问题中，有很多数量关系是以表格的形式表示的.如企业产品的产量表、产品的销量表、学生的考试成绩表等.

例 1 某电脑专卖店第一、二季度销售各档次家用电脑的销售量见表5-2.

表 5-2　　各档次家用电脑的销售量　　单位：台

季度	档次		
	高档	中档	低档
第一季度	6	18	36
第二季度	4	13	22

用一个2行3列的数表表示该销售状况，记为

$$\begin{pmatrix} 6 & 18 & 36 \\ 4 & 13 & 22 \end{pmatrix}$$

其中每一行表示一个季度各个档次电脑的销量，每一列表示某一档次电脑在各个季度的销量.

【练习 1】 某城市汽车专卖店销售同一个品牌三个档次的汽车，它们的月销售量见表 5-3.

表 5-3　　三个档次汽车的月销售量　　单位：辆

季度	档次		
	高档	中档	低档
Ⅰ	8	11	7
Ⅱ	6	21	19
Ⅲ	9	14	25

请用一个 3 行 3 列的数表表示该品牌三个档次汽车的销售情况.

解
$$\begin{pmatrix} 8 & \boxed{11} & 7 \\ \boxed{} & \boxed{} & \boxed{} \\ 9 & 14 & \boxed{25} \end{pmatrix}$$

说明每一个数字代表的实际意义，□表示第________个店销售________档汽车的月销售量.

例 2 含有 n 个未知量、m 个方程的线性方程组：

$$\begin{cases} a_{11}x_1+a_{12}x_2+\cdots+a_{1n}x_n=b_1 \\ a_{21}x_1+a_{22}x_2+\cdots+a_{2n}x_n=b_2 \\ \qquad\cdots \\ a_{m1}x_1+a_{m2}x_2+\cdots+a_{mn}x_n=b_m \end{cases},$$

把它的系数 $a_{ij}(i=1,2,\cdots,m;j=1,2,\cdots,n)$ 和常数项 $b_i(i=1,2,\cdots,m)$ 按原位置构成一个 m 行 $n+1$ 列的数表：

$$\begin{pmatrix} a_{11} & a_{12} & \cdots & a_{1n} & b_1 \\ a_{21} & a_{22} & \cdots & a_{2n} & b_2 \\ \vdots & \vdots & & \vdots & \vdots \\ a_{m1} & a_{m2} & \cdots & a_{mn} & b_m \end{pmatrix}$$

可以直观地表示这一线性方程组.

由以上两个例子可以看出，用数表表示一定的数量关系，直观清晰. 我们将这些数表统称为矩阵.

矩阵的概念及线性运算

1. 矩阵的概念

定义 1 由 $m\times n$ 个数排成的 m 行 n 列的矩形数表，称为 m 行 n 列**矩阵**，简称 $m\times n$ 矩阵，并用大写字母 $\boldsymbol{A},\boldsymbol{B},\boldsymbol{C},\cdots$ 表示.

$$\begin{pmatrix} a_{11} & a_{12} & \cdots & a_{1n} \\ a_{21} & a_{22} & \cdots & a_{2n} \\ \vdots & \vdots & & \vdots \\ a_{m1} & a_{m2} & \cdots & a_{mn} \end{pmatrix}$$

矩阵 $\boldsymbol{A}$ 中的横排称为行，纵排称为列. 这 $m\times n$ 个数称为矩阵 $\boldsymbol{A}$ 的**元素**，a_{ij} 称为矩阵 $\boldsymbol{A}$ 的第 i 行第 j 列元素. $m\times n$ 矩阵 $\boldsymbol{A}$ 也可简记为

$$\boldsymbol{A}=\boldsymbol{A}_{m\times n}=(a_{ij})_{m\times n}.$$

2. 几种特殊矩阵

(1)所有元素均为零的矩阵称为**零矩阵**，记为 $\boldsymbol{O}$ 或 $\boldsymbol{O}_{m\times n}$.

(2)只有一行的矩阵 $\boldsymbol{A}=(a_1\quad a_2\quad\cdots\quad a_n)$，称为**行矩阵**.

(3)只有一列的矩阵 $\boldsymbol{B}=\begin{pmatrix}b_1\\b_2\\\vdots\\b_m\end{pmatrix}$,称为**列矩阵**.

(4)若矩阵 $\boldsymbol{A}=(a_{ij})$ 的行数与列数都等于 n,则称 $\boldsymbol{A}$ 为 n **阶方阵**,记为 $\boldsymbol{A}_n$.

方阵 $\boldsymbol{A}_n=\begin{pmatrix}a_{11}&a_{12}&\cdots&a_{1n}\\a_{21}&a_{22}&\cdots&a_{2n}\\\vdots&\vdots&&\vdots\\a_{n1}&a_{n2}&\cdots&a_{nn}\end{pmatrix}$ 从左上角到右下角由元素连成的直线称为方阵 $\boldsymbol{A}_n$ 的**主对角线**;从左下角到右上角由元素连成的直线称为方阵 $\boldsymbol{A}_n$ 的**次对角线**.

(5)主对角线左下方的元素均为零的 n 阶方阵 $\boldsymbol{A}=\begin{pmatrix}a_{11}&a_{12}&\cdots&a_{1n}\\0&a_{22}&\cdots&a_{2n}\\\vdots&\vdots&&\vdots\\0&0&\cdots&a_{nn}\end{pmatrix}$,称为**上三角矩阵**.

为了简明起见,矩阵中的零元素有时可省略不写.

(6)主对角线右上方的元素均为零的 n 阶方阵 $\boldsymbol{A}=\begin{pmatrix}a_{11}&0&\cdots&0\\a_{21}&a_{22}&\cdots&0\\\vdots&\vdots&&\vdots\\a_{n1}&a_{n2}&\cdots&a_{nn}\end{pmatrix}$,称为**下三角矩阵**.

(7)主对角线以外的元素全为零的 n 阶方阵 $\boldsymbol{A}=\begin{pmatrix}a_{11}&0&\cdots&0\\0&a_{22}&\cdots&0\\\vdots&\vdots&&\vdots\\0&0&\cdots&a_{nn}\end{pmatrix}$,称为**对角矩阵**.

特别地,n 阶方阵 $\begin{pmatrix}1&0&\cdots&0\\0&1&\cdots&0\\\vdots&\vdots&&\vdots\\0&0&\cdots&1\end{pmatrix}$,称为 n 阶**单位矩阵**,n 阶单位矩阵也记为

$$\boldsymbol{E}=\boldsymbol{E}_n\quad(\text{或 }\boldsymbol{I}=\boldsymbol{I}_n).$$

注意 零矩阵、单位矩阵在矩阵乘法中与数 0,1 在数的乘法中有类似的性质.

3. 矩阵的相等

如果两个矩阵的行数相等、列数也相等,则称这两个矩阵为同型矩阵.

定义 2 如果矩阵 $\boldsymbol{A},\boldsymbol{B}$ 是同型矩阵,且对应元素均相等,即

$$a_{ij}=b_{ij}\quad(i=1,2,\cdots,m;j=1,2,\cdots,n),$$

则称矩阵 $\boldsymbol{A}$ 与矩阵 $\boldsymbol{B}$ 相等,记为 $\boldsymbol{A}=\boldsymbol{B}$.

例 3 已知 $\boldsymbol{A}=\begin{pmatrix}a+b&3\\3&a-b\end{pmatrix}$,$\boldsymbol{B}=\begin{pmatrix}7&2c+d\\c-d&3\end{pmatrix}$,且 $\boldsymbol{A}=\boldsymbol{B}$,求:$a,b,c,d$.

解 根据矩阵相等的定义,知

$$\begin{cases}a+b=7\\2c+d=3\\c-d=3\\a-b=3\end{cases},$$

解得

$$a=5, b=2, c=2, d=-1.$$

【练习 2】 已知 $\boldsymbol{A}=\begin{pmatrix}3 & 1 & 0\\0 & b & c\end{pmatrix}$，$\boldsymbol{B}=\begin{pmatrix}a & 1 & 0\\d & c-1 & 4\end{pmatrix}$且 $\boldsymbol{A}=\boldsymbol{B}$，求矩阵 $\boldsymbol{A}$，$\boldsymbol{B}$.

解 由 $\boldsymbol{A}=\boldsymbol{B}$，得 $a=(3)$，$b=(\quad)$，$c=(\quad)$，$d=(\quad)$，所以

$$\boldsymbol{A}=\begin{pmatrix}3 & 1 & 0\\0 & \square & \square\end{pmatrix}, \boldsymbol{B}=\begin{pmatrix}3 & 1 & 0\\\square & \square & 4\end{pmatrix}.$$

5.1.2 矩阵的运算

1. 矩阵的加法

定义 3 设有两个 $m\times n$ 矩阵 $\boldsymbol{A}=(a_{ij})_{m\times n}$ 与 $\boldsymbol{B}=(b_{ij})_{m\times n}$，则由 $\boldsymbol{A}$ 与 $\boldsymbol{B}$ 的对应元素相加所得到的 $m\times n$ 矩阵 $\boldsymbol{C}=(c_{ij})_{m\times n}$，称为 $\boldsymbol{A}$ 与 $\boldsymbol{B}$ 的**和**，即

$$\boldsymbol{C}=\boldsymbol{A}+\boldsymbol{B}=(a_{ij}+b_{ij})_{m\times n}=\begin{pmatrix}a_{11}+b_{11} & a_{12}+b_{12} & \cdots & a_{1n}+b_{1n}\\a_{21}+b_{21} & a_{22}+b_{22} & \cdots & a_{2n}+b_{2n}\\\vdots & \vdots & & \vdots\\a_{m1}+b_{m1} & a_{m2}+b_{m2} & \cdots & a_{mn}+b_{mn}\end{pmatrix}$$

显然，只有同型矩阵才能进行加法运算.

例 4 已知 $\boldsymbol{A}=\begin{pmatrix}2 & 4 & 3\\2 & 3 & 1\end{pmatrix}$，$\boldsymbol{B}=\begin{pmatrix}-1 & 1 & -4\\0 & 1 & 1\end{pmatrix}$，求 $\boldsymbol{A}+\boldsymbol{B}$.

解 $\boldsymbol{A}+\boldsymbol{B}=\begin{pmatrix}2-1 & 4+1 & 3-4\\2+0 & 3+1 & 1+1\end{pmatrix}=\begin{pmatrix}1 & 5 & -1\\2 & 4 & 2\end{pmatrix}$.

【练习 3】 已知 $\boldsymbol{A}=\begin{pmatrix}2 & 5 & -1\\5 & 2 & 3\end{pmatrix}$，$\boldsymbol{B}=\begin{pmatrix}1 & -5 & 4\\4 & 3 & 6\end{pmatrix}$，求 $\boldsymbol{A}+\boldsymbol{B}$.

解 $\boldsymbol{A}+\boldsymbol{B}=\begin{pmatrix}2 & 5 & -1\\5 & 2 & 3\end{pmatrix}+\begin{pmatrix}1 & -5 & 4\\4 & 3 & 6\end{pmatrix}=\begin{pmatrix}2+1 & 5-5 & -1+4\\\square & \square & \square\end{pmatrix}=\begin{pmatrix}3 & 0 & 3\\\square & \square & 9\end{pmatrix}$.

2. 数乘矩阵

定义 4 用数 k 乘矩阵 $\boldsymbol{A}$ 的每一个元素所得到的矩阵，称为 $\boldsymbol{A}$ 的**数乘矩阵**，记作 $k\boldsymbol{A}$，即

$$k\boldsymbol{A}=(ka_{ij})=\begin{pmatrix}ka_{11} & ka_{12} & \cdots & ka_{1n}\\ka_{21} & ka_{22} & \cdots & ka_{2n}\\\vdots & \vdots & & \vdots\\ka_{m1} & ka_{m2} & \cdots & ka_{mn}\end{pmatrix}$$

如果 $\boldsymbol{A}=(a_{ij})_{m\times n}$，那么 $k\boldsymbol{A}=(ka_{ij})_{m\times n}$，由定义 4 可知，当矩阵的所有元素都有公因子 k 时，可将公因子 k 提到矩阵之外.

特别地，$(-1)\boldsymbol{A}$ 简记为 $-\boldsymbol{A}$，称 $-\boldsymbol{A}$ 为矩阵 $\boldsymbol{A}$ 的负矩阵，应用矩阵加法和负矩阵的概念可以定义矩阵的减法运算，即

$$\boldsymbol{A}-\boldsymbol{B}=\boldsymbol{A}+(-\boldsymbol{B}).$$

矩阵的加法与数乘矩阵这两种运算统称为矩阵的线性运算. 它满足如下的运算规律：

(1) $\boldsymbol{A}+\boldsymbol{B}=\boldsymbol{B}+\boldsymbol{A}$；

(2) $(\boldsymbol{A}+\boldsymbol{B})+\boldsymbol{C}=\boldsymbol{A}+(\boldsymbol{B}+\boldsymbol{C})$；

(3) $\boldsymbol{A}+\boldsymbol{O}=\boldsymbol{A}$；

(4) $\boldsymbol{A}+(-\boldsymbol{A})=\boldsymbol{O}$；

(5) $k(\boldsymbol{A}+\boldsymbol{B})=k\boldsymbol{A}+k\boldsymbol{B}$；

(6) $(kl)\boldsymbol{A}=k(l\boldsymbol{A})=l(k\boldsymbol{A})=(kl\boldsymbol{A})$；

(7) $(k+l)\boldsymbol{A}=k\boldsymbol{A}+l\boldsymbol{A}$.

其中 $\boldsymbol{A},\boldsymbol{B},\boldsymbol{C},\boldsymbol{O}$ 为同型矩阵，k,l 是常数.

例 5 已知 $\boldsymbol{A}=\begin{pmatrix}-1 & 4 & 3\\ -2 & 3 & 1\end{pmatrix}$，$\boldsymbol{B}=\begin{pmatrix}1 & 1 & 4\\ 0 & -1 & 1\end{pmatrix}$，求 $\boldsymbol{A}+2\boldsymbol{B}$.

解 $\boldsymbol{A}+2\boldsymbol{B}=\begin{pmatrix}-1 & 4 & 3\\ -2 & 3 & 1\end{pmatrix}+2\begin{pmatrix}1 & 1 & 4\\ 0 & -1 & 1\end{pmatrix}=\begin{pmatrix}-1 & 4 & 3\\ -2 & 3 & 1\end{pmatrix}+\begin{pmatrix}2 & 2 & 8\\ 0 & -2 & 2\end{pmatrix}$

$$=\begin{pmatrix}1 & 6 & 11\\ -2 & 1 & 3\end{pmatrix}.$$

【练习 4】 已知 $\boldsymbol{A}=\begin{pmatrix}1 & -1 & 0\\ 2 & 3 & 4\end{pmatrix}$，$\boldsymbol{B}=\begin{pmatrix}1 & 3 & 5\\ 2 & 4 & 6\end{pmatrix}$，求 $2\boldsymbol{A}+\boldsymbol{B}$.

解 由矩阵数乘与加法的定义知，

$$\begin{aligned}2\boldsymbol{A}+\boldsymbol{B}&=2\begin{pmatrix}1 & -1 & 0\\ 2 & 3 & 4\end{pmatrix}+\begin{pmatrix}1 & 3 & 5\\ 2 & 4 & 6\end{pmatrix}\\ &=\begin{pmatrix}2 & -2 & 0\\ 4 & \square & \square\end{pmatrix}+\begin{pmatrix}1 & 3 & 5\\ 2 & 4 & 6\end{pmatrix}\\ &=\begin{pmatrix}3 & 1 & 5\\ \square & \square & \square\end{pmatrix}.\end{aligned}$$

例 6 已知 $\boldsymbol{A}=\begin{pmatrix}1 & -1 & 3 & 0\\ -1 & 5 & 7 & 3\\ 2 & -3 & 1 & 2\end{pmatrix}$，$\boldsymbol{B}=\begin{pmatrix}2 & 3 & -2 & 4\\ 2 & 1 & 4 & 1\\ -1 & 2 & -1 & 4\end{pmatrix}$，且 $\boldsymbol{A}+2\boldsymbol{X}=\boldsymbol{B}$，求 $\boldsymbol{X}$.

解 将等式 $\boldsymbol{A}+2\boldsymbol{X}=\boldsymbol{B}$ 变形可得

$$\boldsymbol{X}=\frac{1}{2}(\boldsymbol{B}-\boldsymbol{A})=\frac{1}{2}\begin{pmatrix}1 & 4 & -5 & 4\\ 3 & -4 & -3 & -2\\ -3 & 5 & -2 & 2\end{pmatrix}=\begin{pmatrix}\frac{1}{2} & 2 & -\frac{5}{2} & 2\\ \frac{3}{2} & -2 & -\frac{3}{2} & -1\\ -\frac{3}{2} & \frac{5}{2} & -1 & 1\end{pmatrix}.$$

【练习 5】 已知 $\boldsymbol{A}=\begin{pmatrix}2 & -1 & 0\\ 1 & 3 & 2\end{pmatrix}$，$\boldsymbol{B}=\begin{pmatrix}4 & -3 & 1\\ 0 & 5 & 2\end{pmatrix}$，且 $\boldsymbol{A}-2\boldsymbol{X}=\boldsymbol{B}$，求 $\boldsymbol{X}$.

解 将等式 $\boldsymbol{A}-2\boldsymbol{X}=\boldsymbol{B}$ 变形可得

$$\boldsymbol{X}=\frac{1}{2}(\boldsymbol{A}-\boldsymbol{B})=\frac{1}{2}\begin{pmatrix}-2 & \square & -1\\ 1 & \square & 0\end{pmatrix}=\begin{pmatrix}-1 & \square & -\frac{1}{2}\\ \frac{1}{2} & \square & 0\end{pmatrix}.$$

3. 矩阵的乘法

例 7 假设一所学校要购买 4 种软件产品，其中第 i 种软件要购买 $x_i\ (i=1,2,3,4)$ 套，现有 3 家软件企业销售这 4 种产品，其售价分别是第一家 12，5，8，9；第二家 11，6，7，10；第三家 13，5，6，8. 试用矩阵的方式表示分别在这 3 家软件企业购买所需 4 种软件的总价格.

矩阵的乘法

解 需要购买的 4 种软件的数量可以用矩阵

$$\boldsymbol{X}=\begin{pmatrix}x_1\\ x_2\\ x_3\\ x_4\end{pmatrix}\text{表示；}$$

各家企业的单位销售价格可以用一个 3×4 矩阵

$$A=\begin{pmatrix}12 & 5 & 8 & 9\\ 11 & 6 & 7 & 10\\ 13 & 5 & 6 & 8\end{pmatrix}\text{表示；}$$

在 3 家企业购买 4 种软件所需的总价格可以用矩阵

$$B=\begin{pmatrix}12x_1+5x_2+8x_3+9x_4\\ 11x_1+6x_2+7x_3+10x_4\\ 13x_1+5x_2+6x_3+8x_4\end{pmatrix}\text{表示.}$$

因为总价格是各个单价与购买数量的乘积，因此，总价格矩阵 **B** 就可以看作单价矩阵 **A** 与需购买量 **X** 的“乘积”，即可用下列形式表示：

$$\begin{pmatrix}12 & 5 & 8 & 9\\ 11 & 6 & 7 & 10\\ 13 & 5 & 6 & 8\end{pmatrix}\begin{pmatrix}x_1\\ x_2\\ x_3\\ x_4\end{pmatrix}=\begin{pmatrix}12x_1+5x_2+8x_3+9x_4\\ 11x_1+6x_2+7x_3+10x_4\\ 13x_1+5x_2+6x_3+8x_4\end{pmatrix}.$$

上述计算方法就是矩阵的乘法. 下面给出矩阵乘法的定义.

定义 5 设矩阵

$$A=(a_{ij})_{m\times s}=\begin{pmatrix}a_{11} & a_{12} & \cdots & a_{1s}\\ a_{21} & a_{22} & \cdots & a_{2s}\\ \vdots & \vdots & & \vdots\\ a_{m1} & a_{m2} & \cdots & a_{ms}\end{pmatrix},B=(b_{ij})_{s\times n}=\begin{pmatrix}b_{11} & b_{12} & \cdots & b_{1n}\\ b_{21} & b_{22} & \cdots & b_{2n}\\ \vdots & \vdots & & \vdots\\ b_{s1} & b_{s2} & \cdots & b_{sn}\end{pmatrix}$$

则由元素

$$c_{ij}=a_{i1}b_{1j}+a_{i2}b_{2j}+\cdots+a_{is}b_{sj}=\sum_{k=1}^{s}a_{ik}b_{kj},\quad (i=1,2,\cdots,m;j=1,2,\cdots,n)$$

构成的 m 行 n 列矩阵

$$C=(c_{ij})_{m\times n}=\begin{pmatrix}c_{11} & c_{12} & \cdots & c_{1n}\\ c_{21} & c_{22} & \cdots & c_{2n}\\ \vdots & \vdots & & \vdots\\ c_{m1} & c_{m2} & \cdots & c_{mn}\end{pmatrix}$$

称为矩阵 **A** 与矩阵 **B** 的**乘积**，记作 **AB**.

·注意· 只有当左边矩阵的列数等于右边矩阵的行数时，**AB** 才有意义，且乘积矩阵 **AB** 的行数与矩阵 **A** 的行数相同，列数与矩阵 **B** 的列数相同. **AB** 常读作 **A** 左乘 **B** 或 **B** 右乘 **A**.

例 8 已知 $A=\begin{pmatrix}1 & 2 & 3\\ 2 & -3 & 4\end{pmatrix}$，$B=\begin{pmatrix}-1 & 2\\ 5 & 4\\ 3 & 6\end{pmatrix}$，求 **AB**，**BA**.

解
$$AB=\begin{pmatrix}1 & 2 & 3\\ 2 & -3 & 4\end{pmatrix}\begin{pmatrix}-1 & 2\\ 5 & 4\\ 3 & 6\end{pmatrix}$$

$$=\begin{pmatrix}1\times(-1)+2\times5+3\times3 & 1\times2+2\times4+3\times6\\ 2\times(-1)+(-3)\times5+4\times3 & 2\times2+(-3)\times4+4\times6\end{pmatrix}=\begin{pmatrix}18 & 28\\ -5 & 16\end{pmatrix};$$

$$BA=\begin{pmatrix}-1 & 2\\ 5 & 4\\ 3 & 6\end{pmatrix}\begin{pmatrix}1 & 2 & 3\\ 2 & -3 & 4\end{pmatrix}$$

$$=\begin{pmatrix}(-1)\times1+2\times2 & (-1)\times2+2\times(-3) & (-1)\times3+2\times4\\ 5\times1+4\times2 & 5\times2+4\times(-3) & 5\times3+4\times4\\ 3\times1+6\times2 & 3\times2+6\times(-3) & 3\times3+6\times4\end{pmatrix}$$

$$=\begin{pmatrix}3 & -8 & 5\\ 13 & -2 & 31\\ 15 & -12 & 33\end{pmatrix}.$$

【练习 6】 已知 $\boldsymbol{A}=\begin{pmatrix}0 & 1\\ 0 & 0\end{pmatrix}$，$\boldsymbol{B}=\begin{pmatrix}3 & 2\\ 0 & 0\end{pmatrix}$，求 $\boldsymbol{AB}$，$\boldsymbol{BA}$.

解

$$\boldsymbol{AB}=\begin{pmatrix}0 & 1\\ 0 & 0\end{pmatrix}\begin{pmatrix}3 & 2\\ 0 & 0\end{pmatrix}=\begin{pmatrix}0\times3+1\times0 & 0\times2+1\times0\\ \boxed{\qquad} & \boxed{\qquad}\end{pmatrix}=\begin{pmatrix}0 & 0\\ \square & \square\end{pmatrix};$$

$$\boldsymbol{BA}=\begin{pmatrix}3 & 2\\ 0 & 0\end{pmatrix}\begin{pmatrix}0 & 1\\ 0 & 0\end{pmatrix}=\begin{pmatrix}3\times0+2\times0 & 3\times1+2\times0\\ \boxed{\qquad} & \boxed{\qquad}\end{pmatrix}=\begin{pmatrix}0 & \square\\ \square & 0\end{pmatrix}.$$

例 9 已知 $\boldsymbol{A}\begin{pmatrix}-1 & 1\\ 4 & 0\end{pmatrix}$，$\boldsymbol{B}=\begin{pmatrix}6 & 1\\ 5 & 0\end{pmatrix}$，$\boldsymbol{C}=\begin{pmatrix}0 & 0\\ 1 & 3\end{pmatrix}$，求 $\boldsymbol{AC}$，$\boldsymbol{BC}$.

解

$$\boldsymbol{AC}=\begin{pmatrix}-1 & 1\\ 4 & 0\end{pmatrix}\begin{pmatrix}0 & 0\\ 1 & 3\end{pmatrix}=\begin{pmatrix}1 & 3\\ 0 & 0\end{pmatrix};$$

$$\boldsymbol{BC}=\begin{pmatrix}6 & 1\\ 5 & 0\end{pmatrix}\begin{pmatrix}0 & 0\\ 1 & 3\end{pmatrix}=\begin{pmatrix}1 & 3\\ 0 & 0\end{pmatrix}.$$

【练习 7】 某城市三个空调专卖店销售同一个品牌三个档次的空调，它们的月销售量见表 5-4.

表 5-4　　三个档次空调的月销售量　单位：台

店别	档次		
	高档	中档	低档
Ⅰ	12	18	22
Ⅱ	13	19	20
Ⅲ	10	16	25

销售高档空调的利润是 1.2 千元、中档利润是 1.0 千元、低档利润是 0.8 千元，问三个专卖店哪家店的总利润最少？

解 设 $\boldsymbol{A}=\begin{pmatrix}12 & 18 & 22\\ \square & \square & \square\\ 10 & 16 & 25\end{pmatrix}$，$\boldsymbol{B}=\begin{pmatrix}1.2\\ 1.0\\ 0.8\end{pmatrix}$，

$$\boldsymbol{AB}=\begin{pmatrix}12 & 18 & 22\\ \square & \square & \square\\ 10 & 16 & 25\end{pmatrix}\begin{pmatrix}1.2\\ 1.0\\ 0.8\end{pmatrix}=\begin{pmatrix}12\times1.2+18\times1.0+22\times0.8\\ \boxed{\qquad\qquad\qquad\qquad}\\ 10\times1.2+16\times1.0+25\times0.8\end{pmatrix}=\begin{pmatrix}\square\\ \square\\ 48\end{pmatrix}$$

可知（　　）店的总利润最少，为（　　　）千元.

由例 8、例 9、练习 6 不难看出：

(1)矩阵的乘法一般不满足交换律，即 $\boldsymbol{AB}=\boldsymbol{BA}$ 不一定成立. 如果两矩阵相乘，有 $\boldsymbol{AB}=\boldsymbol{BA}$，则称矩阵 $\boldsymbol{A}$ 与矩阵 $\boldsymbol{B}$ **可交换**. 简称 $\boldsymbol{A}$ 与 $\boldsymbol{B}$ 可换. 对于单位矩阵 $\boldsymbol{E}$，容易证明 $\boldsymbol{EA}=\boldsymbol{AE}=\boldsymbol{A}$；

(2)两个非零矩阵相乘，可能是零矩阵，故不能从 $\boldsymbol{AB}=\boldsymbol{O}$ 必然推出 $\boldsymbol{A}=\boldsymbol{O}$ 或 $\boldsymbol{B}=\boldsymbol{O}$；

(3)矩阵乘法不满足消去律，即一般情况下，不能从 $\boldsymbol{AC}=\boldsymbol{BC}$ 必然推出 $\boldsymbol{A}=\boldsymbol{B}$.

矩阵的乘法满足如下运算规律：

(1) $(\boldsymbol{AB})\boldsymbol{C}=\boldsymbol{A}(\boldsymbol{BC})$；

(2) $k(\boldsymbol{AB})=(k\boldsymbol{A})\boldsymbol{B}=\boldsymbol{A}(k\boldsymbol{B})$;

(3) $\boldsymbol{A}(\boldsymbol{B}+\boldsymbol{C})=\boldsymbol{AB}+\boldsymbol{AC}$;

(4) $(\boldsymbol{A}+\boldsymbol{B})\boldsymbol{C}=\boldsymbol{AC}+\boldsymbol{BC}$.

其中 $\boldsymbol{A},\boldsymbol{B},\boldsymbol{C}$ 为矩阵,k 是常数.

4. 矩阵的转置

定义 6 将 $m\times n$ 矩阵 $\boldsymbol{A}$ 的行与列互换,得到的 $n\times m$ 矩阵,称为矩阵 $\boldsymbol{A}$ 的**转置矩阵**,记作 $\boldsymbol{A}^{\mathrm{T}}$(或 $\boldsymbol{A}'$).设

$$\boldsymbol{A}=\begin{pmatrix} a_{11} & a_{12} & \cdots & a_{1n} \\ a_{21} & a_{22} & \cdots & a_{2n} \\ \vdots & \vdots & & \vdots \\ a_{m1} & a_{m2} & \cdots & a_{mn} \end{pmatrix},$$

则

$$\boldsymbol{A}^{\mathrm{T}}=\begin{pmatrix} a_{11} & a_{21} & \cdots & a_{m1} \\ a_{12} & a_{22} & \cdots & a_{m2} \\ \vdots & \vdots & & \vdots \\ a_{1n} & a_{2n} & \cdots & a_{mn} \end{pmatrix}.$$

矩阵的转置满足如下运算规律:

(1) $(\boldsymbol{A}^{\mathrm{T}})^{\mathrm{T}}=\boldsymbol{A}$;

(2) $(\boldsymbol{A}+\boldsymbol{B})^{\mathrm{T}}=\boldsymbol{A}^{\mathrm{T}}+\boldsymbol{B}^{\mathrm{T}}$;

(3) $(k\boldsymbol{A})^{\mathrm{T}}=k\boldsymbol{A}^{\mathrm{T}}$;

(4) $(\boldsymbol{AB})^{\mathrm{T}}=\boldsymbol{B}^{\mathrm{T}}\boldsymbol{A}^{\mathrm{T}}$.

其中 $\boldsymbol{A},\boldsymbol{B}$ 为矩阵,k 是常数.

例 10 已知 $\boldsymbol{A}=\begin{pmatrix} -1 & 0 & -1 & 0 \\ 11 & 0 & 3 & 4 \\ 3 & 5 & 3 & 1 \end{pmatrix}$,求 $\boldsymbol{A}^{\mathrm{T}}$.

解 把 $\boldsymbol{A}$ 的行与列互换

$$\boldsymbol{A}^{\mathrm{T}}=\begin{pmatrix} -1 & 11 & 3 \\ 0 & 0 & 5 \\ -1 & 3 & 3 \\ 0 & 4 & 1 \end{pmatrix}.$$

【练习 8】 已知 $\boldsymbol{A}=\begin{pmatrix} 1 & 2 \\ 3 & 4 \\ 5 & 3 \end{pmatrix}$,求 $\boldsymbol{A}^{\mathrm{T}}$.

解 $\boldsymbol{A}^{\mathrm{T}}=\begin{pmatrix} 1 & 3 & 5 \\ \square & \square & \square \end{pmatrix}$.

例 11 已知 $\boldsymbol{A}=\begin{pmatrix} -2 & 0 & 1 \\ 3 & 2 & 2 \end{pmatrix}$,$\boldsymbol{B}=\begin{pmatrix} 1 & 0 & 2 \\ -1 & 2 & 3 \\ 1 & 1 & 0 \end{pmatrix}$,求 $\boldsymbol{B}^{\mathrm{T}}\boldsymbol{A}^{\mathrm{T}}$,$(\boldsymbol{AB})^{\mathrm{T}}$.

解 $\boldsymbol{B}^{\mathrm{T}}=\begin{pmatrix} 1 & -1 & 1 \\ 0 & 2 & 1 \\ 2 & 3 & 0 \end{pmatrix}$,$\boldsymbol{A}^{\mathrm{T}}=\begin{pmatrix} -2 & 3 \\ 0 & 2 \\ 1 & 2 \end{pmatrix}$.

$$B^{\mathrm T}A^{\mathrm T}=\begin{pmatrix}1\times(-2)+(-1)\times0+1\times1 & 1\times3+(-1)\times2+1\times2\\ 0\times(-2)+2\times0+1\times1 & 0\times3+2\times2+1\times2\\ 2\times(-2)+3\times0+0\times1 & 2\times3+3\times2+0\times2\end{pmatrix}=\begin{pmatrix}-1&3\\1&6\\-4&12\end{pmatrix};$$

$$AB=\begin{pmatrix}-2&0&1\\3&2&2\end{pmatrix}\begin{pmatrix}1&0&2\\-1&2&3\\1&1&0\end{pmatrix}$$

$$=\begin{pmatrix}(-2)\times1+0\times(-1)+1\times1 & (-2)\times0+0\times2+1\times1 & (-2)\times2+0\times3+1\times0\\ 3\times1+2\times(-1)+2\times1 & 3\times0+2\times2+2\times1 & 3\times2+2\times3+2\times0\end{pmatrix}$$

$$=\begin{pmatrix}-1&1&-4\\3&6&12\end{pmatrix},$$

$$(AB)^{\mathrm T}=\begin{pmatrix}-1&3\\1&6\\-4&12\end{pmatrix}.$$

例 11 验证了$(AB)^{\mathrm T}=B^{\mathrm T}A^{\mathrm T}$.

矩阵的初等变换

5.1.3 矩阵的初等变换

1. 矩阵的初等变换的定义

定义 7 下列三种变换称为矩阵的初等变换：

(1)交换矩阵的两行(列)，记作 $r_i\leftrightarrow r_j(c_i\leftrightarrow c_j)$；

(2)用不等于零的数乘以矩阵的某一行(列)中的所有元素，记作 $r_i\times k(c_i\times k)$；

(3)把矩阵的某一行(列)的所有元素乘数 k 加到另一行(列)对应的元素上去，记作

$$r_i+kr_j(c_i+kc_j).$$

如果矩阵 A 经过有限次初等变换变成矩阵 B，则称矩阵 A 与矩阵 B 等价，记作 $A\to B$.

2. 行阶梯形矩阵和行简化阶梯形矩阵

满足下列条件的非零矩阵，称为**行阶梯形矩阵**.

(1)若矩阵存在零行(元素全为零的行)，零行一定位于矩阵的最下方；

(2)各非零行的第一个非零元素的列标随着行标的增大而严格增大.

例如，$A=\begin{pmatrix}-1&-3&5&1&1\\0&0&6&-4&1\\0&0&0&0&0\end{pmatrix}$是行阶梯形矩阵. 而 $B=\begin{pmatrix}4&0&0\\0&0&-5\\0&1&0\end{pmatrix}$，$C=\begin{pmatrix}3&4&1\\-1&2&2\\0&1&7\end{pmatrix}$不是行阶梯形矩阵.

满足下列条件的行阶梯形矩阵，称为**行简化阶梯形矩阵**.

(1)各非零行的第一个非零元素都是 1；

(2)各非零行的第一个非零元素所在列的其余元素都是零.

例如，$A=\begin{pmatrix}1&4&0&1&2\\0&0&1&-4&-1\\0&0&0&0&0\end{pmatrix}$，$B=\begin{pmatrix}1&0&0\\0&1&-5\\0&0&0\end{pmatrix}$都是行简化阶梯形矩阵.

例 12 已知矩阵 $A=\begin{pmatrix}3&-6&1\\1&-1&2\\2&1&1\end{pmatrix}$，将其化为行阶梯形矩阵和行简化阶梯形矩阵.

解 $A=\begin{pmatrix}3&-6&1\\1&-1&2\\2&1&1\end{pmatrix}\xrightarrow{r_1\leftrightarrow r_2}\begin{pmatrix}1&-1&2\\3&-6&1\\2&1&1\end{pmatrix}\xrightarrow[r_2+(-3)r_1]{r_3+(-2)r_1}\begin{pmatrix}1&-1&2\\0&-3&-5\\0&3&-3\end{pmatrix}$

$$\xrightarrow{r_3+r_2}\begin{pmatrix}1 & -1 & 2\\0 & -3 & -5\\0 & 0 & -8\end{pmatrix}=\boldsymbol{B}；（行阶梯形矩阵）$$

$$\boldsymbol{B}=\begin{pmatrix}1 & -1 & 2\\0 & -3 & -5\\0 & 0 & -8\end{pmatrix}\xrightarrow{r_3\times\left(-\frac{1}{8}\right)}\begin{pmatrix}1 & -1 & 2\\0 & -3 & -5\\0 & 0 & 0\end{pmatrix}\xrightarrow[r_2+5r_3]{r_1+(-2)r_3}\begin{pmatrix}1 & -1 & 0\\0 & -3 & 0\\0 & 0 & 1\end{pmatrix}$$

$$\xrightarrow{r_2\times\left(-\frac{1}{3}\right)}\begin{pmatrix}1 & -1 & 0\\0 & 1 & 0\\0 & 0 & 1\end{pmatrix}\xrightarrow{r_1+r_2}\begin{pmatrix}1 & 0 & 0\\0 & 1 & 0\\0 & 0 & 1\end{pmatrix}=\boldsymbol{C}.（行简化阶梯形矩阵）.$$

【练习 9】 仿照例 12 的解题步骤利用初等行变换将矩阵 $\boldsymbol{A}=\begin{pmatrix}1 & 2 & 0\\3 & -1 & 2\\2 & 0 & 6\end{pmatrix}$ 化为单位矩阵.

矩阵的行阶梯形矩阵并不是唯一的，但矩阵的行简化阶梯形矩阵是唯一的，而且一个矩阵的行阶梯形矩阵中非零行的行数是确定的，我们称之为矩阵的秩.

矩阵的秩

3. 矩阵的秩

任意矩阵 $\boldsymbol{A}$ 都可以经过初等变换化为行阶梯形矩阵. 行阶梯形矩阵中非零行的行数称为**矩阵 $\boldsymbol{A}$ 的秩**，记为 $r(\boldsymbol{A})$.

例 13 设 $\boldsymbol{A}=\begin{pmatrix}1 & 3 & -1 & 1 & 1\\3 & 9 & 4 & -1 & 4\\-1 & -3 & -6 & 3 & -2\end{pmatrix}$，求 $r(\boldsymbol{A})$.

解 对 $\boldsymbol{A}$ 进行初等变换，化为行阶梯形矩阵：

$$\boldsymbol{A}=\begin{pmatrix}1 & 3 & -1 & 1 & 1\\3 & 9 & 4 & -1 & 4\\-1 & -3 & -6 & 3 & -2\end{pmatrix}\xrightarrow[r_2+(-3)r_1]{r_3+r_1}\begin{pmatrix}1 & 3 & -1 & 1 & 1\\0 & 0 & 7 & -4 & 1\\0 & 0 & -7 & 4 & -1\end{pmatrix}$$

$$\xrightarrow{r_3+r_2}\begin{pmatrix}1 & 3 & -1 & 1 & 1\\0 & 0 & 7 & -4 & 1\\0 & 0 & 0 & 0 & 0\end{pmatrix},$$

所以，$r(\boldsymbol{A})=2$.

例 14 讨论矩阵 $\boldsymbol{A}=\begin{bmatrix}1 & 2 & 0 & 3\\2 & 5 & -1 & 0\\0 & 1 & -1 & b\\2 & 3 & a & 12\end{bmatrix}$ 的秩.

解 对 $\boldsymbol{A}$ 进行初等变换，化为行阶梯形矩阵：

$$\boldsymbol{A}=\begin{bmatrix}1 & 2 & 0 & 3\\2 & 5 & -1 & 0\\0 & 1 & -1 & b\\2 & 3 & a & 12\end{bmatrix}\xrightarrow[r_2+(-2)r_1]{r_4+(-2)r_1}\begin{bmatrix}1 & 2 & 0 & 3\\0 & 1 & -1 & -6\\0 & 1 & -1 & b\\0 & -1 & a & 6\end{bmatrix}$$

$$\xrightarrow[r_3+(-1)r_2]{r_4+r_2}\begin{bmatrix}1 & 2 & 0 & 3\\0 & 1 & -1 & -6\\0 & 0 & 0 & b+6\\0 & 0 & a-1 & 0\end{bmatrix}\xrightarrow{r_3\leftrightarrow r_4}\begin{bmatrix}1 & 2 & 0 & 3\\0 & 1 & -1 & -6\\0 & 0 & a-1 & 0\\0 & 0 & 0 & b+6\end{bmatrix}$$

由此可见，当 $a\neq1,b\neq-6$ 时，$r(\boldsymbol{A})=4$；当 $a\neq1$ 且 $b=-6$ 或 $a=1$ 且 $b\neq-6$ 时，$r(\boldsymbol{A})=3$；当 $a=1,b=-6$ 时，$r(\boldsymbol{A})=2$.

【练习 10】 仿照例 13、例 14 的解题步骤求矩阵 $\boldsymbol{B}=\begin{pmatrix}1 & -1 & 1 & 2\\ 2 & 3 & 3 & 2\\ 1 & 1 & 2 & 1\end{pmatrix}$的秩.

任何一个矩阵经过有限次初等变换均可化为行阶梯形矩阵，由行阶梯形矩阵中非零行的行数可以求得矩阵的秩.矩阵的初等变换不改变矩阵的秩.

5.1.4 逆矩阵

1.逆矩阵的概念

在数的运算中，对于两个任意实数 a，b，如果 $ab=1$，则 $a=b^{-1}$，$b=a^{-1}$.那么对于一个矩阵，是否也存在类似的运算呢？

定义 8 对于 n 阶矩阵 $\boldsymbol{A}$，如果存在一个 n 阶矩阵 $\boldsymbol{B}$，使得 $\boldsymbol{AB}=\boldsymbol{BA}=\boldsymbol{E}$，则称矩阵 $\boldsymbol{A}$ 是可逆矩阵，称 $\boldsymbol{B}$ 是 $\boldsymbol{A}$ 的**逆矩阵**，简称 $\boldsymbol{B}$ 是 $\boldsymbol{A}$ 的**逆**，记作 $\boldsymbol{A}^{-1}$，即 $\boldsymbol{B}=\boldsymbol{A}^{-1}$.

若矩阵 $\boldsymbol{B}$ 是矩阵 $\boldsymbol{A}$ 的逆矩阵，则矩阵 $\boldsymbol{A}$ 也是矩阵 $\boldsymbol{B}$ 的逆矩阵，即 $\boldsymbol{A}$ 与 $\boldsymbol{B}$ 互为逆矩阵.

逆矩阵

例 15 $\boldsymbol{A}=\begin{pmatrix}1 & 2\\ 3 & 4\end{pmatrix}$，$\boldsymbol{B}=\begin{pmatrix}-2 & 1\\ \frac{3}{2} & -\frac{1}{2}\end{pmatrix}$，验证 $\boldsymbol{A}$ 与 $\boldsymbol{B}$ 互为逆矩阵.

解 因为$\begin{pmatrix}1 & 2\\ 3 & 4\end{pmatrix}\begin{pmatrix}-2 & 1\\ \frac{3}{2} & -\frac{1}{2}\end{pmatrix}=\begin{pmatrix}-2 & 1\\ \frac{3}{2} & -\frac{1}{2}\end{pmatrix}\begin{pmatrix}1 & 2\\ 3 & 4\end{pmatrix}=\begin{pmatrix}1 & 0\\ 0 & 1\end{pmatrix}$，

所以 $\boldsymbol{A}^{-1}=\boldsymbol{B}=\begin{pmatrix}-2 & 1\\ \frac{3}{2} & -\frac{1}{2}\end{pmatrix}$，$\boldsymbol{B}^{-1}=\boldsymbol{A}=\begin{pmatrix}1 & 2\\ 3 & 4\end{pmatrix}$.

2.可逆矩阵的判定

对于 n 阶矩阵 $\boldsymbol{A}$ 可逆的充分必要条件是 $\boldsymbol{A}$ 为**满秩矩阵**，即秩 $r(\boldsymbol{A})=n$.

例如，$\boldsymbol{A}=\begin{pmatrix}1 & 2\\ 3 & 4\end{pmatrix}\xrightarrow{r_2+(-3)r_1}\begin{pmatrix}1 & 2\\ 0 & -2\end{pmatrix}$，得出 $r(\boldsymbol{A})=2$，所以矩阵 $\boldsymbol{A}$ 可逆.

例如，$\boldsymbol{B}=\begin{pmatrix}2 & 2 & 0\\ 0 & 1 & 3\\ 0 & 1 & 3\end{pmatrix}\xrightarrow{r_3+(-1)r_2}\begin{pmatrix}2 & 2 & 0\\ 0 & 1 & 3\\ 0 & 0 & 0\end{pmatrix}$，得出 $r(\boldsymbol{B})=2<3$，所以矩阵 $\boldsymbol{B}$ 不可逆.

3.逆矩阵的运算性质

(1)若矩阵 $\boldsymbol{A}$ 可逆，则 $\boldsymbol{A}^{-1}$ 也可逆，且$(\boldsymbol{A}^{-1})^{-1}=\boldsymbol{A}$；

(2)若矩阵 $\boldsymbol{A}$ 可逆，数 $k\neq 0$，则 $k\boldsymbol{A}$ 可逆，且$(k\boldsymbol{A})^{-1}=\frac{1}{k}\boldsymbol{A}^{-1}$；

(3)若矩阵 $\boldsymbol{A}$ 可逆，则 $\boldsymbol{A}^{\mathrm{T}}$ 也可逆，且有$(\boldsymbol{A}^{\mathrm{T}})^{-1}=(\boldsymbol{A}^{-1})^{\mathrm{T}}$；

(4)若 $\boldsymbol{A}$，$\boldsymbol{B}$ 是同阶可逆矩阵，则 $\boldsymbol{AB}$ 也可逆，且$(\boldsymbol{AB})^{-1}=\boldsymbol{B}^{-1}\boldsymbol{A}^{-1}$.

这里只证明$(\boldsymbol{AB})^{-1}=\boldsymbol{B}^{-1}\boldsymbol{A}^{-1}$.

证明 因为

$$(\boldsymbol{AB})(\boldsymbol{B}^{-1}\boldsymbol{A}^{-1})=\boldsymbol{A}(\boldsymbol{BB}^{-1})\boldsymbol{A}^{-1}=\boldsymbol{AEA}^{-1}=\boldsymbol{AA}^{-1}=\boldsymbol{E},$$

$$(\boldsymbol{B}^{-1}\boldsymbol{A}^{-1})(\boldsymbol{AB})=\boldsymbol{B}^{-1}(\boldsymbol{A}^{-1}\boldsymbol{A})\boldsymbol{B}=\boldsymbol{B}^{-1}\boldsymbol{EB}=\boldsymbol{B}^{-1}\boldsymbol{B}=\boldsymbol{E},$$

所以$(\boldsymbol{AB})^{-1}=\boldsymbol{B}^{-1}\boldsymbol{A}^{-1}$ 成立.

例 16 利用逆矩阵的定义，求矩阵 $\boldsymbol{A}=\begin{pmatrix}1 & 2\\ 3 & 4\end{pmatrix}$的逆矩阵.

解 设 $\boldsymbol{A}^{-1}=\begin{pmatrix}a & b\\ c & d\end{pmatrix}$，则有

$$\begin{pmatrix}1&2\\3&4\end{pmatrix}\begin{pmatrix}a&b\\c&d\end{pmatrix}=\begin{pmatrix}a+2c&b+2d\\3a+4c&3b+4d\end{pmatrix}=\begin{pmatrix}1&0\\0&1\end{pmatrix}$$

由矩阵相等的定义，有$\begin{cases}a+2c=1\\b+2d=0\\3a+4c=0\\3b+4d=1\end{cases}$，解得$\begin{cases}a=-2\\b=1\\c=\dfrac{3}{2}\\d=-\dfrac{1}{2}\end{cases}$，所以$\boldsymbol{A}^{-1}=\begin{pmatrix}-2&1\\\dfrac{3}{2}&-\dfrac{1}{2}\end{pmatrix}$.

由此例题可以看出：利用逆矩阵的定义，求一个三阶以上矩阵的逆矩阵计算量是非常大的，计算起来也不方便. 下面介绍利用初等变换求逆矩阵.

4. 利用初等变换求逆矩阵

如果 n 阶矩阵 $\boldsymbol{A}$ 可逆，则可利用初等变换将矩阵 $\boldsymbol{A}$ 化成单位矩阵 $\boldsymbol{E}$，对 n 阶单位矩阵 $\boldsymbol{E}$ 进行同样的初等变换，可将 $\boldsymbol{E}$ 化成 $\boldsymbol{A}$ 的逆矩阵.

求 n 阶矩阵 $\boldsymbol{A}$ 的逆矩阵 $\boldsymbol{A}^{-1}$ 的具体方法是：先把 n 阶矩阵 $\boldsymbol{A}$ 和与 $\boldsymbol{A}$ 同阶的单位矩阵构造成一个 $n\times 2n$ 矩阵 $(\boldsymbol{A}\quad\boldsymbol{E})$，对这个矩阵进行初等行变换将左半部矩阵 $\boldsymbol{A}$ 化为单位矩阵 $\boldsymbol{E}$，则上述初等变换同时也将右半部的单位矩阵 $\boldsymbol{E}$ 化为 $\boldsymbol{A}^{-1}$，即

$$(\boldsymbol{A}\quad\boldsymbol{E})\xrightarrow{\text{初等行变换}}(\boldsymbol{E}\quad\boldsymbol{A}^{-1})$$

例 17 求矩阵 $\boldsymbol{A}=\begin{pmatrix}1&-1&2\\2&-1&3\\0&3&-2\end{pmatrix}$ 的逆矩阵 $\boldsymbol{A}^{-1}$.

解 $$(\boldsymbol{A}\quad\boldsymbol{E})=\begin{pmatrix}1&-1&2&1&0&0\\2&-1&3&0&1&0\\0&3&-2&0&0&1\end{pmatrix}\xrightarrow{r_2+(-2)r_1}\begin{pmatrix}1&-1&2&1&0&0\\0&1&-1&-2&1&0\\0&3&-2&0&0&1\end{pmatrix}$$

$$\xrightarrow{r_3+(-3)r_2}\begin{pmatrix}1&-1&2&1&0&0\\0&1&-1&-2&1&0\\0&0&1&6&-3&1\end{pmatrix}\xrightarrow[r_1+(-2)r_3]{r_2+r_3}\begin{pmatrix}1&-1&0&-11&6&-2\\0&1&0&4&-2&1\\0&0&1&6&-3&1\end{pmatrix}$$

$$\xrightarrow{r_1+r_2}\begin{pmatrix}1&0&0&-7&4&-1\\0&1&0&4&-2&1\\0&0&1&6&-3&1\end{pmatrix}=(\boldsymbol{E}\quad\boldsymbol{A}^{-1}),$$

所以 $\boldsymbol{A}^{-1}=\begin{pmatrix}-7&4&-1\\4&-2&1\\6&-3&1\end{pmatrix}$.

【练习 11】 仿照例 17 的解题步骤求矩阵 $\boldsymbol{A}=\begin{pmatrix}1&2\\1&3\end{pmatrix}$ 的逆矩阵 $\boldsymbol{A}^{-1}$.

5. 求解矩阵方程

常见的矩阵方程有 $\boldsymbol{AX}=\boldsymbol{B}$，$\boldsymbol{AXB}=\boldsymbol{C}$ 等形式，利用逆矩阵的运算性质和矩阵乘法的运算规律可化为

$$\boldsymbol{A}^{-1}\boldsymbol{AX}=\boldsymbol{A}^{-1}\boldsymbol{B},\boldsymbol{X}=\boldsymbol{A}^{-1}\boldsymbol{B};$$

$$\boldsymbol{AXB}=\boldsymbol{C},\boldsymbol{A}^{-1}\boldsymbol{AXB}=\boldsymbol{A}^{-1}\boldsymbol{C},\boldsymbol{XBB}^{-1}=\boldsymbol{A}^{-1}\boldsymbol{CB}^{-1},\boldsymbol{X}=\boldsymbol{A}^{-1}\boldsymbol{CB}^{-1}.$$

其他形式的矩阵方程也可用类似方法求解.

例 18 求矩阵 $\boldsymbol{X}$，使 $\boldsymbol{AX}=\boldsymbol{B}$，其中 $\boldsymbol{A}=\begin{pmatrix}1&2\\3&4\end{pmatrix}$，$\boldsymbol{B}=\begin{pmatrix}2\\-6\end{pmatrix}$.

解 由 $\boldsymbol{AX}=\boldsymbol{B}$ 得 $\boldsymbol{X}=\boldsymbol{A}^{-1}\boldsymbol{B}$. 由例 16 知

$$A^{-1}=\begin{pmatrix}-2 & 1\\ \frac{3}{2} & -\frac{1}{2}\end{pmatrix},$$

$$X=A^{-1}B=\begin{pmatrix}-2 & 1\\ \frac{3}{2} & -\frac{1}{2}\end{pmatrix}\begin{pmatrix}2\\ -6\end{pmatrix}=\begin{pmatrix}-10\\ 6\end{pmatrix}.$$

例 19 求矩阵 X，使 $AX=B$，其中 $A=\begin{pmatrix}1 & 1 & 2\\ 1 & 2 & 2\\ 1 & 2 & 3\end{pmatrix}$，$B=\begin{pmatrix}2 & 0\\ -1 & 1\\ 0 & 3\end{pmatrix}$.

解 由 $AX=B$ 得 $X=A^{-1}B$，

$$(A\quad E)=\begin{pmatrix}1 & 1 & 2 & 1 & 0 & 0\\ 1 & 2 & 2 & 0 & 1 & 0\\ 1 & 2 & 3 & 0 & 0 & 1\end{pmatrix}\xrightarrow[r_2+(-1)r_1]{r_3+(-1)r_1}\begin{pmatrix}1 & 1 & 2 & 1 & 0 & 0\\ 0 & 1 & 0 & -1 & 1 & 0\\ 0 & 1 & 1 & -1 & 0 & 1\end{pmatrix}$$

$$\xrightarrow{r_3+(-1)r_2}\begin{pmatrix}1 & 1 & 2 & 1 & 0 & 0\\ 0 & 1 & 0 & -1 & 1 & 0\\ 0 & 0 & 1 & 0 & -1 & 1\end{pmatrix}\xrightarrow{r_1+(-2)r_3}\begin{pmatrix}1 & 1 & 0 & 1 & 2 & -2\\ 0 & 1 & 0 & -1 & 1 & 0\\ 0 & 0 & 1 & 0 & -1 & 1\end{pmatrix}$$

$$\xrightarrow{r_1+(-1)r_2}\begin{pmatrix}1 & 0 & 0 & 2 & 1 & -2\\ 0 & 1 & 0 & -1 & 1 & 0\\ 0 & 0 & 1 & 0 & -1 & 1\end{pmatrix}=(E\quad A^{-1}),$$

所以

$$A^{-1}=\begin{pmatrix}2 & 1 & -2\\ -1 & 1 & 0\\ 0 & -1 & 1\end{pmatrix},$$

$$X=A^{-1}B=\begin{pmatrix}2 & 1 & -2\\ -1 & 1 & 0\\ 0 & -1 & 1\end{pmatrix}\begin{pmatrix}2 & 0\\ -1 & 1\\ 0 & 3\end{pmatrix}=\begin{pmatrix}3 & -5\\ -3 & 1\\ 1 & 2\end{pmatrix}.$$

同步训练 5-1

1. 判断题

(1)矩阵 $A=\begin{pmatrix}1 & 3 & 0 & 1 & 2\\ 3 & 4 & -1 & 9 & 3\\ 0 & 1 & 2 & 1 & 1\end{pmatrix}$ 是行简化阶梯形矩阵. ( )

(2)矩阵 $\begin{bmatrix}2 & -1 & 0 & 5 & 2\\ 0 & 0 & 4 & 3 & 3\\ -1 & -3 & 8 & 5 & 1\\ 3 & 5 & 6 & 2 & 0\end{bmatrix}$ 的秩是 3. ( )

(3)任意两个矩阵都可以相加减. ( )

(4)$(AB)^2=A^2B^2$. ( )

(5)A 可逆，且 $AB=0$，则 $B=0$. ( )

2. 填空题

(1)设 $A=\begin{pmatrix}x-1 & y+2\\ 0 & 1\end{pmatrix}$，$B=\begin{pmatrix}1 & 1\\ z+3 & 1\end{pmatrix}$，且 $A=B$，则 $x=$________，$y=$________，$z=$________.

(2)设 $\boldsymbol{A}=\begin{pmatrix}2 & 3\\1 & -2\\0 & 1\end{pmatrix}$，$\boldsymbol{B}=\begin{pmatrix}3 & -2\\-1 & 1\\2 & 0\end{pmatrix}$，则 $2\boldsymbol{A}-3\boldsymbol{B}=$________.

(3)设 $\boldsymbol{A}=\begin{pmatrix}-1 & 6 & 3\\0 & -2 & 2\\3 & 2 & 1\end{pmatrix}$，$\boldsymbol{B}=\begin{pmatrix}-1 & 3 & 1\\2 & 2 & 3\\0 & 1 & 0\end{pmatrix}$，则 $\boldsymbol{A}+2\boldsymbol{B}=$________.

3. 选择题

(1)$(3\quad 2\quad 1)\begin{pmatrix}3\\2\\1\end{pmatrix}$等于(　　).

A. 14　　B. 13　　C. 12　　D. -12

(2)已知 $\boldsymbol{A}=\begin{pmatrix}1 & 2 & 3\\0 & 2 & 1\\0 & 0 & 3\end{pmatrix}$，则(　　).

A. $\boldsymbol{A}$ 不可逆

B. $\boldsymbol{A}^{-1}=\begin{vmatrix}1 & -1 & -\frac{2}{3}\\0 & \frac{1}{2} & -\frac{1}{6}\\0 & 0 & \frac{1}{3}\end{vmatrix}$

C. $\boldsymbol{A}^{-1}=\begin{vmatrix}1 & \frac{1}{2} & \frac{1}{3}\\0 & \frac{1}{2} & 1\\0 & 0 & \frac{1}{3}\end{vmatrix}$

D. 以上都不对

(3)$\boldsymbol{A}=\begin{pmatrix}3\\2\\1\end{pmatrix}$，$\boldsymbol{B}=(3\quad 2\quad 1)$，则 $\boldsymbol{AB}=$(　　).

A. $\begin{pmatrix}9 & 6 & 3\\6 & 4 & 2\\3 & 2 & 1\end{pmatrix}$

B. $\begin{pmatrix}-9 & 6 & 3\\6 & -4 & 2\\3 & 2 & 1\end{pmatrix}$

C. $\begin{pmatrix}0 & 6 & 3\\-2 & 0 & 2\\3 & 2 & 1\end{pmatrix}$

D. 9

(4)设矩阵 $\boldsymbol{A}$，$\boldsymbol{B}$，则一定可以计算(　　).

A. $\boldsymbol{A}+\boldsymbol{B}$　　B. $\boldsymbol{A}-\boldsymbol{B}$　　C. $\lambda\boldsymbol{A}$(λ 为常数)　　D. $\boldsymbol{AB}$

4. 求下列矩阵的乘积.

(1)$\begin{pmatrix}2 & -1 & 1\\1 & 0 & 2\end{pmatrix}\begin{pmatrix}1 & 3 & 1\\2 & -2 & 3\\0 & 1 & 1\end{pmatrix}$.

(2)$\begin{pmatrix}4 & 8\\-6 & 12\end{pmatrix}\begin{pmatrix}-4 & 8\\2 & -4\end{pmatrix}$.

(3)$\begin{pmatrix}1 & 0\\0 & 1\end{pmatrix}\begin{pmatrix}-1 & 4\\7 & 2\end{pmatrix}$.

(4)$\begin{pmatrix}-1 & 4\\7 & 2\end{pmatrix}\begin{pmatrix}1 & 0\\0 & 1\end{pmatrix}$.

5. 解矩阵方程 $\boldsymbol{A}+2\boldsymbol{X}=\boldsymbol{B}$，其中 $\boldsymbol{A}=\begin{pmatrix}1&3\\3&-1\\3&2\end{pmatrix}$，$\boldsymbol{B}=\begin{pmatrix}-3&-2\\5&4\\2&0\end{pmatrix}$.

6. 利用初等行变换将下列矩阵化为行阶梯形矩阵和行简化的阶梯形矩阵，并求下列各矩阵的秩.

(1)$\boldsymbol{A}=\begin{pmatrix}-3&-1&2&2&-3\\-2&3&-1&3&1\\-7&5&0&8&-1\end{pmatrix}$.

(2)$\boldsymbol{A}=\begin{pmatrix}1&4&-5\\0&-1&2\\3&1&7\\0&1&-2\\2&3&0\end{pmatrix}$.

(3)$\boldsymbol{A}=\begin{pmatrix}1&-3&4&5\\2&-2&7&9\\1&1&3&4\end{pmatrix}$.

(4)$\boldsymbol{A}=\begin{pmatrix}1&2&-1\\3&0&1\\-2&3&1\end{pmatrix}$.

7. 设 $\boldsymbol{A}=\begin{pmatrix}1&0&1\\-2&1&0\\3&2&-3\end{pmatrix}$，判断 $\boldsymbol{A}$ 是否是满秩矩阵？若是满秩矩阵，将 $\boldsymbol{A}$ 化为单位矩阵.

8. 设 $\boldsymbol{A}=\begin{pmatrix}1&0&-2&1\\0&2&3&0\\-1&2&5&x\end{pmatrix}$，若 $r(\boldsymbol{A})=2$，试求 x 的值.

9. 设方阵 $\boldsymbol{A}=\begin{pmatrix}0&1&2\\1&1&4\\2&-1&0\end{pmatrix}$，判断 $\boldsymbol{A}$ 是否可逆，如果可逆求 $\boldsymbol{A}^{-1}$.

10. 求解下列矩阵方程.

(1)$\begin{pmatrix}1&1\\3&-2\end{pmatrix}\boldsymbol{X}=\begin{pmatrix}-1&2\\1&0\end{pmatrix}$.

(2)$\begin{pmatrix}2&2&3\\1&-1&0\\-1&2&1\end{pmatrix}\boldsymbol{X}=\begin{pmatrix}2\\1\\3\end{pmatrix}$.

(3)$\begin{pmatrix}1&4\\-1&-2\end{pmatrix}\boldsymbol{X}\begin{pmatrix}0&-1\\2&1\end{pmatrix}=\begin{pmatrix}1&0\\3&-1\end{pmatrix}$.

11. 设矩阵 $\boldsymbol{A}=\begin{pmatrix}1&1&1&1\\1&0&2&2\\-1&0&a-3&-2\\2&3&1&a\end{pmatrix}$，当 a 取何值时，$\boldsymbol{A}$ 为满秩矩阵；a 取何值时，$r(\boldsymbol{A})=2$.

5.2 线性方程组

重要的数学著作《九章算术》(图 5-1)，成书于公元 1 世纪左右. 全书采用问题集的形式，共 246 个问题，分成九章，其中书中的第八章“方程”采用分离系数的方法表示线性方程组，相当于现在的矩阵，解线性方程组时使用的直除法，与矩阵的初等变换一致. 在西方，直到 17 世纪，莱布尼兹才提出完整的解法法则.《九章算术》是世界上最早记录完整的线性方程组的解法的著作.

(**《九章算术》题目原文**)问题：今有上禾三秉，中禾二秉，下禾一秉，实三十九斗；上禾二秉，中禾三秉，下禾一秉，实三十四斗；上禾一秉，中禾二秉，下禾三秉，实二十六斗. 问上、中、下禾实一秉各几何？(图 5-2)此题目用线性方程组可表示为

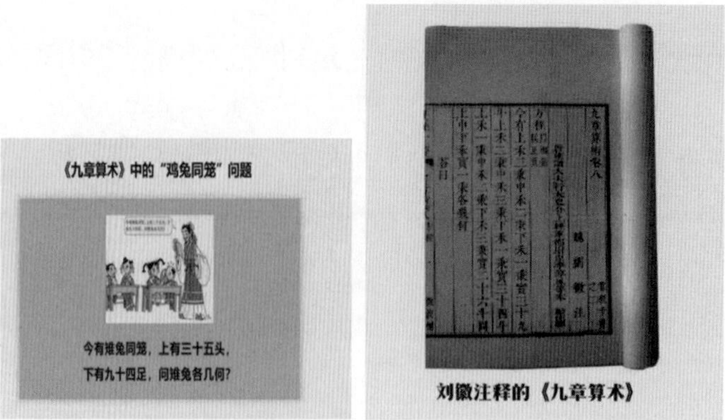

图 5-1

设上禾、中禾、下禾每一束得实各为 x,y,z，则有 $\begin{cases}3x+2y+z=39\\2x+3y+z=34\\x+2y+3z=26\end{cases}$，求 x,y,z 的值.

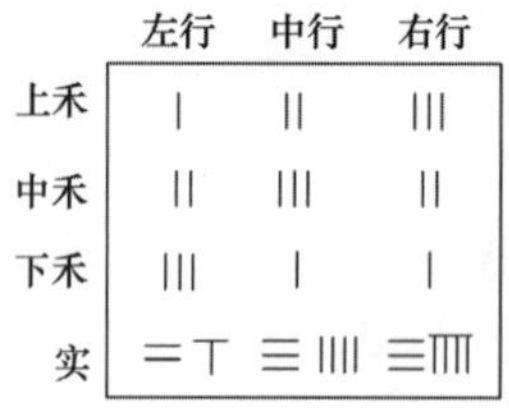

图 5-2

线性方程组在现实生活中的应用是非常广泛的，不仅广泛地应用于工程学、计算机科学、物理学、数学、经济学、统计学、力学、信号与信号处理、通信、航空等学科和领域，而且应用于理工类的后继课程，如电路、理论力学、计算机图形学、信号与系统、数字信号处理、系统动力学、自动控制原理等课程.

5.2.1 线性方程组解的判定

1. 线性方程组的矩阵表示

n 元线性方程组的一般形式

$$\begin{cases}a_{11}x_1+a_{12}x_2+\cdots+a_{1n}x_n=b_1\\a_{21}x_1+a_{22}x_2+\cdots+a_{2n}x_n=b_2\\\qquad\cdots\\a_{m1}x_1+a_{m2}x_2+\cdots+a_{mn}x_n=b_m\end{cases}\tag{5-1}$$

其中 $x_1,x_2,\cdots,x_n$ 表示 n 个未知量(也称未知数)，m 是方程的个数，$a_{ij}(i=1,2,\cdots,m;j=1,2,\cdots,n)$ 表示第 i 个方程中第 j 个未知量 x_j 的系数，$b_1,b_2,\cdots,b_m$ 表示常数项.

$\boldsymbol{A}$ 表示由线性方程组的系数构成的 $m\times n$ 矩阵，称为线性方程组的系数矩阵；$\boldsymbol{X}$ 表示由 n 个未知量构成的列矩阵；$\boldsymbol{b}$ 表示由 m 个常数项构成的列矩阵；$\widetilde{\boldsymbol{A}}$ 表示矩阵$(\boldsymbol{A}\mid\boldsymbol{b})$，称为线性方程组的**增广矩阵**，即

$$\boldsymbol{A}=\begin{pmatrix}a_{11}&a_{12}&\cdots&a_{1n}\\a_{21}&a_{22}&\cdots&a_{2n}\\\vdots&\vdots&&\vdots\\a_{m1}&a_{m2}&\cdots&a_{mn}\end{pmatrix},\boldsymbol{X}=\begin{pmatrix}x_1\\x_2\\\vdots\\x_n\end{pmatrix},\boldsymbol{b}=\begin{pmatrix}b_1\\b_2\\\vdots\\b_m\end{pmatrix},\widetilde{\boldsymbol{A}}=\begin{pmatrix}a_{11}&a_{12}&\cdots&a_{1n}&b_1\\a_{21}&a_{22}&\cdots&a_{2n}&b_2\\\vdots&\vdots&&\vdots&\vdots\\a_{m1}&a_{m2}&\cdots&a_{mn}&b_m\end{pmatrix}.$$

由矩阵乘法运算和矩阵相等的定义知，线性方程组(5-1)可以写成矩阵方程形式 $\boldsymbol{AX}=\boldsymbol{b}$.

2. 线性方程组解的讨论

定理 1 设 $\boldsymbol{A},\widetilde{\boldsymbol{A}}$ 分别表示线性方程组的系数矩阵和增广矩阵，线性方程组为 $\boldsymbol{AX}=\boldsymbol{b}$，则

(1)线性方程组有唯一解的充分必要条件是 $r(\boldsymbol{A})=r(\widetilde{\boldsymbol{A}})=n$；

(2)线性方程组有无穷多解的充分必要条件是 $r(\boldsymbol{A})=r(\widetilde{\boldsymbol{A}})<n$；

(3)线性方程组无解的充分必要条件是 $r(\boldsymbol{A})\neq r(\widetilde{\boldsymbol{A}})$.

例 1 讨论线性方程组

$$\begin{cases}x_1+2x_2-3x_3=1\\-x_1+x_2+x_3=2\\2x_1+x_2-4x_3=-1\end{cases}$$

解的情况.

解 $\widetilde{\boldsymbol{A}}=\begin{pmatrix}1&2&-3&1\\-1&1&1&2\\2&1&-4&-1\end{pmatrix}\xrightarrow[r_2+r_1]{r_3+(-2)r_1}\begin{pmatrix}1&2&-3&1\\0&3&-2&3\\0&-3&2&-3\end{pmatrix}\xrightarrow{r_3+r_2}\begin{pmatrix}1&2&-3&1\\0&3&-2&3\\0&0&0&0\end{pmatrix}$.

因为 $r(\boldsymbol{A})=r(\widetilde{\boldsymbol{A}})=2<3$，所以线性方程组有无穷多解.

【练习 1】 讨论线性方程组 $\begin{cases}x_1-x_2+2x_3=1\\3x_1-x_2+3x_3=2\\-x_1-x_2+x_3=-1\end{cases}$ 解的情况.

解 $\widetilde{\boldsymbol{A}}=\begin{pmatrix}1&-1&2&1\\3&-1&3&2\\-1&-1&1&-1\end{pmatrix}\xrightarrow[r_2+(-3)r_1]{r_3+r_1}\begin{pmatrix}1&-1&2&1\\0&2&-3&-1\\0&-2&3&0\end{pmatrix}\xrightarrow{r_3+r_2}\begin{pmatrix}1&-1&2&1\\0&2&-3&-1\\0&0&0&-1\end{pmatrix}$.

因为 $r(\boldsymbol{A})=(\quad)$，$r(\widetilde{\boldsymbol{A}})=(\quad)$，$r(\boldsymbol{A})\neq r(\widetilde{\boldsymbol{A}})$，所以线性方程组无解.

5.2.2 线性方程组的解法

线性方程组的求解

1. 非齐次线性方程组的解法

当线性方程组(5-1)中 $\boldsymbol{b}=\begin{pmatrix}b_1\\b_2\\\vdots\\b_m\end{pmatrix}\neq\boldsymbol{O}$(即 $b_1,b_2,\cdots,b_m$ 不全为 0)时，称它为**非齐次线性方程组**.

定理 1 给出了求解线性方程组的方法：

将非齐次线性方程组的增广矩阵 $\widetilde{\boldsymbol{A}}$ 化为行阶梯形矩阵，由定理 1 可直接判断它是否有解.

(1)若 $r(\boldsymbol{A})\neq r(\widetilde{\boldsymbol{A}})$，线性方程组无解；

(2)若 $r(\boldsymbol{A})=r(\widetilde{\boldsymbol{A}})=n$，线性方程组有唯一解，再化为行简化阶梯形矩阵，便可直接写出线性方程组的全部解；

(3)若 $r(\boldsymbol{A})=r(\widetilde{\boldsymbol{A}})=r<n$，线性方程组有无穷多解. 此时 $\widetilde{\boldsymbol{A}}$ 的行阶梯形矩阵中含有 r 个非零行，把这 r 行的第一个非零元所对应的未知量作为非自由未知量，其余 $n-r$ 个未知量作为自由未知量. 并令自由未知量分别等于任意常数 $c_1,c_2,\cdots,c_{n-r}$，这样可写出含有自由未知量的线性方程组的全部解.

例 2 求解线性方程组 $\begin{cases}x_1-x_2-2x_3+2x_4=1\\2x_1+x_2+x_3+2x_4=0\\x_1+x_2+x_3+x_4=2\\x_1-x_3-x_4=-1\end{cases}$.

解 $\widetilde{A}=\begin{pmatrix}1&-1&-2&2&1\\2&1&1&2&0\\1&1&1&1&2\\1&0&-1&-1&-1\end{pmatrix}\xrightarrow[r_2+(-2)r_1]{\substack{r_4+(-1)r_1\\r_3+(-1)r_1}}\begin{pmatrix}1&-1&-2&2&1\\0&3&5&-2&-2\\0&2&3&-1&1\\0&1&1&-3&-2\end{pmatrix}$

$$\xrightarrow{r_2\leftrightarrow r_4}\begin{pmatrix}1&-1&-2&2&1\\0&1&1&-3&-2\\0&2&3&-1&1\\0&3&5&-2&-2\end{pmatrix}\xrightarrow[r_3+(-2)r_2]{r_4+(-3)r_2}\begin{pmatrix}1&-1&-2&2&1\\0&1&1&-3&-2\\0&0&1&5&5\\0&0&2&7&4\end{pmatrix}$$

$$\xrightarrow{r_4+(-2)r_3}\begin{pmatrix}1&-1&-2&2&1\\0&1&1&-3&-2\\0&0&1&5&5\\0&0&0&-3&-6\end{pmatrix}.$$

因为$r(\boldsymbol{A})=r(\widetilde{\boldsymbol{A}})=4=n$，所以线性方程组有唯一解.将上面行阶梯形矩阵化为行简化阶梯形矩阵得

$$\begin{pmatrix}1&-1&-2&2&1\\0&1&1&-3&-2\\0&0&1&5&5\\0&0&0&-3&-6\end{pmatrix}\xrightarrow{r_4\times\left(-\frac{1}{3}\right)}\begin{pmatrix}1&-1&-2&2&1\\0&1&1&-3&-2\\0&0&1&5&5\\0&0&0&1&2\end{pmatrix}$$

$$\xrightarrow[r_1+(-2)r_4]{\substack{r_3+(-5)r_4\\r_2+3r_4}}\begin{pmatrix}1&-1&-2&0&-3\\0&1&1&0&4\\0&0&1&0&-5\\0&0&0&1&2\end{pmatrix}\xrightarrow[r_1+2r_3]{r_2+(-1)r_3}\begin{pmatrix}1&-1&0&0&-13\\0&1&0&0&9\\0&0&1&0&-5\\0&0&0&1&2\end{pmatrix}$$

$$\xrightarrow{r_1+r_2}\begin{pmatrix}1&0&0&0&-4\\0&1&0&0&9\\0&0&1&0&-5\\0&0&0&1&2\end{pmatrix},$$

即线性方程组的解为$\begin{cases}x_1=-4\\x_2=9\\x_3=-5\\x_4=2\end{cases}$.

【练习 2】 仿照例 2 的解题步骤求解线性方程组$\begin{cases}2x_1+x_2+x_3=-1\\x_1+2x_2-2x_3=2\\x_1-x_2+4x_3=2\end{cases}$.

例 3 求解线性方程组$\begin{cases}x_1+x_2-3x_3-x_4=1\\3x_1-x_2-3x_3+4x_4=4\\x_1+5x_2-9x_3-8x_4=0\end{cases}$.

解 $\widetilde{A}=\begin{pmatrix}1&1&-3&-1&1\\3&-1&-3&4&4\\1&5&-9&-8&0\end{pmatrix}\xrightarrow[r_2+(-3)r_1]{r_3+(-1)r_1}\begin{pmatrix}1&1&-3&-1&1\\0&-4&6&7&1\\0&4&-6&-7&-1\end{pmatrix}$

$$\xrightarrow{r_3+r_2}\begin{pmatrix}1&1&-3&-1&1\\0&-4&6&7&1\\0&0&0&0&0\end{pmatrix}\xrightarrow{r_2\times\left(-\frac{1}{4}\right)}\begin{pmatrix}1&1&-3&-1&1\\0&1&-\frac{3}{2}&-\frac{7}{4}&-\frac{1}{4}\\0&0&0&0&0\end{pmatrix}$$

$$\xrightarrow{r_1+(-1)r_2}\begin{pmatrix}1 & 0 & -\frac{3}{2} & \frac{3}{4} & \frac{5}{4}\\ 0 & 1 & -\frac{3}{2} & -\frac{7}{4} & -\frac{1}{4}\\ 0 & 0 & 0 & 0 & 0\end{pmatrix}.$$

因为 $r(\boldsymbol{A})=r(\widetilde{\boldsymbol{A}})=2<4$，所以线性方程组有无穷多解. 对应的同解方程组为

$$\begin{cases}x_1-\frac{3}{2}x_3+\frac{3}{4}x_4=\frac{5}{4}\\ x_2-\frac{3}{2}x_3-\frac{7}{4}x_4=-\frac{1}{4}\end{cases},$$

即
$$\begin{cases}x_1=\frac{3}{2}x_3-\frac{3}{4}x_4+\frac{5}{4}\\ x_2=\frac{3}{2}x_3+\frac{7}{4}x_4-\frac{1}{4}\end{cases}\quad(x_3,x_4\text{ 为自由未知量}).$$

设 $x_3=c_1$，$x_4=c_2$（c_1，c_2 为任意常数），则线性方程组的解为

$$\begin{cases}x_1=\frac{3}{2}c_1-\frac{3}{4}c_2+\frac{5}{4}\\ x_2=\frac{3}{2}c_1+\frac{7}{4}c_2-\frac{1}{4}\\ x_3=c_1\\ x_4=c_2\end{cases}\quad(c_1,c_2\text{ 为任意常数}).$$

上式给出了线性方程组的无穷多解，这种解的形式称为线性方程组的**通解**或**一般解**.

例 4 求线性方程组 $\begin{cases}x_1+2x_2-x_3+x_4=1\\ 2x_1+4x_2-2x_3+x_4=2\\ -x_1-3x_2+x_3-x_4=1\end{cases}$ 的通解.

解
$$\widetilde{\boldsymbol{A}}=\begin{pmatrix}1 & 2 & -1 & 1 & 1\\ 2 & 4 & -2 & 1 & 2\\ -1 & -3 & 1 & -1 & 1\end{pmatrix}\xrightarrow[r_2+(-2)r_1]{r_3+r_1}\begin{pmatrix}1 & 2 & -1 & 1 & 1\\ 0 & 0 & 0 & -1 & 0\\ 0 & -1 & 0 & 0 & 2\end{pmatrix}$$

$$\xrightarrow{r_3\leftrightarrow r_2}\begin{pmatrix}1 & 2 & -1 & 1 & 1\\ 0 & -1 & 0 & 0 & 2\\ 0 & 0 & 0 & -1 & 0\end{pmatrix}\xrightarrow[r_2\times(-1)]{r_3\times(-1)}\begin{pmatrix}1 & 2 & -1 & 1 & 1\\ 0 & 1 & 0 & 0 & -2\\ 0 & 0 & 0 & 1 & 0\end{pmatrix}$$

$$\xrightarrow[r_1+(-1)r_3]{r_1+(-2)r_2}\begin{pmatrix}1 & 0 & -1 & 0 & 5\\ 0 & 1 & 0 & 0 & -2\\ 0 & 0 & 0 & 1 & 0\end{pmatrix}.$$

因为 $r(\boldsymbol{A})=r(\widetilde{\boldsymbol{A}})=3<4$，所以线性方程组有无穷多解. 线性方程组对应的同解方程组为

$$\begin{cases}x_1-x_3=5\\ x_2=-2\\ x_4=0\end{cases},$$

即
$$\begin{cases}x_1=x_3+5\\ x_2=-2\\ x_4=0\end{cases}\quad(x_3\text{ 为自由未知量}).$$

设 $x_3=c$（c 为任意常数），则线性方程组的通解为$\begin{cases}x_1=c+5\\x_2=-2\\x_3=c\\x_4=0\end{cases}$.

【练习 3】 仿照例 4 的解题步骤求解线性方程组$\begin{cases}x_1+2x_2+2x_3+x_4=-1\\2x_1+x_2-2x_3-2x_4=2\\x_1-x_2-4x_3-3x_4=1\end{cases}$.

例 5 讨论 a,b 为何值时，方程组$\begin{cases}x_1+ax_2-x_3=1\\x_1+2ax_2-x_3=2\\-x_1+x_2+bx_3=2\end{cases}$有唯一解，无解，无穷多解？

解 $$\widetilde{\mathbf{A}}=\begin{pmatrix}1&a&-1&1\\1&2a&-1&2\\-1&1&b&2\end{pmatrix}\xrightarrow[r_2+(-1)r_1]{r_3+r_1}\begin{pmatrix}1&a&-1&1\\0&a&0&1\\0&1+a&b-1&3\end{pmatrix}$$

$$\xrightarrow{r_3+(-1)r_2}\begin{pmatrix}1&a&-1&1\\0&a&0&1\\0&1&b-1&2\end{pmatrix}\xrightarrow{r_2\leftrightarrow r_3}\begin{pmatrix}1&a&-1&1\\0&1&b-1&2\\0&a&0&1\end{pmatrix}$$

$$\xrightarrow{r_3+(-a)r_2}\begin{pmatrix}1&a&-1&1\\0&1&b-1&2\\0&0&a(1-b)&1-2a\end{pmatrix},$$

（1）$a\neq0$ 且 $b\neq1$ 时，$r(\mathbf{A})=r(\widetilde{\mathbf{A}})=3=n$ 有唯一解；

（2）$b=1,a=\dfrac{1}{2}$时，$r(\mathbf{A})=r(\widetilde{\mathbf{A}})=2<n$ 有无穷多解；

（3）其余情形 $r(\mathbf{A})\neq r(\widetilde{\mathbf{A}})$ 无解.

2. 齐次线性方程组的解法

当线性方程组(5-1)中常数项 $\boldsymbol{b}=\begin{pmatrix}b_1\\b_2\\\vdots\\b_m\end{pmatrix}=\boldsymbol{O}$（即 $b_1=b_2=\cdots=b_m=0$）时，线性方程组为

$$\begin{cases}a_{11}x_1+a_{12}x_2+\cdots+a_{1n}x_n=0\\a_{21}x_1+a_{22}x_2+\cdots+a_{2n}x_n=0\\\cdots\\a_{m1}x_1+a_{m2}x_2+\cdots+a_{mn}x_n=0\end{cases}\tag{5-2}$$

称它为**齐次线性方程组**. 齐次线性方程组的矩阵方程形式为 $\mathbf{AX}=\boldsymbol{O}$.

对于齐次线性方程组，它的系数矩阵 $\mathbf{A}$ 和增广矩阵 $\widetilde{\mathbf{A}}$ 恒有 $r(\mathbf{A})=r(\widetilde{\mathbf{A}})$，所以齐次线性方程组一定有解.

定理 2 齐次线性方程组 $\mathbf{AX}=\boldsymbol{O}$

（1）仅有零解的充分必要条件是 $r(\mathbf{A})=n$；

（2）有非零解的充分必要条件是 $r(\mathbf{A})<n$.

由此可知，当 n 元齐次线性方程组 $\mathbf{AX}=\boldsymbol{O}$ 中，方程的个数 m 小于未知数的个数，即 $m<n$ 时，一定有非零解.

例 6 求齐次线性方程组$\begin{cases}x_1-3x_2+x_3-2x_4=0\\-5x_1+x_2-2x_3+3x_4=0\\-x_1-11x_2+2x_3-5x_4=0\\3x_1+5x_2+x_4=0\end{cases}$的解.

解 $$\boldsymbol{A}=\begin{pmatrix}1&-3&1&-2\\-5&1&-2&3\\-1&-11&2&-5\\3&5&0&1\end{pmatrix}\xrightarrow[r_4+(-3)r_1]{\substack{r_2+5r_1\\r_3+r_1}}\begin{pmatrix}1&-3&1&-2\\0&-14&3&-7\\0&-14&3&-7\\0&14&-3&7\end{pmatrix}$$

$$\xrightarrow[r_3+(-1)r_2]{r_4+r_3}\begin{pmatrix}1&-3&1&-2\\0&-14&3&-7\\0&0&0&0\\0&0&0&0\end{pmatrix}\xrightarrow{\left(-\frac{1}{14}\right)\times r_2}\begin{pmatrix}1&-3&1&-2\\0&1&-\frac{3}{14}&\frac{1}{2}\\0&0&0&0\\0&0&0&0\end{pmatrix}$$

$$\xrightarrow{r_1+3r_2}\begin{pmatrix}1&0&\frac{5}{14}&-\frac{1}{2}\\0&1&-\frac{3}{14}&\frac{1}{2}\\0&0&0&0\\0&0&0&0\end{pmatrix}.$$

因为$r(\boldsymbol{A})=2<4$,所以线性方程组一定有非零解.线性方程组对应的同解方程组为

$$\begin{cases}x_1+\frac{5}{14}x_3-\frac{1}{2}x_4=0\\x_2-\frac{3}{14}x_3+\frac{1}{2}x_4=0\end{cases}\quad(x_3,x_4\text{ 为自由未知量}),$$

$$\begin{cases}x_1=-\frac{5}{14}x_3+\frac{1}{2}x_4\\x_2=\frac{3}{14}x_3-\frac{1}{2}x_4\\x_3=c_1\\x_4=c_2\end{cases}\quad(c_1,c_2\text{ 为任意常数}),$$

即线性方程组的通解为$\begin{cases}x_1=-\frac{5}{14}c_1+\frac{1}{2}c_2\\x_2=\frac{3}{14}c_1-\frac{1}{2}c_2\\x_3=c_1\\x_4=c_2\end{cases}$ $(c_1,c_2$ 为任意常数$)$.

【练习 4】 仿照例 6 的解题步骤求解齐次线性方程组$\begin{cases}x_1+x_2-x_3=0\\2x_1-x_2-3x_4=0\\x_1+2x_2+x_3-x_4=0\\4x_1+2x_2-4x_4=0\end{cases}$.

·思考· 一方有难、八方支援(配送物品问题)

2020 年疫情期间,湖北省三市急需物资支援,其中孝感 40 吨,武汉 211 吨,黄冈 80 吨.根据实际情况,河南、河北、湖南、广东单次可运送物资如表 5-5 所示.

表 5-5　　单次可运送物资情况　　单位:吨

	孝感	武汉	黄冈
河南	2	1	2
河北	0	9	0
湖南	0	5	1
广东	4	6	8

同步训练 5-2

1. 选择题

(1)$\boldsymbol{A}$ 是 $m\times k$ 矩阵,$\boldsymbol{B}$ 是 $k\times t$ 矩阵,若 $\boldsymbol{B}$ 的第 j 列元素全为零,则下列结论正确的是(　　).

A. $\boldsymbol{AB}$ 的第 j 行元素全为零　　B. $\boldsymbol{AB}$ 的第 j 列元素全为零

C. $\boldsymbol{BA}$ 的第 j 行元素全为零　　D. $\boldsymbol{BA}$ 的第 j 列元素全为零

(2)线性方程组的增广矩阵为 $\widetilde{\boldsymbol{A}}=\begin{pmatrix}1 & \lambda & 2\\ 2 & 1 & 4\end{pmatrix}$,则当 $\lambda=$(　　)时线性方程组有无穷多解.

A. 1　　B. 4　　C. 2　　D. $\dfrac{1}{2}$

(3)若非齐次线性方程组 $\boldsymbol{A}_{m\times n}\boldsymbol{X}=\boldsymbol{b}$ 的(　　),那么该方程组无解.

A. 秩($\boldsymbol{A}$) $=n$　　B. 秩($\boldsymbol{A}$)$=m$

C. 秩($\boldsymbol{A}$)$=$秩($\overline{\boldsymbol{A}}$)　　D. 秩($\boldsymbol{A}$)$=$秩($\overline{\boldsymbol{A}}$)

(4)设 $\boldsymbol{A}$,$\boldsymbol{B}$ 为同阶矩阵,则下列等式成立的是(　　).

A. $(\boldsymbol{AB})^{\mathrm{T}}=\boldsymbol{A}^{\mathrm{T}}\boldsymbol{B}^{\mathrm{T}}$　　B. $(\boldsymbol{AB})^{\mathrm{T}}=\boldsymbol{B}^{\mathrm{T}}\boldsymbol{A}^{\mathrm{T}}$

C. 若 $\boldsymbol{AB}=\boldsymbol{0}$,则 $\boldsymbol{A}=\boldsymbol{0}$ 或 $\boldsymbol{B}=\boldsymbol{0}$　　D. $\boldsymbol{AB}=\boldsymbol{BA}$

(5)设 $\boldsymbol{A}=\begin{pmatrix}1 & 2 & 0 & -3\\ 0 & 0 & -1 & 3\\ 2 & 4 & -1 & -3\end{pmatrix}$,则 $r(\boldsymbol{A})=$(　　).

A. 4　　B. 3　　C. 2　　D. 1

2. 填空题

(1)设 $\boldsymbol{A}=(-1\quad 2\quad 1)$,$\boldsymbol{B}=\begin{pmatrix}0\\2\\1\end{pmatrix}$,则 $\boldsymbol{AB}=$________.

(2)设 $\begin{pmatrix}3x & y\\ 2 & 1\end{pmatrix}-\begin{pmatrix}y & x\\ 3 & 1\end{pmatrix}=\begin{pmatrix}-1 & 2\\ -1 & 0\end{pmatrix}$,则 $x=$________,$y=$________.

(3)设矩阵 $\boldsymbol{A}=(1\quad -2\quad 3)$,$\boldsymbol{I}$ 是单位矩阵,则 $\boldsymbol{A}^{\mathrm{T}}\boldsymbol{A}-\boldsymbol{I}=$________.

(4)设 $\boldsymbol{A}$ 为 n 阶可逆矩阵,则 $r(\boldsymbol{A})=$ ________.

(5)设矩阵 $\boldsymbol{A}=\begin{pmatrix}1 & 0 & 0\\ 0 & 2 & 0\\ 0 & 0 & 3\end{pmatrix}$,则 $\boldsymbol{A}^{-1}=$________.

(6)若线性方程组 $\begin{cases}x_1-x_2=0\\ x_1+\lambda x_2=0\end{cases}$ 有非零解,则 $\lambda=$________.

3. 计算下列各题

(1)将矩阵 $\boldsymbol{A}=\begin{pmatrix}1 & 2 & 1 & 2\\ 2 & 1 & -2 & -2\\ 1 & -1 & -3 & -4\end{pmatrix}$ 化为行阶梯形矩阵并求 $\boldsymbol{A}$ 矩阵的秩.

(2)求线性方程组$\begin{cases}-3x_1+2x_2+2x_3=-1\\-x_1+x_2+3x_3=-2\\-5x_1+3x_2+x_3=0\end{cases}$的解.

5.3 线性代数应用模型

5.3.1 工资问题

现有一个木工、一个电工和一个油漆工，三个人相互同意共同装修他们的房子. 在装修之前，他们达成了如下协议：(1)每人总共工作10天(包括给自己家干活在内)；(2)每人的日工资根据一般的市价为60～80元；(3)每人的日工资数应使得每人的总收入与总支出相等. 表5-6是他们协商后制定出的工作天数的分配方案，如何计算出他们每人应得的工资？

表5-6　工作天数分配方案

天数	工种		
	木工	电工	油漆工
在木工家的工作天数	2	1	6
在电工家的工作天数	4	5	1
在油漆工家的工作天数	4	4	3

解　以x_1表示木工的日工资，以x_2表示电工的日工资，以x_3表示油漆工的日工资. 木工10个工作日的总收入为$10x_1$，木工、电工、油漆工三人在木工家工作的天数分别为：2天，1天，6天，则木工的总支出为$2x_1+x_2+6x_3$. 由于木工总支出与总收入要相等，于是木工的收支平衡关系可描述为：$2x_1+x_2+6x_3=10x_1$. 同理，可以分别建立描述电工、油漆工各自的收支平衡关系的两个等式：$4x_1+5x_2+x_3=10x_2$，$4x_1+4x_2+3x_2=10x_3$.

联立三个方程得方程组：

$$\begin{cases}2x_1+x_2+6x_3=10x_1\\4x_1+5x_2+x_3=10x_2\\4x_1+4x_2+3x_3=10x_3\end{cases},$$

整理得三个人的日工资数应满足的齐次线性方程组

$$\begin{cases}-8x_1+x_2+6x_3=0\\4x_1-5x_2+x_3=0\\4x_1+4x_2-7x_3=0\end{cases}.$$

利用初等行变换可以求出该线性方程组的通解为

$$\boldsymbol{X}=\begin{pmatrix}x_1\\x_2\\x_3\end{pmatrix}=k\begin{pmatrix}\frac{31}{36}\\\frac{8}{9}\\1\end{pmatrix}$$

其中，k为任意实数. 最后，由于每个人的日工资为60～80元，故选择$k=72$，可确定木工、电工及油漆工每人每天的日工资为：$x_1=62$，$x_2=64$，$x_3=72$.

5.3.2 交通流量问题

某城市部分单行交通网络的流量如图5-3所示，每小时进入网络的车辆等于离开网络的车辆为

800 辆，设网络均是如图 5-3 所示的单行线路，车辆不能停留，在每一交叉路口处进入和离开的车辆数相等，试建立数学模型确定此交通网络各道路的流量.

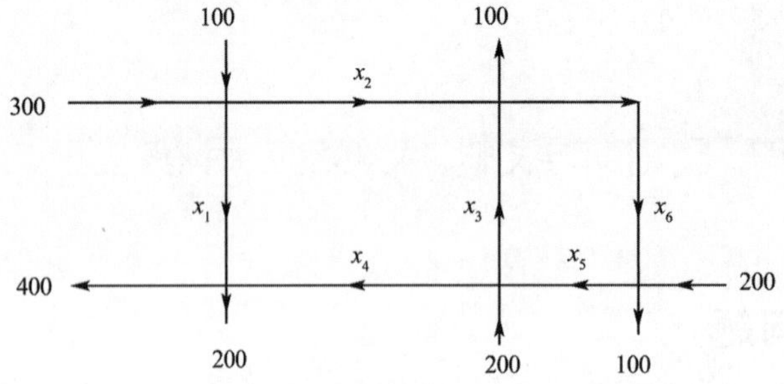

图 5-3

解 根据图 5-3 所示 5 个路口交通流量情况建立方程组

$$\begin{cases} x_1+x_2=400 \\ x_2+x_3-x_6=100 \\ x_1+x_4=600 \\ x_6+200=x_5+100 \\ 200+x_5=x_3+x_4 \end{cases},$$

整理得

$$\begin{cases} x_1+x_2=400 \\ x_2+x_3-x_6=100 \\ x_1+x_4=600 \\ x_3+x_4-x_5=200 \\ x_5-x_6=100 \end{cases}.$$

$$\widetilde{\boldsymbol{A}}=\begin{pmatrix} 1 & 1 & 0 & 0 & 0 & 0 & 400 \\ 0 & 1 & 1 & 0 & 0 & -1 & 100 \\ 1 & 0 & 0 & 1 & 0 & 0 & 600 \\ 0 & 0 & 1 & 1 & -1 & 0 & 200 \\ 0 & 0 & 0 & 0 & 1 & -1 & 100 \end{pmatrix}$$

$$\xrightarrow{r_3+(-1)r_1}\begin{pmatrix} 1 & 1 & 0 & 0 & 0 & 0 & 400 \\ 0 & 1 & 1 & 0 & 0 & -1 & 100 \\ 0 & -1 & 0 & 1 & 0 & 0 & 200 \\ 0 & 0 & 1 & 1 & -1 & 0 & 200 \\ 0 & 0 & 0 & 0 & 1 & -1 & 100 \end{pmatrix}$$

$$\xrightarrow{r_3+r_2}\begin{pmatrix} 1 & 1 & 0 & 0 & 0 & 0 & 400 \\ 0 & 1 & 1 & 0 & 0 & -1 & 100 \\ 0 & 0 & 1 & 1 & 0 & -1 & 300 \\ 0 & 0 & 1 & 1 & -1 & 0 & 200 \\ 0 & 0 & 0 & 0 & 1 & -1 & 100 \end{pmatrix}$$

$$\xrightarrow{r_4+(-1)r_3}\begin{pmatrix} 1 & 1 & 0 & 0 & 0 & 0 & 400 \\ 0 & 1 & 1 & 0 & 0 & -1 & 100 \\ 0 & 0 & 1 & 1 & 0 & -1 & 300 \\ 0 & 0 & 0 & 0 & -1 & 1 & -100 \\ 0 & 0 & 0 & 0 & 1 & -1 & 100 \end{pmatrix}$$

$$\xrightarrow{r_5+r_4}\begin{pmatrix}1&1&0&0&0&0&400\\0&1&1&0&0&-1&100\\0&0&1&1&0&-1&300\\0&0&0&0&-1&1&-100\\0&0&0&0&0&0&0\end{pmatrix}$$

$$\xrightarrow[r_2+(-1)r_3]{r_4\times(-1)}\begin{pmatrix}1&1&0&0&0&0&400\\0&1&0&-1&0&0&-200\\0&0&1&1&0&-1&300\\0&0&0&0&1&-1&100\\0&0&0&0&0&0&0\end{pmatrix}$$

$$\xrightarrow{r_1+(-1)r_2}\begin{pmatrix}1&0&0&1&0&0&600\\0&1&0&-1&0&0&-200\\0&0&1&1&0&-1&300\\0&0&0&0&1&-1&100\\0&0&0&0&0&0&0\end{pmatrix},$$

$r(\boldsymbol{A})=r(\widetilde{\boldsymbol{A}})=4<6$，所以线性方程组有无穷多解.

对应的同解方程组为$\begin{cases}x_1=-x_4+600\\x_2=x_4-200\\x_3=-x_4+x_6+300\\x_5=x_6+100\end{cases}$ （x_4,x_6 为自由未知量）.

设 $x_4=c_1,x_6=c_2$（c_1,c_2 为任意常数），即方程的解为

$$\begin{cases}x_1=-c_1+600\\x_2=c_1-200\\x_3=-c_1+c_2+300\\x_4=c_1\\x_5=c_2+100\\x_6=c_2\end{cases}.$$

车辆数不可能是负数，所以 $200\leqslant c_1\leqslant 600,c_2\geqslant 0,c_2+300\geqslant c_1$.

【练习】 设有两家连锁超市出售三种奶粉，某日销量（单位：包）见表 5-7，每种奶粉单价和利润见表 5-8，求各超市出售奶粉的总收入和利润.

表 5-7　某日销量

超市＼货物	奶粉 1	奶粉 2	奶粉 3
甲	6	8	10
乙	7	5	6

表 5-8　单价和利润

	单价(单位:元)	利润(单位:元)
奶粉 1	15	3
奶粉 2	12	2
奶粉 3	20	4

解　甲、乙两家超市的奶粉销量表可用矩阵 $\boldsymbol{A}$ 来表示，$\boldsymbol{A}=\begin{pmatrix}6&8&10\\7&5&6\end{pmatrix}$，三种奶粉的单价可以用

矩阵 $\boldsymbol{B}$ 来表示，$\boldsymbol{B}=\begin{pmatrix}15\\12\\20\end{pmatrix}$，则甲、乙超市出售奶粉的总收入矩阵 $\boldsymbol{C}=\begin{pmatrix}6&8&10\\7&5&6\end{pmatrix}\begin{pmatrix}15\\12\\20\end{pmatrix}=\begin{pmatrix}\square\\\square\end{pmatrix}$.

那么三种奶粉的利润可以用矩阵 $\boldsymbol{D}$ 来表示，$\boldsymbol{D}=\begin{pmatrix}3\\2\\4\end{pmatrix}$，甲、乙超市出售奶粉的总利润矩阵

$$\boldsymbol{E}=\begin{pmatrix}6&8&10\\7&5&6\end{pmatrix}\begin{pmatrix}3\\2\\4\end{pmatrix}=\begin{pmatrix}\square\\\square\end{pmatrix}.$$

单元训练 5

1. 选择题

(1)下列矩阵是行简化阶梯形矩阵的是(　　).

A. $\begin{pmatrix}1&0&0\\0&0&1\\0&1&0\end{pmatrix}$　　B. $\begin{pmatrix}1&0&0\\0&-3&0\\0&0&1\end{pmatrix}$

C. $\begin{pmatrix}1&3&0\\0&0&1\\0&1&0\end{pmatrix}$　　D. $\begin{pmatrix}1&0&0\\0&1&0\\0&0&1\end{pmatrix}$

(2)若 $\boldsymbol{A}$ 是 $m\times n$ 矩阵，且 $\boldsymbol{A}^2=\boldsymbol{A}$，则必有(　　).

A. $m=n$　　B. $m>n$　　C. $m<n$　　D. m 与 n 无关

(3)设矩阵 $\boldsymbol{C}$ 是 $m\times n$ 矩阵，矩阵 $\boldsymbol{A}$，$\boldsymbol{B}$ 满足 $\boldsymbol{AC}=\boldsymbol{CB}$，则 $\boldsymbol{A}$ 与 $\boldsymbol{B}$ 分别是(　　)矩阵.

A. $n\times m$，$m\times n$　　B. $m\times n$，$n\times m$

C. $n\times n$，$m\times m$　　D. $m\times m$，$n\times n$

(4)设 $\boldsymbol{A}$ 为 $n\times m$ 矩阵，$\boldsymbol{B}$ 为 $n\times s$ 矩阵，则下列运算有意义的是(　　).

A. $\boldsymbol{AB}$　　B. $\boldsymbol{B}^{\mathrm{T}}\boldsymbol{A}$　　C. $\boldsymbol{A}+\boldsymbol{B}$　　D. $\boldsymbol{AB}^{\mathrm{T}}$

(5)矩阵 $\begin{bmatrix}1&3&-2&1&0\\0&1&1&0&0\\0&0&1&0&0\\0&1&0&0&0\end{bmatrix}$ 的秩是(　　).

A. 1　　B. 2　　C. 3　　D. 4

2. 填空题

(1)当 $\lambda=$________时，齐次线性方程组 $\begin{cases}-x_1+x_2=0\\\lambda x_1+x_2=0\end{cases}$ 有非零解.

(2)n 元线性方程组 $\boldsymbol{AX}=\boldsymbol{b}$ 有无穷多组解，且秩 $r(\boldsymbol{A})=r(\widetilde{\boldsymbol{A}})=r$，则通解中自由未知数的个数为________.

(3)齐次线性方程组 $\boldsymbol{AX}=\boldsymbol{0}$ 只有零解的充分必要条件是系数矩阵 $\boldsymbol{A}_{m\times n}$ 的秩等于________.

(4)设 $\boldsymbol{A}$ 为可逆矩阵，且 $\boldsymbol{AX}+2\boldsymbol{B}=\boldsymbol{C}$，则 $\boldsymbol{X}=$________.

(5)设 $\boldsymbol{A}$ 为 $n\times m$ 矩阵，$\boldsymbol{B}$ 为 $m\times s$ 矩阵，则 $\boldsymbol{AB}$ 有________行________列.

3. 设 $\boldsymbol{A}=\begin{pmatrix}-3&0\\1&2\\0&1\end{pmatrix}$，$\boldsymbol{B}=\begin{pmatrix}1&0&3\\2&1&0\end{pmatrix}$，求 $\boldsymbol{A}-2\boldsymbol{B}^{\mathrm{T}}$，$2\boldsymbol{A}-\boldsymbol{B}^{\mathrm{T}}$.

4. 设 $\boldsymbol{A}=\begin{pmatrix}-1&0&1\\2&1&0\\-1&2&2\end{pmatrix}$，$\boldsymbol{B}=\begin{pmatrix}1&-2\\-2&3\\2&0\end{pmatrix}$，求 $\boldsymbol{AB}$，$(\boldsymbol{AB})^{\mathrm{T}}$，$\boldsymbol{B}^{\mathrm{T}}\boldsymbol{A}$.

5. 求下列矩阵的秩.

(1)$\boldsymbol{A}=\begin{pmatrix}1&3&1&1&1\\3&9&-1&-4&4\\1&3&5&8&0\end{pmatrix}$.　　(2)$\boldsymbol{A}=\begin{pmatrix}1&2&-1&2&0\\2&1&0&3&2\\-1&-2&1&-3&3\\3&-3&3&4&3\end{pmatrix}$.

6. 设方阵 $\boldsymbol{A}=\begin{pmatrix}2&0&7\\1&2&0\\-1&-1&-2\end{pmatrix}$，判断是否可逆，如果可逆求 $\boldsymbol{A}^{-1}$.

7. 已知矩阵 $\boldsymbol{X}$ 满足关系式 $\boldsymbol{AX}+\boldsymbol{E}=\boldsymbol{A}^2+\boldsymbol{X}$，其中 $\boldsymbol{A}=\begin{pmatrix}1&0&1\\0&2&0\\1&0&1\end{pmatrix}$，求矩阵 $\boldsymbol{X}$.

8. 矩阵 $\boldsymbol{A}=\begin{pmatrix}4&7&1&10\\1&2&0&3\\0&1&-1&b\\2&3&a&4\end{pmatrix}$，当 a，b 取何值时，矩阵 $\boldsymbol{A}$ 满秩；$r(\boldsymbol{A})=3$；$r(\boldsymbol{A})=2$.

9. 解矩阵方程 $\begin{pmatrix}1&2&3\\2&1&2\\1&3&4\end{pmatrix}\boldsymbol{X}=\begin{pmatrix}1\\0\\2\end{pmatrix}$.

10. 求解下列线性方程组.

(1)$\begin{cases}x_1+6x_2-4x_3-x_4=4\\2x_1+x_3+5x_4=-3\\3x_1-2x_2+3x_3+6x_4=-1\\3x_1+2x_2+5x_4=0\end{cases}$.　　(2)$\begin{cases}x_1+x_2+2x_3=1\\-x_1-x_2+x_3=0\\x_1-x_2+x_3=-1\end{cases}$.

(3)$\begin{cases}x_1+2x_2-3x_3+2x_4=0\\2x_1+x_2+3x_4=3\\-x_1-2x_2+x_3-3x_4=-3\\3x_1-2x_2+3x_3+4x_4=3\end{cases}$.　　(4)$\begin{cases}-x_1+2x_2-2x_3+3x_4=-1\\-2x_1+3x_2+2x_3-x_4=4\\-x_1+x_2-x_3+x_4=0\end{cases}$.

(5)$\begin{cases}x_1+x_2-x_3=0\\2x_1-x_2-3x_4=0\\x_1+2x_2+x_3-x_4=0\\4x_1+2x_2-4x_4=0\end{cases}$.　　(6)$\begin{cases}-x_1-2x_2+x_3+4x_4=0\\2x_1+3x_2-4x_3-5x_4=0\\x_1-4x_2-13x_3+14x_4=0\\x_1-x_2-7x_3+5x_4=0\end{cases}$.

单元5参考答案

单元任务评价表

组别：		模型名称：		成员姓名及个人评价			
项目	A级	B级	C级				
课堂表现情况 20分	上课认真听讲，积极举手发言，积极参与讨论与交流	偶尔举手发言，有参与讨论与交流	很少举手，极少参与讨论与交流				
模型完成情况 20分	观点明确，模型结构完整，内容无理论性错误，条理清晰，大胆尝试并表达自己的想法	模型结构基本完整，内容无理论性错误，有提出自己的不同看法，并做出尝试	观点不明确，模型无法完成，不敢尝试和表达自己的想法				
合作学习情况 20分	善于与人合作，虚心听取别人的意见	能与人合作，能接受别人的意见	缺乏与人合作的精神，难以听进别人的意见				
个人贡献情况 20分	能鼓励其他成员参与协作，能有条理地表达自己的意见，且意见对任务完成有重要帮助	能主动参与协作，能表达自己的意见，且意见对任务完成有帮助	需要他人督促参与协作，基本不能准确表达自己的意见，且意见对任务基本没有帮助				
模型创新情况 20分	具有创造性思维，能用不同的方法解决问题，独立思考	能用老师提供的方法解决问题，有一定的思考能力和创造性	思考能力差，缺乏创造性，不能独立地解决问题				
教师评价							
小组自评评语：							

单元 6

概率初步

知识目标

• 了解随机事件概念、掌握事件之间的关系与运算.

• 会求简单的随机事件的概率和随机变量及其分布.

• 能够识别正态分布在一些简单问题中的使用范围.

能力目标

• 能够把一些简单问题转化为古典概型并加以解决.

• 会用随机变量的数学期望与方差分析实际生活中的相关案例.

素质目标

• 随机事件与概率中，利用事件表示疫情防控期间支援疫区工作人员的性质，利用概率计算社区疫苗接种率，提高重大疫情早发现能力，加强重大疫情防控救治体系和应急能力建设.

• 以概率计算角度解析珍惜生活中的每一个细节，他人托付的事情应尽力办好，才能使他人对自己的信任度越来越高. 以概率视角分析“三人成虎”问题，由此学会独立思考，不盲从，不人云亦云，保持头脑清醒、明辨是非. 用伯努利概型分析谚语“常在河边走，哪有不湿鞋”，因此，要防微杜渐，牢记“千里之堤，溃于蚁穴”.

• 通过二项分布认识水滴石穿的力量，领悟坚持不懈的重要性，我国农民科学家吴吉昌通过不懈的努力培育出棉花新品种，也是持之以恒的力量. 阅读“邂逅正态分布的发现历程”，体会不同数学思维、数学文化，近距离接触数学大家的思想、智慧，以更广阔的视野去认识数学的博大精深，提高数学素养.

• 通过严谨的概率知识与相关计算，逐步养成用科学依据做决策的习惯.

课前准备

做好预习，搜集本单元相关资料.

课堂学习任务

单元任务六

(一)规则对谁更有利

在国外狂欢节俱乐部里，有一种称为“命运”的博弈游戏十分流行，即：下注者将赌注押在 1 至 6 的某一个数上，然后掷三颗骰子，约定若下注者所押的数在色子上出现 i 次，则下注者赢 i 元($i=1$,

2,3)；若他押的数一次都没有出现，则输 l 元.

1. 请问三颗骰子一起掷和分别掷对结果有影响吗？

2. 请问这种游戏规则对谁更有利？

3. 若将三颗骰子改为硬币，然后掷三枚硬币，约定若下注者所押的硬币正面朝上出现 i 次，则下注者赢 i 元$(i=1,2,3)$；若一次都没有正面朝上，则输 l 元. 请问这种规则对谁更有利？

(二)聘用鉴酒师

一个人自称能以 90% 的准确性辨别两种不同的酒，为了检验他的辨酒能力并决定是否录用，公司对这个人进行了下面的测试. 让他品尝两种酒 9 次，每次品尝间隔 3 分钟，并给出辨别的结果. 若这个人在 9 次辨别中至少 6 次正确，则录用他.

这里存在的主要问题是：

1. 上述方法是否能使公司不受应聘者的蒙骗；

2. 如果他果真是品尝行家，是否一定能被录用？

在自然界与经济领域内有两类现象：一类是条件完全决定结果的现象，称为确定性现象，如当边长为 2 m 时，正方形的面积一定等于 4 m^2；树上苹果成熟后，在地心引力作用下一定下落；在标准大气压下，水被加热到 100 ℃时一定沸腾；等等. 另一类是条件不能完全决定结果的现象，称为非确定性现象，或随机现象，如掷一枚均匀硬币，可能出现正面，也可能不出现正面；从一批产品中任取 1 件产品，可能是次品，也可能不是次品；某柜台上有 4 位售货员，只准备了两台台秤，台秤可能够用，也可能不够用；从一本书中任取 1 页，其印刷错误可能是 3 个，也可能不是 3 个；等等. 即在同样的条件下进行一系列重复试验或观测，每次出现的结果并不完全相同，而且在每次试验或观测前无法预料确切的结果，其结果呈现出不确定性.

6.1 随机事件与概率

6.1.1 随机事件与概率概述

人们经过长期实践并深入研究后，发现随机现象虽然就每次试验或观察结果来说，具有不确定性，但在大量重复试验或观察下它的结果却呈现出某种规律性. 例如，多次抛掷一枚均匀的硬币得到正面向上的次数大约是总抛掷次数的半数；多次投掷一颗匀称的骰子，出现 3 点的次数大约是总投掷次数的 1/6；等等. 这种在大量重复试验或观测下，其结果所呈现出的固有规律性，我们叫作随机现象的**统计规律性**.

1. 随机试验与随机事件

定义 1 为了研究随机现象的统计规律性而进行的各种试验或观察统称为**随机试验**，简称**试验**，通常用字母 E 表示，例如：

E_1：抛掷一枚均匀的硬币，观察它正、反面出现的情况；

E_2：对某一目标进行连续射击，直到击中目标为止，记录射击次数；

E_3：某车站每隔 5 分钟有一辆汽车到站，乘客对汽车到站的时间不知道，观察乘客候车时间.

这些试验都具有如下三个特点：

(1)在相同条件下可以重复进行；

(2)有多种可能性结果，但是试验前不能确定会出现哪种结果；

(3)事先知道试验可能出现的所有结果.

随机事件

定义 2 在一次试验中可能发生也可能不发生的事件，称为**随机事件**，简称事件. 通常用英文大写字母 $A, B, C, \cdots$ 表示. 在随机事件中, 不能再分的事件称为**基本事件或样本点**.

随机事件的特点：

(1)在一次试验中是否发生是不确定的, 即随机性;

(2)在相同条件下重复试验时, 发生可能性的大小是确定的, 即统计规律性.

定义 3 由全体基本事件组成的集合称为**样本空间**, 通常用 U 表示.

例如上述试验 E_1 的样本空间由两个样本点组成, 即 $U=\{$正面, 反面$\}$; 试验 E_2 的样本空间由可数个样本点组成, 即 $U=\{1,2,3,\cdots\}$; 而试验 E_3 的样本空间为 $U=[0,5]$.

·注意· (1)由于 U 包含了全部样本点, 故试验结果一定出现在 U 中, 因此说 U 是**必然事件**;

(2)在一定的条件下, 必定不会发生的事件称为**不可能事件**, 记为 $\varnothing$.

例 1 设试验 E 为抛掷一颗骰子, 观察其出现的点数.

解 在这个试验中, 记 $A_n=\{$出现点数 $n\}$, $n=1,2,3,4,5,6$. 显然, $A_1, A_2, A_3, A_4, A_5, A_6$ 都是基本事件. 如果记 $B=\{$出现被 3 整除的点数$\}=\{3,6\}$, $C=\{$出现偶数点$\}=\{2,4,6\}$, 则 B, C 是随机事件. 如果记 $\{$出现小于 7 的点数$\}=U$, 则它是必然事件; 如果记 $\{$出现大于 7 的点数$\}=\varnothing$, 则它是不可能事件.

【练习 1】 根据上述试验, 写出以下样本空间.

解 $D=\{$出现奇数点$\}=\{\quad,\quad,\quad\}$;

$E=\{$出现小于 5 的点数$\}=\{\quad,\quad,\quad,4\}$.

例 2 在 10 件同一种产品中有 8 件正品, 2 件次品, 现任意抽取 3 件, 记录抽取结果.

解 在这个试验中, 记 $A=\{$3 件都是正品$\}$, 记 $B=\{$至少有 1 件是次品$\}$, 则它们都是随机事件; 而$\{$3 件都是次品$\}=\varnothing$ 是不可能事件; $\{$至少 1 件是正品$\}=U$ 是必然事件.

【练习 2】 盒子中有红、白、黄 3 个球, 现随机取出 2 个, 记录取出的结果.

解 在这个试验中, 如果不考虑取出的顺序, 则可能的结果是下列 3 种情况之一:

$\{\quad,\quad\}, \{\quad,\quad\}, \{\quad,\quad\}$.

如果考虑取出的顺序, 则结果可能是下列 6 种情况之一:

$\{\quad,\quad\}, \{\quad,\quad\}, \{\quad,\quad\}, \{\quad,\quad\}, \{\quad,\quad\}, \{\quad,\quad\}$.

2. 随机事件之间的关系及其运算

(1)事件的包含与相等

设事件 $A=\{$点落在小圆内$\}$, 事件 $B=\{$点落在大圆内$\}$, 如图 6-1 所示.

显然, 若所投掷的点落在小圆内, 则该点必落在大圆内, 也就是说, 若 A 发生, 则 B 一定发生.

如果事件 A 发生, 必然导致事件 B 发生, 则说 B 包含 A, 或者说 A 包含于 B, 记作 $A \subset B$.

如果 $A \subset B$ 和 $B \subset A$ 同时成立, 则称事件 A 与 B 相等, 记作 $A=B$.

【练习 3】 一批产品中有合格品与不合格品, 合格品中有一、二、三等品, 从中随机抽取一件, 是合格品记作 A, 是一等品记作 B, 显然 B 发生时 A 一定发生, 因此 $A(\quad)B$.

(2)事件的和(并)

设事件 $A=\{$点落在小圆内$\}$, 事件 $B=\{$点落在大圆内$\}$, 大圆和小圆的位置关系如图 6-2 所示. 考虑事件$\{$点落在阴影部分内$\}$. 显然, 只要点落在小圆或大圆之内, 点就落在阴影部分内. 两个事件 A 与 B 至少有一个发生的事件, 称为**事件 A 与 B 的和或并**, 记作 $A+B$ 或 $A \cup B$.

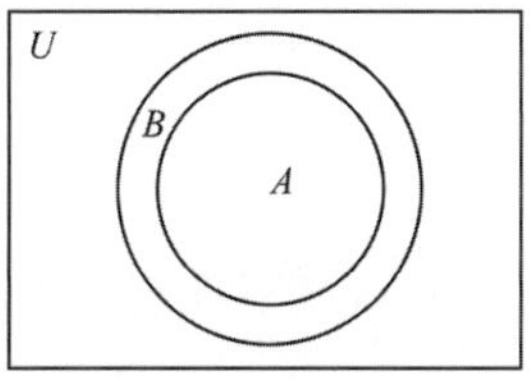

图 6-1 事件的包含

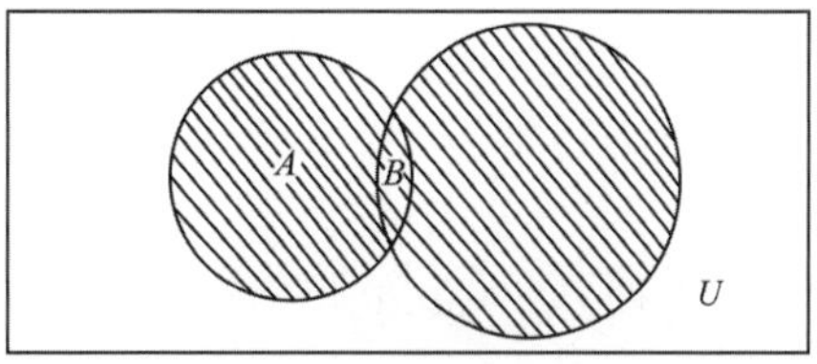

图 6-2 事件的和

例 3 在 10 件产品中, 有 8 件正品, 2 件次品, 从中任意取 2 件, 记 $A_1=\{$恰有 1 件次品$\}$,

A_2={恰有2件次品},B={至少有1件次品},则{至少有1件次品}的含义就是所取出的2件产品中,或者是{恰有1件次品},或者是{恰有2件次品},两者必有其一发生,因此$B=A_1+A_2$.

·注意· (1)根据事件的和的定义可知,$A+U=U$,$A+\varnothing=A$.

(2)事件的和的运算可以推广到多个事件的情况.我们用$A_1+A_2+\cdots+A_n=\sum_{i=1}^{n}A_i$表示$A_1$,$A_2$,…,$A_n$中至少有一个事件发生.

(3)事件的积

设事件A={点落在小圆内},事件B={点落在大圆内},大圆和小圆的位置关系如图6-3所示.考虑事件{点落在两圆的公共部分内}.显然,若有点落在小圆内而且点也落在大圆内,才有点落在两圆公共部分内.

两个事件A与B同时发生,称为**事件A与B的积**,记作AB或$A\cap B$.

例4 设事件A={甲厂生产的产品},B={合格品},C={甲厂生产的合格品},则$C=AB$.

·注意· (1)根据事件的积的定义可知,对任一事件A,有$AU=A$,$A\varnothing=\varnothing$.

(2)事件的积的运算可以推广到多个事件的情况.即用$A_1A_2\cdots A_n=\prod_{i=1}^{n}A_i$表示$A_1$,$A_2$,…,$A_n$同时发生的事件.

(4)事件的差

设事件A={点落在小圆内},事件B={点落在大圆内},考虑事件{点落在阴影部分内},如图6-4所示.显然,只有点落在小圆内而且点不落在大圆内,才有点落在阴影部分内.

事件A发生而事件B不发生,这一事件称为**事件A与B的差**,记作$A-B$.

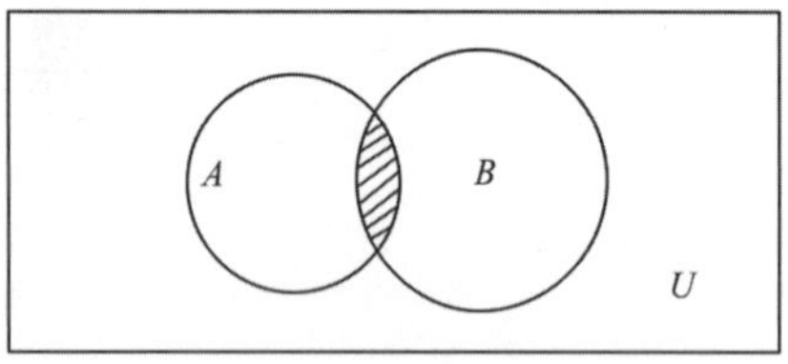

图6-3 事件的积

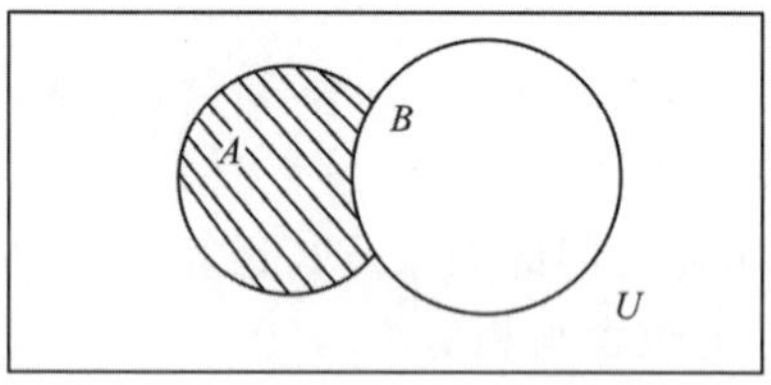

图6-4 事件的差

例5 已知条件同例4,设事件D={甲厂生产的次品},则D就是A={甲厂生产的产品},B={合格品}这两个事件的差,即$D=A-B$.

(5)互不相容事件

设事件A={点落在小圆内},事件B={点落在大圆内},如图6-5所示.显然,点不能同时落在两个圆内.事件A与B不能同时发生,即$AB=\varnothing$,称**事件A与B互不相容**,或者称A与B是互斥的.如果对任意的$i\neq j(i,j=1,2,\cdots,n)$都有$A_iA_j=\varnothing$,则称$n$个事件$A_1$,$A_2$,…,$A_n$两两互不相容.显然,同一试验中的各个基本事件是两两互不相容的.

例6 观察某电话台5分钟内被呼叫的次数,记A={5分钟内被呼叫10次},B={5分钟内被呼叫18次}.因为在确定的时间内,呼叫次数是唯一的,即当5分钟内被呼叫10次,就不可能是18次.同理,事件B出现,A就不可能出现.所以事件A,B是互不相容的,即$AB=\varnothing$.

(6)对立事件

如图6-6所示,设事件A={点落在圆内},考虑事件{点落在圆外},该事件与事件A不能同时发生,而两者又必发生其一.

事件A不发生,而事件"非A"发生,则称事件非A为事件A的**对立事件**,或称事件A的逆事件,记作$\overline{A}$.

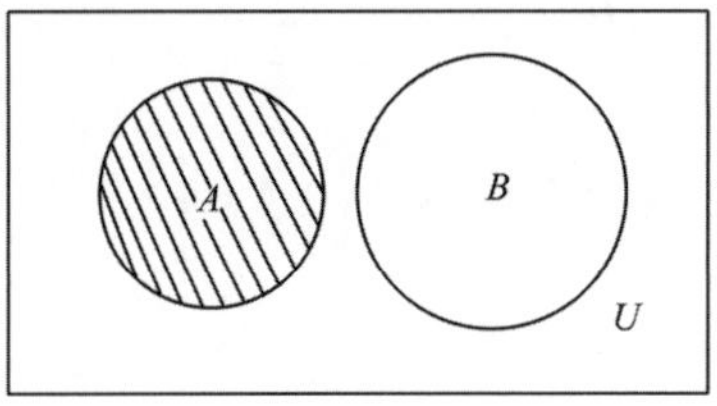

图 6-5　互不相容事件

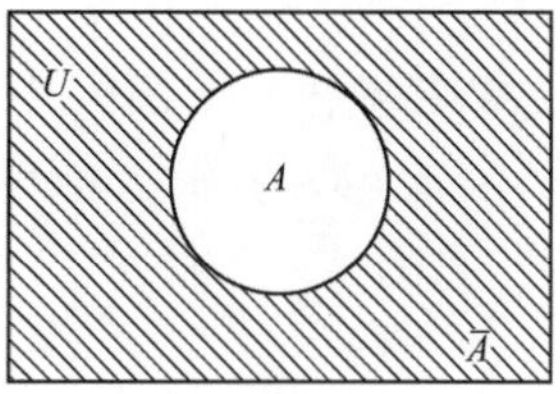

图 6-6　对立事件

·注意· 对立事件与互不相容事件是不同的两个概念，对立事件一定是互不相容事件，但互不相容事件不一定是对立事件.

·思考· 设 $A=\{$明天是晴天$\}$，那么 $\overline{A}$ 是什么？

(7)完备事件组

若 n 个事件 $A_1,A_2,\cdots,A_n$ 两两互不相容，并且它们的和是必然事件，则称事件 $A_1,A_2,\cdots,A_n$ 构成一个**完备事件组**，简称**完备组**. 它的实际意义是在每次试验中必然发生且仅能发生 $A_1,A_2,\cdots,A_n$ 中的一个事件. 在完备事件组中当 $n=2$ 时，构成一个完备事件组的两个事件 A_1 与 A_2 就是对立事件.

例 7 在 10 件产品中，有 8 件正品，2 件次品，从中任取 2 件. 令 $A=\{$恰有 2 件次品$\}$，$B=\{$至多有 1 件次品$\}$，则 $B=\overline{A}$.

【练习 4】 投掷一颗骰子，观察其出现的点数. 设 $A=\{$出现奇数点$\}$，$B=\{$出现小于 5 的点数$\}$，$C=\{$出现小于 5 的偶数点$\}$. 写出试验的样本空间 U 及事件 $A+B,A-B,AB,AC,\overline{C},A+\overline{C},\overline{AB}$.

解 样本空间 $U=\{1,2,3,4,5,6\}$，且 $A=\{1,3,5\}$，$B=\{1,2,3,4\}$，$C=\{2,4\}$，于是

$A+B=\{$　　　　　　　　　　$\}$；

$A-B=\{$　　　　　　　　　　$\}$；

$AB=\{$　　　　　　　　　　$\}$；

$AC=\{$　　　　　　　　　　$\}$；

$\overline{C}=\{$　　　　　　　　　　$\}$；

$A+\overline{C}=\{$　　　　　　　　　　$\}$；

$\overline{AB}=\{$　　　　　　　　　　$\}$.

【练习 5】 2021 年新冠肺炎疫情防控期间，不少医生、护士主动报名支援疫情严重地区. 某医院派出医务人员支援疫区，设事件 $A=\{$支援疫区的党员医务人员$\}$，$B=\{$支援疫区的女性医务人员$\}$，$C=\{$支援疫区的 30 岁以下医务人员$\}$. 那么事件 ABC 表示什么含义？事件 $AB-C$ 表示什么含义？何时 B 包含于 A 成立？

3. 事件运算的性质

在计算事件的概率时，经常需要利用事件间的关系和运算的性质简化计算. 为了方便阅读和应用，将常用的性质归纳如下：

设 A,B,C 为三个事件，则

(1)包含关系

$$\varnothing\subset A\subset U,A+B\supset A,A\supset A-B,A\supset AB.$$

(2)和运算

$$A+\varnothing=A,A+U=U,A+\overline{A}=U,A+A=A,$$
$$A+B=B+A,A+(B+C)=(A+B)+C.$$

(3)积运算

$$AA=A,A\overline{A}=\varnothing,A\varnothing=\varnothing,AU=A,$$

$$AB=BA, A(BC)=(AB)C.$$

(4)和与积运算的分配律

$$(A+B)C=AC+BC, A+BC=(A+B)(A+C).$$

(5)和、积与逆运算的德·摩根律

$$\overline{A+B}=\overline{A}\,\overline{B}, \overline{AB}=\overline{A}+\overline{B},$$

$$\overline{A+B+C}=\overline{A}+\overline{B}+\overline{C}.$$

(6)逆运算与互不相容

$$\overline{\overline{A}}=A, \overline{U}=\varnothing, \overline{\varnothing}=U,$$

$$A+B=(A-B)+(B-A)+AB,$$

且 $A-B, B-A, AB$ 两两互不相容,

$$A+B=A\overline{B}+AB+\overline{A}B,$$

且 $A\overline{B}, AB, \overline{A}B$ 两两互不相容.

$$A+B=(A-B)+B=(B-A)+A,$$

且 $A-B$ 与 B 互不相容, $B-A$ 与 A 互不相容.

下面举一个例子验证 $\overline{AB}=\overline{A}+\overline{B}$.

例 8 以直径和长度作为衡量一种零件是否合格的指标,规定两项指标中有一项不合格,则认为此零件不合格. 设 $A=\{$零件直径合格$\}$, $B=\{$零件长度合格$\}$, $C=\{$零件合格$\}$,则

$$\overline{A}=\{\text{零件直径不合格}\}, \overline{B}=\{\text{零件长度不合格}\}, \overline{C}=\{\text{零件不合格}\},$$

于是有结论 $C=AB, \overline{C}=\overline{A}+\overline{B}$,即 $\overline{AB}=\overline{A}+\overline{B}$.

6.1.2 随机事件的概率及古典概型

一个随机试验有许多可能结果,我们常常希望知道某些结果出现的可能性有多大. 例如,在保险业务中,按照一定标准,保险公司将一个人的安全情况分为平安、轻度意外伤害、严重意外伤害,以及意外事故死亡等结果. 由于对一个人而言,这些情况事先无法知道,它们都是随机事件. 在制定保额和赔付金时需要研究各种情况发生的可能性的大小. 我们希望将一个随机事件发生的可能性的大小用一个数来表达.

1. 概率的统计定义

在相同的条件下重复 n 次试验,事件 A 在 n 次试验中发生的次数 m 称为事件 A 发生的频数,比值 $\frac{m}{n}$ 称为事件 A 发生的频率,记为 $f_n(A)$,即 $f_n(A)=\frac{m}{n}$.

显然,任何随机事件的频率都是介于 0 与 1 之间的一个数,即 $0 \leqslant f_n(A) \leqslant 1$.

大量的随机试验的结果表明,当试验次数 n 很大时,某一随机事件 A 发生的频率 $f_n(A)$ 具有一定的稳定性,并且随着试验次数的增大,其数值将会在某个确定的数值附近摆动. 这是随机现象统计规律的典型表现. 因此,这个频率的稳定值可以描述这一随机事件发生的可能性的大小.

定义 4 在相同的条件下重复 n 次试验,如果事件 A 发生的频率 $f_n(A)$ 在某个常数 p 附近摆动,而且随着试验次数 n 的增大,摆动的幅度减小,则称常数 p 为事件 A 的**概率**,记作 $P(A)=p$.

·思考· 频率就是概率吗?

表 6-1 给出了"投掷硬币"试验的几个著名的记录. 从表 6-1 可以看出,不论是什么人投掷,当试验次数逐渐增多时,"正面向上"的频率越来越明显地稳定并接近于 0.5. 这个数值反映了"出现正面"的可能性的大小. 因此我们用 0.5 作为投掷硬币"出现正面"的概率.

表 6-1 “投掷硬币”试验的几个著名的记录

试验者	投掷次数	出现“正面向上”的频数 m	频率 $f_n(A)$
德·摩根	2 048	1 061	0.518 1
蒲丰	4 040	2 048	0.506 9
皮尔逊	12 000	6 019	0.501 6
皮尔逊	24 000	12 012	0.500 5
维尼	30 000	14 994	0.499 8

由概率的统计定义可知，概率具有如下性质：

性质 1 对任一随机事件 A，有 $0\leqslant P(A)\leqslant 1$.

这是因为随机事件 A 的频率 $f_n(A)$ 总有 $0\leqslant f_n(A)\leqslant 1$，故相应的概率 $p=P(A)$ 也有 $0\leqslant P(A)\leqslant 1$.

性质 2 $P(U)=1, P(\varnothing)=0$.

这是因为对于必然事件 U 和不可能事件 $\varnothing$ 频率分别为 1 和 0，所以相应的概率也分别为 1 和 0.

性质 3 对于有限个或可数个随机事件 $A_1, A_2, \cdots, A_n\cdots$，若它们两两互不相容，则

$$P\left(\sum_k A_k\right)=\sum_k P(A_k)$$

这条性质称为概率的完全可加性.

由此，若随机事件 A, B 满足 $A\subset B$，则 $P(A)\leqslant P(B)$. 这是因为 $B=A+\overline{A}B$，$P(B)=P(A)+P(\overline{A}B)\geqslant P(A)$.

概率的统计定义实际上给出了一个近似计算随机事件概率的方法；当试验重复多次时，随机事件 A 的频率 $f_n(A)$ 可以作为随机事件 A 的概率 $P(A)$ 的近似值.

例 9 表 6-2 和表 6-3 是甲、乙两人在相同条件下重复投篮的次数与投中的次数.

表 6-2 甲投篮情况的统计

投篮次数 n	15	20	25	30	35	40	50	60
投中次数 m	10	13	16	20	23	26	33	40
频率 m/n	0.667	0.650	0.640	0.667	0.657	0.650	0.660	0.667

表 6-3 乙投篮情况的统计

投篮次数 n	20	30	35	40	45	50
投中次数 m	15	22	26	31	33	38
频率 m/n	0.750	0.733	0.743	0.775	0.733	0.760

可以看出，虽然不能确切地预测球员每一次是否能够投中，但是可以近似地得到甲、乙两人的投篮命中率 $P_{甲}\approx 0.657$，$P_{乙}\approx 0.749$，从命中率可看出乙的投篮水平比甲的高.

2. 古典概型

某些特殊类型的概率问题，并不需要进行大量的重复试验，而只需要根据问题本身所具备的特性，通过具体的分析，就可直接计算出来.

观察“投掷硬币”“投掷骰子”等试验，发现它们具有下列共同特点：

(1)试验结果的个数是有限的，即基本事件的个数是**有限**的；

(2)每个试验结果出现的可能性相同，即每个基本事件发生的可能性是**相同**的；

(3)在任一试验中，只能出现一个结果，也就是有限个基本事件是**两两互不相容**的，如“投掷硬币”试验中出现“正面向上”和“反面向上”是互不相容的.

满足上述条件的试验模型称为古典概型.

定义 5 若试验结果中基本事件的总数是 n，事件 A 包含的基本事件的个数是 m，则事件 A 的概率为

$$P(A)=\frac{m}{n}=\frac{\text{事件}A\text{包含的基本事件的个数}}{\text{基本事件的总数}}$$

上述定义被称为概率的**古典定义**.

·注意· 古典概型是等可能概型.实际应用问题中古典概型的例子很多,例如投掷硬币、摸球、产品质量检验等试验,都属于古典概型.

例10 设盒中有8个球,其中红球3个,白球5个.

(1)若从中随机取出1个球,记$A=\{$取出的是红球$\}$,$B=\{$取出的是白球$\}$,求$P(A)$,$P(B)$;

(2)若从中随机取出2个球,设$C=\{$2个都是白球$\}$,$D=\{$1个红球1个白球$\}$,求$P(C)$,$P(D)$;

(3)若从中随机取出5个球,设$E=\{$取到的5个球中恰有2个白球$\}$,求$P(E)$.

解 (1)从8个球中任取1个球,取出方式有C_8^1种,每一种抽取结果就是一个基本事件,于是基本事件的总数为C_8^1.而事件A,B包含的基本事件的个数分别为C_3^1和C_5^1.故

$$P(A)=\frac{C_3^1}{C_8^1}=\frac{3}{8},P(B)=\frac{C_5^1}{C_8^1}=\frac{5}{8}.$$

(2)从8个球中随机取出2个球,取出方式有C_8^2种,即基本事件的总数为C_8^2,取出2个白球的方式有C_5^2种,故

$$P(C)=\frac{C_5^2}{C_8^2}=\frac{5\times4}{2\times1}\cdot\frac{2\times1}{8\times7}=\frac{5}{14}.$$

取出1个红球1个白球的方式有$C_3^1C_5^1$种,故

$$P(D)=\frac{C_3^1C_5^1}{C_8^2}=\frac{3\times5\times2\times1}{8\times7}=\frac{15}{28}.$$

(3)从8个球中任取5个球,基本事件的总数为C_8^5种,取到的5个球中恰有2个白球的基本事件的个数为$C_3^3C_5^2$,因此

$$P(E)=\frac{C_3^3C_5^2}{C_8^5}=\frac{1\times5\times4}{2\times1}\cdot\frac{5\times4\times3\times2\times1}{8\times7\times6\times5\times4}=\frac{5}{28}.$$

【练习6】 一批产品共有50件,其中有2件次品.求:

(1)这批产品的次品率(任取1个产品为次品的概率);

(2)从中任取2件,恰有1件次品的概率;

(3)从中任取2件均为合格品的概率.

解 (1)设A表示“任取1件为次品”.则基本事件总数$n=C_{50}^1$,事件A所包含的基本事件数为$m=(\quad)$,故

$$P(A)=\frac{m}{n}=\frac{(\quad)}{C_{50}^1}=0.04.$$

(2)设B表示“任取2件中恰有1件次品”,则基本事件总数$n=C_{50}^2$,事件B所包含的基本事件数为$m=C_2^1C_{48}^1$,故

$$P(B)=\frac{m}{n}=\frac{(\quad)}{(\quad)}\approx(\quad).$$

(3)设C表示“任取2件均为合格品”,则基本事件总数$n=C_{50}^2$,事件C所包含的基本事件数为$m=C_{48}^2$,故

$$P(C)=\frac{m}{n}=\frac{(\quad)}{(\quad)}\approx(\quad).$$

6.1.3 排列与组合

排列与组合都是计数问题.计算古典概率时,经常要用到它们,下面对有关概念做一些简单的

介绍.

1. 加法法则

做一件事,完成它可以有 n 类办法,其中任何一类办法都可以完成这件事.在第一类办法中,有 m_1 种方法;在第二类办法中,有 m_2 种方法;…;在第 n 类办法中,有 m_n 种方法,则完成这件事共有 $m_1+m_2+\cdots+m_n$ 种不同的方法.

例 11 假设某人要从甲地到乙地旅游,有三种交通工具可选择:轮船、高铁、飞机,如果一天内,轮船有 3 班,高铁有 5 班,飞机有 4 班,则从甲地到乙地一天中共有多少种走法?

解 从甲地到乙地一天中共有 $3+4+5=12$ 种走法.

2. 乘法法则

如果完成一件事,需分 n 个不同步骤,其中做第一步有 m_1 种方法;做第二步有 m_2 种方法;…;做第 n 步有 m_n 种方法.则完成这件事共有 $m_1\times m_2\times\cdots\times m_n$ 种不同的方法.

例 12 在某个学校学生会的主要成员选举中,有 2 位主席候选人,6 位副主席候选人,4 位秘书长候选人,问该学生会主要成员构成可能有多少种?

解 首先需要判断这是属于加法原则还是乘法原则,学生会主要成员构成需要三个职位:主席、副主席和秘书长,每个职位需要一个成员,完成这件事,需要三个步骤.

根据乘法法则,最后共有 $2\times6\times4=48$ 种组合方式.

3. 排列

定义 6 从 n 个不同的元素中,任取 $m(m\leqslant n)$ 个排成一列,叫作从 n 个元素中取 m 个元素的一个排列.所有排列的个数,称为排列数,用 P_n^m 表示.

$$\mathrm{P}_n^m=\frac{n!}{(n-m)!}$$

其中 $n!=n\times(n-1)\times\cdots\times2\times1$(读作 n 的阶乘).

说明:从 n 个不同的元素中,任取 $m(m\leqslant n)$ 个元素,作出的排列(显然这个排列里有 m 个元素),实际上是由这样 m 个步骤完成的:

首先是从 n 个不同的元素中,任取 1 个元素(有 n 种取法),放在排列的第一位;

然后再从剩余的 $n-1$ 个元素中,任取 1 个元素(有 $n-1$ 种取法),放在排列的第二位;

…

依次下去,到 m 步时,还剩余 $n-(m-1)$ 个元素,从中任取 1 个元素(有 $n-m+1$ 种取法),放在排列的第 m 位.

根据乘法原理可知:从 n 个不同的元素中,任取 $m(m\leqslant n)$ 个元素,作出的排列共有

$$\mathrm{P}_n^m=n(n-1)(n-2)\cdots(n-m+1)$$

种.因为

$$n!=n\times(n-1)\times\cdots\times2\times1=n(n-1)\cdots(n-m+1)(n-m)!$$

所以

$$\mathrm{P}_n^m=\frac{n!}{(n-m)!}.$$

规定 $0!=1$.

当 $m=n$ 时,P_n^m 记为 P_n,$\mathrm{P}_n=n!$,这种排列叫作全排列.

例 13 从某班 9 人中选择班长、副班长、学习委员各一人,问有多少种不同的选法?

解 必须经过三个步骤:第一步是确定班长,有 9 种选择;第二步是确定副班长,只能从剩下的 8 人中选择;第三步是确定学习委员,见表 6-4.根据乘法原理,有不同的选法 $9\times8\times7=504$ 种.即

$$\mathrm{P}_9^3=9\times8\times7=504.$$

表 6-4　　选择情况

班长	副班长	学习委员
9	8	7

例 14　T17、18 特快共有哈、长、沈、京四站，铁路局需要为这列车印制多少种不同的特快车票？

解　"沈⟶京"与"京⟶沈"是不同的排列，故起点有 4 种选择，终点有 3 种选择，所以需要 $4\times3=12$ 种. 即

$$P_4^2=4\times3=12.$$

4. 组合

定义 7　从 n 个不同的元素中，任取 $m(m\leqslant n)$ 个元素不考虑顺序算作一组，叫作从 n 个元素中取 m 个元素的一个组合. 所有组合的个数，称为组合数，用 C_n^m 表示.

$$C_n^m=\frac{P_n^m}{P_m^m}$$

$$C_n^m=\frac{n(n-1)(n-2)\cdots(n-m+1)}{m(m-1)(m-2)\cdots3\times2\times1}$$

说明：考虑从 n 个不同的元素中，任取 $m(m\leqslant n)$ 个元素，其组合数为 C_n^m，这 m 个元素再进行全排列，排列数为 $P_m=m!$，因此 $C_n^m P_m$ 实际上就是排列数 P_n^m，即有

$$C_n^m P_m=P_n^m$$

于是得到上面的组合数计算公式.

组合数有两条重要的性质：

(1)$C_n^m=C_n^{n-m}$；

(2)$C_n^m+C_n^{m-1}=C_{n+1}^m$.

例 15　从某班 9 人中选 3 人补充系学生会，问有多少种不同的选法？

解　不考虑顺序，是组合问题.

所以有 $C_9^3=\dfrac{9\times8\times7}{3\times2\times1}=84$ 种不同的选法.

例 16　从 1,3,5,7,9 中任取 3 个数字，从 2,4,6,8 中任取 2 个数字，共同组成无重复数字的五位数. 问可以组成多少个数？

解　(1)从奇数中任取 3 个数字，C_5^3；

(2)从奇数中任取 2 个数字，C_4^2；

(3)加以排列组成五位数，P_5^5.

所以由乘法定理可以组成 $C_5^3C_4^2P_5^5=7\ 200$ 个五位数.

5. 可重复排列

定义 8　从 n 个不同的元素中，任取 m 个排成一列(允许相同元素出现)，叫作可重复排列. 所有排列的个数，可重复排列数 $N=n^m$.

例 17　甲、乙、丙、丁 4 人参加 3 个课外小组，共有多少种分法？

解　对甲的分法有 3 种，…，对丁的分法有 3 种，

所以共有 $N=3^4$ 种分法.

例 18　6 名学生站成一排，其中，甲不站排头，也不站排尾. 共有多少种站法？

解　总站法有 P_6^6 种，甲站排头的站法有 P_5^5，甲站排尾的站法有 P_5^5，所以共有 $P_6^6-P_5^5-P_5^5=6!-5!-5!=480$ 种站法.

同步训练 6-1

1. 判断题

(1)对立事件一定是互不相容事件. (　　)

(2)若 A 与 B 互不相容,则 $P(A\cup\overline{B})=P(A)+P(\overline{B})$. (　　)

(3)设 A,B,C 是三个随机事件.若 $A\cap B\cap C=\varnothing$,则 A,B,C 互不相容. (　　)

(4)若事件 A,B,C 满足 $A\cap B\cap C=C$,则 $A\cup B\supset C$. (　　)

2. 填空题

(1)如果事件 A,B 在同一试验中,有 $A\cap B=\varnothing$ 成立,则 A 与 B 是________.如果事件 A,B 满足 $A\cap B=\varnothing$,且 $A\cup B=U$,则 A 与 B 是________.

(2)设甲、乙、丙三人完成月销售任务的事件分别为 A,B,C,则某月三人都未完成月销售任务的事件可表示为________,三人中恰有一人完成月销售任务的事件可表示为________.

(3)兄、弟、姐、妹四人排成一排照相,姐、妹站在一起的概率是________,弟弟站在左边的概率是________.

(4)科学兴趣小组 40 名同学去采集标本,采集到昆虫标本的有 24 人,采集到植物标本的有 20 人,两种标本都采集到的有 8 人,则采集到昆虫标本的概率为________;采集到植物标本的概率为________;至少采集到一种标本的概率为________;没有采集到标本的概率为________.

3. 选择题

(1)从 12 个产品中(其中有 2 个次品)任取 3 个的必然事件为(　　).

A. 三个都是正品　　B. 至少有一个次品

C. 三个都是次品　　D. 至少有一个正品

(2)甲、乙两个篮球队员在罚球线上投球的命中率分别为 0.5 和 0.6,现让两人各投 2 球,则两人各投进 1 球的概率是(　　).

A. 0.5　　B. 0.45　　C. 0.3　　D. 0.24

4. 设 A,B 为两个事件,试用文字表示下列各个事件的含义.

(1)$A+B$　　(2)AB　　(3)$A-B$　　(4)$A-AB$

(5)$\overline{A}\,\overline{B}$　　(6)$A\overline{B}+\overline{A}B$

5. 设 A,B,C 为三个事件,试用 A,B,C 分别表示下列各事件:

(1)A,B,C 中至少有一个发生;

(2)A,B,C 中只有一个发生;

(3)A,B,C 中至多有一个发生;

(4)A,B,C 中至少有两个发生;

(5)A,B,C 中不多于一个发生;

(6)A,B,C 中只有 C 发生.

6.2 随机事件概率的计算

6.2.1 随机事件概率的计算

1. 加法公式

定理 1 **(狭义加法公式)**两个互不相容事件 $A,B(AB=\varnothing)$之和的概率等于这两个事件概率之和.即

$$P(A+B)=P(A)+P(B).$$

例 1 掷一骰子，求出现 1 点或 6 点这一事件的概率.

解 设 $A=\{$出现 1 点$\}$，$B=\{$出现 6 点$\}$，因为骰子的六面是均匀的，故

$$P(A)=P(B)=\frac{1}{6}.$$

显然 $A+B$ 就是出现 1 点或 6 点的事件，由于事件 A，B 是互不相容的，故

$$P(A+B)=P(A)+P(B)=\frac{1}{6}+\frac{1}{6}=\frac{1}{3}.$$

【练习 1】 设某社区新冠疫苗接种情况如表 6-5 所示，则该社区 35 岁以上人员的接种率是多少？

表 6-5　某社区疫苗接种情况

年龄段	接种疫苗人数/万人	未接种疫苗人数/万人	总人数/万人
0～16 岁	23	4	27
17～35 岁	33	5	38
36～60 岁	35	6	41
61 岁以上	35	15	50
总数	126	30	156

解 设事件 $A=\{36\text{～}60$ 岁$\}$，$B=\{61$ 岁以上$\}$，则

$$P(A)=(\quad),P(B)=(\quad),$$

$$P(A+B)=P(A)+P(B)=(\quad).$$

推论 1 设 A 为随机事件，则 $P(\overline{A})=1-P(A)$.

上述推论告诉我们，如果事件 A 的概率计算有困难时，可以先求其对立事件 $\overline{A}$ 的概率，然后再利用此推论求得结果.

推论 2 设 A，B 是两个随机事件，且 $B\subset A$，则 $P(A-B)=P(A)-P(B)$.

定理 2 **（广义加法公式）**对任意两个事件 A，B，有

$$P(A+B)=P(A)+P(B)-P(AB).$$

·思考· 两个加法公式可以统一吗？

例 2 某设备由甲、乙两个部件组成，当超载负荷时，各自出故障的概率分别为 0.82 和 0.74，同时出故障的概率是 0.63，求超载负荷时至少有一个部件出故障的概率.

解 设事件 $A=\{$甲部件出故障$\}$，$B=\{$乙部件出故障$\}$，则

$$P(A)=0.82,P(B)=0.74,P(AB)=0.63,$$

于是

$$P(A+B)=P(A)+P(B)-P(AB)=0.82+0.74-0.63=0.93,$$

即超载负荷时至少有一个部件出故障的概率是 0.93.

【练习 2】 已知三个班男、女生的人数情况如表 6-6 所示，从中随机抽取一人，求该学生是一班学生或者是男生的概率是多少？

表 6-6　各班男、女生的人数情况

性别	一班	二班	三班	总人数
男	27	24	21	72
女	15	13	12	40
总数	42	37	33	112

解 设事件 $A=\{$一班学生$\}$，$B=\{$男生$\}$，则

$$P(A)=(\quad),P(B)=(\quad),P(AB)=(\quad),$$

$$P(A+B)=P(A)+P(B)-P(AB)=(\quad)=(\quad).$$

定理 2 也可以推广到多个事件相加的情形，下面给出三个随机事件的加法公式：

$$P(A+B+C)=P(A)+P(B)+P(C)-P(AB)-P(BC)-P(AC)+P(ABC).$$

2. 条件概率和乘法公式

(1)条件概率

在概率的实际应用中，常会遇到这样的情况，在“事件 B 已发生”的条件下，求事件 A 发生的概率.

条件概率

定理 3 设 A,B 是随机试验 E 的两个事件，在事件 B 已经发生的条件下，事件 A 发生的概率叫作条件概率，记作

$$P(A|B)=\frac{P(AB)}{P(B)} \quad (P(B)\neq 0).$$

同理可定义在事件 A 发生的条件下，事件 B 发生的条件概率，即

$$P(B|A)=\frac{P(AB)}{P(A)} \quad (P(A)\neq 0).$$

例 3 某地区气象台统计，该地区下雨的概率是$\frac{4}{15}$，刮三级以上风的概率是$\frac{2}{15}$，既刮风又下雨的概率是$\frac{1}{10}$，设 A 为下雨，B 为刮风，求：

(1)已确定刮风的情况下，下雨的概率是多少？

(2)已确定下雨的情况下，刮风的概率是多少？

解 根据题意有

$$P(A)=\frac{4}{15},P(B)=\frac{2}{15},P(AB)=\frac{1}{10}.$$

(1)$P(A|B)$是指在刮风的条件下，又下雨的概率

$$P(A|B)=\frac{P(AB)}{P(B)}=\frac{1}{10}\Big/\frac{2}{15}=\frac{3}{4}.$$

(2)$P(B|A)$是指在下雨的条件下，又刮风的概率

$$P(B|A)=\frac{P(AB)}{P(A)}=\frac{1}{10}\Big/\frac{4}{15}=\frac{3}{8}.$$

【练习 3】 某班共有 50 人，进行数学与英语两科考试，其中，48 人数学及格，46 人英语及格，44 人两科都及格. 若抽查 1 人，已知在其数学及格的条件下，问此人英语也及格的概率是多少？

解 设 $A=\{$数学及格$\}$，$B=\{$英语及格$\}$，则

$$P(A)=(\quad),P(B)=(\quad),P(AB)=(\quad),$$

$$P(B|A)=\frac{(\quad)}{(\quad)}=(\quad).$$

【练习 4】 某网站对某一签约作者的用户黏合度(描述用户对该作者书籍的依赖性)进行调研测试. 在调研过程中发现，如果用户在这个作者的某个书籍中读到 50 章还在追更的概率是 75%，而读到 80 章还在追更的概率为 50%. 现有一个读者，已经读到了这本书的 50 章，问他能坚持读到 80 章的概率.

解 设 $A=\{$读到 50 章$\}$，$B=\{$读到 80 章$\}$，则

$$P(A)=(\quad),P(B)=(\quad),$$

由于 $A\supset B$，$AB=A$，因此 $P(AB)=(\quad)$，

$$P(B|A)=\frac{(\quad)}{(\quad)}=(\quad).$$

(2)乘法公式

由条件概率公式直接得到乘法公式：

定理 4 设 $P(A)\neq 0, P(B)\neq 0$，则事件 A 与 B 之积 AB 的概率等于其中任一事件的概率乘以在该事件发生的条件下另一事件发生的概率，即

$$P(AB)=P(B)P(A|B)=P(A)P(B|A).$$

例 4 已知盒子中装有 10 个乒乓球，其中 6 个是黄球，4 个是白球，从中不放回地任取两次，每次取 1 个，问两次都取到黄球的概率是多少？

解 设事件 $A=\{$第一次取到黄球$\}$，$B=\{$第二次取到黄球$\}$，则

$$P(A)=\frac{6}{10}, P(B|A)=\frac{5}{9},$$

所以

$$P(AB)=P(A)P(B|A)=\frac{6}{10}\times\frac{5}{9}=\frac{1}{3},$$

即两次都取到黄球的概率为$\frac{1}{3}$.

例 5 已知 100 件产品中有 4 件次品，无放回地从中抽取 2 次，每次抽取 1 件. 求下列事件的概率：

(1)第一次取到次品，第二次取到正品；

(2)两次都取到正品；

(3)两次抽取中恰有一次取到正品.

解 设事件 $A=\{$第一次取到次品$\}$，$B=\{$第二次取到正品$\}$，则

$$P(A)=\frac{4}{100}, P(B|A)=\frac{96}{99}.$$

(1)由乘法公式，得事件 $AB=\{$第一次取到次品，第二次取到正品$\}$的概率为

$$P(AB)=P(A)P(B|A)=\frac{4}{100}\times\frac{96}{99}=0.038\,8.$$

(2)因为事件 $\overline{A}=\{$第一次取到正品$\}$，且

$$P(\overline{A})=1-P(A)=\frac{96}{100}, P(B|\overline{A})=\frac{95}{99},$$

所以，事件 $\overline{A}B=\{$两次都取到正品$\}$的概率为

$$P(\overline{A}B)=P(\overline{A})P(B|\overline{A})=\frac{96}{100}\times\frac{95}{99}=0.921\,2.$$

(3)事件$\{$两次抽取中恰有一次取到正品$\}$是指$\{$第一次取到次品而第二次取到正品$\}(=AB)$或$\{$第一次取到正品而第二次取到次品$\}(=\overline{A}\,\overline{B})$，这两件事至少有一件发生，即 $AB+\overline{A}\,\overline{B}$.

因为 $P(AB)=0.038\,8$，

$$P(\overline{A}\,\overline{B})=P(\overline{A})P(\overline{B}|\overline{A})=\frac{96}{100}\times\frac{4}{99}=0.038\,8,$$

而 AB 与 $\overline{A}\,\overline{B}$ 互不相容，所以，事件 $AB+\overline{A}\,\overline{B}=\{$两次抽取中恰有一次取到正品$\}$的概率为

$$P(AB+\overline{A}\,\overline{B})=P(AB)+P(\overline{A}\,\overline{B})=0.038\,8+0.038\,8=0.077\,6.$$

【练习 5】 设 A,B 为两个事件，若概率 $P(A)=\frac{1}{4}, P(B)=\frac{1}{3}, P(A+B)=\frac{2}{5}$，则 $P(B|A)=($　　$)$.

解 依据加法与乘法公式，有

$$P(A+B)=P(A)+P(B)-P(AB)$$

$$=P(A)+P(B)-P(A)P(B|A),$$

将已知数值带入得到 $P(B|A)=($ $)$.

3. 全概率公式

在概率论中，往往希望从已知的简单事件的概率推算出未知的复杂事件的概率. 为达到这个目的，经常把一个复杂事件分解成若干个不相容的简单事件之和，再分别计算这些简单事件的概率，利用概率的可加性得到最终结果，全概率公式在这里起着重要作用.

定理 5 （全概率公式）若事件 $A_1,A_2,\cdots,A_n$ 构成一个完备事件组，且 $P(A_i)>0(i=1,2,\cdots,n)$，则对任意事件 A，有

$$P(A)=\sum_{i=1}^{n}P(A_i)P(A|A_i).$$

例 6 某厂有四条流水线生产同一产品，该流水线的产量分别占总产量的 15%，20%，30%，35%，各流水线的次品率分别为 0.05，0.04，0.03，0.02. 从出厂产品中随机抽取一件，求此产品为次品的概率为多少？

解 设 $A=\{$任取一件产品是次品$\}$，$A_i=\{$任取一件产品是第 i 条流水线生产的产品$\}$ $(i=1,2,3,4)$，则

$$P(A_1)=0.15,P(A_2)=0.2,$$
$$P(A_3)=0.3,P(A_4)=0.35,$$
$$P(A|A_1)=0.05,P(A|A_2)=0.04,$$
$$P(A|A_3)=0.03,P(A|A_4)=0.02,$$

于是

$$\begin{aligned}P(A)&=\sum_{i=1}^{4}P(A_i)P(A|A_i)\\&=0.15\times0.05+0.2\times0.04+0.3\times0.03+0.35\times0.02\\&=0.031\,5.\end{aligned}$$

例 7 某汽车修理厂的经理根据以往经验知道，当汽车不能启动，车主报修时，各种故障（假设不会有两个故障同时发生）发生的概率如下：

水箱漏水的概率是 0.3，电池导线松动的概率是 0.2，接触不良的概率是 0.1，无油的概率是 0.3，其他故障的概率是 0.1.

经理还知道，如果在上述故障情况下去踩离合器，试图在 30 秒内启动汽车，将车开出去的概率分别为 0.9，0，0.2，0，0.2.

现在有一个车主已经报修，且被通知踩离合器，问他的汽车能开出去的概率是多少？

解 设事件 $A=\{$能将汽车开出去$\}$，$A_1=\{$水箱漏水$\}$，$A_2=\{$电池导线松动$\}$，$A_3=\{$接触不良$\}$，$A_4=\{$无油$\}$，$A_5=\{$其他故障$\}$，则

$$P(A_1)=0.3,P(A_2)=0.2,P(A_3)=0.1,P(A_4)=0.3,P(A_5)=0.1,$$
$$P(A|A_1)=0.9,P(A|A_2)=0,P(A|A_3)=0.2,P(A|A_4)=0,P(A|A_5)=0.2,$$

由全概率公式得

$$P(A)=\sum_{i=1}^{5}P(A_i)P(A|A_i)=0.3\times0.9+0.2\times0+0.1\times0.2+0.3\times0+0.1\times0.2=0.31.$$

【练习 6】 （以花探邻）小王要去外地出差几天，家里有一盆花交给邻居帮忙照顾，若已知如果几天内邻居记得浇水，花存活的概率为 0.8；如果几天内邻居忘记浇水，花存活的概率为 0.3. 假设小王对邻居不了解，即可以认为邻居记得和忘记浇水的概率均为 0.5. 试求：

(1) 几天后小王回来时，花还活着的概率为多少？

(2)如果花还活着，邻居浇水的概率为多大？对邻居的信任度有何变化？

解 (1)设 A 表示邻居记得浇水，$\overline{A}$ 表示邻居忘记浇水，B 表示花还活着.

$$P(B)=(\qquad\qquad\qquad\qquad)$$
$$=0.5\times0.8+0.5\times0.3=0.55.$$

(2)$P(A|B)=(\qquad\qquad)=\dfrac{0.5\times0.8}{0.55}=0.727\ 3.$

小王原来对邻居的信任度为50%，可是自从出差回家后发现花还活着，对邻居的信任度提高到72.73%.练习6表明，信任度能够增加，因此，我们应该珍惜生活中的每一个细节，别人托付的事情尽力办好，别人的信任才会越来越高.

【练习7】 某人要去外地开会，因为临近节日，票务紧张，旅行社给他购买飞机、高铁、轮船票的概率分别为$\frac{1}{6}$，$\frac{1}{3}$，$\frac{1}{2}$，以保证他能出行.乘飞机能按时到达的概率为0.9，乘高铁能按时到达的概率为0.96，乘轮船能按时到达的概率为0.8.求他能按时到达开会的概率.

解 以 A_1，A_2，A_3 分别表示乘飞机、高铁、轮船出行，B 表示按时到达，由题意：$P(A_1)=(\qquad)$，$P(A_2)=(\qquad)$，$P(A_3)=(\qquad)$，

$$P(B|A_1)=(\qquad),P(B|A_2)=(\qquad),P(B|A_3)=(\qquad).$$

利用全概率公式可得：

$$P(B)=P(A_1)P(B|A_1)+P(A_2)P(B|A_2)+P(A_3)P(B|A_3)$$
$$=(\qquad\qquad\qquad\qquad\qquad\qquad)=0.87,$$

即该人能按时到达开会的概率为0.87.

【练习8】 科学研究表明，遗传对智力是有影响的，据医学统计，生男孩和生女孩的可能性各占50%，而智力遗传因素都来自X染色体.请问孩子智力遗传因素中，来自母亲的可能性多大？

解 设事件 A 表示{智力遗传来自母亲}；B_1 表示{孩子是男孩}；B_2 表示{孩子是女孩}.则

$$P(A)=P(A(B_1\cup B_2))=P(AB_1\cup AB_2)$$
$$=(\qquad\qquad\qquad\qquad)$$
$$=(\qquad\qquad\qquad\qquad)$$
$$=0.5\times1+0.25=0.75.$$

由结果可见，孩子智力遗传因素中，来自父亲的可能性为0.75，来自母亲的可能性为0.25.这仅仅是从染色体的角度来考虑的，实际上，孩子的智力还受其他因素的影响，特别是后天的努力，天道酬勤.

例如，“数学王子”高斯于1777年4月30日出生于不伦瑞克.高斯是一对普通夫妇的孩子.他的母亲是一个贫穷石匠的女儿，没有接受过教育，在她成为高斯父亲的第二个妻子之前，她从事女佣工作.他的父亲曾做过园丁、工头、商人的助手和一个小保险公司的评估师.这个例子说明先天遗传只是影响智力的一个方面，后天的努力才是最重要的.

概率视角走入“三人成虎”

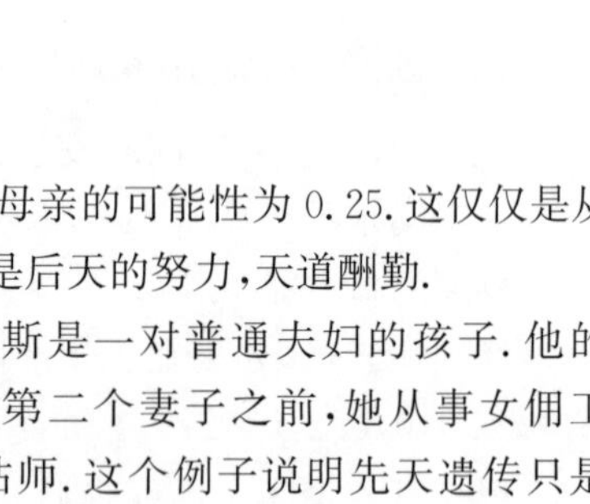

战国时期，魏国大臣庞葱陪同太子前往赵国做人质.临出发前，他对魏王说：“如今有一个人说街市上出现了老虎，大王相信吗？”魏王回答：“我不相信.”庞葱又问：“如果有两个人说街市上出现了老虎，大王相信吗？”魏王说：“我会有些怀疑.”庞葱接着说：“如果又出现了第三个人说街市上有老虎，大王相信吗？”魏王回答：“我当然会相信.”庞葱说：“很明显，街市上根本不会出现老虎，可是经过三个人的传播，街市上好像就真的有了老虎.而今赵国都城邯郸和魏国都城大梁的距离，要比王宫离街市的距离远很多，对我有非议的人又不止三个，还望大王可以明察秋毫啊.”魏王说：“这

个我心里有数,你就放心去吧!”果然,庞葱刚陪着太子离开,就有人在魏王面前诬陷他.刚开始,魏王还会为庞葱辩解,诬陷的人多了魏王竟然信以为真.等庞葱和太子回国后,魏王再也没有召见过他.

分析 记事件 A_i 为{第 i 人说“看见街市中有老虎”},三个人相互独立,$i=1,2,3$.事件 B 为{街市中有老虎},假设魏王对此事的最初看法为 $P(B)=0.05$,假设每个人说谎的概率为 0.15,则

$$P(A_i|B)=0.85, P(A_i|\overline{B})=0.15,$$

第一人说有虎后,

$$\begin{aligned}P(B|A_1)&=\frac{P(B)P(A_1|B)}{P(B)P(A_1|B)+P(\overline{B})P(A_1|\overline{B})}\\&=\frac{0.05\times0.85}{0.05\times0.85+0.95\times0.15}\\&=0.229\ 7\end{aligned}$$

第二人说有虎后,同理可得 $P(B|A_2)=0.627\ 3$,当第三人说有虎后,$P(B|A_3)=0.905\ 4$,通过“三人成虎”这一经典案例,我们发现一件事情本来是假的,但传的人多了大家也就当真了,由此应认识到“不信谣,不传谣”的深刻意义.在当今信息技术愈加发达的时代背景下,我们更需要学会独立思考,分析各类网络事件,不盲从,不人云亦云,保持清醒的头脑,明辨是非.

6.2.2 事件的独立性与伯努利概型

1.事件的独立性

一般地,无条件概率 $P(A)$ 与条件概率 $P(A|B)$ 是不相等的,即事件 B 的发生对于事件 A 发生的概率是有影响的.但是在有些时候,事件 B 的发生对于事件 A 发生的概率没有影响,即 $P(A)=P(A|B)$,这时的乘法公式为 $P(AB)=P(A)P(B)$.

定义 1 如果两个事件 A,B 中任一事件的发生不影响另一事件的概率,即 $P(A|B)=P(A)$ 或 $P(B|A)=P(B)$,则称事件 A 与事件 B 是**相互独立**的.

定理 6 两个事件 A,B 相互独立的充分必要条件是

$$P(AB)=P(A)P(B).$$

定理 6 给出了两个独立事件 A 与 B 之积事件的概率计算公式,它是乘法公式的一种特殊情形,我们也把它称为乘法公式.

实际问题中,事件的独立性往往根据实际意义或经验就可以判断.

思考 独立事件一定是对立事件吗?

例 8 一颗骰子投掷两次,两次都出现“1 点”的概率是多少?

解 设事件 $A_i=$ {第 i 次出现 1 点}$(i=1,2)$,因为第一次的结果不会影响到第二次,于是 A_1,A_2 是独立的,$P(A_i)=\frac{1}{6}(i=1,2)$,则由定理 6 得

$$P(A_1A_2)=P(A_1)P(A_2)=\frac{1}{6}\times\frac{1}{6}=\frac{1}{36}.$$

定理 7 若事件 A,B 相互独立,则事件 $\overline{A}$ 与 B,A 与 $\overline{B}$,$\overline{A}$ 与 $\overline{B}$ 也相互独立.

事件独立性概念可以推广到任意有限个事件的情形.

定义 2 若 n 个事件 $A_1,A_2,\cdots,A_n$ 中任何一个事件发生的概率,都不受其他一个或几个事件发生的影响,则称这 n 个事件 $A_1,A_2,\cdots,A_n$ 是**相互独立的**.

若 n 个事件相互独立,概率的乘法公式和概率的加法公式为

$$P(A_1A_2\cdots A_n)=P(A_1)P(A_2)\cdots P(A_n),$$

$$P(A_1+A_2+\cdots+A_n)=1-P(\overline{A_1})P(\overline{A_2})\cdots P(\overline{A_n}).$$

【练习 9】（"完美"男人）女孩子都希望找一个优秀的男人做自己未来的另一半，很多人会提出一些单独来说并不算太苛刻的条件：英俊、富有、身高 1.8 米以上、学历硕士以上、幽默风趣、温柔体贴等（为简单起见，年龄、性格等条件忽略）. 假设各个单个条件能够满足的概率分别为$\frac{1}{20}$、$\frac{1}{20}$、$\frac{1}{20}$、$\frac{1}{10}$、$\frac{1}{10}$、$\frac{1}{10}$，那么能找到一个这样"完美"男人的概率是多少呢？

解 以 A_1,A_2,A_3,A_4,A_5,A_6 分别表示男人英俊、富有、身高 1.8 米以上、学历硕士以上、幽默风趣、温柔体贴，一般来说，这些条件是相互独立的. 因此，能找到一个这样"完美"男人的概率为

$$
\begin{aligned}
P(A_1A_2A_3A_4A_5A_6) &= P(A_1)P(A_2)P(A_3)P(A_4)P(A_5)P(A_6) \\
&= (\qquad\qquad\qquad\qquad\qquad) \\
&= (\qquad\qquad\qquad\qquad) = 0.000\,000\,125.
\end{aligned}
$$

八百万分之一！比 35 选 7 福利彩票中特等奖的概率还要小. 当一个女孩找到这样一个"完美"男人，这个男人选择她的概率又有多大？

这个概率是不是特别小？

【练习 10】（三个臭皮匠顶一个诸葛亮）假设刘备帐中有两个谋士团队，能人诸葛亮列为甲队，另外三个普通谋士列为乙队. 若对某事进行决策时，乙团队中每名谋士贡献正确意见的概率为 0.5，且每名谋士做决策是相互独立的；诸葛亮贡献正确意见的概率为 0.85. 刘备想对某事征求两队意见，问哪个团队做出正确决策的概率高一些？

解 设 A_i 表示乙团队中第 i 个谋士决策正确，$i=1,2,3$，根据全概率公式和事件的独立性，可得乙团队至少有一人做出正确决策的概率为

$$
\begin{aligned}
P(A_1 \cup A_2 \cup A_3) &= 1 - P(\overline{A_1A_2A_3}) \\
&= (\qquad\qquad\qquad\qquad\qquad) \\
&= 0.875.
\end{aligned}
$$

显然 $0.875>0.85$，可见，谋士团做出正确决策的概率高于诸葛亮. 俗话说："一人计短，二人计长，三人做事好商量"，这也是团结协作的重要性.

2. 伯努利概型

在实际问题中，我们常常要做重复多次的试验条件完全相同并且相互独立的试验. 例如，在相同条件下独立射击，有放回地抽取产品等，我们称这种类型的试验为重复独立试验. 若随机试验 E 只有两个可能的结果：A 及 $\overline{A}$，则称这个试验为伯努利(Bernoulli)试验.

设随机试验 E 具有如下特征：

(1)每次试验是相互独立的；

(2)每次试验有且仅有两种结果：事件 A 及 $\overline{A}$；

(3)每次试验结果发生的概率相同，即 $P(A)=p$，$P(\overline{A})=1-p$.

则称随机试验 E 表示的数学模型为**伯努利概型**. 若将试验做了 n 次，则称这个试验为 **n 重伯努利试验**，记为 E^n.

由此可知"一次抛掷 n 枚相同的硬币"的试验也可以看作一个 n 重伯努利试验.

定理 8 （伯努利公式）若在一次试验中事件 A 发生的概率为 $P(A)=p\ (0<p<1)$，则在 n 重伯努利试验中事件恰好发生 k 次的概率为

$$P_n(k)=C_n^k p^k q^{n-k} \quad (k=0,1,2,\cdots,n;q=1-p).$$

例 9 某种产品的次品率为 5%，现从一大批该产品中抽出 20 个进行检验，问 20 个该产品中恰有 2 个次品的概率是多少？

解 这里是不放回抽样，由于一批产品的总数很大，且抽出样品的数量相对较小，因而可以当作有放回抽样处理，这样做会有一些误差，但误差不会太大，抽出 20 个样品检验，可看作做了 20 次独立

试验，每一次是否为次品可看作一次试验的结果，因此事件 $A=\{20$ 个该产品中恰有 2 个次品$\}$的概率是

$$P(A)=C_{20}^{2}\times(0.05)^{2}\times(0.95)^{18}\approx0.188\,7.$$

【练习 11】 （分比赛奖金问题）甲乙两人各拿 a 元参加五局三胜的比赛，根据比赛结果分奖金，每局双方获胜的可能是一样的. 第一局，甲获胜. 此时比赛因故终止，奖金应该如何分？

分析 双方都还有赢的机会，等分的话，甲是不愿意接受的，全给甲的话，乙也不能接受. 较为合理的分法是按照双方赢的概率进行分配.

解 甲赢即在余下的四局比赛中，甲至少胜 2 局，所以甲赢的概率为

$$P_4(2)+P_4(3)+P_4(4)=C_4^2\left(\frac{1}{2}\right)^2\left(\frac{1}{2}\right)^2+(\qquad\qquad)+(\qquad\qquad)=\frac{11}{16}.$$

由于一定会分出胜负，故乙胜的概率为$\frac{5}{11}$.

所以，应将奖金按照 11∶5 的比例分配给甲和乙.

【练习 12】 以伯努利概型的角度分析谚语“常在河边走，哪有不湿鞋”.

解 假设在 n 重伯努利试验中，每次事件 A 发生的概率 $P(A)=p$，$0<p<1$，则事件 A 不发生的概率 $P(\overline{A})=1-p$，则 n 次试验中事件 A 至少发生一次的概率为（　　）. 因此，无论 p 怎样小，只要不断重复地试验，事件 A 总会发生. 谚语“常在河边走，哪有不湿鞋”就是这个道理，因此“勿以恶小而为之”，要防微杜渐，牢记“千里之堤，溃于蚁穴”.

6.2.3 概率应用

在现实世界中，随着科学的发展，数学在生活中的应用越来越多，无处不在. 而概率统计作为数学中的一个重要分支，同样也在发挥着越来越广泛的作用. 在科学技术迅速发展与计算机普及运用的今天，概率统计正广泛地应用到各行各业，如买彩票、买保险、排队问题、天气预报、经济预测、交通管理、医疗诊断等问题，成为我们认识世界、了解世界和改造世界的工具，它与我们的实际生活更是息息相关、密不可分.

例 10 （生日问题）求 r 个人中至少有 2 个人是同一天生日（同月同日）的概率.

解 我们把这 r 个人看作是一个试验组，设事件 $A=\{r$ 个人中至少有 2 个人是同一天生日$\}$.

为了解决这个问题，首先确定样本空间的基本事件个数. 因为每个人的生日有 365 种可能，组内共有 r 个人，所以样本空间共有 365^r 个基本事件.

其次，一个人生于哪一天与其他人无关，因此，每个基本事件的概率就是$\frac{1}{365^r}$.

我们想求随机事件 $A=\{r$ 个人中至少有 2 个人是同一天生日$\}$的概率，要数清事件 A 中包含的基本事件个数是很困难的，但是计算事件 A 的对立事件

$$\overline{A}=\{r\text{ 个人中没有 2 个人是同一天生日}\}$$

包含的基本事件个数却比较容易.

随机选取一人，他的生日有 365 种可能；选第二个人，他的生日有 364 种可能；选第三个人，他的生日有 363 种可能，以此类推，最后，第 r 个人的生日只有 $365-r+1$ 种可能，所以，总的可能个数是

$$365\times364\times363\times\cdots\times(365-r+1).$$

因此，事件 $\overline{A}$ 的概率是

$$P(\overline{A})=\frac{365\times364\times\cdots\times(365-r+1)}{365^r}$$

由此可得，事件的概率是

$$P(A)=1-P(\overline{A})=1-\frac{365\times 364\times\cdots\times(365-r+1)}{365^r}$$

表 6-7 列出了 r 取某些值时 2 人以上同一天生日的概率值. 由表中数据可知，人数超过 22 的任何一组，它的概率都大于 50%.

表 6-7　　r 个人中至少有 2 人是同一天生日的概率

人数	5	10	15	20	21	22	23
多于 2 人同生日的概率	0.027	0.117	0.253	0.411	0.444	0.476	0.507
人数	24	25	30	40	50	60	70
多于 2 人同生日的概率	0.538	0.569	0.706	0.891	0.970	0.991	0.999

例 11　(人寿保险问题)一年期的人寿保险规定，若受保人在一年内因意外事故死亡，保险公司赔偿 5 万元；因非意外事故死亡，保险公司赔偿 2.5 万元. 假设某受保人群 1 年内因意外事故死亡和非意外事故死亡的概率分别是 0.000 5 和 0.002，求一年内该人群的死亡率以及保险公司赔偿 5 万元和 2.5 万元的概率.

解　设事件 $A=\{$该人群中任何 1 人在一年内因意外事故死亡$\}$，$B=\{$该人群中任何 1 人在一年内死亡$\}$，那么，因意外事故死亡的事件为 AB，于是有

$$P(AB)=0.000\,5,P(\overline{A}B)=0.002.$$

事件 AB 与事件 $\overline{A}B$ 互不相容，于是

$$P(B)=P(AB)+P(\overline{A}B)=0.000\,5+0.002=0.002\,5.$$

设事件 $C=\{$该保险公司赔偿 5 万元$\}$，$D=\{$该保险公司赔偿 2.5 万元$\}$.

保险公司赔偿 5 万元，是在该人群中有 1 人因意外事故死亡，即人已死亡，其原因是意外事故，因此是条件概率，故有

$$P(C)=P(A|B)=\frac{P(AB)}{P(B)}=\frac{0.000\,5}{0.002\,5}=0.20.$$

同理 $P(D)=P(\overline{A}|B)=\dfrac{P(\overline{A}B)}{P(B)}=\dfrac{0.002}{0.002\,5}=0.80.$

所以，这一人群的死亡概率是 2.5‰，保险公司赔偿 5 万元、2.5 万元的概率分别为 20% 和 80%.

例 12　(有趣的蒙特莫特问题)新年同学联欢会，要求每人带 1 件小礼物，混放在一起，用抽签的方式决定每人得到 1 件礼物作为纪念. 问每人都得到别人的礼物的概率是多少?

解　假设有 n 个人参加聚会，所以有 n 个小礼物. 为了计算这个概率，我们将礼物随机编号：从 $1\sim n(n\geqslant 2)$. 设事件 $A_i=\{$第 i 个人得到自己所带去的礼物$\}(i=1,2,\cdots,n)$，则

$$A_1+A_2+\cdots+A_n$$

表示“这 n 个人中至少有 1 个人得到自己的礼物”的事件. 那么，每人都得到别人的礼物的概率为

$$p_n=1-P(A_1+A_2+\cdots+A_n).$$

我们先推导 $P(A_1+A_2+\cdots+A_n)$ 的计算公式.

当 $n=2$ 时，只有事件 A_1,A_2，显然

$$P(A_1)=\frac{1}{2},P(A_2)=\frac{1}{2}.$$

$$P(A_1A_2)=P(A_2|A_1)P(A_1)=1\times\frac{1}{2}=\frac{1}{2!},$$

所以

$$P(A_1+A_2)=P(A_1)+P(A_2)-P(A_1A_2)=1-\frac{1}{2!}.$$

当 $n=3$ 时，有事件 A_1,A_2,A_3，且

$$P(A_1)=P(A_2)=P(A_3)=\frac{1}{3},$$

$$P(A_1A_2)=P(A_2|A_1)P(A_1)=\frac{1}{2}\times\frac{1}{3}=\frac{1}{3!},$$

$$P(A_1A_3)=P(A_3|A_1)P(A_1)=\frac{1}{3!},$$

$$P(A_2A_3)=P(A_3|A_2)P(A_2)=\frac{1}{2}\times\frac{1}{3}=\frac{1}{3!},$$

$$P(A_1A_2A_3)=P(A_3|A_1A_2)P(A_1A_2)=1\times\frac{1}{2}\times\frac{1}{3}=\frac{1}{3!},$$

于是

$$\begin{aligned}&P(A_1+A_2+A_3)\\&=P(A_1)+P(A_2)+P(A_3)-P(A_1A_2)-P(A_1A_3)-P(A_2A_3)+P(A_1A_2A_3)\\&=\frac{1}{3}+\frac{1}{3}+\frac{1}{3}-\frac{1}{3!}-\frac{1}{3!}-\frac{1}{3!}+\frac{1}{3!}\\&=1-\frac{1}{2!}+\frac{1}{3!}.\end{aligned}$$

类似地，当 $n=4$ 时，4 个人参加聚会，则有事件 A_1,A_2,A_3,A_4，可得

$$P(A_1+A_2+A_3+A_4)=1-\frac{1}{2!}+\frac{1}{3!}-\frac{1}{4!}.$$

一般地，n 个人参加聚会，有

$$P(A_1+A_2+\cdots+A_n)=1-\frac{1}{2!}+\frac{1}{3!}+\cdots+(-1)^{n+1}\frac{1}{n!}.$$

所以，每人得到别人礼物的概率为

$$\begin{aligned}p_n&=1-P(A_1+A_2+\cdots+A_n)=1-\left[1-\frac{1}{2!}+\frac{1}{3!}-\cdots+(-1)^{n+1}\frac{1}{n!}\right]\\&=\frac{1}{2!}-\frac{1}{3!}+\cdots+(-1)^{n+1}\frac{1}{n!}.\end{aligned}$$

蒙特莫特问题概率见表 6-8.

表 6-8　　蒙特莫特问题概率

n	2	3	4	5	6	7	8	…
p	0.500	0.333	0.375	0.367	0.368	0.367 9	0.367 9	…

由此可知，3 个人参加聚会，每个人都得到别人礼物的概率最小. 当有 2 个以上的人参加聚会时，偶数个人参加聚会，每个人都得到别人礼物的概率总大于相邻的奇数个人得到别人礼物的概率. 如 5 个人参加聚会，每个人都得到别人礼物的概率为 0.367，小于 4 个人或 6 个人参加聚会时，每个人得到别人礼物的概率为 0.375 或 0.368.

当参加聚会的人数超过 8 个人时，每个人都得到别人礼物的概率值变化很小，即每个人都得到别人礼物的概率几乎是相同的.

例 13　(竞赛选拔问题)据了解，在某项竞赛的赛区预选赛中，有 80%的人是通过资格审查的初次参赛者，20%的人是参与过往届竞赛的选手. 为把预选赛办得更好，主办方认真总结经验和分析不足，修改了比赛程序和评判标准，预计 30%的初次参赛者通过，90%的往届参赛者通过. 求该赛区参加预选赛的人能通过初选的概率？

解　设事件 $A=\{$初次参赛者$\}$，则 $\overline{A}=\{$往届参赛者$\}$，且事件 A 与 $\overline{A}$ 的概率分别为

$$P(A)=0.8,P(\overline{A})=0.2.$$

再设 $B=\{$参加预选赛能通过的初选者$\}$，由题意得，$\{$初次参赛者参加预选赛能通过$\}$的概率与$\{$往届参赛者参加预选赛能通过$\}$的概率分别为 $P(B|A)=0.3$，$P(B|\overline{A})=0.9$.

由全概率公式可得

$$P(B)=P(A)P(B|A)+P(\overline{A})P(B|\overline{A})=0.8\times0.3+0.2\times0.9=0.42,$$

所以该赛区参加预选赛的人能通过初选的概率为 0.42.

同步训练 6-2

1. 填空题

(1)某产品分甲、乙、丙三级，其中乙、丙两级均属次品，在正常生产情况下，出现乙级品和丙级品的概率分别为 5% 和 3%，则抽验一只是正品(甲级)的概率为________.

(2)抛掷一颗骰子，观察掷出的点数，设事件 A 为出现奇数点，事件 B 为出现 2 点，已知 $P(A)=\frac{1}{2}$，$P(B)=\frac{1}{6}$，则出现奇数点或 2 点的概率为________.

(3)口袋中有 100 个大小相同的红球、白球、黑球，其中红球 45 个，从口袋中摸一个球，摸出白球的概率为 0.23，则摸出黑球的概率为________.

2. 选择题

(1)现有语文、数学、英语、物理和化学共 5 本书，从中任取 1 本，取出的是理科书的概率为(　　).

A. $\frac{1}{5}$　　B. $\frac{2}{5}$　　C. $\frac{3}{5}$　　D. $\frac{4}{5}$

(2)在第 3、6、16 路公共汽车的一个停靠站(假定这个车站只能停靠一辆公共汽车)，有一位乘客需在 5 分钟之内乘上公共汽车赶到公司，他可乘 3 路或 6 路公共汽车，已知 3 路车，6 路车在 5 分钟之内到此车站的概率分别为 0.20 和 0.60，则该乘客在 5 分钟之内能乘上所需的车的概率为(　　).

A. 0.20　　B. 0.60　　C. 0.80　　D. 0.12

(3)某城市 2022 年的空气质量状况如下表所示.

污染指数 T	$[0,30]$	$(30,60]$	$(60,100]$	$(100,110]$	$(110,130]$	$(130,140]$
概率 P	$\frac{1}{10}$	$\frac{1}{6}$	$\frac{1}{3}$	$\frac{7}{30}$	$\frac{2}{15}$	$\frac{1}{30}$

其中污染指数 $T\leqslant50$ 时，空气质量为优；$50<T\leqslant100$ 时，空气质量为良；$100<T\leqslant150$ 时，空气质量为轻微污染. 该城市 2022 年空气质量达到良或优的概率为(　　).

A. $\frac{3}{5}$　　B. $\frac{1}{180}$　　C. $\frac{1}{19}$　　D. $\frac{5}{6}$

(4)中央电视台"幸运 52"栏目中的"百宝箱"互动环节，是一种竞猜游戏，规则如下：在 20 个商标牌中，有 5 个商标牌的背面注明一定的奖金额，其余商标牌的背面是一张哭脸，若翻到哭脸就不得奖，参与这个游戏的观众有三次翻牌机会(翻过的牌不能再翻)，某观众前两次翻牌均获得若干奖金，那么他第三次翻牌获奖的概率是(　　).

A. $\frac{1}{4}$　　B. $\frac{1}{5}$　　C. $\frac{1}{6}$　　D. $\frac{3}{20}$

(5)设事件 A，B 相互独立，若 $P(A)=\frac{1}{2}$，$P(B)=\frac{1}{4}$，则 $P(A\cup B)$ 为(　　)

A. $\frac{5}{8}$　　B. $\frac{1}{2}$　　C. $\frac{3}{4}$　　D. $\frac{7}{8}$

(6)若事件 A,B 相互独立,且 $P(A)=\frac{1}{4}$,$P(A\cup B)=\frac{1}{2}$,则 $P(B)=($　　$)$.

A. $\frac{1}{3}$　　　　B. $\frac{1}{2}$　　　　C. $\frac{3}{4}$　　　　D. $\frac{2}{3}$

6.3　随机变量及其分布

6.3.1　随机变量的概念及分类

很多随机现象的结果(随机事件)与数值密切相关,如在产品检验问题中,我们关心的是抽样中出现的废品数;在产品的销售问题中,我们关心的是某段时间内的销售量或销售额;在电话问题中,我们关心的是某段时间的话务量等,因此在上述问题中,可用一个变量表示随机事件,变量取不同的值表示不同的随机事件发生.

例 1　某选手射击一次的命中率为 $p=0.4$,如果他连续射击 5 次,命中次数用 X 表示,X 的取值是随机的,可能的取值有 0,1,2,3,4,5. 显然“$X=i$”等价于“5 次射击中恰好有 i 次命中”($i=0,1,2,3,4,5$). 由于各次射击是独立进行的,所以由独立事件的概率公式有

$$P(X=i)=C_5^i p^i(1-p)^{5-i}=C_5^i(0.4)^i(0.6)^{5-i}\quad(i=0,1,2,3,4,5)$$

例 2　在“测试电子管寿命”这一试验中,用 Y 表示它的寿命(单位:小时),则 Y 的取值随试验结果的不同而在连续区间 $(0,+\infty)$ 上取不同的值,当试验结果确定后,Y 的取值也就确定了.

上面例子中的变量 X,Y 具有下列特征:

(1)取值是随机的,事前并不知道取到哪个值;

(2)所取的每一个值,都相当于某一随机现象;

(3)所取的每个值的概率大小是确定的.

为了更好地利用数学工具来处理问题,我们希望根据上面两个变量的本质特征对它们做一个统一的描述,这就是我们在下面要引入的新概念——随机变量.

1. 随机变量的概念

一般来说,如果一个变量,它的取值随着试验结果的不同而不同,当试验结果确定后,它所取的值也就相应地确定,这种变量称为**随机变量**. 随机变量可用大写字母 $X,Y,Z,\cdots$(或希腊字母 $\xi,\eta,\zeta,\cdots$)表示.

随机变量的概念

值得注意的是,用随机变量描述随机事件时,若随机现象比较容易用数量来描述,例如,测量误差的大小、电子管的使用时间、产品的合格数、某一地区的降雨量等,则直接令随机变量 X 为误差、使用时间、合格数、降雨量等即可,而且 X 可能取的值,就是误差、时间、合格数、降雨量等. 实际中常遇到一些似乎与数量无关的随机现象,例如,一台机床在八小时内是否发生故障,这次考试是否会不及格,某人打靶一次能否打中,等等. 如何用随机变量描述这些随机现象呢? 我们来看一个例子.

例 3　某人打靶,一发子弹打中的概率为 p,打不中的概率为 $1-p$,用随机变量描述这个随机现象时,通常规定随机变量

$$X=\begin{cases}1, & \text{子弹中靶}\\ 0, & \text{子弹脱靶}\end{cases}$$

这样取 X 有几个优点:

(1)X 反映了一发子弹的命中次数(0 次或 1 次);

(2)计算上很方便,有利于今后进一步讨论.

当然 X 也可以如下规定：

$$X=\begin{cases}2, & 子弹中靶\\3, & 子弹脱靶\end{cases}$$

这里的 2 与 3 仅仅是个代号，当然也可以用其他数字表示：比如 5 或 7. 但这样规定，会造成很多不必要的理解上的麻烦，因此一般不采用这样的做法.

不论对什么样的随机现象，都可以用随机变量来描述. 这样对随机现象的研究就更突出了数量这一侧面，就可以更深入、细致地讨论问题. 以后会看到，对随机事件的研究完全可以转化为对随机变量的研究.

·思考· 你会用随机变量来描述“你的考试是否会及格吗？”

对于随机变量不仅要了解它的取值，而且要了解它取值的规律，即取值的概率. 通常把 X 取值的概率称为 X 的**分布**.

根据随机变量取值的情况，可以把随机变量分为两类：离散型随机变量和连续型随机变量.

2. 离散型随机变量

若随机变量 X 的所有可能取值可以一一列举，即所有可能取值为有限个或无限可数个，我们就将这类随机变量 X 叫作离散型随机变量.

描述离散型随机变量有两个要素，一个要素是它的所有可能取值，另一个要素是取这些值的概率，这两个要素构成了离散型随机变量的概率分布.

定义 1 设随机变量 X 的所有可能取值为 $x_1,x_2,\cdots$，并且 X 的取值对应的概率分别为

$$P(X=x_i)=p_k \quad (k=1,2,\cdots),$$

则称 X 为离散型随机变量，称上式为离散型随机变量 X 的概率分布或分布列，简称分布.

其概率分布的表示方法有两种：

(1)公式法

$$P(X=x_i)=p_k \quad (k=1,2,\cdots).$$

(2)列表法，见表 6-9.

表 6-9　概率分布

X	x_1	x_2	$\cdots$
P	p_1	p_2	$\cdots$

由概率的性质可知，p_k 满足如下性质：

性质 1 $p_k>0, k=1,2,\cdots$.

性质 2 $\sum\limits_k p_k=1$.

反之，若一列数 $p_1,p_2,\cdots,p_n,\cdots$ 满足上述两条性质，则这列数可以作为离散型随机变量的概率分布.

例 4 某商店销售某种水果，进货后第一天售出的概率为 60%，每 500 克的毛利为 6 元；第二天售出的概率为 30%，每 500 克的毛利为 2 元；第三天售出的概率为 10%，每 500 克的毛利为 −1 元. 求销售此种水果每 500 克所得毛利 X 的概率分布.

解 离散型随机变量 X 的所有可能取值为 −1，2 及 6，取这些值的概率依次为 10%，30%，60%. 所以销售此种水果每 500 克所得毛利 X 的概率分布见表 6-10.

表 6-10　概率分布

X	−1	2	6
P	10%	30%	60%

【练习 1】 表 6-11 为离散型随机变量 X 的概率分布.

表 6-11 概率分布

X	0	1	2
P	$3c$	$2c$	c

则常数 $c=$(　　).

3. 连续型随机变量

若随机变量是依照一定的概率规律在数轴上的某个区间上取值的,我们将这类随机变量叫作连续型随机变量.

定义 2 设随机变量 X,如果存在非负可积函数 $f(x)(-\infty<x<+\infty)$,使对任意实数 $a\leqslant b$,有

$$P(a\leqslant X\leqslant b)=\int_a^b f(x)\mathrm{d}x,$$

则称 X 为连续型随机变量,称 $f(x)$为 X 的**概率密度函数**,简称**概率密度**或**密度**.习惯上我们也把概率密度函数称为**分布密度函数**.

由概率与积分的性质可知,概率密度函数满足如下性质:

性质 1 $f(x)\geqslant 0$.

性质 2 $\int_{-\infty}^{+\infty} f(x)\mathrm{d}x=1$.

连续型随机变量及其概率密度

反之,若一个非负可积函数 $f(x)$满足上述两条性质,则这个函数可以作为连续型随机变量的概率密度.

注意到概率密度函数 $f(x)$是一个普通的实值函数,通过它便可以刻画出随机变量 X 的取值规律.概率密度 $y=f(x)$通常称为**分布曲线**.性质 1 表示分布曲线位于 x 轴上方,性质 2 表示分布曲线与 x 轴之间的平面图形的面积等于 1.另外,由微积分的知识可知,对于任意实数 a,有 $P(X=a)=0$,这是因为

$$P(X=a)=\int_a^a f(x)\mathrm{d}x=0,$$

即

$$P(a<x<b)=P(a<x\leqslant b)=P(a\leqslant x<b)=P(a\leqslant x\leqslant b)=\int_a^b f(x)\mathrm{d}x.$$

例 5 某单位每天用电量 X 万度是连续型随机变量,其概率密度为

$$f(x)=\begin{cases}6x-6x^2, & 0<x<1\\ 0, & \text{其他}\end{cases}.$$

若每天供电量为 0.9 万度,求供电量不够的概率.

解 供电量不够,意味着用电量大于供电量,即 $X>0.9$.根据概率计算公式,得到概率

$$\begin{aligned}P(X>0.9)&=\int_{0.9}^{+\infty} f(x)\mathrm{d}x=\int_{0.9}^{1}(6x-6x^2)\mathrm{d}x\\&=(3x^2-2x^3)\Big|_{0.9}^{1}=1-0.972\\&=0.028,\end{aligned}$$

所以供电量不够的概率为 0.028.

例 6 设随机变量 X 的分布密度函数是

$$f(x)=\begin{cases}Ax, & 0<x<1\\ 0, & \text{其他}\end{cases},$$

试求:(1)系数 A; (2)$P\left(0<x<\dfrac{1}{2}\right)$; (3)$P\left(\dfrac{1}{4}<x<2\right)$.

解 (1)根据概率密度函数的性质 2

$$\int_{-\infty}^{+\infty} f(x)\mathrm{d}x=\int_0^1 Ax\,\mathrm{d}x=A\,\frac{x^2}{2}\bigg|_0^1=\frac{A}{2}=1,$$

所以 $A=2$；

(2)$P\left(0<x<\dfrac{1}{2}\right)=\displaystyle\int_0^{\frac{1}{2}}2x\,\mathrm{d}x=x^2\bigg|_0^{\frac{1}{2}}=\dfrac{1}{4}$；

(3)$P\left(\dfrac{1}{4}<x<2\right)=\displaystyle\int_{\frac{1}{4}}^{2}f(x)\mathrm{d}x=\int_{\frac{1}{4}}^{1}2x\,\mathrm{d}x+\int_1^2 0\mathrm{d}x=x^2\bigg|_{\frac{1}{4}}^{1}=1-\dfrac{1}{16}=\dfrac{15}{16}$.

【练习 2】 已知连续型随机变量 X 的概率密度为

$$f(x)=\begin{cases}\dfrac{1}{9}x^2, & 0\leqslant x\leqslant 3\\ 0, & \text{其他}\end{cases},$$

求概率 $P(2<X<3)$.

解 根据概率计算公式，得到概率

$$P(2<X<3)=(\qquad\qquad)=\frac{19}{27}.$$

6.3.2 几个常用随机变量的分布

三种离散型随机变量的分布

1. 二项分布

设随机变量 X 的概率分布为

$$p_k=P(X=k)=C_n^k p^k(1-p)^{n-k},\quad k=0,1,2,\cdots,n,0<p<1,$$

则称随机变量 X 服从参数为 n,p 的**二项分布**，记为 $X\sim B(n,p)$.

二项分布使用的前提是：只有两种试验结果的试验 E，即

$$P(A)=p,P(\overline{A})=1-p$$

独立重复地进行 n 次，事件 A 发生的次数 X 服从二项分布 $X\sim B(n,p)$.

例 7 某射手一次射击命中靶心的概率为 0.9，现该射手向靶心射击 5 次，求：(1)命中靶心的概率；(2)命中靶心不少于 4 次的概率.

解 设射手命中靶心的次数 $X\sim B(5,0.9)$，

(1)设 $A=\{$命中靶心$\}$，则 $\overline{A}=\{$未命中靶心$\}$，则

$$P(A)=1-P(\overline{A})=1-P(X=0)=1-C_5^0 0.9^0\times 0.1^5=0.999\,99;$$

(2)设 $B=\{$命中靶心的次数不少于 4 次$\}$，则

$$\begin{aligned}P(B)&=P(X=4)+P(X=5)\\&=C_5^4 0.9^4\times 0.1+C_5^5 0.9^5\times 0.1^0\\&=0.328\,05+0.590\,49=0.918\,54.\end{aligned}$$

【练习 3】 某大楼有两部电梯，每部电梯因故障不能使用的概率为 0.02. 设某时不能使用的电梯数为 X，求 X 的分布律.

解 因为 $X\sim B(2,0.02)$，所以

$$P(X=k)=C_2^k(0.02)^k(1-0.02)^{2-k}\quad(k=0,1,2),$$

于是 X 的分布率见表 6-12.

表 6-12 分布率

X	0	1	2
P	(　)	(　)	(　)

【练习 4】 (水滴石穿的力量)设 A 表示"水滴落下击穿石头",且 $P(A)=0.0002$,设 B 表示"水滴落下 n 次,石头被击穿",那么 B 的概率是多少呢?

解 $P(B)=1-P(\overline{B})=1-C_n^0 0.0002^0(1-0.0002)^n$,$\lim\limits_{n\to\infty}P(B)=1$.

水滴落下一次击穿石头的概率非常小,它是小概率事件,在一次试验中几乎是不可能发生的,但是只要水滴持之以恒,坚持不懈地落下,水滴也可以穿石.爱迪生经过五万次的试验最终发明了蓄电池,著名画家达·芬奇不厌其烦地画鸡蛋,最终创作出许多不朽的画作.我国农民科学家吴吉昌通过无数次的棉花试验终于培育出棉花新品种,为祖国的农业发展做出重大贡献,这正是"宝剑锋从磨砺出,梅花香自苦寒来".因此要有不达目标绝不放弃的豪情壮志.

同时,也要正视小概率事件发生的可能性,墨菲定律告诉我们如果事情有变坏的可能性,不管这种可能性有多小,它总会发生.这个结论告诫我们要防微杜渐,小的隐患若不消除,就有可能扩大、增长,其造成事故的概率也会慢慢增加.

2. 均匀分布

如果随机变量 X 的概率密度是

$$f(x)=\begin{cases}\dfrac{1}{b-a}, & a\leqslant x\leqslant b\\ 0, & \text{其他}\end{cases},$$

则称 X 服从 $[a,b]$ 上的**均匀分布**,记作 $X\sim U(a,b)$.

如果 X 在 $[a,b]$ 上服从均匀分布,则对任意满足 $a\leqslant c<d\leqslant b$ 的 c,d 有

$$P(c\leqslant X\leqslant d)=\int_c^d f(x)\mathrm{d}x=\frac{d-c}{b-a}.$$

这表明,X 取值于 $[a,b]$ 中任一小区间的概率与该小区间长度成正比,而与该小区间的具体位置无关,这就是均匀分布的概率意义,图 6-7 是均匀分布 $U(a,b)$ 的概率密度函数图形.

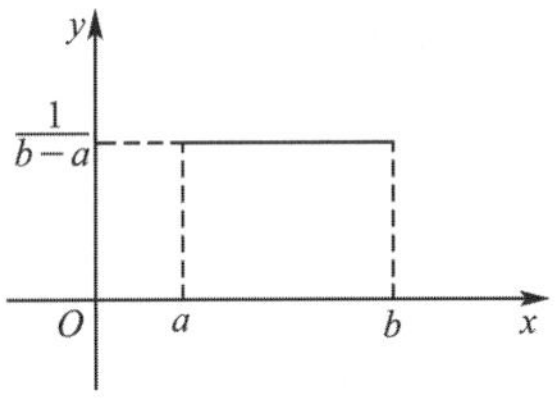

图 6-7 均匀分布的图形

在实际问题中,乘客在公共汽车站候车的时间 X 服从均匀分布;数值计算中,由于四舍五入,小数点后第一位小数所引起的误差 X,一般可看作一个服从 $[-0.5,0.5]$ 的均匀分布;在区间 (a,b) 上随机地取点,用 X 表示所取点的坐标,一般也可把 X 看作在 (a,b) 上服从均匀分布的随机变量.

例 8 一位乘客到某公共汽车站等候汽车,如果他完全不知道汽车通过该站的时间,则他的候车时间是一个随机变量 X.假设该汽车站每隔 6 分钟有一辆汽车通过,则乘客在 0~6 分钟内乘上汽车的可能性是相同的.因此随机变量 X 的概率分布是均匀分布,

$$f(x)=\begin{cases}\dfrac{1}{6}, & 0\leqslant x\leqslant 6\\ 0, & \text{其他}\end{cases}.$$

可以计算他等候时间不超过 3 分钟的概率是

$$P(0\leqslant X\leqslant 3)=\int_0^3 \frac{1}{6}\mathrm{d}x=0.5.$$

超过 4 分钟的概率是

$$P(4\leqslant X\leqslant 6)=\int_4^6 \frac{1}{6}\mathrm{d}x\approx 0.333.$$

【练习 5】 计算例 8 中等候时间不超过 5 分钟的概率

$$P(0\leqslant X\leqslant 5)=\int_0^5 \frac{1}{6}\mathrm{d}x=(\quad).$$

3. 指数分布

如果随机变量 X 的概率密度函数是 $f(x)=\begin{cases}\frac{1}{\theta}e^{-\frac{x-a}{\theta}}, & x\geqslant a\\ 0, & x<a\end{cases}$，其中 $\theta(\theta>0)$ 为参数，则称 X 服从 $[a,b]$ 上的**指数分布**，记作 $X\sim E(a,\theta)$.

例 9 若电子计算机在毁坏前运行的总时间 X(单位：小时)服从指数分布，概率密度是

$$f(x)=\begin{cases}\frac{1}{10\ 000}e^{-\frac{x}{10\ 000}}, & x>0\\ 0, & x\leqslant 0\end{cases},$$

求这个计算机在毁坏前运行 5 000 到 15 000 小时的概率，以及它的运行时间少于 10 000 小时的概率.

解 运行 5 000 到 15 000 小时的概率

$$P(5\ 000\leqslant X\leqslant 15\ 000)=\int_{5\ 000}^{15\ 000}\frac{1}{10\ 000}e^{-\frac{x}{10\ 000}}dx$$

$$=-e^{-\frac{x}{10\ 000}}\Big|_{5\ 000}^{15\ 000}=e^{-0.5}-e^{-1.5}\approx 0.383\ 4,$$

运行时间少于 10 000 小时的概率

$$P(X<10\ 000)=\int_{0}^{10\ 000}\frac{1}{10\ 000}e^{-\frac{x}{10\ 000}}dx$$

$$=-e^{-\frac{x}{10\ 000}}\Big|_{0}^{10\ 000}=1-e^{-1}\approx 0.632\ 1.$$

【练习 6】 中国女足积极备战对阵他国，敲开奥运之门，假设中国女足 20 分钟进一个球，那么一场比赛进行到 30 分钟时，至少能进一个球的概率是多少？

解 由题意，$\theta=20$，

$$P(X<30)=\int_{0}^{30}\frac{1}{20}e^{-\frac{x}{20}}dx=(\qquad\qquad\qquad)=0.776\ 9.$$

正态分布

4. 正态分布

如果随机变量 X 的概率密度是

$$f(x)=\frac{1}{\sigma\sqrt{2\pi}}e^{-\frac{(x-\mu)^2}{2\sigma^2}}\quad(-\infty<x<+\infty),$$

则称 X 服从正态分布，记作 $X\sim N(\mu,\sigma^2)$，其中 $\mu,\sigma(\sigma>0)$ 是两个参数.

利用微积分的知识可知道正态分布概率密度函数的性态：

(1) $f(x)$ 以 $x=\mu$ 为对称轴，并在 $x=\mu$ 处达到最大值，最大值为 $\frac{1}{\sigma\sqrt{2\pi}}$；

(2) 当 $x\to\pm\infty$ 时，$f(x)\to 0$，即 $f(x)$ 以 x 轴为渐近线；

(3) 若固定 σ，改变 μ 的值，则正态分布曲线沿着 x 轴平行移动，而不改变其形状，可见曲线的位置完全由参数 μ 确定；若固定 μ，改变 σ 的值，则当 σ 值越小时图形变得越陡峭；反之，当 σ 值越大时图形变得越平缓，因此 σ 的值刻画了随机变量取值的分散程度；σ 越小，随机变量 X 取值的分散程度越小，σ 越大，随机变量 X 取值的分散程度越大，如图 6-8 所示.

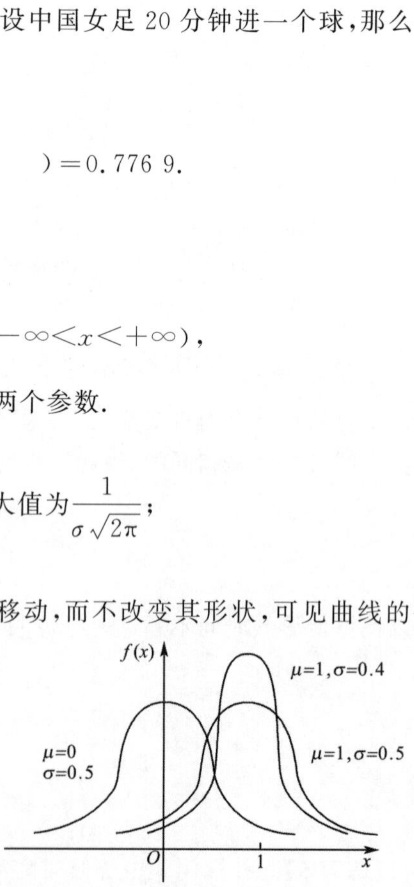

图 6-8 正态分布

正态分布是一个比较重要的分布，在概率论中占有重要地位，这一方面是因为自然现象和社会现象中存在大量的随

机变量，如：测量误差，灯泡寿命，农作物的产量，人的身高、体重，射击时弹着点与靶心的距离等都可以认为服从正态分布；另一方面，只要某个随机变量是大量相互独立的随机因素的和，而且每个因素的个别影响都相互独立，那么这个随机变量也可以认为服从或近似服从正态分布.

若正态分布 $N(\mu,\sigma^2)$ 中的两个参数 $\mu=0,\sigma=1$ 时，相应的分布 $N(0,1)$ 称为标准正态分布. 标准正态分布的图形关于 y 轴对称，如图 6-9 所示.

通常用 $\varphi(x)$ 表示标准正态分布 $N(0,1)$ 的概率密度，用 $\Phi(x)$ 表示 $N(0,1)$ 的分布函数，即

$$\varphi(x)=\frac{1}{\sqrt{2\pi}}e^{-\frac{x^2}{2}},$$

$$\Phi(x)=P(X\leqslant x)=\int_{-\infty}^{x}f(t)\,dt=\int_{-\infty}^{x}\frac{1}{\sqrt{2\pi}}e^{-\frac{t^2}{2}}\,dt.$$

这说明若随机变量 $X\sim N(0,1)$，则事件 $\{X\leqslant x\}$ 的概率是标准正态分布曲线下小于 x 的区域面积，如图 6-10 表示的阴影部分的面积.

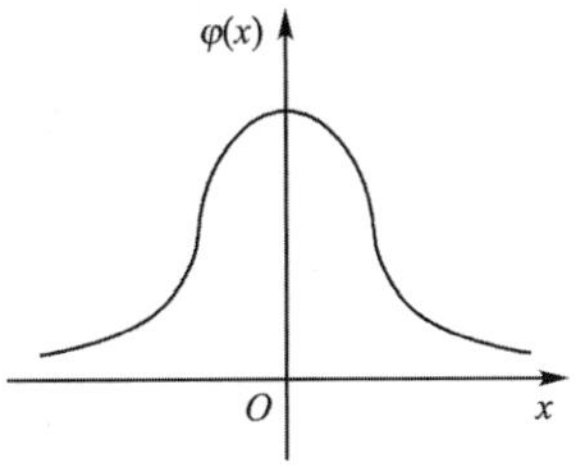

图 6-9　标准正态分布

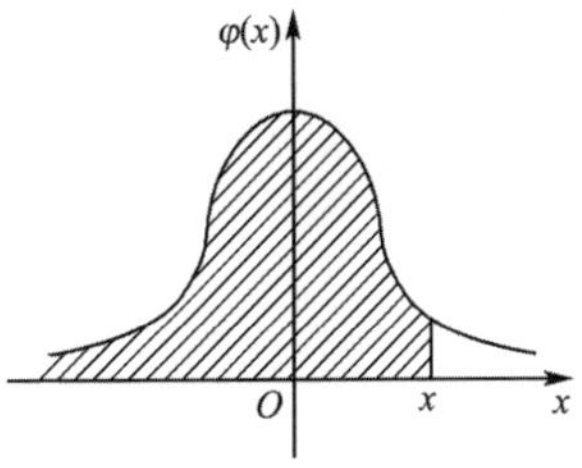

图 6-10　$\Phi(x)$ 的含义

不难得到事件 $\{a<X\leqslant b\}$ 的概率为

$$P(a<X\leqslant b)=\int_{a}^{b}\frac{1}{\sqrt{2\pi}}e^{-\frac{t^2}{2}}\,dt=\Phi(b)-\Phi(a).$$

由于 $\varphi(x)$ 为偶函数，故有（图 6-11）

$$\Phi(-x)=1-\Phi(x)$$

或

$$\Phi(x)=1-\Phi(-x),$$

$$\Phi(0)=0.5.$$

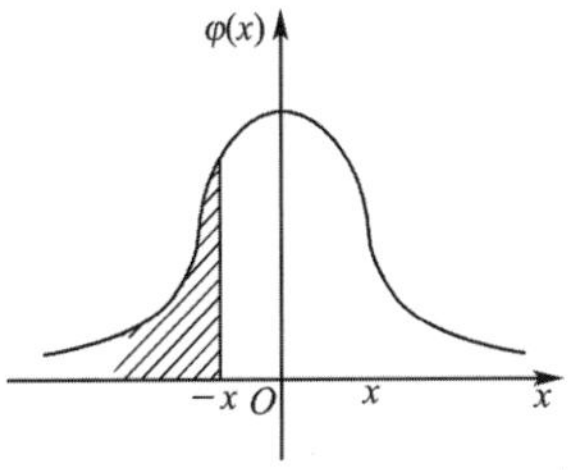

图 6-11　$\Phi(x)$ 的性质

例 10　设 $X\sim N(0,1)$，查标准正态分布表求：

(1) $P(X\leqslant 0.8)$；　(2) $P(X>0.4)$；　(3) $P(|X-1|\leqslant 2)$.

解　查标准正态分布表，得

(1) $P(X\leqslant 0.8)=\Phi(0.8)=0.7881$；

(2) $P(X>0.4)=1-P(X\leqslant -0.4)=1-\Phi(-0.4)$

$=1-[1-\Phi(0.4)]=\Phi(0.4)=0.6554$；

(3) $P(|X-1|\leqslant 2)=P(-2\leqslant X-1\leqslant 2)=P(-1\leqslant X\leqslant 3)=\Phi(3)-\Phi(-1)$

$=\Phi(3)-[1-\Phi(1)]=\Phi(3)+\Phi(1)-1$

$=0.9987+0.8413-1=0.84.$

【练习 7】　已知 $X\sim N(0,1)$，求：$P(X<2.5)$，$P(X<-2.5)$，$P(-1<X<2)$.

解　$P(X<2.5)=\Phi(2.5)=($　　　$)$；

$P(X<-2.5)=\Phi(-2.5)=1-\Phi(2.5)=($　　　$)$；

$P(-1<X<2)=\Phi(2)-\Phi(-1)=($　　　$)$.

非标准正态分布的概率计算可通过如下定理转换为查标准正态分布表的计算.

定理 若随机变量 $X\sim N(\mu,\sigma^2)$，随机变量 $Y=\frac{X-\mu}{\sigma}\sim N(0,1)$，则线性代换 $Y=\frac{X-\mu}{\sigma}$ 称为随机变量 X 的标准正态化.

例 11 设 $X\sim N(1,0.2^2)$，求：$P(X<1.2)$，$P(0.7\leqslant X<1.1)$.

解 设 $Y=\frac{X-\mu}{\sigma}=\frac{X-1}{0.2}$，则 $Y\sim N(0,1)$，于是

$$P(X<1.2)=P\left(Y<\frac{1.2-1}{0.2}\right)=P(Y<1)=\Phi(1)=0.841\ 3,$$

$$\begin{aligned}P(0.7\leqslant X<1.1)&=P\left(\frac{0.7-1}{0.2}\leqslant\frac{X-1}{0.2}<\frac{1.1-1}{0.2}\right)\\&=P(-1.5\leqslant Y<0.5)\\&=\Phi(0.5)-\Phi(-1.5)\\&=\Phi(0.5)+\Phi(1.5)-1\\&=0.691\ 5+0.933\ 2-1\\&=0.624\ 7.\end{aligned}$$

【练习 8】 设 $X\sim N(1,4)$，求：$P(X\leqslant 3)$，$P(1<X<3)$.

例 12 已知某车间工人完成某道工序的时间 X 服从正态分布 $N(10,3^2)$，问：

(1)从该车间任选一人，其完成该道工序的时间不到 7 分钟的概率；

(2)为了保证生产连续进行，要求以 95%的概率保证该道工序上工人完成工作的时间不超过 15 分钟，这一要求能否得到保证？

解 根据已知条件，$X\sim N(10,3^2)$，故 $Y=\frac{X-10}{3}\sim N(0,1)$.

$$(1)P(X<7)=P\left(\frac{X-10}{3}<\frac{7-10}{3}\right)=P(Y<-1)=\Phi(-1)$$

$$=1-\Phi(1)=1-0.841\ 3=0.158\ 7,$$

即从该车间任选一人，其完成该道工序的时间不到 7 分钟的概率是 0.158 7.

$$(2)P(X\leqslant 15)=P\left(Y\leqslant\frac{15-10}{3}\right)=\Phi(1.67)=0.952\ 5>0.95.$$

即该道工序以 95%的概率保证该道工序上工人完成工作的时间不超过 15 分钟，因此可以保证生产连续进行.

【练习 9】 设我国某城市男子的身高 X(单位：cm)服从正态分布 $N(168,36)$，试求：

(1)男子身高在 170 cm 以上的概率；

(2)为使 99%以上的男子上公共汽车不致碰到车门上沿，当地的公共汽车门框应设为多少厘米？

解 根据已知条件，$X\sim N(168,36)$，故

(1)$P(X>170)=($　　　　　$)$；

(2)设公共汽车的车门高度为 y，由题意，需要使 $P(X\geqslant y)<1\%$，$X\sim N(168,36)$，则 $P(X\leqslant y)=$ (　　　) >0.99，查表得 $\frac{y-168}{6}>2.33$，则 $X>182$，即公共汽车车门的高度设计为 182 cm，可确保 99%以上的男子头部不跟车门上沿碰撞.

自然界中很多现象都大致服从正态分布，成年人的身高数据也服从正态分布. 2020 年 12 月 23 日发布的《中国居民营养与慢性病状况报告(2020 年)》显示，18～44 岁中国男性平均身高 169.7 厘米，中国女性平均身高 158.0 厘米，与 2015 年发布结果相比分别增加 1.2 厘米和 0.8 厘米. 显然，人民生活水平显著提高，使得中国成人平均身高增长.

邂逅正态分布的发现历程

正态分布概率密度 $f(x)$ 的表达式奇特、美妙，数学家当年又是如何在实际应用中发现其分布的，如何推导出其表达式的呢，今天让我们沿着数学家的足迹重走正态分布的发现之路，来揭开她的神秘面纱，体味科学探索的乐趣.

正态分布是由法国数学家棣莫弗和德国“数学王子”高斯各自独立发现的. 1733 年，棣莫弗在寻找二项公式近似计算方法时，以无穷级数为工具，发现了二项分布在 $p=\frac{1}{2}$ 时的极限分布是正态分布. 在此基础上，拉普拉斯于 1774 年对棣莫弗的结果进行推广，得到“无论 $p(0<p<1)$ 为多少，二项分布的极限分布都是正态分布”的结论，建立了中心极限定理较一般的形式，即今天的棣莫弗 - 拉普拉斯中心极限定理. 棣莫弗、拉普拉斯两位数学家沿着中心极限定理这一康庄大道第一次把我们领到了正态分布的家门口. 1809 年，高斯采用逆向思维巧妙地从误差函数入手，以微积分为基础，以极其简单的手法导出误差分布为正态分布，高斯沿着误差分析这一小径逆流而上，也走入了正态分布的家.

棣莫弗、拉普拉斯、高斯都在不同的数学文化背景下，从不同的角度入手，采用不同的方法，得到相同的结论，可谓殊途同归. 正态分布作为一种统计模型在 19 世纪鹤立鸡群，傲视其他一切概率分布；甚至一些学者把 19 世纪的数理统计学称为正态分布的统治时代. 纵观概率论与数理统计今日的发展，这三位数学家功不可没.

通过了解和比较正态分布发现过程中的不同数学思维、数学文化，以更深厚的感情去体味每一个定义、定理背后的故事，近距离地接触“数学大家”的思想、智慧，以更广阔的视野去认识数学的博大精深，在共同探索的氛围下激发探究、创新的勇气，潜移默化地提高数学素养.

6.3.3 随机变量的分布函数

分布列和概率密度都是用来刻画随机变量的分布情况的，只不过是针对不同类型的随机变量. 为了使随机变量有一个统一的描述方式，我们需要引入分布函数的概念.

随机变量的分布函数

定义 3 设 X 是一个随机变量，称函数 $F(x)=P(X\leqslant x)$ 为随机变量 X 的**分布函数**，记作 $F_X(x)$ 或 $X\sim F(x)$.

对于离散型随机变量 X，其概率密度分布见表 6-13.

表 6-13　概率密度分布

X	x_1	x_2	$\cdots$	x_n	$\cdots$
P	p_1	p_2	$\cdots$	p_n	$\cdots$

则它的分布函数为

$$F(x)=P(X\leqslant x)=\sum_{x_i\leqslant x}p_i.$$

对于连续型随机变量 X，其概率密度为 $f(t)$，则它的分布函数为

$$F(x)=P(X\leqslant x)=\int_{-\infty}^{x}f(t)\mathrm{d}t.$$

它是一个变上限的无穷积分，由微积分的知识可知，在 $f(x)$ 的连续点 x 处，有

$$F'(x)=f(x),$$

也就是说如果密度函数连续，那么密度函数是分布函数的导数.

从定义 3 可知，分布函数实际上就是概率分布或概率密度的“累计和”，分布函数与概率分布或概率密度只要知道其一，另一个就可以求得.

分布函数 $F(x)$ 具有如下性质:

性质 1 $0\leqslant F(x)\leqslant 1$.

性质 2 $F(x)$ 是单调不减函数,且

$$F(+\infty)=\lim_{x\to+\infty}F(x)=1,F(-\infty)=\lim_{x\to-\infty}F(x)=0.$$

性质 3 $\sum_{a<x_i<b}p_i=F(b)-F(a)$ 或 $\int_a^b f(x)\mathrm{d}x=F(b)-F(a)$.

例 13 设随机变量 X 的概率分布如表 6-14 所示.

表 6-14 概率分布

X	-1	0	2
P	0.3	0.5	0.2

求 X 的分布函数.

解 当 $x<-1$ 时,因为事件 $\{X\leqslant x\}=\varnothing$,所以

$$F(x)=0.$$

当 $-1\leqslant x<0$ 时,有

$$F(x)=P(X\leqslant x)=P(X=-1)=0.3.$$

当 $0\leqslant x<1$ 时,有

$$F(x)=P(X\leqslant x)=P(X=-1)+P(X=0)=0.5+0.3=0.8.$$

当 $x\geqslant 1$ 时,有

$$F(x)=P(X\leqslant x)=P(X=-1)+P(X=0)+P(X=1)=0.3+0.5+0.2=1.$$

故

$$F(x)=P(X\leqslant x)=\begin{cases}0, & x<-1\\ 0.3, & -1\leqslant x<0\\ 0.8, & 0\leqslant x<1\\ 1, & x\geqslant 1\end{cases}.$$

例 14 设随机变量 X 的概率密度是

$$f(x)=\begin{cases}\dfrac{1}{b-a}, & a\leqslant x\leqslant b\\ 0, & \text{其他}\end{cases}\quad(a<b),$$

求 X 的分布函数 $F(x)$.

解 由分布函数定义 $F(x)=P(X\leqslant x)=\int_{-\infty}^{x}f(t)\mathrm{d}t$,可得

当 $x<a$ 时,$f(x)=0$,故 $F(x)=0$;

当 $a\leqslant x<b$ 时,$f(x)=\dfrac{1}{b-a}$,故

$$F(x)=\int_{-\infty}^{x}f(t)\mathrm{d}t=\int_a^x\frac{1}{b-a}\mathrm{d}t=\frac{x-a}{b-a};$$

当 $b\leqslant x$ 时,$f(x)=0$,故

$$F(x)=\int_{-\infty}^{x}f(t)\mathrm{d}t=\int_{-\infty}^{a}0\mathrm{d}t+\int_a^b\frac{1}{b-a}\mathrm{d}t+\int_b^x 0\mathrm{d}t=1,$$

所以

$$F(x)=P(X\leqslant x)=\begin{cases}0, & x<a\\ \dfrac{x-a}{b-a}, & a\leqslant x<b\\ 1, & x\geqslant b\end{cases}.$$

【练习 10】 已知随机变量 X 的分布列如表 6-15 所示.

表 6-15　分布列

X	0	1	2
P	$\frac{1}{3}$	$\frac{1}{6}$	$\frac{1}{2}$

求 X 的分布函数.

解　当 $x<0$ 时,x 取小于 0 的值.

$$F(x)=P(X\leqslant x)=(\qquad).$$

当 $0\leqslant x<1$ 时,有

$$F(x)=P(X\leqslant x)=P(X=0)=(\qquad).$$

当 $1\leqslant x<2$ 时,有

$$F(x)=P(X\leqslant x)=P(X=0)+P(X=1)=(\qquad)+(\qquad)=(\qquad).$$

当 $x\geqslant 2$ 时,有

$$F(x)=P(X\leqslant x)=P(X=0)+P(X=1)+P(X=2)$$
$$=(\qquad)+(\qquad)+(\qquad)=(\qquad).$$

综上所述,随机变量 X 的分布函数为

$$F(x)=\begin{cases}(\qquad\qquad), & x<0\\ (\qquad\qquad), & 0\leqslant x<1\\ (\qquad\qquad), & 1\leqslant x<2\\ (\qquad\qquad), & x\geqslant 2\end{cases}.$$

同步训练 6-3

1. 判断题

(1) $P(X=k)=\frac{1}{2^k}, k=1,2,3,4$ 是随机变量 X 的分布列.　(　　)

(2) 设 $X\sim N(1,4)$, $P(-1<X<2)=\Phi\left(\frac{2-1}{4}\right)-\Phi\left(\frac{-1-1}{4}\right)$.　(　　)

(3) 函数 $f(x)=\cos x$ 在 $\left[0,\frac{\pi}{2}\right]$ 可作为随机变量的密度函数.　(　　)

(4) 函数 $F(x)=\begin{cases}\sin x, & 0\leqslant x\leqslant \sin x\\ 0, & 其他\end{cases}$,不可作为随机变量的分布函数.　(　　)

2. 填空题

(1) $F(x)$ 是随机变量 X 的分布函数,则 $F(+\infty)=$________;$F(-\infty)=$________.

(2) 随机变量 X 的密度函数为

$$f(x)=\begin{cases}\dfrac{1}{\pi\sqrt{1-x^2}}, & |x|<1\\ 0, & 其他\end{cases}$$

则 X 落在区间 $\left(-\frac{1}{2},\frac{1}{2}\right)$ 内的概率为________.

(3)设随机变量 X 的分布函数为 $F(x)=\begin{cases}1-e^{-x}, & x\geqslant 0\\ 0, & x<0\end{cases}$,则 $f(x)=$________________,$P(X\leqslant 2)=$________,$P(X>3)=$________.

(4)正态分布的密度函数为________________,当参数 $\mu=$________,$\sigma^2=$________时称为标准正态分布.

(5)设随机变量 X 的分布函数为

$$F(x)=\begin{cases}0, & x<0\\ x^2, & 0\leqslant x\leqslant 1\\ 1, & x>1\end{cases}$$

则其密度函数为 $f(x)=$________________,$P(0.2<X<0.5)=$________.

3. 选择题

(1)随机变量的分布列为

X	-2	-1	0	1	2	3
P_X	$\frac{a}{2}$	$\frac{a}{3}$	$\frac{a}{4}$	$\frac{a}{4}$	$\frac{a}{6}$	a^2

则常数 a 的值为(　　).

A. $\frac{2}{5}$　　B. $\frac{1}{2}$　　C. $\frac{1}{3}$　　D. $\frac{1}{2}$或-2

(2)设 $X\sim N(\mu,\sigma^2)$,若 $P(\mu-k\sigma<X<\mu+k\sigma)=0.99$,则 k 的值应为(　　).

A. 1.96　　B. 1.65　　C. 2.58　　D. 2.56

(3)设 $X\sim N(1,4)$,则 $P(-1\leqslant X<3)=$(　　).

A. 2　　B. $\frac{1}{2}$　　C. 1　　D. $\frac{2}{3}$

(4)设 $X\sim N(\mu,\sigma^2)$,且 $\mu=25$,$P(15<X<20)=0.2$,则 $P(30<X<35)=$(　　).

A. 0.2　　B. 0.4　　C. 0.3　　D. 以上都不是

6.4　数学期望与方差

随机变量的分布函数能完整地描述随机变量的分布情况.但在许多实际问题中,这并不是一件容易的事,有时我们也并不需要去全面考察随机变量的变化情况,可以根据随机变量的一些重要数值对它做一个大致的了解,我们把这些重要的数值叫作**随机变量的数字特征**.为此,本节将介绍能够反映随机变量取值的集中性和分散性的数字特征——**数学期望和方差**.

6.4.1　随机变量的数学期望及其性质

1. 离散型随机变量的数学期望

随机变量的期望

考虑在 1 000 次重复试验中,设离散型随机变量 X 取值为 100 有 300 次,取值为 200 有 700 次,即事件 $X=100$ 发生的频率为 0.3,事件 $X=200$ 发生的频率为 0.7,这时可以认为离散型随机变量 X 的概率分布如表 6-16 所示.

表 6-16　概率分布

X	100	200
P	0.3	0.7

尽管离散型随机变量 X 的所有取值只有两个,即 $X=100$ 与 $X=200$,但能否认为它取值的平均

值 $\overline{X}=\frac{1}{2}\times(100+200)=150$？这样做是不行的，因为它取值为 100 与取值为 200 的可能性是不相同的，所以它取值的平均值不应该是 100 与 200 的算术平均值. 那么如何计算它取值的平均值 $\overline{X}$ 呢？由于在 1 000 次重复试验中，它取值为 100 有 300 次，取值为 200 有 700 次，于是它取值的平均值

$$\overline{X}=\frac{1}{1\ 000}\times(100\times300+200\times700)=100\times0.3+200\times0.7=170.$$

说明离散型随机变量 X 的平均值等于它的所有可能取值与对应概率乘积之和，是以所有可能取值对应概率为权重的加权平均. 由于它取值为 200 的概率大于取值为 100 的概率，所以它取值的平均值偏向 $X=200$ 的方向.

定义 1 设离散型随机变量 X 的概率分布列为

$$P(X=x_k)=p_k,\quad k=1,2,\cdots$$

若级数 $\sum\limits_k x_k p_k$ 绝对收敛，则称和数 $\sum\limits_k x_k p_k$ 为随机变量 X 的**数学期望**，简称**期望**，记作 $E(X)$.

例 1 设 X 的概率分布如表 6-17 所示.

表 6-17 概率分布

X	-1	0	2	3
$P(X=x_i)=p_i$	$\frac{1}{8}$	$\frac{1}{4}$	$\frac{3}{8}$	$\frac{1}{4}$

求 $E(X)$.

解 $E(X)=(-1)\times\frac{1}{8}+0\times\frac{1}{4}+2\times\frac{3}{8}+3\times\frac{1}{4}=\frac{11}{8}.$

例 2 某地区规划在某新建住宅区增加商业网点，提出两种方案：建一个大型连锁超市，或者建若干个便利店. 估计建大型连锁超市要投资 100 万元，建若干个便利店要投资 16 万元. 两个方案的年损益值以及经营状况的概率见表 6-18.

表 6-18 年损益值以及经营状况的概率

概率	经营状况	建大型连锁超市年收益	建若干个便利店年收益
0.7	好	50 万元	24 万元
0.3	差	−10 万元	5 万元

如果不考虑货币的时间价值，以 10 年总净收益的多少决定方案的优劣，应选择哪种投资方案？

解 计算各方案的损益期望值.

建大型连锁超市，

$$年收益期望值=50\times0.7+(-10)\times0.3=35-3=32(万元),$$

$$10\ 年总净收益=32\times10-100=220(万元);$$

建若干个便利店，

$$年收益期望值=24\times0.7+5\times0.3=16.8+1.5=18.3(万元),$$

$$10\ 年总净收益=18.3\times10-16=167(万元).$$

两者比较，应选择建大型连锁超市方案.

【练习 1】 某化妆品公司近几年销售收益 X(单位：百万)的概率分布如表 6-19 所示，试预测该公司下一年度的期望收益是多少？

表 6-19 概率分布

X	4	5	6	7	8
$P(X=x)$	0.05	0.20	0.35	0.30	0.10

解　$E(X)=($　　　　　　　　　　　　　$)$(百万).

因此,可以预测下一年度的期望收益是(　　　　　　　)百万.

2. 连续型随机变量的数学期望

定义 2　设连续型随机变量 X 的概率密度是 $f(x)$,若积分 $\int_{-\infty}^{+\infty}|x|f(x)\mathrm{d}x$ 收敛,则称积分 $\int_{-\infty}^{+\infty}|x|f(x)\mathrm{d}x$ 为随机变量 X 的**数学期望**,简称**期望**,记为 $E(X)$.

例 3　已知连续型随机变量 X 的概率密度为

$$f(x)=\begin{cases}\frac{1}{4}x, & 1\leqslant x\leqslant 3,\\ 0, & \text{其他}\end{cases}$$

求数学期望 $E(X)$.

解　根据连续型随机变量数学期望的计算公式,得到数学期望

$$\begin{aligned}E(X)&=\int_{-\infty}^{+\infty}xf(x)\mathrm{d}x=\int_{-\infty}^{1}xf(x)\mathrm{d}x+\int_{1}^{3}xf(x)\mathrm{d}x+\int_{3}^{+\infty}xf(x)\mathrm{d}x\\&=\int_{-\infty}^{1}0\mathrm{d}x+\int_{1}^{3}x\cdot\frac{1}{4}x\,\mathrm{d}x+\int_{3}^{+\infty}0\mathrm{d}x\\&=0+\frac{1}{4}\int_{1}^{3}x^{2}\mathrm{d}x+0=\frac{1}{12}x^{3}\Big|_{1}^{3}\\&=\frac{1}{12}\times(27-1)=\frac{13}{6}.\end{aligned}$$

【练习 2】　已知连续型随机变量 X 的概率密度为 $f(x)=\begin{cases}\frac{1}{b-a}, & a\leqslant x\leqslant b\\ 0, & \text{其他}\end{cases}$,求数学期望 $E(X)$.

3. 数学期望的性质

随机变量 X 的数学期望具有下列性质:

性质 1　对任意的常数 a,b,有 $E(aX+b)=aE(X)+b$,

当 $a=0$ 时,就得到常量的数学期望 $E(b)=b$.

性质 2　两个随机变量 X,Y,则 $E(X+Y)=E(X)+E(Y)$.

性质 3　两个随机变量 X,Y 相互独立,则 $E(XY)=E(X)E(Y)$.

例 4　王女士是 A 金融公司的中层管理者,她根据自己的业绩估计在目前的职位上,第二年她的薪水将服从表 6-20 的概率分布. 现一家竞争对手 B 公司给她提供了一个诱人的职位并且在 A 公司薪水的基础上,增加了 20%的薪水,加上签约的奖金 16 万元,试求第二年王女士分别在 A 公司和 B 公司任职的年薪的期望值.

表 6-20　　**概率分布**

薪水 X(万元)	100	105	108	110	120
$P(X)$	0.15	0.20	0.25	0.20	0.20

解　根据题意 X 表示在目前的职位上第二年王女士在 A 公司的年薪,则 X 的期望值为

$$E(X)=100\times0.15+105\times0.20+108\times0.25+110\times0.20+120\times0.20=109\text{(万元)}.$$

设 Y 表示第二年王女士在 B 公司任职的年薪,根据题意

$$Y=1.2X+16,$$

则 Y 的期望值为

$$E(Y)=E(1.2X+16)=1.2E(X)+16=1.2\times 109+16=146.8\ (\text{万元}).$$

【练习 3】 已知随机变量 X 的数学期望 $E(X)=-2$，则数学期望 $E(3X-7)=($　　$)$.

6.4.2 随机变量的方差及其性质

随机变量的方差

1. 离散型随机变量的方差

考察离散型随机变量 X，已知它的概率分布如表 6-21 所示.

表 6-21　概率分布

X	3	4	5
P	0.1	0.8	0.1

其数学期望

$$E(X)=3\times 0.1+4\times 0.8+5\times 0.1=4.$$

再考察离散型随机变量 Y，已知它的概率分布如表 6-22 所示.

表 6-22　概率分布

Y	1	4	7
P	0.4	0.2	0.4

其数学期望

$$E(Y)=1\times 0.4+4\times 0.2+7\times 0.4=4.$$

尽管离散型随机变量 X 与 Y 有相同的数学期望，但离散型随机变量 Y 的取值比离散型随机变量 X 的取值要分散，表明仅有数学期望不足以完整描述离散型随机变量的分布特征，还必须进一步研究它的取值对数学期望的离散程度.

对于离散型随机变量 X，若其数学期望 $E(X)$ 存在，则称差 $X-E(X)$ 为离散型随机变量 X 的离差. 离差 $X-E(X)$ 当然也是一个离散型随机变量，它的可能取值有正有负，也可能为零，而且它的数学期望等于零，因此不能用离差的数学期望衡量离散型随机变量 X 对数学期望 $E(X)$ 的离散程度. 为了消除离差 $X-E(X)$ 可能取值为负的影响，采用离差平方 $(E-E(X))^2$ 的数学期望衡量离散型随机变量 X 对数学期望 $E(X)$ 的离散程度.

定义 3　设 X 是一个随机变量，若 $E(X-E(X))^2$ 存在，则称 $E(X-E(X))^2$ 为 X 的方差，记为 $D(X)$，称 $\sqrt{D(X)}$ 为 X 的**标准差**.

若离散型随机变量 X 的分布列如表 6-23 所示.

表 6-23　分布列

X	x_1	x_2	x_3	…	x_n	…
P	p_1	p_2	p_3	…	p_n	…

则称

$$D(X)=\sum_k (x_k-E(x))^2 p_k$$

为随机变量 X 的方差.

一般情况下，直接根据定义计算离散型随机变量的方差比较麻烦，下面给出计算方差的简便公式.

定理 1　已知离散型随机变量 X 的概率分布如表 6-24 所示.

表 6-24　概率分布

X	x_1	x_2	x_3	$\cdots$	x_n	$\cdots$
P	p_1	p_2	p_3	$\cdots$	p_n	$\cdots$

则其方差

$$D(X)=E(X^2)-(E(X))^2$$

其中数学期望 $E(X^2)=\sum_i x_i^2 p_i$.

例 5　某工厂生产一批商品，其中一等品占$\frac{1}{2}$，每件一等品获利 3 元；二等品占$\frac{1}{3}$，每件二等品获利 1 元；次品占$\frac{1}{6}$，每件次品亏损 2 元. 求任取 1 件商品获利 X 的数学期望 $E(X)$ 与方差 $D(X)$.

解　离散型随机变量 X 的所有可能取值为 -2，1 及 3，取这些值的概率依次为$\frac{1}{6}$，$\frac{1}{3}$及$\frac{1}{2}$，因而任取 1 件商品获利 X 的概率分布可用列表法表示为表 6-25.

表 6-25　概率分布

X	-2	1	3
P	$\frac{1}{6}$	$\frac{1}{3}$	$\frac{1}{2}$

所以数学期望

$$E(X)=(-2)\times\frac{1}{6}+1\times\frac{1}{3}+3\times\frac{1}{2}=\frac{3}{2}.$$

说明每件商品平均获利$\frac{3}{2}=1.5$ 元.

又由于数学期望

$$E(X^2)=(-2)^2\times\frac{1}{6}+1^2\times\frac{1}{3}+3^2\times\frac{1}{2}=\frac{11}{2},$$

所以方差

$$D(X)=E(X^2)-(E(X))^2=\frac{11}{2}-\left(\frac{3}{2}\right)^2=\frac{13}{4},$$

即所求方差为$\frac{13}{4}$.

【练习 4】　已知离散型随机变量 X 的概率分布如表 6-26 所示.

表 6-26　概率分布

X	1	2	3
P	$\frac{1}{2}$	$\frac{1}{3}$	$\frac{1}{6}$

试求：(1)数学期望 $E(X)$；(2)方差 $D(X)$.

解　(1)数学期望

$$E(X)=\sum_{i=1}^{3}x_i p_i=(\qquad\qquad\qquad);$$

(2)方差

$$E(X^2)=\sum_{i=1}^{3}x_i^2p_i=(\qquad)=(\qquad);$$

$$D(X)=E(X^2)-(E(X))^2=(\qquad)=\frac{5}{9}.$$

由方差公式可见,方差是随机变量 X 所取之值与 $E(X)$ 的距离平方的平均值. 因此,方差小说明随机变量所取的值比较集中,方差大说明随机变量所取的值比较分散. 我们常用方差来分析问题的波动程度与风险.

2. 连续型随机变量的方差

根据计算离散型随机变量方差的思路,给出连续型随机变量的方差.

定义 4 已知连续型随机变量 X 的概率密度是 $f(x)$,若其数学期望 $E(X)$ 存在,且广义积分 $\int_{-\infty}^{+\infty}(x-E(X))^2f(x)\mathrm{d}x$ 即 $E(X-E(X))^2$ 收敛,则称广义积分

$$\int_{-\infty}^{+\infty}(x-E(X))^2f(x)\mathrm{d}x$$

为连续型随机变量 X 的方差,记作

$$D(X)=\int_{-\infty}^{+\infty}(x-E(X))^2f(x)\mathrm{d}x=E(X-E(X))^2.$$

定理 2 已知连续型随机变量 X 的概率密度为 $f(x)$,则其方差

$$D(X)=E(X^2)-(E(X))^2$$

其中数学期望

$$E(X^2)=\int_{-\infty}^{+\infty}x^2f(x)\mathrm{d}x.$$

值得注意的是:任何一个连续型随机变量 X 的数学期望 $E(X)$、方差 $D(X)$ 都不再是随机变量,而是某个确定的常量. 一般情况下,数学期望

$$E(X^2)\neq(E(X))^2.$$

例 6 已知连续型随机变量 X 的概率密度为

$$f(x)=\begin{cases}2x, & 0\leqslant x\leqslant 1\\ 0, & 其他\end{cases},$$

试求:(1) 数学期望 $E(X)$;(2) 方差 $D(X)$.

解 (1) 数学期望

$$E(X)=\int_{-\infty}^{+\infty}xf(x)\mathrm{d}x=\int_0^1 x\cdot 2x\,\mathrm{d}x=2\int_0^1 x^2\mathrm{d}x$$

$$=\frac{2}{3}x^3\Big|_0^1=\frac{2}{3}\times(1-0)=\frac{2}{3}.$$

(2)

$$E(X^2)=\int_{-\infty}^{+\infty}x^2f(x)\mathrm{d}x=\int_0^1 x^2\cdot 2x\,\mathrm{d}x=2\int_0^1 x^3\mathrm{d}x$$

$$=\frac{1}{2}x^4\Big|_0^1=\frac{1}{2}\times(1-0)=\frac{1}{2},$$

$$D(X)=E(X^2)-(E(X))^2=\frac{1}{2}-\left(\frac{2}{3}\right)^2=\frac{1}{18}.$$

【练习 5】 已知连续型随机变量 X 的概率密度为

$$f(x)=\begin{cases}x, & 1<x<\sqrt{3} \\ 0, & \text{其他}\end{cases},$$

试求:(1)数学期望 $E(X)$;(2)方差 $D(X)$.

解 (1)数学期望

$$E(X)=\int_{-\infty}^{+\infty}xf(x)\mathrm{d}x=(\qquad)=(\qquad)=(\qquad)=\sqrt{3}-\frac{1}{3}.$$

(2) 数学期望

$$E(X^2)=\int_{-\infty}^{+\infty}x^2f(x)\mathrm{d}x=(\qquad\qquad)=(\qquad)=2,$$

方差

$$D(X)=E(X^2)-(E(X))^2=2-\left(\sqrt{3}-\frac{1}{3}\right)^2=\frac{6\sqrt{3}-10}{9}.$$

3. 方差的性质

性质 1 常数的方差等于零

$$D(C)=0\quad(C\text{ 为常数}).$$

性质 2 常数与随机变量乘积的方差等于该常数的平方与随机变量方差的乘积,即

$$D(CX)=C^2D(X)\quad(C\text{ 为常数}).$$

性质 3 两个相互独立的随机变量之和的方差等于这两个随机变量方差的和,即

$$D(X+Y)=D(X)+D(Y).$$

例 7 已知随机变量 X 的方差 $D(X)=2$,求方差 $D(-2X+5)$.

解 根据随机变量方差的性质,得到方差

$$D(-2X+5)=(-2)^2D(X)=(-2)^2\times2=8.$$

【练习 6】 设 X 为随机变量,若方差 $D(2X)=2$,则方差 $D(X)=(\quad)$.

4. 常见分布的数学期望和方差

(1)二项分布 $X\sim B(n,p)$,其分布列为

$$p_k=P(X=k)=C_n^kp^kq^{n-k}\quad(p+q=1,k=0,1,2,\cdots,n),$$

$$E(X)=np,D(X)=npq.$$

(2)均匀分布 $X\sim U(a,b)$,其密度函数为

$$f(x)=\begin{cases}\dfrac{1}{b-a}, & a\leqslant x\leqslant b \\ 0, & \text{其他}\end{cases},$$

$$E(X)=\frac{a+b}{2},D(X)=\frac{(b-a)^2}{12}.$$

(3)指数分布 $X\sim E(a,\theta)$,其密度函数为

$$f(x)=\begin{cases}\dfrac{1}{\theta}\mathrm{e}^{-\frac{x-a}{\theta}}, & x\geqslant a \\ 0, & \text{其他}\end{cases},$$

$$E(X)=a+\theta,D(X)=\theta^2.$$

(4)正态分布 $X \sim N(\mu,\sigma^2)$，其密度函数为

$$f(x)=\frac{1}{\sigma\sqrt{2\pi}}e^{-\frac{(x-\mu)^2}{2\sigma^2}} \quad (-\infty<x<+\infty),$$

$$E(X)=\mu, D(X)=\sigma^2.$$

由此可知，正态分布 $N(\mu,\sigma^2)$ 中的两个参数 μ,σ^2 即为正态分布的期望和方差.

6.4.3 应用拓展

例 8 某经营管理专业毕业生应聘于一家生产医疗器械的企业，现有两个岗位可供选择，一个是到销售部门搞销售，收入高低取决于产品的销售情况. 若产品销售好，月收入为 8 000 元，若产品销售平平，月收入只有 3 000 元. 另一个是到企管部门当办事员，一般情况下，月收入为 6 000 元，若企业经营状况不佳，每月只能获得 1 000 元的生活补助. 现了解到上述两个岗位的月收入及其概率分别如表 6-27 和表 6-28 所示.

表 6-27　销售部门收入及其对应概率　单位：元

销售部门收入 X	8 000	3 000
$P(X)$	0.5	0.5

表 6-28　办事员收入及其对应概率　单位：元

办事员收入 Y	6 000	1 000
$P(Y)$	0.9	0.1

该毕业生应如何选择？

解 一般情况下，毕业生就业时首先考虑的是收入，因此根据题意，两个岗位的月收入的期望值为

$$E(X)=8\ 000\times0.5+3\ 000\times0.5=5\ 500(元),$$

$$E(Y)=6\ 000\times0.9+1\ 000\times0.1=5\ 500\ (元).$$

由此可见，两个岗位的月收入的期望值相同，无法进行选择. 而

$$D(X)=(8\ 000-5\ 500)^2\times0.5+(3\ 000-5\ 500)^2\times0.5=6\ 250\ 000,$$

$$D(Y)=(6\ 000-5\ 500)^2\times0.9+(1\ 000-5\ 500)^2\times0.1=2\ 250\ 000,$$

即 $D(X)>D(Y)$，若考虑收入的稳定性应选择企管部门.

同步训练 6-4

1. 判断题

(1)若 C 为常量，则 $D(CX)=CD(X)$.　(　　)

(2)若 $X\sim B(p,n)$，则 $E(X)=p, D(X)=pq$.　(　　)

(3)若 X_1,X_2 是任意两随机变量，则 $E(X_1X_2)=E(X_1)E(X_2), D(X_1+X_2)=D(X_1)+D(X_2)$.　(　　)

(4)若 $X\sim P(\lambda)$，则 $D(X)=E(X)=\lambda$.　(　　)

2. 填空题

(1)设变量 X 的分布列为 $P(X=k)=\frac{1}{4}, k=1,2,3,4$，则 $E(X)=$________，$D(X)=$________.

(2)设随机变量 X 的密度函数为 $f(x)=\begin{cases}\dfrac{1}{\pi\sqrt{1-x^2}}, & |x|\leqslant 1\\ 0, & |x|>1\end{cases}$,则 $E(X)=$________,$D(X)=$________.

(3)设随机变量 X 的密度函数为 $f(x)=\begin{cases}\dfrac{3}{4}(2x-x^2), & 0<x<2\\ 0, & 其他\end{cases}$,则 $E(X)=$________,$D(X)=$________.

(4)设 $X\sim B(n,p)$,且 $E(X)=24$,$D(X)=16$,则 $p=$________,$n=$________.

3. 选择题

(1)10 件产品中有 3 件次品,从中任取 3 件,抽出 3 件中次品数的数学期望是(　　).

A. 0.8　　B. 0.6　　C. 0.9　　D. 0.5

(2)设随机变量 X 的密度函数为 $f(x)=\begin{cases}x, & 0\leqslant x<1\\ 2-x, & 1\leqslant x<2\\ 0, & 其他\end{cases}$,则 $E(X)=$(　　).

A. $\dfrac{8}{3}$　　B. 1　　C. $\dfrac{10}{3}$　　D. $\dfrac{7}{3}$

(3)设随机变量 X 的密度函数为 $f(x)=\begin{cases}\dfrac{3}{5}(1+2x^2), & 0\leqslant x<1\\ 0, & 其他\end{cases}$,则 $D(X)=$(　　).

A. $\dfrac{11}{25}$　　B. $\dfrac{20}{25}$　　C. $\dfrac{2}{25}$　　D. 其他值

(4)设随机变量 $X\sim B(n,p)$,$n=100$,$p=0.4$,则 $D(2X+5)=$(　　).

A. 20　　B. 12　　C. 96　　D. 24

单元训练 6

1. 将 20 名运动员分成 2 队,每队 10 人,求技术最强的 2 名运动员被分在不同队的概率.

2. 设甲、乙两地根据多年的气象记录,知道一年中雨天的比例甲地占 20%,乙地占 18%,两地同时下雨占 12%,求已知在乙地下雨的条件下甲地下雨的概率.

3. 某城市有 50%的住户订日报,有 65%的住户订晚报,有 85%的住户订这两种报纸中的一种,求同时订这两种报纸的住户的比例.

4. 电源由电池 A 与两个并联的电池 B 和 C 串联而成,设电池 A,B,C 损坏的概率分别是 0.3,0.2,0.2,求电源完全不能工作的概率.

5. 已知事件 A,B 相互独立,且 $P(A\cup B)=0.6$,$P(A)=0.4$,求 $P(B)$.

6. 十个考签中,有四个较难的签,三个人参加抽签(不放回),甲先,乙次,丙最后. 记 A,B,C 分别表示甲、乙、丙各自抽到难签,求:(1)$P(AB)$;(2)$P(\overline{A}B)$;(3)$P(ABC)$.

7. 已知 $P(A)=\dfrac{1}{3}$,$P(B)=\dfrac{1}{4}$,且事件 A,B 相互独立,试求:$P(A\cup B)$,$P(A-B)$.

8. 某家电商场购进一批彩色电视机,经检验发现,外壳有损坏的有 4%,显像管有缺陷的有 5%,

其他部分发现有问题的有 8%，外壳和显像管都有问题的有 0.3%，显像管和其他部分都有问题的有 0.4%，外壳和其他部分都有问题的有 0.5%，三者都有问题的有 0.2%，若从中任取一件，问至少有一种问题的概率是多少？

9. 甲、乙两个乒乓球运动员进行单打比赛，如果每赛一局甲胜利的概率为 0.6，乙胜利的概率为 0.4，比赛既可采取三局两胜制，也可采取五局三胜制，问哪种比赛对甲有利？

10. 三名同学今年参加高考，根据历次模拟考试成绩分析，能考上重点大学的概率分别为 0.85，0.75，0.80. 试求：

(1)三位同学都能考上重点大学的概率；

(2)三位同学都考不上重点大学的概率.

11. 同时掷甲、乙两颗骰子，设 X 表示两颗骰子点数之和，试求 X 的分布列.

12. 某地居民年龄 X(岁)的密度函数为

$$f(x)=\begin{cases}k(x-24)(84-x)^2, & 24\leqslant x\leqslant 84\\ 0, & \text{其他}\end{cases}$$

求：(1)系数 k；

(2)该地区居民的平均年龄；

(3)小于平均年龄的人数与大于平均年龄的人数各占的人口百分比是多少？

13. 在一大批产品中，有 10%的次品，进行重复抽样检查，共取 5 件样品，设 X 为取得的次品数，求：

(1)X 的分布列；

(2)恰好抽到 2 件次品的概率；

(3)至多有 2 件次品的概率.

14. 无线电发出的信号被另一电台收到的概率为 0.2，信号每隔 5 秒钟发一次，直到收到对方的回答信号为止，发出信号与收到信号之间至少需 16 秒钟，求在双方建立联系之前，已发的信号的平均次数.

15. 设 $f(x)=\begin{cases}k(4x-2x^2), & 0<x<2\\ 0, & \text{其他}\end{cases}$ 是某连续型随机变量 X 的概率密度，求：

(1)常数 k；

(2)$P(1<X<3)$；

(3)$P(X<1)$.

16. 一位农场主的作物因缺水快要枯萎了，他必须决定是否进行灌溉. 如他进行灌溉，或者下雨的话，作物带来的利润是 1 000 元，但若缺水，利润只有 500 元，进行灌溉的成本是 100 元，该农场主的目标是预期利润最大化，如果农场主相信下雨的概率是 50%，他会灌溉吗？

单元6参考答案

单元任务评价表

组别：		模型名称：		成员姓名及个人评价			
项目	A级	B级	C级				
课堂表现情况20分	上课认真听讲，积极举手发言，积极参与讨论与交流	偶尔举手发言，有参与讨论与交流	很少举手，极少参与讨论与交流				
模型完成情况20分	观点明确，模型结构完整，内容无理论性错误，条理清晰，大胆尝试并表达自己的想法	模型结构基本完整，内容无理论性错误，有提出自己的不同看法，并做出尝试	观点不明确，模型无法完成，不敢尝试和表达自己的想法				
合作学习情况20分	善于与人合作，虚心听取别人的意见	能与人合作，能接受别人的意见	缺乏与人合作的精神，难以听进别人的意见				
个人贡献情况20分	能鼓励其他成员参与协作，能有条理地表达自己的意见，且意见对任务完成有重要帮助	能主动参与协作，能表达自己的意见，且意见对任务完成有帮助	需要他人督促参与协作，基本不能准确表达自己的意见，且意见对任务基本没有帮助				
模型创新情况20分	具有创造性思维，能用不同的方法解决问题，独立思考	能用老师提供的方法解决问题，有一定的思考能力和创造性	思考能力差，缺乏创造性，不能独立地解决问题				
教师评价							

小组自评评语：

单元 7

数理统计初步

知识目标

- 理解样本、总体、参数估计的概念.
- 会对总体的参数进行估计.
- 了解假设检验常见的两类错误.
- 了解线性回归的方法.

能力目标

- 会用样本对总体进行参数估计.
- 会用适当的统计量对总体的统计假设做出检验.
- 会建立回归方程,并进行简单的经济预测.

素质目标

- 由统计量的发现过程,体会不同的数学思维,在共同探索的氛围下激发探究、创新的勇气.利用假设检验,以科学的角度检验流感特效药是否有效,注意好疫情防控.
- 以科学的角度、严谨的态度利用线性回归在经济领域进行预测,弘扬精益求精,勇于创新的工匠精神.

课前准备

做好预习,搜集本单元相关资料.

课堂学习任务

单元任务七

(一)生产总值的预测

近年来,随着经济的发展,国内生产总值也逐年增长,现已知某市2013—2022年固定投资与国内生产总值的相关数据如下表所示.当2023年固定投资为300百万元时,试对2023年的国内生产总值进行预测.

某市2013—2022年固定投资与国内生产总值 单位:百万元

年份	固定资产投资	国内生产总值
2013	44	169
2014	45	185
2015	55	216

（续表）

年份	固定资产投资	国内生产总值
2016	80	266
2017	130	346
2018	170	467
2019	200	584
2020	229	678
2021	249	744
2022	284	783

(二)流感病毒特效药是否有效?

流感暴发时期，科学家不断研发、完善流感特效药以帮助治疗. 治疗的有效性我们从假设检验的角度思考：临床上该药物对病毒有效果还是无效果.

在该背景下，某制药企业研发的流感特效药进入临床测试阶段. 已知流感患者痊愈时间服从正态分布，且痊愈的平均时间是 72 小时，标准差是 8 小时. 现对 100 人进行临床试验，发现平均的痊愈时间是 69.6 小时，你认为该药物是否有效？($\alpha=0.05$)

7.1 数理统计的基本概念

在实际问题中，概率分布或数字特征往往不知道或知之甚少，常用的做法是对研究对象进行观察和试验，从中收集与研究有关的数据，以对随机变量的客观规律做出推测和判断. 数理统计就是研究这类问题的一个数学分支. 由于只能依靠有限的数据推断总体研究对象，因而研究的结论不可能绝对准确，总带有一定的不确定性，这种伴随一定概率的推断就是统计推断.

7.1.1 总体和样本

1. 总体与个体

我们研究对象的某个性质时，不是一一研究对象包含的所有个体，而是只研究其中的一部分. 通过对部分个体的研究，推断对象全体的性质. 我们将研究对象的某项数量指标的值的全体称为**总体**. 总体中的每个元素称为**个体**. 总体的任何一个数量指标都是一个随机变量，因此，通常用随机变量 X 表示总体，即总体是某个随机变量 X 可能取值的全体.

例如，研究某城市中学生的身高分布情况，此时全体中学生的身高是一个总体，而每个中学生的身高则是其中的个体.

2. 样本与样本容量

为了对总体的分布或某些特征进行研究，我们一般从总体中随机抽取部分个体进行试验观察，用整理分析得到的数据，对总体情况做出估计和推断. 从一个总体 X 中随机抽取的 n 个个体 $x_1,x_2,x_3,\cdots,x_n$ 称为总体 X 的一组**样本**. 样本中所含个体的数目称为**样本容量**.

例如，某中学有 520 名学生参加升学考试，从中随机抽取 60 名考生的总成绩进行分析，在这个调查中，抽取的 60 名考生的升学考试总成绩就是样本，样本容量为 60.

由于对总体特征的考察，信息来自于抽取的样本，因此要求样本应满足下述两条基本要求：

(1)独立性——$x_1,x_2,x_3,\cdots,x_n$ 是相互独立的随机变量；

(2)代表性——$x_1,x_2,x_3,\cdots,x_n$ 中的每一个个体都与总体 X 有相同的分布.

3. 特征数简介

一般将能够反映统计数据主要特征的数，称为统计数据的特征数(简称特征数).

定义 1 给定一组数据 $x_1,x_2,x_3,\cdots,x_n$，称 $\overline{x}=\frac{1}{n}(x_1+x_2+\cdots+x_n)=\frac{1}{n}\sum_{i=1}^{n}x_i$ 为数据 $x_1,x_2,x_3,\cdots,x_n$ 的均值.

例 1 商场销售一种新产品，统计第一星期每天的销售量，分别为(单位：个)：

$$35,38,45,32,37,43,44$$

求这个新产品平均每天的销售量是多少？

解 根据均值的计算公式得

$$\begin{aligned}\overline{x}&=\frac{1}{7}\times(35+38+45+32+37+43+44)\\&=\frac{1}{7}\times 274\approx 39(\text{个})\end{aligned}$$

即这种新产品平均每天销售约 39 个.

根据均值的计算公式，可以推断出关于均值计算的两个性质：

性质 1 $\sum_{i=1}^{n}(x_i-\overline{x})=0$.

证明 因为 $\overline{x}=\frac{1}{n}\sum_{i=1}^{n}x_i$，即

$$\begin{aligned}n\overline{x}&=\sum_{i=1}^{n}x_i=x_1+x_2+x_3+\cdots+x_n\\&=(x_1-\overline{x})+(x_2-\overline{x})+(x_3-\overline{x})+\cdots+(x_n-\overline{x})+n\overline{x},\end{aligned}$$

所以

$$\sum_{i=1}^{n}(x_i-\overline{x})=0.$$

性质 2 任给一个常数 c，总有 $\sum_{i=1}^{n}(x_i-c)^2\geqslant\sum_{i=1}^{n}(x_i-\overline{x})^2$，等号仅在 $c=\overline{x}$ 时成立.

用这两个性质，可以比较清楚地解释为什么均值可以作为一组数据的“代表性”数值. 对给定的 n 个数据 $x_1,x_2,x_3,\cdots,x_n$，如果随便使用一个数 c 去“代表”它们，就会有“代表”得好不好的问题. 由于 x_i-c 反映了常数 c 偏离 x_i 的程度，也就是 c 代表 x_i 的好坏，因此 $\sum_{i=1}^{n}(x_i-c)$ 的大小反映了 c 代表 $x_1,x_2,x_3,\cdots,x_n$ 这组数的好坏，但为了消除可能出现的各项正、负号互相抵消的影响，于是用

$$\sum_{i=1}^{n}(x_i-c)^2=(x_1-c)^2+(x_2-c)^2+(x_3-c)^2+\cdots+(x_n-c)^2$$

的大小来衡量 c 代表 $x_1,x_2,x_3,\cdots,x_n$ 这组数的好坏. 显然，代表性最好的 c 应使 $\sum_{i=1}^{n}(x_i-c)=0$，且 $\sum_{i=1}^{n}(x_i-c)^2$ 达到最小，而均值 $\overline{x}$ 恰好满足这两个性质，因此说 $\overline{x}$ 是数据 $x_1,x_2,x_3,\cdots,x_n$ 的代表性最好的数.

实际中，经常用样本的均值来估计总体的均值，或用均值代表总体，对不同的总体进行比较. 它具有计算简单、代表性强的特点，是研究社会经济现象中数量关系时最常用的指标，在统计分析中有着广泛的应用. 因此，均值对于制订计划、做出判断和进行预测都有十分重要的意义.

定义 2 给定一组数据 $x_1,x_2,x_3,\cdots,x_n$ 和一组正数 $p_1,p_2,\cdots,p_n$，且 $\sum_{i=1}^{n}p_i=1$，称 $\overline{x}=x_1p_1+x_2p_2+\cdots+x_np_n=\sum_{i=1}^{n}x_ip_i$ 为 $x_1,x_2,x_3,\cdots,x_n$ 的加权平均数，p_i 称为 x_i 的权.

例 2　学校规定，学生课程考核成绩由平时成绩和期末考试成绩两部分组成，见表 7-1.

表 7-1　　考试成绩组成方案

课程	成绩		合计
	平时成绩	期末考试成绩	
经济数学	占 20%	占 80%	100%
成本会计	占 40%	占 60%	100%

李华"经济数学"和"成本会计"平时成绩均为 70 分，期末考试成绩均为 90 分，那么李华经济数学的成绩为：$70\times20\%+90\times80\%=86$(分)，"成本会计"的成绩为：$70\times40\%+90\times60\%=82$(分).

由例 2 可见，同种数据，给出不同的权，可得到不同的加权平均数.

定义 3　将一组数据按由小到大的次序排成数列，当数据的个数 n 为奇数时，处于中间位置的数称为中位数；当 n 为偶数时，中间位置有两个数，它们的平均值就是这组数据的中位数.

例 1 中的 7 个数按从小到大的顺序排列是 32，35，37，38，43，44，45，这组数据的中位数是 38.

当一批数据的一方出现极端值时(特殊大或特殊小)，用中位数作为这批数据的"代表"值比较好.

如果数据很多，用众数作"代表"也是很方便的. 一组统计数据中，出现次数(频数)最多的那个数，称为**众数**. 例如，为了解市场上某种商品的价格，往往采用该商品普遍成交的价格，就是众数；服装厂生产服装时，要了解市场上各种尺码服装的需求量，以决定生产什么尺码的服装及其数量，这里要了解的就是众数，而不是均值.

均值、中位数和众数都是反映总体数据平均水平的指标，但三种指标的计算方法不同，所得的结果也不同. 在实际工作中，可根据问题的具体情况，决定采用哪种平均数作代表. 有时，将三种平均数结合起来使用，可以较全面地反映总体的分布情况.

4. 样本均值与样本方差

设从总体 X 中抽取一个容量为 n 的样本，对每一次抽取所得到的样本值 $x_1,x_2,x_3,\cdots,x_n$ 有：

样本均值　$\overline{x}=\dfrac{x_1+x_2+\cdots+x_n}{n}=\dfrac{1}{n}\sum\limits_{i=1}^{n}x_i$.

样本方差　$s^2=\dfrac{1}{n-1}\sum\limits_{i=1}^{n}(x_i-\overline{x})^2$.

样本标准差　$s=\sqrt{\dfrac{1}{n-1}\sum\limits_{i=1}^{n}(x_i-\overline{x})^2}$.

样本均值与样本方差是样本最重要、最常用的两个数字特征，样本均值能反映样本数据的平均值，样本方差则反映样本数据对样本均值的偏离程度.

例 3　某车间第一组有 10 名工人，日生产零件的个数为 73，74，75，75，75，76，76，78，78，80，求：样本均值、样本方差和样本标准差.

解　样本均值

$$\overline{x}=\frac{73+74+75+75+75+76+76+78+78+80}{10}=76;$$

样本方差

$$s^2=\frac{1}{10-1}\times[(73-76)^2+(74-76)^2+(75-76)^2\times3+(76-76)^2\times2+(78-76)^2\times2+(80-76)^2]\approx4.44;$$

样本标准差

$$s=\sqrt{4.44}\approx2.11.$$

【练习 1】　某学习小组有 10 名同学，他们在一次测验中的成绩为 85，88，95，98，78，80，90，95，90，94，求：样本均值、样本方差和样本标准差.

解 样本均值

$$\overline{x}=\frac{85+88+95+98+78+80+(\quad)+(\quad)+(\quad)+(\quad)}{(\quad)}=(\quad);$$

样本方差

$$s^2=\frac{1}{(\quad)}\times[(85-(\quad))^2+(88-(\quad))^2+(95-(\quad))^2\times2+(98-(\quad))^2+$$
$$(78-(\quad))^2+(80-(\quad))^2+(90-(\quad))^2\times2+(94-(\quad))^2]\approx(\quad);$$

样本标准差

$$s=\sqrt{(\quad)}\approx(\quad).$$

数字特征在数据抽样、预处理、整理、编制大量数据等工作中应用广泛，如果开展与实际数据相关的工作，如质量管理统计、环境统计、国民经济核算等，要遵循法律和道德的约束. 在数据处理活动中，一定要诚实守信，坚持规范数据采集、审核、整理、上报等行为. 一个优秀的数据从业者能够利用复杂的统计学和可视化技术处理大量数据，运用数据可视化的技巧，更清晰、灵活、有效地反映数据信息.

7.1.2 统计量与抽样分布

1. 统计量

从总体中选取的样本对总体来说要有代表性，通常样本的容量相对于总体来说数目很小，因此可以认为样品之间彼此是相互独立并且与总体同分布的. 这样抽取的样本也称为**简单随机样本**.

统计量是统计推断中一个非常重要的概念，当我们要了解一个总体的分布或总体中某个参数时，往往要构造一个统计量，然后依样本所遵从的总体分布，找到统计量所遵从的分布，以此对总体的分布或总体中的某个参数做出合理的推断.

定义 4 设 $x_1,x_2,x_3,\cdots,x_n$ 是总体 X 的样本，$f(x_1,x_2,\cdots,x_n)$ 为 n 元函数，如果 $f(x_1,x_2,\cdots,x_n)$ 中不包含任何未知参数，则称 $f(x_1,x_2,\cdots,x_n)$ 是样本 $x_1,x_2,x_3,\cdots,x_n$ 的一个统计量. 当 $x_1,x_2,x_3,\cdots,x_n$ 取定一组值时，$f(x_1,x_2,\cdots,x_n)$ 就是统计量的一个观测值.

由以上定义可知，统计量是一组独立同分布的随机变量的函数，而随机变量的函数仍是随机变量，因此统计量仍为随机变量. 值得注意的是，统计量中不含有未知参数. 例如，设 $x_1,x_2,x_3,\cdots,x_n$ 是正态总体 $N(\mu,\sigma^2)$ 中抽取的一个样本，其中 μ,σ^2 是未知参数，则 $\sum\limits_{i=1}^{n}\frac{x_i}{n}-\mu$ 与 $\sum\limits_{i=1}^{n}\frac{x_i}{\sigma}$ 都不是统计量，因为它们含有未知参数，而 $\sum\limits_{i=1}^{n}\frac{x_i}{n}$ 和 $\sum\limits_{i=1}^{n}\frac{x_i^2}{n}$ 都是统计量.

2. 几个常用抽样分布

统计量的分布称为**抽样分布**. 要确定某一个统计量的精确分布通常比较复杂，这里给出几个常用统计量的分布.

(1)样本均值的分布

定理 1 设总体 $X\sim N(\mu,\sigma^2)$，$x_1,x_2,x_3,\cdots,x_n$ 是取自总体的样本，则统计量

$$\overline{x}\sim N\left(\mu,\frac{\sigma^2}{n}\right)\text{或 }U=\frac{\overline{x}-\mu}{\sigma/\sqrt{n}}\sim N(0,1).$$

统计量 U 服从标准正态分布，统计学中又称该分布为 U 分布.

定义 5 设 $U\sim N(0,1)$，对给定的 $\alpha(0<\alpha<1)$，称满足条件 $P(|U|>U_{\alpha/2})=\alpha$（或 $P(U\leqslant U_{\alpha/2})=1-\frac{\alpha}{2}$）的点 $U_{\alpha/2}$ 为标准正态分布的双侧临界值，如图 7-1 所示.

(2)χ^2 分布

定义 6 设 $x_1,x_2,x_3,\cdots,x_n$ 是取自总体 $N(0,1)$的样本，则称统计量 $\chi^2=x_1^2+x_2^2+\cdots+x_n^2$ 服

从自由度为 n 的 χ^2 **分布**，记为 $\chi^2 \sim \chi^2(n)$.

这里自由度是指独立随机变量的"最大个数". $\chi^2(n)$分布的概率密度函数比较复杂，这里不做介绍，其图形如图 7-2 所示.

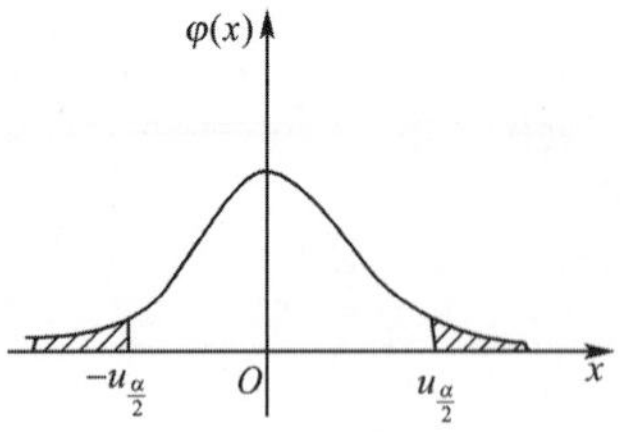

图 7-1

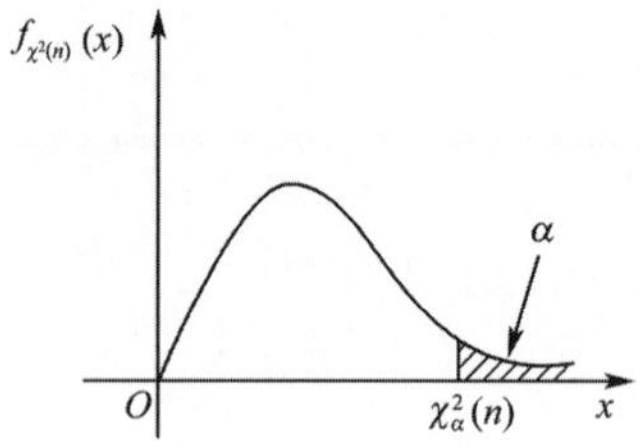

图 7-2

对于给定的 $\alpha(0<\alpha<1)$，称满足条件 $P(\chi^2>\chi^2_\alpha(n))=\alpha$ 的点 $\chi^2_\alpha(n)$为 $\chi^2(n)$分布的水平为 α 的上侧临界值，其值可查 χ^2 分布表得到. 例如，当 $n=20,\alpha=0.01$ 时，查表得 $\chi^2_{0.01}(20)=37.566$；当 $n=25,\alpha=0.05$ 时，查表得 $\chi^2_{0.05}(25)=37.652$.

定理 2　设总体 $X\sim N(\mu,\sigma^2)$，样本方差为 s^2，则统计量 $\chi^2=\frac{(n-1)s^2}{\sigma^2}$服从自由度为 $n-1$ 的 χ^2 分布. 记为

$$\chi^2=\frac{(n-1)s^2}{\sigma^2}\sim\chi^2(n-1).$$

(3) t 分布

定义 7　设随机变量 X 与 Y 相互独立，$X\sim N(0,1)$，$Y\sim\chi^2(n)$，则统计量 $T=\frac{X}{\sqrt{Y/n}}$服从自由度为 n 的 t **分布**，记为 $T\sim t(n)$.

$t(n)$分布的概率密度函数图形如图 7-3 所示，当自由度很大时（一般地 $n>30$），t 分布近似于标准正态分布，t 分布的概率密度计算可利用 $P(|T|>t_{\alpha/2})=\alpha$ 来实现. 对于统计量 t，如果给定概率 $\alpha(0<\alpha<1)$，则称满足 $P(|T|>t_{\alpha/2})=\alpha$ 的点 $t_{\alpha/2}$ 为 t 分布的水平为 α 的双侧临界值. 其值可查 t 分布表得到. 例如，当自由度为 9，$\alpha=0.05$，查表得 $t_{0.025}(9)=2.262$.

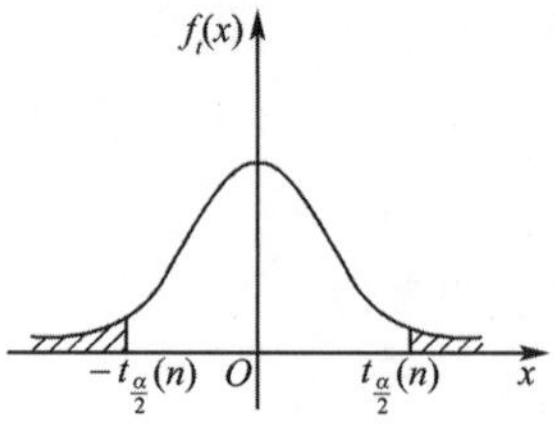

图 7-3

定理 3　设总体 $X\sim N(\mu,\sigma^2)$，$x_1,x_2,x_3,\cdots,x_n$ 是取自总体的样本，则统计量

$$T=\frac{\bar{x}-\mu}{s/\sqrt{n}}\sim t(n-1).$$

威廉·希利·戈赛特与 *T* 分布

爱尔兰都柏林市久负盛誉的吉尼斯酿酒公司即将步入 20 世纪的时候，少东家吉尼斯刚刚继承这家企业，他决定雇用牛津大学和剑桥大学化学领域的杰出毕业生，将现代科学方法引入企业. 1899 年，他将 23 岁的威廉·西利·戈赛特(Wiliam Sealy Gosset)招入公司，当时戈赛特刚刚从牛津大学毕业，获得了化学和数学双学位. 戈赛特对酿酒工艺的第一个重要贡献源于他的数学知识. 当人们准备发酵用的麦芽浆时，需要使用经过仔细测量的酵母. 酵母是一种生物，人们将酵母加入麦芽浆前，在装有液体的罐子里培养和繁殖酵母. 工人需要测量罐子里的酵母含量，以决定使用多少液体. 他们提取液体样本，放在显微镜下检查，计算其中酵母细胞的数量. 这一点很重要，因为人们需要严格控制麦芽浆中的酵母含量. 放少了会导致发酵不充分，放多了又会导致啤酒味道变苦.

当时几乎所有的工作都是基于大样本的假设. 但是工厂的条件只允许抽样少许的样本做实验，这样做得到的分析结果可靠吗？如果使用老师皮尔逊的方法，只能一筹莫展，正是这样的困惑，为戈赛特提供了探寻在小样本条件下，研究小样本的均值、标准差，以及两者关系的机会，尤其是探寻两者之

间的比值并画出分布图.在对图表中表现的特征加以调查后,戈赛特从经验上察觉到了这种分布适用于皮尔逊分布族中的一种分布,那就是 T 分布.

7.1.3 参数估计

参数估计在医疗、交通、市场消费,甚至是自然灾害的预测等方面都有着举足轻重的作用,它科学且精确地预测一个参数的值,以达到避免灾害或是获取利益等作用.参数估计已不知不觉渗透到生活的各个方面,它为人们的生活带来很大的方便.

参数估计是根据从总体中抽取的样本估计总体分布中包含的未知参数的方法.人们常常需要根据手中的数据,分析或推断数据反映的本质规律.即根据样本数据选择统计量去推断总体的分布或数字特征等.参数估计包括参数的**点估计**和**区间估计**.

1.点估计

参数的点估计是根据样本构造一个统计量,作为总体未知参数的估计.

设总体 X 的未知参数为 θ,样本为 $X_1,X_2,\cdots,X_n$,根据样本构造一个统计量作为未知参数 θ 的估计,则称这个统计量为未知参数 θ 的估计量,记作

$$\hat{\theta}=\hat{\theta}(X_1,X_2,\cdots,X_n).$$

对于给定的样本值 $x_1,x_2,\cdots,x_n$,估计量 $\hat{\theta}$ 的值

$$\hat{\theta}=\hat{\theta}(x_1,x_2,\cdots,x_n)$$

称为未知参数 θ 的估计量.

点估计的方法很多.对 $X\sim N(\mu,\sigma^2)$ 未知参数的估计,通常可以用来自总体的样本均值 $\overline{x}$ 作为总体期望 μ 的估计值 $\hat{\mu}$,用样本方差 s^2 作为总体方差 σ^2 的估计值 $\hat{\sigma}^2$.

总体均值 μ 的估计值 $\hat{\mu}=\overline{x}=\dfrac{1}{n}\sum\limits_{i=1}^{n}x_i$.

总体方差 σ^2 的估计值 $\hat{\sigma}^2=s^2=\dfrac{1}{n-1}\sum\limits_{i=1}^{n}(x_i-\overline{x})^2$.

总体标准差 σ 的估计值 $\hat{\sigma}=s=\sqrt{\dfrac{1}{n-1}\sum\limits_{i=1}^{n}(x_i-\overline{x})^2}$.

例 4 从一批电子元件中抽取 8 个进行寿命测试,得到如下数据(单位:h):1 050,1 100,1 130,1 040,1 250,1 300,1 200,1 080,试对这批元件的平均寿命以及分布的标准差给出估计.

解 平均寿命 $\hat{\mu}=\overline{x}=\dfrac{1\ 050+1\ 100+1\ 130+\cdots+1\ 080}{8}=1\ 143.75$,

标准差 $\hat{\sigma}=s=\sqrt{\dfrac{1}{7}\sum\limits_{i=1}^{8}(x_i-\overline{x})^2}$

$=\sqrt{\dfrac{1}{7}[(1\ 050-1\ 143.75)^2+\cdots+(1\ 080-1\ 143.75)^2]}=96.056\ 2$,

因此,元件的平均寿命和寿命分布的标准差分别为 1 143.75 和 96.056 2.

【练习 2】 设灯泡的使用寿命 $X\sim N(\mu,\sigma^2)$,其中 μ 和 σ^2 未知,今随机抽取 4 只灯泡测得寿命(单位:h)为 1 502,1 453,1 367,1 650,试估计 μ 和 σ^2.

解 $\hat{\mu}=\overline{x}=\dfrac{1}{4}\times((\qquad)+1\ 453+(\qquad)+1\ 650)=(\qquad)$,

$\hat{\sigma}^2=s^2=\dfrac{1}{3}\times[(1\ 502-(\qquad))^2+(1\ 453-(\qquad))^2+$

$(1\ 367-(\qquad))^2+(1\ 650-(\qquad))^2]$

$=(\qquad)$.

2. 区间估计

点估计是用一个点估计值去估计未知参数，区间估计就是用一个区间范围去估计未知参数. 区间估计是在点估计的基础上，在一般参数估计范围的基础上给出的，其计算方式为样本统计量与估计误差的和或差. 不论是在医学上、经济生活上还是农业上或者水利、畜牧业上，任何抽样调查都离不开区间估计的帮助. 调查者可以根据样本统计量在区间估计中的抽样分布，给出样本统计量与总体参数之间的概率测度，这与点估计不同. 运用区间估计能很好地估计出在某区间上有百分之多少的把握承认某个事实或者否决某个事实，通过估计出来的数值可以更加准确地推测出总体的特征.

在当今社会快速发展阶段，抽样调查应用于各种工作，而区间估计作为一种参数估计，在调查工作中具有更明显的优势，参数的区间估计就是在点估计得到的未知参数估计值的基础上，根据样本构造一个以估计值为中心的对称或非对称开区间，使得这个开区间以较大概率覆盖被估计参数的真值. 在实际问题中，仅提供了一个估计值，无法知道这种估计的近似值及估计值与真值的误差范围大小，而区间估计可以反映误差范围以及这个范围包含真值的可信程度.

设 θ 为总体分布的未知参数，$X_1, X_2, \cdots, X_n$ 是取自总体 X 的一个样本，对给定的数 $1-\alpha(0<\alpha<1)$，若存在统计量

$$\underline{\theta}=\underline{\theta}(X_1, X_2, \cdots, X_n), \overline{\theta}=\overline{\theta}(X_1, X_2, \cdots, X_n),$$

使得

$$P(\underline{\theta}<\theta<\overline{\theta})=1-\alpha,$$

则称随机区间 $(\underline{\theta}, \overline{\theta})$ 为 θ 的 $1-\alpha$ 置信区间，称 $1-\alpha$ 为置信水平，又分别称 $\underline{\theta}$ 与 $\overline{\theta}$ 为 θ 的**置信下限**与**置信上限**.

给定置信水平 $1-\alpha$，根据条件选择适当统计量，由样本值确定未知参数 θ 的置信区间，称为参数 θ 的**区间估计**.

·注意· 置信水平 $1-\alpha$ 的含义：在随机抽样中，若重复抽样多次，得到样本 $X_1, X_2, \cdots, X_n$ 的多个样本值 $x_1, x_2, \cdots, x_n$，对应每个样本值都确定了一个置信区间 $(\underline{\theta}, \overline{\theta})$，每个这样的区间要么包含了 θ 的真值，要么不包含 θ 的真值. 当抽样次数充分大时，这些区间中包含 θ 的真值的频率接近于置信水平(即概率)$1-\alpha$，即在这些区间中包含 θ 的真值的区间大约有 $100(1-\alpha)\%$ 个，不包含 θ 的真值的区间大约有 $100\alpha\%$ 个. 例如，若令 $1-\alpha=0.95$，重复抽样 100 次，则其中大约有 95 个区间包含 θ 的真值，大约有 5 个区间不包含 θ 的真值.

3. 区间估计中置信区间的求法

(1)已知 σ^2 时，求 μ 的置信区间

假设已知正态总体 X 的数学期望 μ，那么哪个区间以概率 $1-\alpha(0<\alpha<1)$ 覆盖它？这时可以由样本均值 $\overline{X}$ 构造统计量 U 变量服从标准正态分布，即变量

$$U=\frac{\overline{X}-\mu}{\sigma/\sqrt{n}} \sim N(0,1).$$

可以利用 U 变量确定正态总体数学期望 μ 的置信区间.

对于给定的置信水平 $1-\alpha(0<\alpha<1)$ 即检验水平 α，存在标准正态分布双侧分位数 λ 使得概率等式

$$P(|U| \geqslant \lambda)=\alpha,$$

即概率等式

$$P(|U|<\lambda)=1-\alpha$$

成立. 又由于概率

$$P(|U|<\lambda)=P\left(\left|\frac{\overline{X}-\mu}{\sigma/\sqrt{n}}\right|<\lambda\right)=P\left(\left|\frac{\mu-\overline{X}}{\sigma/\sqrt{n}}\right|<\lambda\right)$$

$$=P\left(-\lambda<\frac{\mu-\overline{X}}{\sigma}\sqrt{n}<\lambda\right)$$

$$=P\left(\overline{X}-\frac{\lambda\sigma}{\sqrt{n}}<\mu<\overline{X}+\frac{\lambda\sigma}{\sqrt{n}}\right),$$

从而得到概率等式

$$P\left(\overline{X}-\frac{\lambda\sigma}{\sqrt{n}}<\mu<\overline{X}+\frac{\lambda\sigma}{\sqrt{n}}\right)=1-\sigma.$$

在一次具体抽样后，样本均值 $\overline{X}$ 为具体数值 $\overline{x}$，于是有

$$P\left(\overline{x}-\frac{\lambda\sigma}{\sqrt{n}}<\mu<\overline{x}+\frac{\lambda\sigma}{\sqrt{n}}\right)=1-\sigma,$$

所以正态总体数学期望 μ 的置信区间为

$$\left(\overline{x}-\frac{\lambda\sigma}{\sqrt{n}},\overline{x}+\frac{\lambda\sigma}{\sqrt{n}}\right).$$

利用统计量 U 变量求正态总体数学期望 μ 的置信区间的步骤如下：

步骤 1 明确所给正态总体标准差 σ 值、样本容量 n 值；

步骤 2 明确或计算样本均值 $\overline{x}$；

步骤 3 由所给置信水平 $1-\alpha$ 值查表得到对应的标准正态分布分位数 λ 值；

步骤 4 计算分式 $\frac{\lambda\sigma}{\sqrt{n}}$ 值，从而得到置信下限 $\overline{x}-\frac{\lambda\sigma}{\sqrt{n}}$ 值与置信上限 $\overline{x}+\frac{\lambda\sigma}{\sqrt{n}}$ 值，所求 μ 的置信区间为 $\left(\overline{x}-\frac{\lambda\sigma}{\sqrt{n}},\overline{x}+\frac{\lambda\sigma}{\sqrt{n}}\right)$.

(2)未知 σ^2 时，求 μ 的置信区间

假设已知正态总体 X 的数学期望 μ，那么哪个区间以概率 $1-\alpha(0<\alpha<1)$ 覆盖它？我们可以由样本均值 $\overline{X}$ 与样本方差 S^2 构造统计量 T 变量服从自由度为 $n-1$ 的 t 分布，即变量

$$T=\frac{\overline{X}-\mu}{S/\sqrt{n}}\sim t(n-1).$$

可以利用 T 变量确定正态总体数学期望 μ 的置信区间.

对于给定的置信水平 $1-\alpha(0<\alpha<1)$ 即检验水平 α，存在 t 分布双侧分位数 λ 使得概率等式

$$P(|T|\geqslant\lambda)=\alpha,$$

即概率等式

$$P(|T|<\lambda)=1-\alpha$$

成立. 又由于概率

$$P(|T|<\lambda)=P\left(\left|\frac{\overline{X}-\mu}{S/\sqrt{n}}\right|<\lambda\right)=P\left(\left|\frac{\mu-\overline{X}}{S/\sqrt{n}}\right|<\lambda\right)$$

$$=P\left(-\lambda<\frac{\mu-\overline{X}}{S}\sqrt{n}<\lambda\right)$$

$$=P\left(\overline{X}-\frac{\lambda S}{\sqrt{n}}<\mu<\overline{X}+\frac{\lambda S}{\sqrt{n}}\right),$$

从而得到概率等式

$$P\left(\overline{X}-\frac{\lambda S}{\sqrt{n}}<\mu<\overline{X}+\frac{\lambda S}{\sqrt{n}}\right)=1-\sigma.$$

在一次具体抽样后，样本均值 $\overline{X}$ 为具体数值 $\overline{x}$，样本方差 S^2 为具体数值 s^2，于是有

$$P\left(\overline{x}-\frac{\lambda s}{\sqrt{n}}<\mu<\overline{x}+\frac{\lambda s}{\sqrt{n}}\right)=1-\sigma,$$

所以正态总体数学期望 μ 的置信区间为

$$\left(\bar{x}-\frac{\lambda s}{\sqrt{n}},\bar{x}+\frac{\lambda s}{\sqrt{n}}\right).$$

确定 t 分布双侧分位数 λ 值的方法：查附表，在表中第一行找到概率值 $p=\alpha$，再在表中第一列找到自由度 $n-1$，其纵横交叉处的数值即为对应的 t 分布双侧分位数 λ 的值.

利用统计量 T 变量求正态总体数学期望 μ 的置信区间的步骤如下：

步骤 1 明确所给正态总体样本容量 n 值；

步骤 2 明确或计算样本均值 $\bar{x}$，样本方差 s^2；

步骤 3 由所给置信水平 $1-\alpha$ 值知检验水平 α 的值，查表得到对应的 t 分布双侧分位数 λ 值；

步骤 4 计算分式 $\frac{\lambda s}{\sqrt{n}}$ 值，从而得到置信下限 $\bar{x}-\frac{\lambda s}{\sqrt{n}}$ 值与置信上限 $\bar{x}+\frac{\lambda s}{\sqrt{n}}$ 值，所求 μ 的置信区间为 $\left(\bar{x}-\frac{\lambda s}{\sqrt{n}},\bar{x}+\frac{\lambda s}{\sqrt{n}}\right)$.

(3)未知 μ 时，求 σ^2 的置信区间

假设已知正态总体 X 的方差 σ^2，那么哪个区间以概率 $1-\alpha(0<\alpha<1)$ 覆盖它？我们可以由样本方差 S^2 构造统计量 χ^2 变量服从自由度为 $n-1$ 的 χ^2 分布，即变量

$$\chi^2=\frac{(n-1)S^2}{\sigma^2}\sim\chi^2(n-1).$$

可以利用 χ^2 变量确定正态总体方差 σ^2 的置信区间.

对于给定的置信水平 $1-\alpha(0<\alpha<1)$ 即检验水平 α，存在 χ^2 分布分位数 $\lambda_1,\lambda_2(\lambda_1<\lambda_2)$ 使得概率等式

$$P(\chi^2\leqslant\lambda_1)=P(\chi^2\geqslant\lambda_2)=\frac{\alpha}{2},$$

即概率等式

$$P(\lambda_1<\chi^2<\lambda_2)=1-\alpha$$

成立. 又由于概率

$$\begin{aligned}P(\lambda_1<\chi^2<\lambda_2)&=P\left(\lambda_1<\frac{(n-1)S^2}{\sigma^2}<\lambda_2\right)\\&=P\left(\frac{1}{\lambda_2}<\frac{\sigma^2}{(n-1)S^2}<\frac{1}{\lambda_1}\right)\\&=P\left(\frac{(n-1)S^2}{\lambda_2}<\sigma^2<\frac{(n-1)S^2}{\lambda_1}\right),\end{aligned}$$

从而得到概率等式

$$P\left(\frac{(n-1)S^2}{\lambda_2}<\sigma^2<\frac{(n-1)S^2}{\lambda_1}\right)=1-\alpha.$$

在一次具体抽样后，样本方差 S^2 为具体数值 s^2，于是有

$$P\left(\frac{(n-1)s^2}{\lambda_2}<\sigma^2<\frac{(n-1)s^2}{\lambda_1}\right)=1-\alpha,$$

所以正态总体方差 σ^2 的置信区间为

$$\left(\frac{(n-1)s^2}{\lambda_2},\frac{(n-1)s^2}{\lambda_1}\right).$$

利用统计量 χ^2 变量求正态总体方差 σ^2 的置信区间的步骤如下：

步骤 1 明确所给正态总体样本容量 n 值；

步骤 2 明确或计算样本方差 s^2；

步骤3 由所给置信水平 $1-\alpha$ 值知检验水平 α 的值，查表得到对应的 χ^2 分布分位数 λ_1,λ_2 的值；

步骤4 计算置信下限$\dfrac{(n-1)s^2}{\lambda_2}$值与置信上限$\dfrac{(n-1)s^2}{\lambda_1}$值，所求方差 σ^2 的置信区间为

$$\left(\frac{(n-1)s^2}{\lambda_2},\frac{(n-1)s^2}{\lambda_1}\right).$$

对于正态总体 $X\sim N(\mu,\sigma^2)$，上述三种情况的总结如下：

①已知 σ^2 时，求 μ 的置信区间

取统计量 $U=\dfrac{\overline{x}-\mu}{\sigma/\sqrt{n}}\sim N(0,1)$，$\mu$ 的置信水平为 $1-\alpha$ 的置信区间为

$$\left(\overline{x}-\lambda\frac{\sigma}{\sqrt{n}},\overline{x}+\lambda\frac{\sigma}{\sqrt{n}}\right),$$

其中 λ 是标准正态分布的临界值，$\lambda=U_{\alpha/2}$.

②未知 σ^2 时，求 μ 的置信区间

取统计量 $T=\dfrac{\overline{x}-\mu}{s/\sqrt{n}}\sim t(n-1)$，$\mu$ 的置信水平为 $1-\alpha$ 的置信区间为

$$\left(\overline{x}-\lambda\frac{s}{\sqrt{n}},\overline{x}+\lambda\frac{s}{\sqrt{n}}\right),$$

其中 λ 是 T 分布的临界值，$\lambda=t_{\alpha/2}(n-1)$.

③未知 μ 时，求 σ^2 的置信区间

取统计量 $\chi^2=\dfrac{(n-1)s^2}{\sigma^2}\sim\chi^2(n-1)$，$\sigma^2$ 的置信水平为 $1-\alpha$ 的置信区间为

$$\left(\frac{(n-1)s^2}{\lambda_2},\frac{(n-1)s^2}{\lambda_1}\right),$$

其中 λ 是 χ^2 分布的临界值，$\lambda_1=\chi^2_{1-\alpha/2}(n-1)$，$\lambda_2=\chi^2_{\alpha/2}(n-1)$.

例5 某厂生产的化纤强度服从正态分布，长期以来其标准差稳定在 $\sigma=0.85$，现抽取了一个容量为 $n=25$ 的样本，测定其强度，算得样本均值为 $\overline{x}=2.25$，试求这批化纤平均强度的置信水平为 0.95 的置信区间.

解 因为方差已知，故这批化纤平均强度的置信区间为

$$\left(\overline{x}-\lambda\frac{\sigma}{\sqrt{n}},\overline{x}+\lambda\frac{\sigma}{\sqrt{n}}\right).$$

由于置信水平为 $1-\alpha=0.95$，$\alpha=0.05$，查表知 $\lambda=1.96$，于是所求置信区间为

$$\left(2.25-1.96\times\frac{0.85}{\sqrt{25}},2.25+1.96\times\frac{0.85}{\sqrt{25}}\right)=(1.916\,8,2.583\,2),$$

即这批化纤平均强度的置信水平为 0.95 的置信区间为(1.916 8,2.583 2).

【练习3】 一单位某工程使用的钢筋长度 $X\sim N(\mu,0.09)$，测得一组样本观测值为 12.6，13.4，12.8，13.2，求钢筋长度的置信水平为 0.95 的置信区间.

解 由已知，因为方差已知，所以钢筋长度的置信区间为

$$\left(\overline{x}-\lambda\frac{\sigma}{\sqrt{n}},(\qquad\qquad)\right),$$

$\sigma=(\quad)$，$1-\alpha=(\quad)$，$n=(\quad)$，查表得 $\lambda=(\quad)$，

$$\overline{x}=\frac{1}{4}\times(12.6+13.4+(\quad)+(\quad))=(\quad),$$

所以

$$\left(\overline{x}-\lambda\frac{\sigma}{\sqrt{n}},(\qquad\qquad)\right)=(\qquad\qquad).$$

例 6 对某型号飞机的飞行速度进行了 15 次试验，测得最大飞行速度(单位：m/s)分别为 422.2，417.2，425.6，420.3，425.8，423.1，418.7，428.2，438.3，434.0，412.3，431.5，413.5，441.3，423.0. 根据长期经验，最大飞行速度服从正态分布. 试利用上述数据对最大飞行速度的期望值进行区间估计(置信水平为 95%).

解 因为 σ 未知，所以 μ 的置信水平为 95% 的置信区间为

$$\left(\overline{x}-\lambda\frac{s}{\sqrt{n}},\overline{x}+\lambda\frac{s}{\sqrt{n}}\right),$$

样本均值 $$\overline{x}=\frac{1}{15}(422.2+417.2+\cdots+423)=425.0,$$

样本方差 $$s^2=\frac{1}{14}\sum_{i=1}^{15}(x_i-425)^2\approx 72.05,$$

样本标准差 $$s=\sqrt{72.05}\approx 8.49,$$

置信水平 $1-\alpha=0.95$，$\alpha=0.05$，自由度 $n=15$，查表得

$$\lambda=t_{\alpha/2}(n-1)=t_{0.025}(14)=2.145,$$

所以

$$\left(\overline{x}-\lambda\frac{s}{\sqrt{n}},\overline{x}+\lambda\frac{s}{\sqrt{n}}\right)=(420.3,429.7).$$

【练习 4】 从某厂生产的滚珠中随机抽取 10 个，测得滚珠的直径(单位：mm)为 14.6，15.0，14.7，15.1，14.9，14.8，15.0，15.1，15.2，14.8，若滚珠直径服从正态分布 $N(\mu,\sigma^2)$，σ 未知，求滚珠直径均值 μ 的置信水平为 95% 的置信区间.

解 因为 σ 未知，所以 μ 的置信水平为 95% 的置信区间为

$$\left(\overline{x}-\lambda\frac{s}{\sqrt{n}},\overline{x}+\lambda\frac{s}{\sqrt{n}}\right),$$

样本均值 $\overline{x}=14.92$，样本标准差 $s=0.193$，置信水平 $1-\alpha=0.95$，$\alpha=0.05$，自由度 $n-1=10-1=9$，查表得 $\lambda=t_{\alpha/2}(n-1)=t_{0.025}(9)=(\qquad)$，所以

$$\left(\overline{x}-\lambda\frac{s}{\sqrt{n}},\overline{x}+\lambda\frac{s}{\sqrt{n}}\right)=((\qquad),(\qquad)).$$

7.1.4 假设检验

参数估计的方法是通过分析样本来估计总体(未知)参数的取值(点估计)或总体(未知)参数落在什么范围(区间估计)，但有些实际问题中，我们不一定要了解总体(已知)参数的取值或范围，而只想知道总体的参数有无明显变化，或是否达到既定的要求，即对(已知)参数有怀疑猜测时，可用假设检验的方法来处理.

在统计的语言中是用一个等式或不等式表示问题的**原假设**(或零假设)，原假设的表达式为 H_0：$\mu=\mu_0$，这是待检验的假设. 如果原假设不成立，就要拒绝原假设，选择另一个假设，我们把另一个假设称为**备择假设**(或对立假设)，备择假设的表达式为：H_1：$\mu\neq\mu_0$.

原假设与备择假设是互斥的，假如接受原假设，就意味着拒绝备择假设；否定原假设，就意味着接受备择假设. 实际上，假设检验就是围绕原假设是否成立而展开的.

1. 假设检验的基本思想

引例 某种产品按规定次品率不超过 4% 才能出厂，出厂前从这批产品中抽查 10 件，发现

有 4 件次品，问这批产品能否出厂？

分析 假设次品率等于 4%，事件 A 表示“任抽 10 件新产品发现 4 件次品”，则

$$P(A)=C_{10}^{4}(0.04)^{4}(1-0.04)^{6}=0.000\,42,$$

这说明，在假设次品率等于 4%成立的条件下，发生这种结果的概率是很小的. 这种事件称为**小概率事件**. 小概率事件在一次试验中实际上是不可能发生的，这个原理称为**小概率原理**，而本题中小概率事件发生了，说明假设是不对的，从而拒绝原假设，表明这批产品不能出厂.

规定一个界限 $\alpha(0<\alpha<1)$，当一个事件的概率不大于 α 时，则认为它是小概率事件；在假设检验问题中，α 称为显著性水平，通常取 $\alpha=0.10,0.05,0.005,0.001$ 等.

拒绝原假设 H_0 的区域称为**拒绝域**或否定域，接受原假设 H_0 的区域称为**相容域**，拒绝域的有限边界点（端点）称为**临界值**. 显然，拒绝域与 α 有关.

如果问题的假设为原假设 $H_0:\mu=\mu_0$，备择假设 $H_1:\mu\neq\mu_0$ 的形式，这类假设检验的拒绝域位于接受域的两侧，称为**双侧（双边）假设检验**.

如果问题的假设为原假设 $H_0:\mu=\mu_0$，备择假设 $H_1:\mu>\mu_0$ 或原假设 $H_0:\mu=\mu_0$，备择假设 $H_1:\mu<\mu_0$ 的形式，这类假设检验的拒绝域位于接受域的一侧，称为**单侧（单边）假设检验**.

2. 假设检验的步骤

(1)根据研究的问题，提出原假设 H_0 和备择假设 H_1；

(2)根据假设 H_0，确定适当的检验统计量；

(3)根据问题要求，确定显著性水平 α，查统计量所服从的分布表得到临界值；

(4)计算检验统计量的值并做出判断；

(5)将检验量的值与临界值比较，对双侧检验，若检验量的绝对值大于临界值，则判断 H_0 不成立，拒绝 H_0，而接受 H_1；反之，则接受 H_0，拒绝 H_1.

3. 单个正态总体的假设检验

表 7-2 给出了单个正态总体均值的检验方法.

表 7-2　　单个正态总体均值的检验方法

检验法	原假设	统计量	临界值（查表）	判断
U 检验法	$H_0:\mu=\mu_0$ $H_1:\mu\neq\mu_0$ （双边检验） $H_1:\mu>\mu_0$ $H_1:\mu<\mu_0$ （单边检验）	$U=\dfrac{\overline{x}-\mu}{\sigma/\sqrt{n}}\sim N(0,1)$	$\lambda=U_{\alpha/2}$ （双边检验） $\lambda=U_{\alpha}$ （单边检验）	$\lvert U\rvert\leqslant\lambda$ 则接受 H_0 $\lvert U\rvert>\lambda$ 则拒绝 H_0
T 检验法		$T=\dfrac{\overline{x}-\mu}{s/\sqrt{n}}\sim t(n-1)$	$\lambda=t_{\alpha/2}(n-1)$ （双边检验） $\lambda=t_{\alpha}(n-1)$ （单边检验）	$\lvert t\rvert\leqslant\lambda$ 则接受 H_0 $\lvert t\rvert>\lambda$ 则拒绝 H_0
χ^2 检验法		$\chi^2=\dfrac{(n-1)s^2}{\sigma^2}\sim\chi^2(n-1)$	$\lambda_1=\chi^2_{\alpha/2}(n-1)$ $\lambda_2=\chi^2_{1-\alpha/2}(n-1)$ （双边检验） $\lambda_1=\chi^2_{\alpha}(n-1)$ $\lambda_2=\chi^2_{1-\alpha}(n-1)$ （单边检验）	$\lambda_2<\chi^2<\lambda_1$ 则接受 H_0 $\chi^2>\lambda_1,\chi^2<\lambda_2$ 则拒绝 H_0

例 7 某水泥厂生产的水泥每袋重量 $X\sim N(50,3^2)$（单位：kg）. 某天开工后，随机称了 9 袋，得 $\overline{x}=48$ kg，已知方差不变，试问该天的水泥装袋工作是否正常.（$\alpha=0.05$）

解 统计假设：$H_0:\mu=50,H_1:\mu\neq50$，

显著性水平：$\alpha=0.05$，检验统计量

$$U=\frac{\overline{x}-\mu}{\sigma/\sqrt{n}},$$

计算统计量

$$U=\frac{\overline{x}-\mu}{\sigma/\sqrt{n}}=\frac{48-50}{3/\sqrt{9}}=-2,$$

查表得 $U_{0.025}=1.96$，因为 $|U|=2>1.96$，所以拒绝 H_0. 即可以认为该天的水泥装袋工作不正常.

【练习 5】 洗衣粉包装机包出的洗衣粉的重量是一个随机变量 $X\sim N(\mu,\sigma^2)$，机器正常工作时，$\mu=500$ 克，$\sigma=7.5$ 克. 一天开机后，检验员随机地抽取 9 袋装好的洗衣粉，称得的重量分别为 497，506，528，524，498，511，520，515，512，问这天包装机是否正常工作. ($\alpha=0.05$)

解 统计假设：H_0：(　　)，H_1：(　　)，计算样本的均值 $\overline{x}=512$，由于方差没有改变，故 $\sigma=7.5$，选统计量

$$U=\frac{\overline{x}-\mu}{\sigma/\sqrt{n}},$$

计算统计量 $U=$(　　)，已知显著性水平 $\alpha=0.05$，查标准正态分布表得临界值 $U_{0.025}=$(　　)，因为 $|U|=$(　　)，所以(　　)H_0.

例 8 据分析，某地区每个用电单位月用电数 $X\sim N(100,\sigma^2)$(单位：度)，σ^2 未知. 今从该地区随机抽取 9 个单位测月用电数，得到 $\overline{x}=110$ 度，$s=25$ 度. 问该地区这个月用电是否正常. ($\alpha=0.05$)

解 统计假设：$H_0:\mu=100$，$H_1:\mu\neq 100$，

显著性水平：$\alpha=0.05$，检验统计量

$$T=\frac{\overline{x}-\mu}{s/\sqrt{n}},$$

计算统计量

$$T=\frac{\overline{x}-\mu}{s/\sqrt{n}}=\frac{110-100}{25/3}=1.2,$$

查表得 $t_{0.025}(8)=2.306$.

因为 $|T|=1.2<2.306$，所以接受 H_0. 即可以认为该地区这个月用电正常.

【练习 6】 由于工业排水引起附近水质污染，现测得附近水中鱼的血液中含汞的浓度(单位：mg/kg)为 0.037，0.266，0.135，0.095，0.101，0.213，0.228，0.167，0.766，0.054，由过去大量资料判断，鱼的血液中含汞的浓度服从正态分布，并且可以推断出理论上的浓度应为 0.1，问从这组数据分析，实测值与理论值是否符合.

解 统计假设：H_0：(　　)，H_1：(　　)，由于总体方差 σ^2 未知，故选用统计量

$$T=\frac{\overline{x}-\mu}{s/\sqrt{n}},$$

样本均值 $\overline{x}=0.2062$，

样本方差 $s=0.0444$，

$$T=\frac{\overline{x}-\mu}{s/\sqrt{n}}=(\quad),$$

选显著性水平 $\alpha=0.05$，查 t 分布表(自由度是 9)得临界值 $t_{0.025}=$(　　).

因为 $|T|=$(　　)，故(　　)$H_0:\mu=0.1$.

例 9 某类钢板的重量指标服从正态分布，它的制造规格规定，钢板重量的方差不得超过 $\sigma_0^2=0.016$ 千克. 今由 25 块钢板组成随机样本，给出的样本方差为 0.025 千克，从这些数据能否得出

钢板不符合规定的结论. ($\alpha=0.05$)

解 设 X 是钢板的重量，且 X 服从正态分布 $X\sim N(\mu,\sigma^2)$，依照题意，我们要在 $\alpha=0.05$ 的显著性水平下检验假设 $H_0:\sigma^2\leqslant 0.016$，$H_1:\sigma^2>0.016$.

这里 $n=25$，查表知 $\chi^2_{0.05}(24)=36.415$，因为

$$\chi^2=\frac{(n-1)s^2}{\sigma^2}=\frac{(25-1)\times 0.025}{0.016}=37.5,$$

可见 $\chi^2=37.5>36.415=\chi^2_{0.05}(24)$，说明应该拒绝原假设，也就是说，可以认为钢板的方差是不符合规定的.

【练习 7】 某车间生产一种型号的铁丝，铁丝的折断力服从正态分布 $X\sim N(\mu,\sigma^2)$，通常情况下 $\sigma^2=64$. 今从一批产品中随机抽取 10 根检查折断力，得数据如下(单位:10 牛顿)：

585,574,568,572,570,595,570,574,584,580,

问能否认为这批铁丝折断力的方差为 64. ($\alpha=0.05$)

解 依照题意，我们要在 $\alpha=0.05$ 的显著性水平下检验假设 $H_0:\sigma^2=64$，$H_1:\sigma^2\neq 64$.

由于 μ 未知，故使用 χ^2 检验法.

由样本观测值计算 $\overline{x}=577.2$，$s^2=74.18$，则统计量

$$\chi^2=\frac{(n-1)s^2}{\sigma^2}=(\qquad\qquad),$$

已知显著性水平 $\alpha=0.05$，自由度 $n-1=9$.

查表知 $\chi^2_{0.025}(9)=(\quad)$，$\chi^2_{0.975}(9)=(\quad)$，所以(　　)原假设 $H_0:\sigma^2=64$.

我国概率统计方面的先驱者——许宝騄教授，是中央研究院首批院士，与华罗庚、陈省身并称为西南联大数学系“三杰”. 许教授在加强独立随机变量、大数定律结论、参数估计理论、假设检验理论、多元分析等方面都取得了卓越成就，并且是世界公认的多元分析的奠基人之一. 他曾在英国伦敦大学留学并任教，但他始终心怀祖国，学有所成后，就决心回国效力. 许教授在北大举办了国内第一个概率讲习班，为我国培养了一批概率学科研和教学的人才. 许宝騄教授将自己的一切献身于祖国、献身于科学.

同步训练 7-1

1. 单项选择题

(1)设从总体 X 中抽取一组样本数据：4.6,4.3,5.4,5.8,4.7，则样本的方差为(　　).

A. 0.673　　B. 0.543　　C. 0.362　　D. 0.602

(2)设正态总体服从 $N(\mu,\sigma^2)$，从中抽取容量为 8 的样本，其值为 9,14,10,12,7,13,11,12. 求总体均值的估计值 $\hat{\mu}$ 和总体标准差的估计值 $\hat{\sigma}$ 分别为(　　).

A. 11,2.268　　B. 11,5.143　　C. 12,4.5　　D. 12,2.121

(3)设 $X\sim N(3,4)$，$X_1,X_2,\cdots,X_{10}$ 为 X 的样本，则 $\overline{x}\sim$(　　).

A. $N(3,0.4)$　　B. $N(3,4)$　　C. $N\left(3,\frac{1}{\sqrt{10}}\right)$　　D. $N(30,4)$

(4)$x_1,x_2,x_3,\cdots,x_n$ 是取自总体 $X\sim N(\mu,\sigma^2)$ 的样本，σ^2 已知，则 μ 的置信水平为 $1-\alpha$ 的置信区间是(　　).

A. $\left(\overline{x}-\frac{\sigma}{\sqrt{n}}U_{\frac{\alpha}{2}},\overline{x}+\frac{\sigma}{\sqrt{n}}U_{\frac{\alpha}{2}}\right)$　　B. $\left(\overline{x}-\frac{\sigma}{\sqrt{n}}U_{\alpha},\overline{x}+\frac{\sigma}{\sqrt{n}}U_{\alpha}\right)$

C. $\left(\overline{x}-\frac{s}{\sqrt{n}}t_{\frac{\alpha}{2}}(n-1),\overline{x}+\frac{s}{\sqrt{n}}t_{\frac{\alpha}{2}}(n-1)\right)$　　D. $\left(\overline{x}-\frac{s}{\sqrt{n}}t_{\frac{\alpha}{2}}(n),\overline{x}+\frac{s}{\sqrt{n}}t_{\frac{\alpha}{2}}(n)\right)$

(5)设未知参数 θ 的 $1-\alpha$ 的置信区间是(θ_1,θ_2),则该区间是一个(　　).

A. 95%包含 θ 的区间　　B. 随机区间

C. 一定包含 θ 的区间　　D. 一定不包含 θ 的区间

2. 填空题

(1)某灯光厂生产出 10 000 个灯泡,现欲测这批灯泡的使用寿命,从中随机抽取 10 只,则总体为________,个体为________,样本为________,样本容量为________.

(2)已知样本观测值为 15.8,24.2,14.5,17.4,13.2,20.8,17.9,19.1,21.0,18.5,16.4,22.6,则样本均值为________,样本方差为________.

(3)设 $X\sim\chi^2(10)$,$P(X>\lambda_1)=0.025$,$P(X<\lambda_2)=0.05$,则 $\lambda_1=$________,$\lambda_2=$________.

(4)进行假设检验的基本理论基础是________.

(5)设某种清漆干燥时间 $X\sim N(\mu,\sigma^2)$(单位:h),取 $n=9$ 的样本,得样本均值和方差分别为 $\overline{x}=6$,$s^2=0.33$,则 μ 的置信水平为 95%的单侧置信区间上限为________.

3. 判断题

(1)所有关于样本的函数都是统计量.　(　　)

(2)样本容量就是样本个数.　(　　)

(3)将由显著性水平规定的拒绝域平分为两部分,置于概率分布的两边,每边占显著性水平的二分之一,这是单侧检验.　(　　)

(4)假设检验与区间估计都要讨论总体参数的取值情况.　(　　)

(5)检验假设 H_0 时,对于相同的统计量和相同的显著性水平 α,其拒绝域是唯一的.　(　　)

4. 计算题

(1)已知某产品寿命服从正态分布,在某星期生产的该种产品中随机抽取 10 只,测其寿命(以小时计)为 925,845,958,1 084,104 8,试求样本均值与标准方差.

(2)某车床生产某种零件,现从一大批零件中随机抽取 10 个进行尺寸测试,结果为 8.5,8.0,8.3,8.6,10.5,9.5,7.8,9.2,9.8,8.8,试估计该批零件尺寸的数学期望和方差.

(3)设一批灯泡寿命 $X\sim N(\mu,\sigma^2)$(单位:h),从中抽取 25 只,经计算其均值 $\overline{x}=500$,方差 $s^2=50^2$. 试求总体均值 μ 的置信水平为 0.9 的置信区间.

(4)设某产品的指标服从正态分布,它的标准差 σ 已知为 150,今抽取一个容量为 26 的样本,计算得平均值为 1 637. 问在 5%的显著性水平下,能否认为这批产品的指标的期望值 μ 为 1 600.

(5)从某种试验物中取出 24 个样品,测量其发热量,计算得 $\overline{x}=11\ 958$,样本标准差 $s=323$,问在 5%的显著性水平下,是否可以认为发热量的期望值是 12 100(假定发热量是服从正态分布的).

7.2　一元线性回归分析

7.2.1　一元线性回归方程

在各种客观现象中,变量之间的关系大致可以分为两种类型,即函数关系(确定关系)和相关关系(非确定关系). 近似描述两个变量之间的相关关系的函数关系称为一元回归方程,回归方程为线性函数的称为线性回归方程. 一元线性回归分析就是研究两个变量之间是否存在着近似的线性关系. 如果存在,如何建立一元线性回归方程呢?

1. 回归方程及其求法

以家庭为单位,某种商品年需求量与该商品的价格之间的一组调查数据如表 7-3 所示.

表 7-3　　某商品年需求量与价格数据

价格/元	5	2	2	2.3	2.5	2.6	2.8	3	3.3	3.5
需求量/千克	1	3.5	3	2.7	2.4	2.5	2	1.5	1.2	1.2

将这 10 对数据都描绘在平面直角坐标系中，得到平面上的 10 个点，这样的图形称为散点图，如图 7-4 所示.

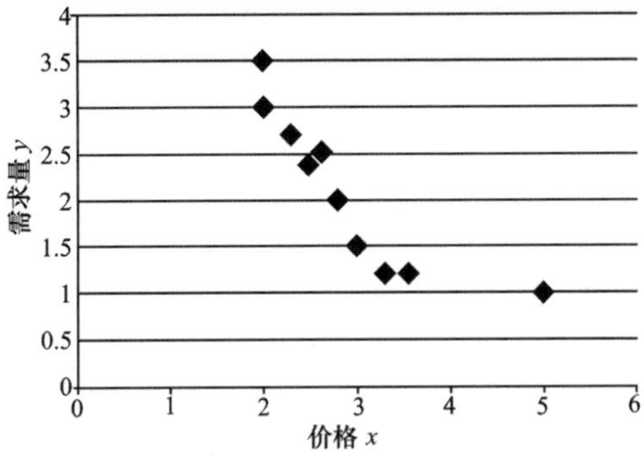

图 7-4

从图 7-4 可以看出，数据点基本落在一条直线附近. 这告诉我们，变量 x 与 y 的关系大致可看作是线性关系，设有关系式

$$y=a+bx+\varepsilon, \tag{7-1}$$

上式称为回归方程(或回归直线)，其中 a,b 称为未知参数，ε 为 $E(\varepsilon)=0,D(\varepsilon)=\sigma^2$ 的正态分布随机变量. 式(7-1)称为**一元线性回归模型**，b 称为**回归系数**.

在式(7-1)中，根据观测数据求出参数 a,b 的估计值 $\hat{a},\hat{b}$，从而可以求出变量 y 的估计值. 我们称方程 $\hat{y}=\hat{a}+\hat{b}x$ 为 y 关于 x 的一元线性回归方程.

设已得到 n 组观测数据 $(x_1,y_1),(x_2,y_2),\cdots,(x_n,y_n)$，一个 (x_i,y_i) 就确定一个 $\hat{y}_i=a+bx_i$，它与观测值 y_i 之间存在误差

$$y_i=\hat{y}_i+\varepsilon_i=a+bx_i+\varepsilon_i,\quad i=1,2,\cdots,10, \tag{7-2}$$

其中 x_i 和 y_i 是已知的，a,b,ε_i 是未知的，ε_i 为误差项，我们的目的是利用这 10 对数据求出 a,b 的值，从而得到回归方程，且误差最小. 使用的方法就是最小二乘法.

2. 最小二乘法

设实测值为 $(x_1,y_1),(x_2,y_2),\cdots,(x_n,y_n)$，则式(7-2)可改写为

$$\varepsilon_i=y_i-a-bx_i,\quad i=1,2,\cdots,n,$$

为了不使误差之和正负抵消，取全部误差的平方和为

$$Q(a,b)=\sum_{i=1}^{n}\varepsilon_i^2=\sum_{i=1}^{n}(y_i-a-bx_i)^2,$$

这里 a,b 是未知数，Q 是 a,b 的函数，由二元函数的极值原理，应有

$$\begin{cases}\dfrac{\partial Q}{\partial a}=-2\sum\limits_{i=1}^{n}(y_i-a-bx_i)=0\\ \dfrac{\partial Q}{\partial b}=-2\sum\limits_{i=1}^{n}(y_i-a-bx_i)x_i=0\end{cases},$$

整理得方程组

$$\begin{cases}na+nb\overline{x}=n\overline{y}\\ na\overline{x}+b\sum\limits_{i=1}^{n}x_i^2=\sum\limits_{i=1}^{n}x_iy_i\end{cases},$$

其中

$$\begin{cases}\overline{x}=\dfrac{1}{n}\sum\limits_{i=1}^{n}x_i\\ \overline{y}=\dfrac{1}{n}\sum\limits_{i=1}^{n}y_i\end{cases},$$

通常称为**正规方程**.

从正规方程中解出的 a,b,即为 $Q(a,b)$ 的最小值点,记作 $\hat{a}$,$\hat{b}$,有公式

$$\hat{b}=\frac{\sum\limits_{i=1}^{n}(x_i-\overline{x})(y_i-\overline{y})}{\sum\limits_{i=1}^{n}(x_i-\overline{x})^2}.$$

为了方便计算或记忆,引入记号

$$l_{xx}=\sum_{i=1}^{n}(x_i-\overline{x})^2=\sum_{i=1}^{n}x_i^2-n\overline{x}^2,$$

$$l_{xy}=\sum_{i=1}^{n}(x_i-\overline{x})(y_i-\overline{y})=\sum_{i=1}^{n}x_iy_i-n\overline{x}\,\overline{y},$$

$$l_{yy}=\sum_{i=1}^{n}(y_i-\overline{y})^2=\sum_{i=1}^{n}y_i^2-n\overline{y}^2,$$

于是有

$$\begin{cases}\hat{b}=\dfrac{l_{xy}}{l_{xx}}\\ \hat{a}=\overline{y}-\hat{b}\,\overline{x}\end{cases}.$$

将 $\hat{a}$,$\hat{b}$ 代回回归方程(或经验公式)

$$\hat{y}=\hat{a}+\hat{b}x$$

确定的方法称为**最小二乘法**.

例 1 表 7-4 为我国国内生产总值 GDP 与劳动力投入之间的一组调查数据.

表 7-4　1998—2007 年我国 GDP 劳动力情况

年份	1998	1999	2000	2001	2002	2003	2004	2005	2006	2007
劳动力/亿人	7.06	7.14	7.21	7.30	7.37	7.44	7.52	7.58	7.64	7.70
GDP/万亿元	8.44	8.97	9.92	10.97	12.03	13.58	15.99	18.31	20.94	24.66

根据表 7-4 求出我国国内生产总值 GDP 与劳动力投入之间的线性关系.

解　设劳动力投入为 x,国内生产总值为 y,为了求出 $\hat{a}$,$\hat{b}$,常采用列表的方法,计算见表 7-5.

表 7-5　计算结果

序列	x_i	y_i	x_i^2	y_i^2	x_iy_i
1	7.06	8.44	49.84	71.23	59.59
2	7.14	8.97	50.98	80.46	64.05
3	7.21	9.92	51.98	98.41	71.52
4	7.30	10.97	53.29	120.34	80.08
5	7.37	12.03	54.32	144.72	88.66
6	7.44	13.58	55.35	184.42	101.04
7	7.52	15.99	56.55	255.68	120.24
8	7.58	18.31	57.46	335.26	138.79
9	7.64	20.94	58.37	438.48	159.98
10	7.70	24.66	59.29	608.12	189.88

由表 7-5 得，$\overline{x}=7.396$，$\overline{y}=14.381$，

$$l_{xx}=\sum_{i=1}^{10}x_i^2-n\overline{x}^2\approx 0.43,$$

$$l_{xy}=\sum_{i=1}^{10}x_iy_i-n\overline{x}\,\overline{y}\approx 10.21,$$

$$\hat{b}=\frac{l_{xy}}{l_{xx}}\approx 23.97,$$

$$\hat{a}=\overline{y}-\hat{b}\overline{x}\approx -162.90,$$

由 $\hat{y}=\hat{a}+\hat{b}x$ 知，国内生产总值 GDP 与劳动力投入之间的关系为

$$\hat{y}=-162.90+23.97x.$$

【练习】 海牛是一种体形较大的水生哺乳动物，体重可达 700 kg，以水草为食. 美洲海牛生活在美国的佛罗里达州，在船舶运输繁忙季节，经常被船的螺旋桨击伤而致死. 表 7-6 是佛罗里达州记录的 1977 年至 1990 年机动船只数目和被船只撞死的海牛数. 求机动船只数量与被船只撞死的海牛数之间的线性关系.

表 7-6　1977 年至 1990 年机动船只数目和被船只撞死的海牛数

年份	1977	1978	1979	1980	1981	1982	1983
机动船只数量	447	460	481	498	513	512	526
被船只撞死的海牛数	13	21	24	16	24	20	15
年份	1984	1985	1986	1987	1988	1989	1990
机动船只数量	559	585	614	645	675	711	719
被船只撞死的海牛数	34	33	33	39	43	50	47

解　设机动船只数目为 x，被船只撞死的海牛数为 y，列表 7-7 计算.

表 7-7　计算结果

i	x_i	y_i	x_i^2	y_i^2	x_iy_i
1	447	13	199 809	169	5 811
2	460	21	211 600	441	9 660
3	481	24	231 361	576	11 544
4	498	16	248 004	256	7 968
5	513	24	263 169	576	12 312
6	512	20	262 144	400	10 240
7	526	15	276 676	225	7 890
8	559	34	312 481	1 156	19 006
9	585	33	342 225	1 089	19 305
10	614	33	376 996	1 089	20 262
11	645	39	416 025	1 521	25 155
12	675	43	455 625	1 849	29 025
13	711	50	505 521	2 500	35 550
14	719	47	516 961	2 209	33 793

由表 7-7 得，$\overline{x}=567.5$，$\overline{y}=(\qquad)$，

$$\sum_{i=1}^{14}x_iy_i=247\ 521,\ \sum_{i=1}^{14}x_i^2=4\ 618\ 597,\ \sum_{i=1}^{14}y_i^2=14\ 056,$$

则

$$l_{xx}=\sum_{i=1}^{14}x_i^2-n\overline{x}^2\approx(\qquad),$$

$$l_{xy}=\sum_{i=1}^{14}x_iy_i-n\overline{x}\,\overline{y}\approx(\quad),$$

$$\hat{b}=\frac{l_{xy}}{l_{xx}}=\frac{\sum_{i=1}^{14}x_iy_i-n\overline{x}\,\overline{y}}{\sum_{i=1}^{14}x_i^2-n\overline{x}^2}=\frac{247\ 521-(\quad)\times 567.5\times(\quad)}{4\ 618\ 597-(\quad)\times 567.5^2}\approx 0.125,$$

$$\hat{a}=\overline{y}-\hat{b}\,\overline{x}=(\quad)-0.125\times 567.5\approx -41.5,$$

由 $\hat{y}=\hat{a}+\hat{b}x$ 知，机动船只数量与被船只撞死的海牛数之间的关系为

$$\hat{y}=-41.5+0.125x.$$

7.2.2 回归方程的显著性检验

上一节讨论的回归方程求解过程是按照 y 与 x 一定存在线性相关关系的假设进行的. 但如果 y 与 x 之间没有线性相关关系，这样求出的线性回归方程就失去了实际意义. 由此，按照最小二乘法求得回归方程后，必须对它的线性相关性做显著性检验.

由 $\hat{y}=\hat{a}+\hat{b}x$ 可以看出，若 $\hat{b}=0$，则 y 实际上与 x 无关，显然它们之间不存在线性关系；如果 $\hat{b}\neq 0$，则说明 y 与 x 之间存在线性关系. 这样，问题归纳为检验假设：$H_0:\hat{b}=0$.

为了构造检验假设 H_0 的统计量，从偏差平方和开始讨论：

$$\begin{aligned}
Q&=\sum_{i=1}^{n}(y_i-\hat{y}_i)^2=\sum_{i=1}^{n}[y_i-(\hat{a}+\hat{b}x_i)]^2\\
&=\sum_{i=1}^{n}[y_i-\overline{y}-(\hat{a}+\hat{b}x_i)+(\hat{a}+\hat{b}\overline{x})]^2\\
&=\sum_{i=1}^{n}[(y_i-\overline{y})-\hat{b}(x_i-\overline{x})]^2\\
&=\sum_{i=1}^{n}(y_i-\overline{y})^2-2\hat{b}\sum_{i=1}^{n}(x_i-\overline{x})(y_i-\overline{y})+\hat{b}^2\sum_{i=1}^{n}(x_i-\overline{x})^2\\
&=l_{yy}-2\frac{l_{xy}}{l_{xx}}\cdot l_{xy}+\frac{l_{xy}^2}{l_{xx}^2}l_{xx},
\end{aligned}$$

对于实测数据 $(x_1,y_1),(x_2,y_2),\cdots,(x_n,y_n)$，引入统计量

$$T=\frac{l_{xy}}{\sqrt{\frac{1}{n-2}(l_{xx}l_{yy}-l_{xy}^2)}}.$$

若假设 H_0 成立，它服从自由度为 $n-2$ 的 t 分布. 可以证明当 $|T|>t_{\alpha/2}(n-2)$ 时拒绝 H_0，表示 y 与 x 之间有很强的线性相关性.

例 2 在例 1 中，问在显著性水平 $\alpha=0.05$ 时，y 与 x 之间是否有显著的线性相关关系？

解 检验假设 $H_0:\hat{b}=0$.

$$l_{yy}=\sum_{i=1}^{10}y_i^2-n\overline{y}^2\approx 268.98,$$

$$l_{xx}=\sum_{i=1}^{10}x_i^2-n\overline{x}^2\approx 0.43,$$

$$l_{xy}=\sum_{i=1}^{10}x_iy_i-n\overline{x}\,\overline{y}\approx 10.21,$$

$$T=\frac{l_{xy}}{\sqrt{\frac{1}{n-2}(l_{xx}l_{yy}-l_{xy}^2)}}\approx 8.547,$$

查 t 分布表得 $t_{\frac{\alpha}{2}}(n-2)=2.306$，由于 $|T|=8.547>2.306$，所以拒绝原假设 H_0，说明我国国内生产总值 GDP 与劳动力投入之间存在显著的线性相关关系.

7.2.3 线性回归在经济预测中的应用

上一小节讨论了如何建立线性回归方程以及如何进行回归方程的显著性检验. 本小节主要讨论如何利用回归方程进行简单的经济预测，即已知变量 x 的值 x_0，预测 y 的取值或取值范围.

例 3 在例 1 问题中，假设 2009 年我国劳动力投入为 8.2 亿人，可预测我国 2009 年的 GDP 为多少.

解 因为线性回归方程为

$$\hat{y}=-162.90+23.97x,$$

故在 $x=8.2$ 时，

$$\hat{y}_0=-162.90+23.97\times 8.2\approx 33.65.$$

即 2009 年我国劳动力投入为 8.2 亿人时，我国 2009 年的 GDP 为 33.65 亿元.

这种给定任意的 $x=x_0$ 代入回归方程，预测 y 的观测值 y_0 的方法称为**点预测**，这种预测的结果精确性和可信度如何呢？为此可以对 y_0 的值进行区间估计，即预测 y_0 的取值区间范围，称为**区间预测**.

我们记 y_0 为观测值，$\hat{y}_0$ 为预测值，区间预测就是对 y_0 进行区间估计，构造统计量

$$T=\frac{y_0-\hat{y}_0}{\hat{\sigma}\sqrt{1+\frac{1}{n}+\frac{(x_0-\overline{x})^2}{l_{xx}}}},$$

其中 $\hat{\sigma}^2$ 满足：

$$\hat{\sigma}^2=\frac{1}{n-2}\sum_{i=1}^{n}(y_i-\hat{y}_i)^2=\frac{1}{n-2}\left(l_{yy}-\frac{l_{xy}^2}{l_{xx}}\right),$$

可以证明统计量

$$T=\frac{y_0-\hat{y}_0}{\hat{\sigma}\sqrt{1+\frac{1}{n}+\frac{(x_0-\overline{x})^2}{l_{xx}}}}\sim t(n-2),$$

对于给定的置信水平 $1-\alpha$，有

$$P(|T|<t_{\frac{\alpha}{2}}(n-2))=1-\alpha,$$

若令

$$\rho=\hat{\sigma}\cdot t_{\frac{\alpha}{2}}(n-2)\sqrt{1+\frac{1}{n}+\frac{(x_0-\overline{x})^2}{l_{xx}}},$$

则有

$$P(\hat{y}_0-\rho<y_0<\hat{y}_0+\rho)=1-\alpha,$$

则 y_0 的置信水平为 $1-\alpha$ 的置信区间为

$$(\hat{y}_0-\rho,\hat{y}_0+\rho),$$

其中：$\rho=\hat{\sigma}\cdot t_{\frac{\alpha}{2}}(n-2)\sqrt{1+\frac{1}{n}+\frac{(x_0-\overline{x})^2}{l_{xx}}}$.

例 4 上题中当我国劳动力投入 $x=8.2$ 时，求预测值 y 的置信水平为 0.95 的预测区间.

解 由于

$$l_{yy}=\sum_{i=1}^{10}y_i^2-n\overline{y}^2\approx 268.98,$$

$$l_{xx}=\sum_{i=1}^{10}x_i^2-n\overline{x}^2\approx 0.43,$$

$$l_{xy}=\sum_{i=1}^{10}x_iy_i-n\overline{x}\,\overline{y}\approx 10.21.$$

因为线性回归方程为

$$\hat{y}=-162.90+23.97x,$$

故在 $x=8.2$ 时，

$$\hat{y}_0=-162.90+23.97\times 8.2\approx 33.65.$$

故

$$\hat{\sigma}=\sqrt{\frac{1}{n-2}\left(l_{yy}-\frac{l_{xy}^2}{l_{xx}}\right)}\approx 1.822.$$

查 t 分布表得 $t_{\frac{\alpha}{2}}(n-2)=2.306$，则

$$\rho=\hat{\sigma}\cdot t_{\frac{\alpha}{2}}(n-2)\sqrt{1+\frac{1}{n}+\frac{(x_0-\overline{x})^2}{l_{xx}}}\approx 6.78.$$

故当 $x=8.2$ 时，预测值 y 的置信水平为 0.95 的预测区间为

$$(\hat{y}_0-\rho,\hat{y}_0+\rho)=(26.87,40.43).$$

·注意· 本节中涉及的大量数值计算，根据精确度有微小差异，也可以用 Matlab 软件处理.

同步训练 7-2

1. 单项选择题

(1) 具有相关关系的两个变量的特点是(　　).

A. 一个变量的取值不能由另一个变量唯一确定

B. 一个变量的取值由另一个变量唯一确定

C. 一个变量的取值增大时，另一个变量的取值也一定增大

D. 一个变量的取值增大时，另一个变量的取值肯定变小

(2) 指出下列哪些现象不是相关关系(　　).

A. 家庭消费支出与收入　　B. 商品销售额与销售量、销售价格

C. 物价水平与商品需求量　　D. 小麦高产与施肥量

(3) 对不同年份的产品成本拟合的直线方程为(　　). $\hat{y}=280-1.75x$，回归系数 $\hat{\beta}_1=-1.75$ 表示(　　).

A. 时间每增加 1 个单位，产品成本平均增加 1.75 个单位

B. 时间每增加 1 个单位，产品成本平均下降 1.75 个单位

C. 产品成本每变动 1 个单位，平均需要 1.75 个单位

D. 时间每减少 1 个单位，产品成本平均增加 1.75 个单位

(4) 每一吨铸铁成本(元)依铸件废品率(%)变动的回归方程为 $y=56+8x$，这意味着(　　).

A. 废品率每增加 1%，成本每吨增加 64 元

B. 废品率每增加 1%，成本每吨增加 8%

C. 废品率每增加 1%，成本每吨增加 8 元

D. 废品率每增加 1%，则每吨成本为 56 元

(5) 已知某工厂甲产品产量和生产成本有直线关系，在这条直线上，当产量为 1 000 时，其生产成

本为 30 000 元,其中不随产量变化的成本 6 000 元,则成本总额对产量的回归方程是(　　).

A. $\hat{y}=6\,000+24x$　　B. $\hat{y}=6+0.24x$

C. $\hat{y}=24\,000+6x$　　D. $\hat{y}=24+6\,000x$

2. 填空题

(1) 变量之间的关系可以分为________.

(2) 已知一元线性回归直线方程为$\hat{a}=\overline{y}-\hat{b}\overline{x}$,且$\overline{x}=2$,$\overline{y}=1$,则$\hat{a}$ ________.

(3) 由最小二乘法得到的回归直线,要求满足因变量的________的离差平方和最小.

3. 判断题

(1) 利用最小二乘法拟合直线回归方程,要求所有观测点和回归直线的距离平方和为零.(　　)

(2) 对于非线性问题,可以通过对变量进行适当的变换将其化为新的变量之间的线性问题,再利用线性回归方法来处理.(　　)

(3) 线性相关系数可以是正的,也可以是负的.(　　)

4. 计算题

(1) 某化工厂为预测某项新产品的回收率 y,需要研究它与原材料的有效成分 x 之间的相关关系,现取得了 8 对观察数据(x_i,y_i),$(i=1,2,\cdots,8)$,并计算出$\sum_{i=1}^{8}x_i=52$,$\sum_{i=1}^{8}y_i=228$,$\sum_{i=1}^{8}x_i^2=478$,$\sum_{i=1}^{8}x_iy_i=1\,849$,试建立 y 对 x 的回归直线方程.

(2) 假设关于某设备的使用年限 x 和所支出的维修费用 y(万元),有如下的统计资料.

使用年限 x	2	3	4	5	6
维修费用 y	2.2	3.8	5.5	6.5	7.0

试确定线性回归方程$\hat{y}=\hat{a}+\hat{b}x$ 的回归系数$\hat{a}$ 和$\hat{b}$.

(3) 已知某工厂过去几年产量与利润的数据如下表所示.

产量 Q/千件	1	2	3	4	5	6	7	8
利润 L/千克	2	8	5	10	18	20	15	12

试求利润 L 对产量 Q 的回归直线方程;估计当产量达到 2 万件时工厂的利润.

单元训练 7

1. 单项选择题

(1) 在假设检验中,记 H_0 为待检假设,则犯第一类错误指的是(　　).

A. H_0 成立时,经检验接受 H_0　　B. H_0 成立时,经检验拒绝 H_0

C. H_0 不成立时,经检验接受 H_0　　D. H_0 不成立时,经检验拒绝 H_0

(2) 如果变量之间的关系近似地表现为一条直线,则称两个变量之间为(　　).

A. 正线性相关关系　　B. 负线性相关关系

C. 线性相关关系　　D. 非线性相关关系

(3) 对正态总体的数学期望 μ 进行假设检验,如果在显著性水平 0.05 下,接受假设 $H_0:\mu=\mu_0$,那么在显著性水平 0.01 下,下列结论中正确的是(　　).

A. 接受 H_0　　B. 可能接受,也可能拒绝 H_0

C. 拒绝 H_0　　D. 不接受也不拒绝 H_0

(4) 自动包装机装出的产品每袋重量服从正态分布，规定每袋重量的方差不超过 a，为了检查自动包装机的工作是否正常，对它生产的产品进行抽样检验，假设检验为 $H_0:\sigma^2 \leqslant a$，$\alpha=0.05$，则下列命题中正确的是(　　).

A. 如果生产正常，则检验结果也认为生产正常的概率为 0.95

B. 如果生产不正常，则检验结果也认为生产不正常的概率为 0.95

C. 如果检验的结果认为生产正常，则生产确实正常的概率为 0.95

D. 如果检验的结果认为生产不正常，则生产确实不正常的概率为 0.95

(5) 相关关系是指(　　).

A. 变量间的非独立关系　　B. 变量间的因果关系

C. 变量间的函数关系　　D. 变量间不确定性的依存关系

2. 填空题

(1) 设 $X \sim N(10,10^2)$，$X_1,X_2,\cdots,X_{10}$ 为来自总体 X 的样本，则 $\overline{x} \sim$ ________.

(2) 若总体 $X \sim N(\mu,1)$，要检验 $H_0:\mu=\mu_0$，应选用________法检验，相应的统计量为________，式中________为样本均值，n 为________.

(3) 回归分析是处理变量之间________关系的一种数学方法，若变量间存在近似的线性关系，则称相应的回归分析为________.

(4) 设某种二极管的使用寿命服从正态分布 $X \sim N(\mu,\sigma^2)$，已知 $\sigma=10$. 现从这种二极管中抽取 16 个进行检验，测得平均使用寿命为 1 950 小时，这批二极管平均使用寿命的置信水平 95% 的置信区间为________.

(5) 设正态总体服从 $N(\mu,\sigma^2)$，从中抽取容量为 8 的样本，其值为 9，14，10，12，7，13，11，12，则总体均值的估计值 $\hat{\mu}$ 为________.

3. 计算题

(1) 对某批花生仁的含油量做了 5 次抽样检测，结果如下(%)：59.30，59.24，59.41，59.35，59.36，试求该批花生仁的样本均值与样本方差.

(2) 设总体 $X \sim U(0,\theta)$，现从该总体中抽取容量为 10 的样本，样本值为 0.5，1.3，0.6，1.7，2.2，1.2，0.8，1.5，2.0，1.6，试对参数 θ 给出矩估计.

(3) 某市食品公司从近几年的禽蛋的月销售量随机地抽取了 12 个样品(单位：10^4 kg)：9.0，8.7，9.2，8.0，8.5，7.9，8.6，8.5，7.2，7.8，8.4，9.0. 根据经验，禽蛋月销售量 X 服从正态分布. 试求 X 的方差 σ^2 的置信区间(置信水平为 95%).

(4) 某电器的平均电阻一直保持在 2.64 Ω，改变加工工艺后，测得 100 个零件的平均电阻为 2.62 Ω，如果改变工艺前后电阻的标准差保持在 0.06 Ω，问新工艺对此零件的电阻有无显著影响. ($\alpha=0.01$)

(5) 某食品厂用自动装罐机装罐头食品，每罐标准重量为 500 克，每隔一定时间需要检查机器工作情况. 现抽得 10 罐，测得其重量为(单位：克)：495，510，505，498，503，492，502，612，407，506. 假定重量服从正态分布，试以 5% 的显著性水平检验机器工作是否正常.

(6) 测定某种溶液中的水分，它的 10 个测定值给出 $\overline{x}=0.452\%$，$s=0.037\%$，设测定值总体服从正态分布，μ 为总体均值，σ 为总体标准差，试在 5% 的显著性水平下，检验假设 $H_0: \mu=0.5\%$.

单元7参考答案

单元任务评价表

组别：		模型名称：		成员姓名及个人评价			
项目	A级	B级	C级				
课堂表现情况 20分	上课认真听讲，积极举手发言，积极参与讨论与交流	偶尔举手发言，有参与讨论与交流	很少举手，极少参与讨论与交流				
模型完成情况 20分	观点明确，模型结构完整，内容无理论性错误，条理清晰，大胆尝试并表达自己的想法	模型结构基本完整，内容无理论性错误，有提出自己的不同看法，并做出尝试	观点不明确，模型无法完成，不敢尝试和表达自己的想法				
合作学习情况 20分	善于与人合作，虚心听取别人的意见	能与人合作，能接受别人的意见	缺乏与人合作的精神，难以听进别人的意见				
个人贡献情况 20分	能鼓励其他成员参与协作，能有条理地表达自己的意见，且意见对任务完成有重要帮助	能主动参与协作，能表达自己的意见，且意见对任务完成有帮助	需要他人督促参与协作，基本不能准确表达自己的意见，且意见对任务基本没有帮助				
模型创新情况 20分	具有创造性思维，能用不同的方法解决问题，独立思考	能用老师提供的方法解决问题，有一定的思考能力和创造性	思考能力差，缺乏创造性，不能独立地解决问题				
教师评价							
小组自评评语：							

单元 8 数学实验基础

知识目标

- 认知 Matlab 基本命令及语言结构.
- 认知 Matlab 的数值计算命令.

能力目标

- 能运用 Matlab 解决较复杂的极限计算问题.
- 能运用 Matlab 解决较复杂的导数计算问题.
- 能运用 Matlab 解决较复杂的积分计算问题.
- 能运用 Matlab 解决较复杂的微分方程计算问题.
- 能运用 Matlab 解决较复杂的线性代数相关计算问题.

素质目标

- 善用辅助工具,养成持续学习的良好习惯.
- 准确输入程序,养成严谨专注的工匠精神.

课前准备

做好预习,熟悉 Matlab 运行界面.

8.1 Matlab 简介

Matlab 是美国 MathWorks 公司出品的商业数学软件,用于算法开发、数据可视化、数据分析以及数值计算的高级技术计算语言和交互式环境.

Matlab 是矩阵实验室(Matrix Laboratory)的简称,和 Mathematica、Maple 并称为三大数学软件.它在数学类科技应用软件中,尤其是数值计算方面首屈一指.

Matlab 可以进行矩阵运算、绘制函数和数据、实现算法、创建用户界面、连接其他编程语言的程序等.主要应用于工程计算、控制设计、系统仿真、信号处理、图像处理、信号检测、统计计算、金融建模设计与分析等领域.附加的工具箱扩展了 Matlab 环境,以解决这些应用领域内特定类型的问题.该软件是目前国际上公认的优秀数学应用软件之一.

8.1.1 Matlab 启动界面

在 Windows 系统下启动 Matlab 软件将在屏幕上看到如图 8-1 所示的 Matlab 的主窗口. 在该主窗口中，除了 Windows 应用程序一般应该具有的菜单和工具栏外，还包括了右边的命令窗口和左边的工作区、命令历史窗口等. 命令窗口下的提示符为“>>”，表示 Matlab 已经准备好，可以接受用户在此输入行命令，命令和程序执行的结果也显示在这个窗口；过去执行过的命令名则依次显示在命令历史窗口中，可以备查；工作区窗口用于显示当前内存中变量的信息（包括变量名、维数、具体取值等），初始时这部分信息为空.

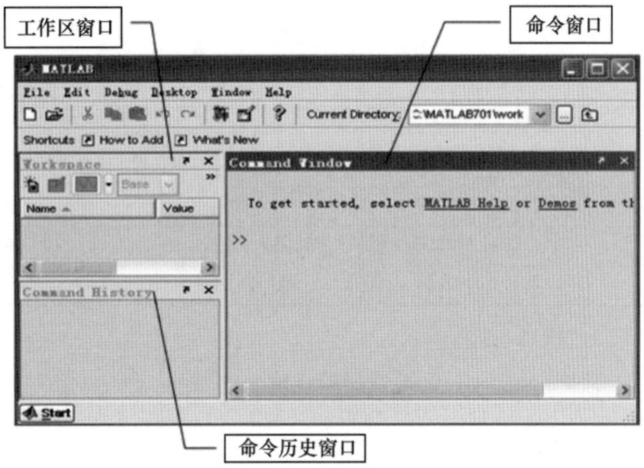

图 8-1

8.1.2 基本数学运算

Matlab基本运算

1. 数值运算符号及功能（表 8-1）

表 8-1　数值运算符号及功能

符号	功能	实例
＋	加法	10＋12
－	减法	5－3
*	乘法	6 * 2
/，\	右除，左除	2/3，3\2
∧	乘方	3^4

2. 标点符号的使用

（1）逗号（，）

在命令窗口输入命令后，若以逗号（或无标点符号）结尾，则显示执行结果.

（2）分号（；）

在命令窗口输入命令后，若以分号结尾，则不显示执行结果.

（3）百分号（%）

百分号之后的所有文本都看作注释，使用注释之后对运行结果不会产生任何影响，反而会增加程序的可读性.

3. 常用的操作命令(表 8-2)

表 8-2 常用的操作命令

命令	命令功能	命令	命令功能
cd	显示工作目录	clf	清除图形窗口
clc	清除工作窗	quit	退出 Matlab
clear	清除内存变量		

4. 常用的快捷键(表 8-3)

表 8-3 常用的快捷键

快捷键	功能	快捷键	功能
↑(Ctrl+p)	调用上一行	Home(Ctrl+a)	光标置于当前开头
↓(Ctrl+n)	调用下一行	End(Ctrl+e)	光标置于当前结尾
←(Ctrl+b)	光标左移一个字符	Esc(Ctrl+u)	清除当前输入行
→(Ctrl+f)	光标右移一个字符	Del(Ctrl+d)	删除光标处字符
Ctrl+←	光标左移一个单词	Backspace(Ctrl+h)	删除光标前字符
Ctrl+→	光标右移一个单词	Alt+Backspace	恢复上一次删除

5. 常用的常量(表 8-4)

表 8-4 常用的常量

常量	功能
ans	用作结果的默认变量名
pi	圆周率
inf	无穷大
i 或 j	复数单位

6. 常用的函数(表 8-5)

表 8-5 常用的函数

函数名	函数功能	函数名	函数功能
sin(x)	正弦	abs(x)	绝对值
cos(x)	余弦	sign(x)	符号函数
tan(x)	正切	sqrt(x)	平方根
cot(x)	余切	exp(x)	指数
asin(x)	反正弦	log(x)	自然对数
acos(x)	反余弦	log10(x)	以 10 为底的对数
atan(x)	反正切	log3(x)	以 3 为底的对数
acot(x)	反余切	rats(x)	将实数化为分数

例 1 利用 Matlab 数学软件计算 $\sin\left(\frac{\pi}{5}\right)-2\sqrt{8}$.

解 在命令窗口(即 Command Window)中输入如下命令,并按 Enter 键(回车键)确认.

```
>> sin(pi/5)-2*sqrt(8)
ans=
-5.0691
```

注意 上述程序中的“>>”是命令窗口自带的符号,不需要学生输入.而这个符号的主要作用是区分输入部分和输出部分,凡是带有这个符号的都是输入部分,没有这个符号的都是输出结果.

例 2 已知 $f(x)=x^3+5x^2-7$,利用 Matlab 数学软件计算 $f(3)$.

解 在命令窗口中输入如下命令,并按 Enter 键确认.

```
>> syms x;
>> f(x)=x^3+5*x^2-7;
>> f(3)
ans=
65
```

同步训练 8-1

利用 Matlab 数学软件计算：

(1)$5^6+\sin\pi-4e^3$.

(2)$\frac{\ln5-\sqrt{2}}{3}$.

(3)$f(x)=x^2+2x+1$,求 $f(1)$,$f(18)$,$f(23)$.

8.2 数学实验——极限的计算

8.2.1 学习 Matlab 命令

Matlab 符号运算工具箱提供了极限问题的计算指令函数,通过该函数不同的调用格式,可分别求得函数的极限和左/右极限.其调用格式如下：

1.求函数 $f(x)$关于自变量 x 在 x_0 处的极限

limit(f,x,x0).

2.求函数 $f(x)$关于自变量 x 在 x_0 处的单边极限

limit(f,x,x0,'left'或'right').

Matlab求极限

8.2.2 典型例题

下面通过例子来演示 Matlab 求函数极限的方法.

例 1 求$\lim\limits_{x\to3}\frac{x-3}{x^2-9}$.

分析 Matlab 中求解此类问题首先要定义符号变量,然后定义极限表达式,接着才调用函数,给定函数的极限.

解 在命令窗口中输入如下命令,并按 Enter 键确认.

```
>> syms x;                   %"syms"的作用是定义变量
>> f=(x-3)/(x^2-9);          %这个语句的作用是定义函数表达式
>> limit(f,x,3)              %这里的"limit"是命令语句,用来求 x→3 的极限
```

输出结果为：

```
ans=
1/6
```

即所求结果为:$\lim\limits_{x\to3}\frac{x-3}{x^2-9}=\frac{1}{6}$.

例 2 求 $\lim\limits_{x\to 0^+} x^{\sin x}$.

解 在命令窗口中输入如下命令，并按 Enter 键确认.

```
>> syms x;
>> f=x^(sin(x));
>> limit(f,x,0,'right')
ans=
1
```

即所求结果为：$\lim\limits_{x\to 0^+} x^{\sin x}=1$.

在极限运算中，还有一类常见的情况：$x\to\infty$. 这时会用到一个命令"inf"，它的含义是无穷大. 在具体使用时，如果用到 $x\to+\infty$ 或者 $x\to-\infty$，只要在命令"inf"前加上符号即可.

例 3 求 $\lim\limits_{x\to\infty}\left(\frac{2-x}{3-x}\right)^x$.

解 在命令窗口中输入如下命令，并按 Enter 键确认.

```
>> syms x;
>> f=((2-x)/(3-x))^x;
```

·思考· 若该命令改为 f=(2-x/3-x)^x 或 f=(2-x)/(3-x)^x，则命令分别代表的含义是什么？

```
>> limit(f,x,inf)
ans=
exp(1)
```

即所求结果为：$\lim\limits_{x\to\infty}\left(\frac{2-x}{3-x}\right)^x=e$.

例 4 求 $\lim\limits_{x\to+\infty}(\sqrt{x-5}-\sqrt{x})$.

解 在命令窗口中输入如下命令，并按 Enter 键确认.

```
>> syms x;
>> f=sqrt(x-5)-sqrt(x);
>> limit(f,x,+inf)
ans=
0
```

即所求结果为：$\lim\limits_{x\to+\infty}(\sqrt{x-5}-\sqrt{x})=0$.

同步训练 8-2

利用 Matlab 数学软件计算：

(1) $\lim\limits_{x\to-1}\frac{x^4-1}{x^3+1}$.

(2) $\lim\limits_{x\to1}\left(\frac{1}{x-1}-\frac{3}{x^3-1}\right)$.

(3) $\lim\limits_{x\to\infty}\left(\frac{2x}{3-x}-\frac{2}{3x}\right)$.

(4) $\lim\limits_{x\to\infty}\frac{3x-5}{x^3\sin\frac{1}{x^2}}$.

(5) $\lim\limits_{x\to+\infty}\frac{\ln x}{x^3}$.

(6) $\lim\limits_{x\to+\infty}\left(\frac{2-x}{3-x}\right)^x$.

(7) $\lim\limits_{h\to0}\frac{\sin(x+h)-\sin x}{h}$.

(8) $\lim\limits_{x\to+\infty}(\sqrt{x+5}-\sqrt{x})$.

8.3 数学实验——导数与微分的计算

8.3.1 学习 Matlab 命令

Matlab 中提供的求函数导数的指令为 diff( ),它可以解出给定函数的各阶导数,其调用格式如下:

1. 求函数 $f(x)$ 关于 x 的一阶导数

diff(f,x).

2. 求函数 $f(x)$ 关于 x 的 n 阶导数,这里 n 必须是非零自然数

diff(f,x,n).

Matlab求导数

8.3.2 典型例题

1. 显函数的求导

例 1 设函数 $f(x)=\dfrac{\cos x}{x^3+7x+2}$,求 $f'(x)$.

解 在命令窗口中输入如下命令,并按 Enter 键确认.

```
>> syms x;
>> f=cos(x)/(x^3+7 * x+2);
>> diff(f,x)
ans=
-sin(x)/(x^3+7 * x+2)-(cos(x) * (3 * x^2+7))/(x^3+7 * x+2)^2
```

即所求结果为:$f'(x)=-\dfrac{\sin x}{x^3+7x+2}-\dfrac{(3x^2+7)\cos x}{(x^3+7x+2)^2}$.

思考 请使用 pretty(ans)命令,观察其作用.

例 2 设 $y=\sin x$,利用软件求$\dfrac{d^3y}{dx^3}$.

解 在命令窗口中输入如下命令,并按 Enter 键确认.

```
>> syms x;
>> y=sin(x);
>> diff(y,x,3)
ans=
-cos(x)
```

即所求结果为:$\dfrac{d^3y}{dx^3}=-\cos x$.

例 3 设 $f(x)=x^3+4\cos x$,利用软件求 $f'(x)$,$f'\left(\dfrac{\pi}{2}\right)$.

解 在命令窗口中输入如下命令,并按 Enter 键确认.

```
>> syms x;
>> f=x^3+4 * cos(x);
>> z(x)=diff(f,x)   %这里的"z(x)"用来表示 f'(x),方便后续求某点导数值
z(x)=
```

```
3 * x^2-4 * sin(x)
>> z(pi/2)
ans=
(3 * pi^2)/4-4
```

即所求结果为：$f'(x)=3x^2-4\sin x$，$f'\left(\frac{\pi}{2}\right)=\frac{3\pi^2}{4}-4$.

例 4 已知物体做直线运动，运动距离 S 与时间 t 的关系为 $S=16t^5-35t^2+76$，求物体的速度和在时刻 $t=15$ 的瞬时速度.

解 因为物体的速度和在时刻 $t=15$ 的瞬时速度分别为 $S'(t)$ 和 $S'(15)$，所以在命令窗口中输入如下命令，并按 Enter 键确认.

```
>> syms t;
>> S=16 * t^5-35 * t^2+76;
>> St=diff(S,t,1)
```

运行后屏幕显示物体的速度为

```
St=
80 * t^4-70 * t
```

再输入求在时刻 t=15 的导数程序：

```
>> t=15
>> St=80 * t^4-70 * t
```

运行后屏幕显示物体在时刻 t=15 的瞬时速度为

```
St=
4048950
```

2. 隐函数的求导

隐函数的导数同样可以通过 diff()指令来求取.具体的推导过程如下：

首先，我们可以把隐函数的方程整理成

$$f(x,y)=0;$$

然后，左右两端同时对 x 求导

$$f'_x+f'_y\cdot y'=0,$$

整理，得

$$y'=-\frac{f'_x}{f'_y}.$$

这个公式可以利用 Matlab 的命令来完成.其调用格式如下：

```
-diff(f,x)/diff(f,y).
```

例 5 求由方程 $y\sin x+\ln y=1$ 所确定的隐函数的导数 y'_x.

解 在命令窗口中输入如下命令，并按 Enter 键确认.

```
>> syms x y;
>> f=y * sin(x)+log(y)-1;
>> -diff(f,x)/diff(f,y)
ans=
-y * cos(x)/(sin(x)+1/y)
```

即所求结果为：$y'_x=-\frac{y\cos x}{\sin x+\frac{1}{y}}=-\frac{y^2\cos x}{y\sin x+1}$.

3. 函数微分的计算

由函数微分的定义 $dy=f'(x)dx$ 可以知道，要计算函数的微分，只要先通过 Matlab 计算出函数的导数，再乘以自变量的微分就可以了.

例 6 求 $y=\sin(x^2+1)$ 的微分 dy.

解 在命令窗口中输入如下命令，并按 Enter 键确认.

```
>> syms x;
>> y=sin(x^2+1);
>> diff(y,x)
ans=
2*cos(x^2+1)*x
```

即所求结果为：$dy=2x\cos(x^2+1)dx$.

同步训练 8-3

利用 Matlab 数学软件计算：

(1) $f(x)=xe^{x^2}$，求 $f'(x)$，$f^{(3)}(x)$.

(2) $f(x)=\dfrac{\ln x}{x^2}$，求 $f'(x)$，$\dfrac{d^3f(x)}{dx^3}$.

(3) $f(x)=x^2\arctan x$，求 $f'(3)$.

(4) $f(x)=\sin\dfrac{x}{2}$，求 $f'(x)$，$\dfrac{d^5f(x)}{dx^5}$.

(5) $y=\dfrac{x\tan x}{1+x^2}$，求 dy.

(6) $f(x)=\tan x$，求 $f''(x)$，$f''(1)$.

(7) $f(x)=e^{5\sin(4x-1)}$，求 $f'\left(\dfrac{1}{4}\right)$.

(8) 求由方程 $\sin x\ln y-\sqrt{x}=5$ 所确定的隐函数的导数 y'_x.

(9) 求由方程 $xy=e^{x+y}$ 所确定的隐函数的导数 y'_x.

8.4 数学实验——导数的应用

8.4.1 学习 Matlab 命令

我们用于绘制一元函数图像的指令是 ezplot，其调用格式为：

ezplot(f,[a,b])，

其中“f”为已定义的函数名称；而“[a,b]”为给定函数自变量的绘图范围.

8.4.2 典型例题

例 1 画出函数 $y=\cos x$ 在 $x\in[0,2\pi]$ 上的图形.

解 在命令窗口中输入如下命令，并按 Enter 键确认.

```
>> syms x;
>> f=cos(x);
>> ezplot(f,[0,2*pi])
```

显示结果如图 8-2 所示：

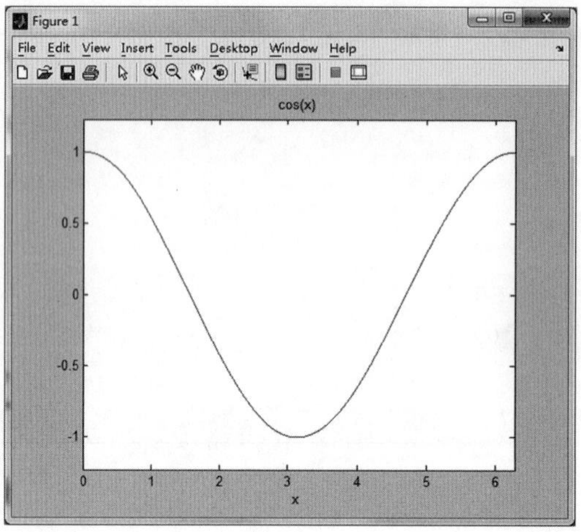

图 8-2

例 2 以 $\lim\limits_{x\to 0}\dfrac{e^x-e^{-x}}{x}$ 为例，验证洛必达法则.

解 在命令窗口中输入如下命令，并按 Enter 键确认.

```
>> syms x;
>> A=exp(x)-exp(-x);
>> B=x;
>> L1=limit(A/B,x,0)
L1=
2
>> dA=diff(A,x);
>> dB=diff(B,x);
>> L2=limit(dA/dB,x,0)
L2=
2
```

从上面的结果可以看出 L1=L2，即 $\lim\limits_{x\to 0}\dfrac{e^x-e^{-x}}{x}=\lim\limits_{x\to 0}\dfrac{(e^x-e^{-x})'}{x'}=2$.

例 3 求函数 $f(x)=x^3-6x^2-15x+1$ 的单调区间和极值.

解 首先求出导函数的零点（即函数 $f(x)$ 的驻点）.

在命令窗口中输入如下命令，并按 Enter 键确认.

```
>> syms x;
>> f=x^3-6*x^2-15*x+1;
>> df=diff(f,x);
>> s=solve(df)  %求解代数方程根的命令，这里用来求解导函数为零的根(驻点)
s=
  5
-1
```

其次画出函数的图像.

```
>> ezplot(f,[-2,6])   %这里绘图区间的选择只要包含区间[-1,5]即可
```

显示结果如图 8-3 所示：

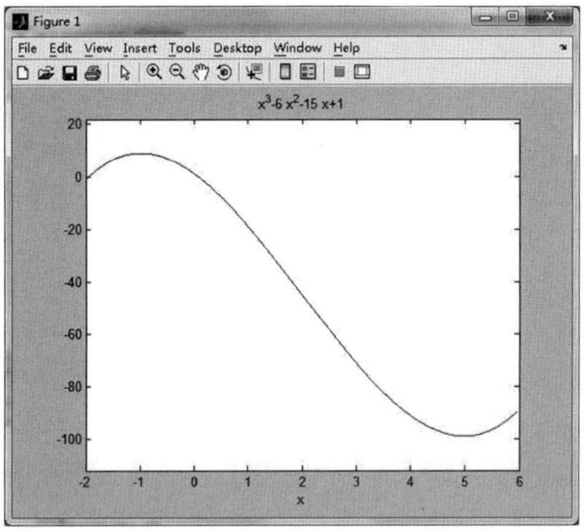

图 8-3

由图 8-3 可知,函数 $f(x)$的单调增区间为$(-\infty,-1)$和$(5,+\infty)$,单调减区间为$(-1,5)$,极大值 $f(-1)=9$,极小值 $f(5)=-99$.

例 4 求函数 $f(x)=x^4-8x^2-2$ 在区间$[-1,3]$上的最大值和最小值.

解 首先求出导函数的零点(即函数 $f(x)$的驻点).

在命令窗口中输入如下命令,并按 Enter 键确认.

```
>> syms x;
>> f=x^4-8*x^2-2;
>> df=diff(f,x);
>> s=solve(df)
s=
  0
  2
 -2
```

其次画出函数的图像.

```
>> ezplot(f,[-1,3])
```

显示结果如图 8-4 所示：

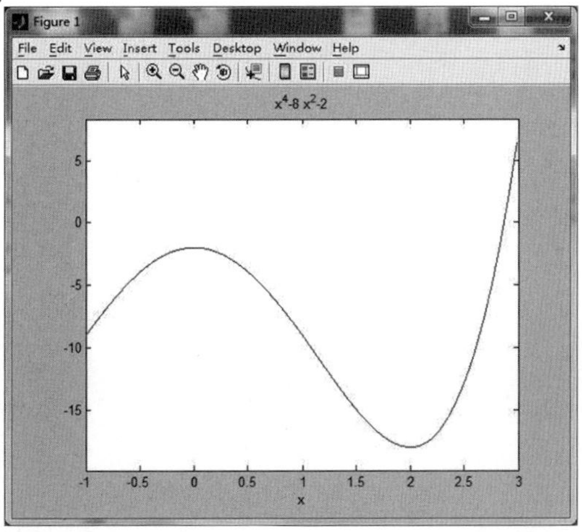

图 8-4

由图 8-4 可知，当 $x=3$ 时，函数取得最大值，$f(3)=7$；当 $x=2$ 时，函数取得最小值，$f(2)=-18$.

例 5 在同一坐标内绘制 $y=0.3\sin x$ 和 $y=0.6\sin x$ 的图形，其中 $x\in[0,2\pi]$.

解 在命令窗口中输入如下命令，并按 Enter 键确认.

```
>> syms x;
>> y=0.3 * sin(x);
>> ezplot(y,[0,2 * pi])
>> hold on          %这个命令可以将后面的图像叠加到此图像
>> f=0.6 * sin(x);
>> ezplot(f,[0,2 * pi])
>> hold off         %这个命令可以解除"hold on"命令
```

显示结果如图 8-5 所示：

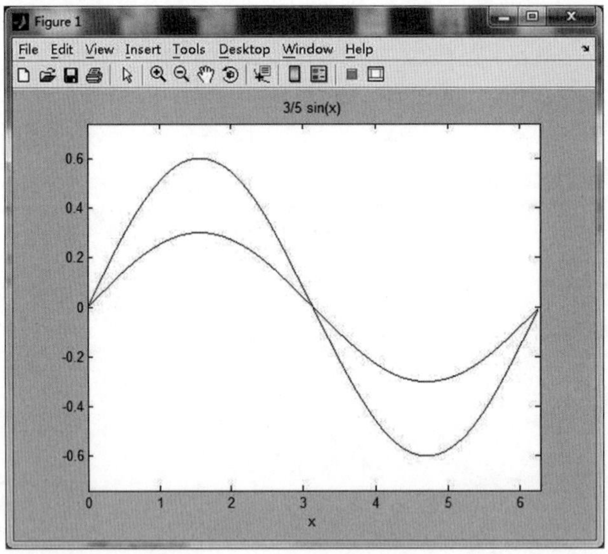

图 8-5

例 6 求函数 $f(x)=2x^3+3x^2-12x+14$ 的拐点及凹凸区间.

解 首先求出二阶导数为零的点.

在命令窗口中输入如下命令，并按 Enter 键确认.

```
>> syms x;
>> f=2 * x^3+3 * x^2-12 * x+14;
>> diff(f,x,2)
ans=
12 * x+6
>> s=solve(ans)
s=
-1/2
```

其次画出函数的图像.

```
>> ezplot(f,[-3,2])
```

显示结果如图 8-6 所示：

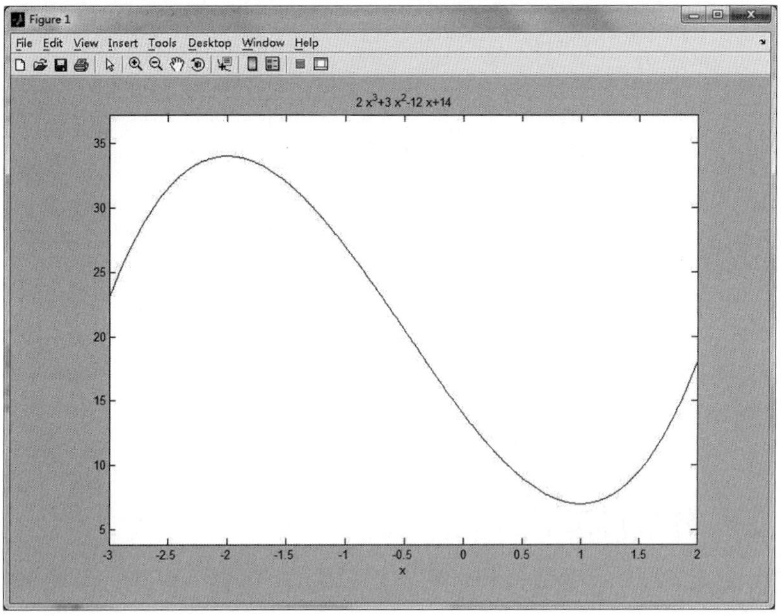

图 8-6

由图 8-6 可知，当 $x<-\frac{1}{2}$ 时，图形为凸，即函数凸区间为 $\left(-\infty,-\frac{1}{2}\right)$；当 $x>-\frac{1}{2}$ 时，图形为凹，即函数凹区间为 $\left(-\frac{1}{2},+\infty\right)$；拐点为 $\left(-\frac{1}{2},\frac{41}{2}\right)$.

同步训练 8-4

1. 利用 Matlab 数学软件求函数 $f(x)=x^{\frac{1}{x}}+1$ 的单调性和极值.

2. 利用 Matlab 数学软件求函数 $f(x)=2x^3+3x^2-3$ 在区间 $[-2,2]$ 上的最大值和最小值.

3. 利用 Matlab 数学软件求曲线 $f(x)=x\mathrm{e}^{-x}$ 的凹凸区间和拐点.

4. 画出函数 $y=\sin x$ 在 $x\in[0,2\pi]$ 上的图形.

5. 在同一坐标内绘制函数 $y=0.2\mathrm{e}^{-0.5}\cos 4\pi x$ 和 $y=2\mathrm{e}^{-0.5x}\cos \pi x$ 的图形.

6. 在同一窗口画出函数 $y=\cos 2x$，$y=x^2$ 和 $y=x$ 的图形，其中 $-2\leqslant x\leqslant 2$.

8.5 数学实验——积分的计算

Matlab求积分

下面从不定积分、定积分、广义积分三个方面进行研究.

8.5.1 不定积分

1. 学习 Matlab 命令

对于可积函数，Matlab 符号运算工具提供的 int( )函数可用计算机代替繁重的手工推导和计算，快捷地得到问题的解. 其调用格式为：

int(f,x).

该命令得出的 $F(x)$ 为一个原函数，而不定积分的结果应该是 $F(x)+C$ 组成的一个函数族，因此在写出结果时，我们要自己加上一个常数 C.

2. 典型例题

例 1 求$\int \frac{\cos\sqrt{x}}{\sqrt{x}}dx$.

解 在命令窗口中输入如下命令,并按 Enter 键确认.

```
>> syms x;
>> f=cos(sqrt(x))/sqrt(x);
>> int(f,x)
ans=
2 * sin(x^(1/2))
```

即所求结果为:$\int \frac{\cos\sqrt{x}}{\sqrt{x}}dx = 2\sin\sqrt{x} + C$.

8.5.2 定积分与广义积分

1. 学习 Matlab 命令

对于定积分和广义积分这两类积分问题,仍然可以用 Matlab 中的 int( )指令来解决. 其调用格式为:

int(f,x,m,n).

其中,f 为被积函数,x 为积分变量,n 和 m 分别为积分上限和积分下限.

当定积分的积分域为无穷大时,便可以认为是广义积分.

2. 典型例题

例 2 试求 $f(x)=\frac{x+\sin x}{1+\cos x}$在区间$\left[0,\frac{\pi}{2}\right]$上的定积分.

解 在命令窗口中输入如下命令,并按 Enter 键确认.

```
>> syms x;
>> f=(x+sin(x))/(1+cos(x));
>> int(f,x,0,pi/2)
ans=
1/2 * pi
```

即所求结果为:$\int_0^{\frac{\pi}{2}} \frac{x + \sin x}{1 + \cos x} = \frac{\pi}{2}$.

例 3 计算$\int_0^{\pi} \sqrt{\sin x - \sin^3 x}\,dx$.

解 在命令窗口中输入如下命令,并按 Enter 键确认.

```
>> syms x;
>> f=(sin(x)-sin(x)^3)^(1/2);
>> int(f,x,0,pi)
ans=
4/3
```

即所求结果为:$\int_0^{\pi} \sqrt{\sin x - \sin^3 x}\,dx = \frac{4}{3}$.

例 4 计算$\int_0^{+\infty} \frac{1}{1+x^2}dx$.

解 在命令窗口中输入如下命令,并按 Enter 键确认.

```
>> syms x;
>> f=1/(1+x^2);
>> int(f,x,0,+inf)
ans=
1/2 * pi
```

即所求结果为：$\int_{0}^{+\infty} \frac{1}{1+x^2}\mathrm{d}x=\frac{\pi}{2}$.

同步训练 8-5

1. 利用 Matlab 数学软件计算下列不定积分：

(1) $\int \sqrt{a^2-x^2}\,\mathrm{d}x$；　　(2) $\int x^2 \mathrm{e}^{-2x}\,\mathrm{d}x$；

(3) $\int \frac{x+1}{\sqrt[3]{3x+1}}\mathrm{d}x$；　　(4) $\int \frac{1}{\sin x \cos x}\mathrm{d}x$.

2. 利用 Matlab 数学软件计算下列定积分：

(1) $\int_{\frac{\pi}{6}}^{\frac{\pi}{4}} \cos^2 x\,\mathrm{d}x$；　　(2) $\int_{-1}^{1} \frac{\mathrm{e}^x}{1+\mathrm{e}^x}\mathrm{d}x$；

(3) $\int_{0}^{1} x\ln(x+1)\,\mathrm{d}x$；　　(4) $\int_{1}^{2} \mathrm{e}^{x-1}\sin x\,\mathrm{d}x$.

3. 利用 Matlab 数学软件计算 $\int_{-\infty}^{0} x\mathrm{e}^x\,\mathrm{d}x$.

8.6 数学实验——微分方程

8.6.1 学习 Matlab 命令

在 Matlab 中，我们一般使用 dsolve 函数求解微分方程. 其调用格式为：

dsolve('方程','初始条件','自变量').

我们通常用大写字母 D 表示微分，Dy 表示 $\frac{\mathrm{d}y}{\mathrm{d}x}$，D2y 表示 $\frac{\mathrm{d}^2 y}{\mathrm{d}x^2}$，D3y 表示 $\frac{\mathrm{d}^3 y}{\mathrm{d}x^3}$，依此类推.

8.6.2 典型例题

Matlab求微分方程

例 1 求微分方程 $\frac{\mathrm{d}y}{\mathrm{d}x}=x^3$ 的通解.

解 在命令窗口中输入如下命令，并按 Enter 键确认.

```
>> y=dsolve('Dy=x^3','x')
y=
1/4 * x^4+C1
```

即所求结果为：$y=\frac{1}{4}x^4+C$.

例 2 求微分方程 $x\mathrm{d}y+2y\mathrm{d}x=0$ 满足初始条件 $y\Big|_{x=2}=1$ 的特解.

解 在命令窗口中输入如下命令,并按 Enter 键确认.

```
>> y=dsolve('Dy=-2*y/x','y(2)=1','x')
y=
4/x^2
```

即所求结果为:$y=\dfrac{4}{x^2}$.

例 3 求微分方程 $y'-\dfrac{y}{x}=x^3$ 的通解.

解 在命令窗口中输入如下命令,并按 Enter 键确认.

```
>> y=dsolve('Dy-y/x=x^3','x')
y=
(1/3*x^3+C1)*x
```

即所求结果为:$y=\dfrac{1}{3}x^4+Cx$.

例 4 求微分方程 $y'-\dfrac{2y}{x}=x^2\mathrm{e}^x$ 满足初始条件 $y\Big|_{x=1}=0$ 的特解.

解 在命令窗口中输入如下命令,并按 Enter 键确认.

```
>> y=dsolve('Dy-2*y/x=x^2*exp(x)','y(1)=0','x')
y=
(exp(x)-exp(1))*x^2
```

即所求结果为:$y=x^2\mathrm{e}^x-x^2\mathrm{e}$.

例 5 求微分方程 $y''-5y'+4y=0$ 的通解.

解 在命令窗口中输入如下命令,并按 Enter 键确认.

```
>> y=dsolve('D2y-5*Dy+4*y','x')
y=
C1*exp(4*x)+C2*exp(x)
```

即所求结果为:$y=C_1\mathrm{e}^{4x}+C_2\mathrm{e}^x$.

例 6 求微分方程 $y''+3y'+2y=x\mathrm{e}^{-x}$ 的通解.

解 在命令窗口中输入如下命令,并按 Enter 键确认.

```
>> y=dsolve('D2y+3*Dy+2*y=x*exp(-x)','x')
y=
(1/2*x^2-x-exp(-x)*C1+C2)*exp(-x)
```

即所求结果为:$y=\mathrm{e}^{-x}\left(\dfrac{1}{2}x^2-x-C_1\mathrm{e}^{-x}+C_2\right)$.

例 7 求微分方程 $y''-2y'-3y=x+1$ 的一个特解.

解 在命令窗口中输入如下命令,并按 Enter 键确认.

```
>> y=dsolve('D2y-2*Dy-3*y=x+1','x')
y=
exp(-x)*C2+exp(3*x)*C1-1/9-1/3*x
```


由上面方程通解的结果不难得出微分方程的特解 $y^*=-\dfrac{1}{9}-\dfrac{1}{3}x$.

同步训练 8-6

1. 利用 Matlab 数学软件求下列微分方程的通解：

(1) $y'=\frac{1+y^2}{1+x^2}$； (2) $y\mathrm{d}x-(x^2-4x)\mathrm{d}y=0$；

(3) $\frac{\mathrm{d}y}{\mathrm{d}x}+xy=2x$； (4) $\frac{\mathrm{d}y}{\mathrm{d}x}+\frac{y}{x}=y\ln x$；

(5) $y''+4y=x\sin x$； (6) $y''-2y'+2y=x\mathrm{e}^x\cos x$.

2. 利用 Matlab 数学软件求微分方程 $x^2y'+xy=y^2$ 满足初始条件 $y\big|_{x=1}=1$ 的特解.

3. 利用 Matlab 数学软件求微分方程 $xy\frac{\mathrm{d}y}{\mathrm{d}x}=x^2+y^2$ 满足初始条件 $y\big|_{x=\mathrm{e}}=2\mathrm{e}$ 的特解.

8.7 数学实验——线性代数

8.7.1 学习 Matlab 命令

1. 输入矩阵

以左方括号开始，以右方括号结束，矩阵同行元素之间用逗号或者空格分隔，矩阵行与行之间用分号或者回车键分隔.

2. 常用命令语言

(1)矩阵加法：**A**＋**B**

(2)矩阵减法：**A**－**B**

(3)矩阵乘法：**A** * **B**

(4)**A** 的逆矩阵左乘矩阵 **B**：**A****B**

(5)**A** 的逆矩阵右乘矩阵 **B**：**A**/**B**

(6)矩阵的逆：inv(**A**)

(7)矩阵的秩：rank(**A**)

(8)矩阵的转置：**A**′

(9)矩阵的行列式：det(**A**)

(10)矩阵的标准阶梯形矩阵：rref(**A**)

3. 常见特殊矩阵

(1) $m\times n$ 全 1 元素矩阵：ones(m, n)

(2) $m\times n$ 全 0 元素矩阵：zeros(m, n)

(3) $m\times n$ 单位矩阵：eye(m, n)

8.7.2 典型例题

例 1 已知 $\boldsymbol{A}=\begin{pmatrix}4&-2&1\\-3&0&4\\1&5&3\end{pmatrix}$，$\boldsymbol{B}=\begin{pmatrix}1&3&2\\-2&0&-3\\2&-1&1\end{pmatrix}$，求 $\boldsymbol{A}+\boldsymbol{B}$，$\boldsymbol{A}-\boldsymbol{B}$.

解 在命令窗口中输入如下命令，并按 Enter 键确认.

```
>> A=[4,-2,1;-3,0,4;1,5,3];
```

```
>> B=[1,3,2;-2,0,-3;2,-1,1];
>> A+B
ans=
    5  1  3
   -5  0  1
    3  4  4
>> A-B
ans=
    3  -5  -1
   -1   0   7
   -1   6   2
```

即所求结果为：$\boldsymbol{A}+\boldsymbol{B}=\begin{pmatrix}5&1&3\\-5&0&1\\3&4&4\end{pmatrix}$，$\boldsymbol{A}-\boldsymbol{B}=\begin{pmatrix}3&-5&-1\\-1&0&7\\-1&6&2\end{pmatrix}$.

例 2 已知 $\boldsymbol{A}=\begin{pmatrix}1&-1\\-1&1\end{pmatrix}$，$\boldsymbol{B}=\begin{pmatrix}2&1\\-1&-2\end{pmatrix}$，求 $\boldsymbol{AB}$，$\boldsymbol{BA}$.

解 在命令窗口中输入如下命令，并按 Enter 键确认.

```
>> A=[1,-1;-1,1];
>> B=[2,1;-1,-2];
>> A*B
ans=
    3    3
   -3   -3
>> B*A
ans=
    1   -1
    1   -1
```

即所求结果为：$\boldsymbol{AB}=\begin{pmatrix}3&3\\-3&-3\end{pmatrix}$，$\boldsymbol{BA}=\begin{pmatrix}1&-1\\1&-1\end{pmatrix}$.

例 3 已知 $\boldsymbol{A}=\begin{pmatrix}1&2&3\\2&2&1\\3&4&3\end{pmatrix}$，求 $\boldsymbol{A}^{\mathrm{T}}$，$\boldsymbol{A}^{-1}$.

解 在命令窗口中输入如下命令，并按 Enter 键确认.

```
>> A=[1,2,3;2,2,1;3,4,3];
>> A'
ans=
    1  2  3
    2  2  4
    3  1  3
>> inv(A)
ans=
     1.0000    3.0000   -2.0000
    -1.5000   -3.0000    2.5000
     1.0000    1.0000   -1.0000
>> rats(ans)
```

```
ans=
      1        3     -2
   -3/2       -3    5/2
      1        1     -1
```

即所求结果为：$\boldsymbol{A}^{\mathrm{T}}=\begin{pmatrix}1&2&3\\2&2&4\\3&1&3\end{pmatrix}$，$\boldsymbol{A}^{-1}=\begin{pmatrix}1&3&-2\\-\frac{3}{2}&-3&\frac{5}{2}\\1&1&-1\end{pmatrix}$.

例 4 解线性方程组 $\begin{cases}2x_1+x_2+3x_3=4\\x_1+x_2+x_3=1\\-x_1+2x_2+x_3=-2\end{cases}$.

解 在命令窗口中输入如下命令，并按 Enter 键确认.

```
>> A=[2,1,3;1,1,1;-1,2,1];
>> A1=[2,1,3,4;1,1,1,1;-1,2,1,-2];
>> rank(A)
ans=
    3
>> rank(A1)
ans=
    3
%因为 rank(A)=rank(A1)=3,所以原方程组有唯一解.
>> B=[4;1;-2];
>> X=A\B
X=
    1
   -1
    1
```

由此就得到了线性方程组的唯一解：$x_1=1$，$x_2=-1$，$x_3=1$.

例 5 解线性方程组 $\begin{cases}2x_1-x_2+3x_3=1\\4x_1-2x_2+5x_3=2\\2x_1-x_2+4x_3=0\end{cases}$.

解 在命令窗口中输入如下命令，并按 Enter 键确认.

```
>> A=[2,-1,3;4,-2,5;2,-1,4];
>> A1=[2,-1,3,1;4,-2,5,2;2,-1,4,0];
>> rank(A)
ans=
    2
>> rank(A1)
ans=
    3
%因为 rank(A)≠rank(A1),所以原方程组无解.
```

即所求结果为：无解.

例 6 解线性方程组 $\begin{cases}2x_1-x_2+3x_3=1\\x_1+x_3=3\\2x_1+x_2+x_3=11\end{cases}$.

解 在命令窗口中输入如下命令，并按 Enter 键确认.

```
>> A=[2,-1,3;1,0,1;2,1,1];
>> A1=[2,-1,3,1;1,0,1,3;2,1,1,11];
>> rank(A)
ans=
     2
>> rank(A1)
ans=
     2
%因为rank(A)=rank(A1)<3,所以原方程组有无穷多个解.
>> rref(A1)        %将增广矩阵A1化为标准阶梯形矩阵
ans=
     1  0   1  3
     0  1  -1  5
     0  0   0  0
```

由上面的标准阶梯形矩阵可以得到方程组的一般解为$\begin{cases}x_1=-c+3\\x_2=c+5\\x_3=c\end{cases}$,其中 c 是任意常数.

例 7 解线性方程组$\begin{cases}x_1-x_2-x_3-x_4=0\\2x_1-2x_2-x_3+x_4=0\\3x_1-3x_2-4x_3-6x_4=0\end{cases}$.

解 在命令窗口中输入如下命令,并按 Enter 键确认.

```
>> A=[1,-1,-1,-1;2,-2,-1,1;3,-3,-4,-6];
>> rank(A)
ans=
     2
%因为rank(A)=2<4,所以齐次线性方程组有非零解.
>> rref(A)      %将矩阵A化为标准阶梯形矩阵
ans=
     1  -1  0  2
     0   0  1  3
     0   0  0  0
```

由上面的标准阶梯形矩阵可以得到方程组的一般解为$\begin{cases}x_1=c_1-2c_2\\x_2=c_1\\x_3=-3c_2\\x_4=c_2\end{cases}$,其中 c_1,c_2 是任意常数.

同步训练 8-7

1. 已知 $\boldsymbol{A}=\begin{pmatrix}1&2\\-1&3\\0&1\end{pmatrix}$,$\boldsymbol{B}=\begin{pmatrix}2&-1\\-1&1\\2&0\end{pmatrix}$,利用 Matlab 数学软件求 $3\boldsymbol{A}-2\boldsymbol{B}$,$2\boldsymbol{A}+3\boldsymbol{B}$.

2. 已知 $\boldsymbol{A}=\begin{pmatrix}1&2&3\\2&2&1\\3&4&1\end{pmatrix}$，$\boldsymbol{B}=\begin{pmatrix}3&-1&2\\1&2&-1\\2&3&1\end{pmatrix}$，利用 Matlab 数学软件求 $(\boldsymbol{AB})^{-1}$，$(\boldsymbol{BA})^{-1}$.

3. 利用 Matlab 数学软件求解矩阵方程 $\boldsymbol{AX}=\boldsymbol{B}$，其中

$$\boldsymbol{A}=\begin{pmatrix}1&2&0&0&0\\2&3&0&0&0\\0&0&4&0&0\\0&0&0&3&2\\0&0&0&7&5\end{pmatrix},\boldsymbol{B}=\begin{pmatrix}-1&2&3&0&0\\3&6&15&-6&3\\8&0&4&12&-4\\1&2&-3&1&1\\3&1&-2&4&1\end{pmatrix}.$$

4. 利用 Matlab 数学软件求解下列线性方程组：

(1) $\begin{cases}x_1+x_2+2x_3+3x_4=1\\2x_1+3x_2+5x_3+2x_4=-3\\3x_1-x_2-x_3-2x_4=-4\\3x_1+5x_2+2x_3-2x_4=-10\end{cases}$；
(2) $\begin{cases}x_1-5x_2+2x_3-16x_4+3x_5=0\\x_1+11x_2-12x_3+34x_4-5x_5=0\\2x_1-2x_2-3x_3-7x_4+2x_5=0\\3x_1+x_2-8x_3+2x_4+x_5=0\end{cases}$.

单元训练 8

1. 找出计算 $\lim\limits_{x\to\infty}\left(\frac{1+x}{x}\right)^{2x}$ 的对应 Matlab 命令中是否存在错误.

```
>> syms x;
>> y=(1+x)/x^2 * x;
>> limit(y,x,inf)
```

2. 用 Matlab 命令求解下列极限：

(1) $\lim\limits_{x\to4^+}\frac{x-4}{x^2-2x-8}$；
(2) $\lim\limits_{x\to\frac{\pi}{2}}(\sin x)^{\tan x}$.

3. 用 Matlab 命令求解下列导数问题：

(1) $f(x)=\frac{\cos x}{x^3+5x+2}$，求 $f'(x)$.

(2) $f(x)=x^2\ln(2x^2+1)$，求 $f'(x)$，$f'(1)$.

(3) $f(x)=\frac{\ln x}{x+1}$，求 $f'(x)$.

单元8参考答案

4. 用 Matlab 命令求解下列积分：

(1) $\int\left(1-\frac{1}{x^2}\right)\sqrt{x\sqrt{x}}\,\mathrm{d}x$；
(2) $\int\frac{1}{x\sqrt{1-(\ln x)^2}}\mathrm{d}x$；

(3) $\int_2^3 \mathrm{e}^x\sin x\,\mathrm{d}x$；
(4) $\int_1^{+\infty}\frac{1}{x}\mathrm{d}x$.

5. 用 Matlab 命令画出函数 $f(x)=x^3-5\cos(3x-1)$ 在 $[-6,6]$ 内的图形.

6. 用 Matlab 命令求微分方程 $xy\,\mathrm{d}x+\sqrt{1-x^2}\,\mathrm{d}y=0$ 的通解.

7. 用 Matlab 命令求微分方程 $y'=y\tan x+\sec x$ 满足初始条件 $y\big|_{x=0}=0$ 的特解.

8. 用 Matlab 命令求解线性方程组 $\begin{cases}x_1+x_2-3x_3-x_4=1\\3x_1-x_2-3x_3+4x_4=1\\x_1+5x_2-9x_3-8x_4=0\end{cases}$ 的通解.

实作评量表

学生姓名：__________　　　　　　学　　号：__________

评量项目	A级	B级	C级	得分
学习态度（20分）	能认真学习命令语言和结构，积极主动使用软件，踊跃发言和参与讨论	能较认真学习命令语言和结构，在教师的引导下使用软件，能够参与发言和讨论	不认真学习命令语言和结构，不积极主动使用软件，不主动发言和参与讨论	
熟练度（30分）	上机过程操作熟练，能娴熟调用 Matlab 命令，能熟练完成上机任务	上机过程操作较熟练，能调用 Matlab 命令，基本能完成上机任务	上机过程操作不熟练，能调用 Matlab 部分命令，只能完成部分上机任务	
准确度（50分）	能够根据任务需要正确选用数学命令，准确得出运行结果，能正确解读结果的含义，能自我修正错误程序并举一反三	能够根据任务需要选用数学命令，可以得出运行结果，能基本解读结果的含义，能修改简单的错误程序	计算命令的选用不够合理，部分程序能得出运行结果	
总　分				

单元 9

数学建模基础

知识目标

• 了解数学建模的基本步骤和原则.

• 认知数学建模的常见方法.

能力目标

• 能区分几种常见建模方法的适用范围.

• 能利用数学建模解决简单的数学应用问题.

素质目标

• 能用准确、简明、规范的数学语言表达数学思想.

• 对各种问题能以多角度探寻解决问题的道路.

• 通过“垃圾处理”案例的数据展示,体会垃圾处理对日常生活的影响,深刻理解垃圾分类对社会和未来的意义.

课前准备

根据每节案例,查找相关资料.

9.1 数学建模概述

随着科学技术的迅速发展和计算机的日益普及,数学不仅在工程技术、自然科学等领域发挥着越来越重要的作用,而且以空前的广度和深度向经济、金融、生物、医学、环境、交通、人口、地质等新的领域渗透,数学已经成为一种能够普遍实施的技术,而且这种所谓数学技术已经成为当代高新技术的重要组成部分.

不论是用数学方法在科技和生产领域解决哪类实际问题,还是与其他学科相结合形成交叉学科,首要和关键的一步是建立研究对象的数学模型.

9.1.1 数学模型

我们将现实世界中的各种现象看成原型,而模型就是为了某个特定的目的,将原型中某一部分信息缩减、提炼得到原型的替代物.生活中我们常见的有实物模型(仿真玩具、沙盘)、物理模型(风洞实验)、符号模型(地图、电路图)等.

数学模型(Mathematical Model)是近些年发展起来的新学科,是数学理论与实际问题相结合的一门科学.它将现实问题归结为相应的数学问题,并在此基础上利用数学概念、方法和理论进行深入分析和研究,从而从定性或定量的角度刻画实际问题,并为解决现实问题提供精确的数据或可靠的指导.

数学模型是关于部分现实世界和为一种特殊目的而作的一个抽象的、简化的结构.根据研究目的,对所研究的过程和现象(原型)的主要特征、主要关系,采用形式化的数学语言,概括地、近似地表达出来的一种结构.具体来说,数学模型就是数学抽象的概括的产物,为了某种目的,用字母、数字及其他数学符号建立起来的等式或不等式以及图表、图像、框图等描述客观事物的特征及其内在联系的数学结构表达式.

例 1 穿高跟鞋真的能让人看上去更加好看吗?

分析 美是一种感觉,因人而异,本身并没有具体的标准.但是在自然界里,物体形状的比例会提供在匀称与协调上一种美感的参考.在数学上,这个比例称为黄金分割.

如图 9-1 所示,在线段 AB 上,若要找出黄金分割的位置,可以设分割点为 G,则点 G 的位置符合以下特性:

$$AB : AG = AG : GB$$

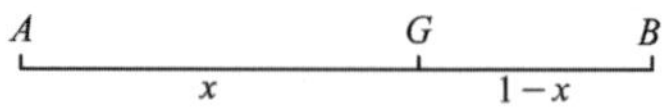

图 9-1

设 $AB=1, AG=x$,则 $1 : x = x : (1-x)$,即 $x^2+x-1=0$,

求解方程后舍掉负值,得 $x=\dfrac{\sqrt{5}-1}{2}\approx 0.618$.

通过上面的过程即求得黄金分割点的位置为线段长的 0.618 处.

关于人体躯干与身高的比例,肚脐是理想的黄金分割点.也就是说,如果肚脐分割的上半身和下半身的比例越接近黄金分割比例,越给人一种美的感觉.但是,一般人的躯干(由脚底至肚脐的长度)与身高比都低于此数值,通常为 0.58~0.60.

为了方便说明穿高跟鞋所产生的美的效应,假设某女士原本的躯干与身高比为 0.60,即 $x : l = 0.60$,若所穿高跟鞋的高度为 d,则新的比值为

$$\frac{x+d}{l+d}=\frac{0.6l+d}{l+d}$$

如果该女士身高为 1.60 米,则表 9-1 给出了不同高度高跟鞋怎样改善视觉效果.

表 9-1　不同高度高跟鞋的视觉效果

原本躯干与身高比	身高 l(cm)	高跟鞋高度 d(cm)	穿高跟鞋后的新比值
0.60	160	2.54	0.606
0.60	160	5.08	0.612
0.60	160	7.62	0.618

由此可见,女士们相信穿高跟鞋使她们看上去更好看是有数学依据的.

> 正在成长发育中的女孩子还是不穿高跟鞋为好,以免妨碍身高的正常增长.

【练习】 矩形园地上的花圃设计.

有一个长 4 米、宽 3 米的园地,现要在园地上开辟一个花圃,使花圃的面积是原园地面积的一半.问如何设计?尽可能给你的设计图案做出有关的定量计算.

分析 这是一个非常有趣的问题,没有固定的答案,你可以尽情想象,在纸上画出你的创意.

9.1.2 数学建模

数学建模是研究如何将数学方法和计算机知识结合起来解决实际问题的一门边缘交叉学科，是集经典数学、现代数学和实际问题为一体的一门新型课程，是应用数学解决实际问题的重要手段和途径.

数学建模是获得数学模型、求解并得到结论以及论证结论是否正确的全过程. 数学建模不仅是借助于数学模型对实际问题进行研究的有力工具，而且从应用的观点来看，它是预测和控制所建模系统的行为的强有力的工具. 数学建模本身并不是什么新发现. 自古以来，数学建模的思想和方法就是天文学家、物理学家、数学家等用数学作为工具来解决各种实际问题的主要方法.

数学建模这个术语的出现和频繁使用是20世纪60年代以后的事情. 由于计算的速度、精度和可视化手段等问题长期没有解决，以及其他种种原因，导致构建了数学模型后，解不出来，或者算不出来，或者不能及时地算出来，更不能形象地展示出来，从而无法验证数学建模全过程的正确性和可用性. 20世纪60年代，计算机、计算速度和精度、并行计算、网络计算等计算技术以及其他技术突飞猛进地飞速发展，不仅给了数学建模这一技术以极大的推动，更加显示了数学建模的强大威力. 而且，通过数学建模也极大地扩大了数学的应用领域. 甚至在抵押贷款和商业谈判等日常生活中也会用到数学建模的思想和方法. 人们越来越认识到数学和数学建模的重要性. 学习和初步应用数学建模的思想和方法已经成为当代大学生，甚至生活在现代社会的每一个人，应该学习的重要内容.

建立数学模型须满足以下特点.

1. 真实完整

(1)真实地、系统地、完整地、形象地反映客观现象；

(2)必须具有代表性；

(3)具有外推性，即能得到原型客体的信息，在进行模型的研究实验时，能得到关于原型客体的原因；

(4)必须反映完成基本任务所达到的各种业绩，而且要与实际情况相符合.

2. 简明实用

在建模过程中，要把本质的东西及其关系反映进去，把非本质的、对反映客观真实程度影响不大的东西去掉，使模型在保证一定精确度的条件下，尽可能地简单和可操作，数据易于采集.

3. 适应变化

随着有关条件的变化和人们认识的发展，通过相关变量及参数的调整，更好地适应新情况.

9.1.3 数学建模的具体步骤

建立数学模型没有固定的模式，通常与实际问题的性质和建模的目的有关，但是一个理想的模型应该能够反映研究对象的全部重要特征，即模型的可靠性和实用性. 下面按照一般采用的建模基本过程给出建模的一般步骤.

1. 模型准备：调查研究，搜集资料

为了对问题的实际背景和内在机理有深刻的了解，在建模前应深入生产、科研、社会生活实际进行全面、深入细致的调查和研究. 通过调查研究掌握有关的第一手资料并进一步明确所解决问题的目的，弄清实际对象的特征，按解决问题的要求更合理地收集数据，并注意数据精度的要求.

2. 模型假设：工程师原则

现实问题错综复杂，涉及面广. 一般来说，一个实际问题不经过简化假设，就很难转化成数学问题，即使可能，也很难求解. 根据对象的特征和建模目的，对问题进行必要的、合理的简化，用精确的语言做出假设，是建模至关重要的一步. 如果对问题的所有因素一概考虑，无疑是一种有勇气但方法欠佳的行为，所以高超的建模者能充分发挥想象力、洞察力和判断力，善于辨别主次，而且为了使处理方法简单，应尽量使问题线性化、均匀化. 做假设时要运用与问题相关的物理、化学、生物、经济、工程等方面的知识，同时，对问题的抽象、简化也不是无条件的，必须按照假设的合理性原则进行. 假设合理性原则有以下几点.

(1)目的性原则：根据对象的特征和建模的目的，简化掉那些与建立模型无关或关系不大的因素.

(2)简明性原则：所给出的假设条件要简单、准确，有利于构造模型.

(3)真实性原则：假设条件要符合情理，简化带来的误差应满足实际问题所能允许的误差范围. 不合理或过于简单的假设会导致模型失败.

总之，要善于抓住问题的本质因素，忽略次要因素，尽量将问题理想化、简单化、线性化、均匀化. 所作的假设不一定一次完成，如果假设合理，则模型与实际问题比较吻合；如果假设与实际问题不吻合，就要修改假设，修改模型，进一步完善模型.

3. 模型建立

根据所作的假设分析对象的因果关系，利用对象的内在规律和适当的数学工具，构造各个量间的等式关系或其他数学结构. 首先要根据假设区分哪些是常量，哪些是变量，哪些是已知的量，哪些是未知的量，然后查明各种量所处的地位、作用和它们之间的关系，利用适当的数学工具刻画各变量之间的关系，建立相应的数学结构.

在建立模型时究竟采用什么数学工具要根据问题的特征、建模的目的及建模者的数学特长而定. 对于高职学生而言，常用的数学模型有以下几种.

(1)微分模型：速率、增长(生物学、人口问题)、衰变(放射性)、边际(经济学)等问题.

(2)回归模型：通过对数据进行处理找出数据之间的关系，或者基于对数据的统计分析建立模型.

(3)规划模型：在有限资源的条件下建立相应的数学模型并据此求得系统最优解，为决策者提供科学决策的依据.

4. 模型求解

构造数学模型之后，根据已知条件和数据，分析模型的特征和模型的结构特点，可以采用解方程、画图形、证明定理、逻辑运算、数值计算等各种传统的和现代的数学方法，特别是计算机技术和数学软件的使用使得解决问题既省力又快速、准确. 适合高职学生使用的软件包括以下三种.

(1)Matlab：导数、积分、微分方程、线性代数；

(2)Excel/SPSS：数据处理、统计分析；

(3)Lindo/Lingo：规划模型.

5. 模型分析：用实际验证

对模型解答进行数学上的分析，有时是根据问题的性质，分析各变量之间的依赖关系或对解的结果稳定性进行分析，有时是根据所得结果对实际问题的发展趋势进行预测，有时给出数学上的最优决策或控制. “横看成岭侧成峰，远近高低各不同.”能否对模型结果做出细致精当的分析，决定了你的模型能否达到更高的档次. 还要记住，不论哪种情况都需进行误差分析、数据稳定性分析.

例 2 (陈酒出售的最佳时机)某酒厂有一批新酿的好酒，如果现在出售这批好酒，可得总收入 $R_0=50$ 万元；如果窖藏起来待来日(第 n 年)按陈酒价格出售，第 n 年末可得总收入 $R=R_0 e^{\frac{\sqrt{n}}{6}}$ (单位：万元)，而银行年利率 $r=0.05$. 试分析这批好酒窖藏多少年后出售，可使总收入的现值最大？

解 (1)模型假设

①不考虑窖藏产生的其他费用问题.

②假设窖藏过程中没有损耗.

③假设这批酒的价格在市场上非常稳定.

(2)建立模型并计算

方案一:如果现在出售这批好酒,可得本金 50 万元,由于银行年利率 $r=0.05$,按照复利计算公式,第 n 年连本带利资金积累为

$$B(n)=50(1+0.05)^n$$

利用上式计算出 16 年内资金增值的数目.

Matlab 程序如下:

```
for n=1:16
    b(n)=50*(1+0.05)^n;
end
b
```

计算结果见表 9-2.

表 9-2　方案一计算结果

时间	第 1 年	第 2 年	第 3 年	第 4 年	第 5 年	第 6 年	第 7 年	第 8 年
收入/万元	52.500 0	55.125 0	57.881 3	60.775 3	63.814 1	67.004 8	70.355 0	73.872 8
时间	第 9 年	第 10 年	第 11 年	第 12 年	第 13 年	第 14 年	第 15 年	第 16 年
收入/万元	77.566 4	81.444 7	85.517 0	89.792 8	94.282 5	98.996 6	103.946 4	109.143 7

观察表 9-2 中的数据,我们发现资金增值速度呈现先慢后快的趋势.

方案二:如果窖藏起来,待第 n 年出售,原来的 50 万元到第 n 年时增值为

$$R(n)=50\mathrm{e}^{\frac{\sqrt{n}}{6}}$$

利用上式计算出 16 年内资金增值的数目.

Matlab 程序如下:

```
for n=1:16
    r(n)=50^exp(sqrt(n)/6);
end
r
```

计算结果见表 9-3.

表 9-3　方案二计算结果

时间	第 1 年	第 2 年	第 3 年	第 4 年	第 5 年	第 6 年	第 7 年	第 8 年
收入/万元	59.068 0	63.289 9	66.732 9	69.780 6	72.580 8	75.209 0	77.709 8	80.112 1
时间	第 9 年	第 10 年	第 11 年	第 12 年	第 13 年	第 14 年	第 15 年	第 16 年
收入/万元	82.436 1	84.696 1	86.903 1	89.065 6	91.190 3	93.282 5	95.346 7	97.386 7

观察表 9-3 中的数据,我们发现资金增值速度呈现先快后慢的趋势.

简单比较表 9-2、表 9-3 的数据,可以看出,追求短期效益,方案二较好;但是从长远利益看,将两种方案结合更为有益.下面我们从现值的角度对两者结合的方案加以分析.

方案三:设想现在将 X(单位:万元)存入银行,到第 n 年时增值为 $R(n)=X(1+0.05)^n$(单位:万元),称 X 为 $R(n)$ 的现值,则 $R(n)$ 的现值计算公式为

$$X(n)=\frac{R(n)}{(1+0.05)^n}$$

将窖藏 n 年后的增值 $R(n)=50\mathrm{e}^{\frac{\sqrt{n}}{6}}$ 代入上式,得到第 n 年出售陈酒所得收入的现值计算公式

$$X(n)=\frac{50\mathrm{e}^{\frac{\sqrt{n}}{6}}}{(1+0.05)^n}.$$

$X(n)$ 的最大值点即为陈酒出售的最佳时机.这可以通过比较 1 至 16 年内各年的 $X(n)$ 值而得到.

Matlab 程序如下：

```
for n=1:16
    x(n)=50^exp(sqrt(n)/6)/((1+0.05)^n);
end
x
```

计算结果见表 9-4.

表 9-4　　方案三计算结果

时间	第 1 年	第 2 年	第 3 年	第 4 年	第 5 年	第 6 年	第 7 年	第 8 年
收入/万元	56.255 3	57.405 8	57.646 4	57.408 7	56.869 0	56.122 1	55.226 9	54.223 1
时间	第 9 年	第 10 年	第 11 年	第 12 年	第 13 年	第 14 年	第 15 年	第 16 年
收入/万元	53.139 0	51.996 0	50.810 4	49.595 1	48.360 1	47.114 0	45.863 4	44.614 0

从表 9-4 中我们可以发现陈酒在第 3 年出售时现值最高.

(3)模型分析

以 8 年周期为例，根据方案三进行计算，在 3 年后将出售陈酒所得资金 66.732 9 万元再存入银行，过 5 年后从银行取款可得 85.170 0 万元；而单纯按第二种方案在第 8 年出售陈酒只得收入 80.112 1 万元，显然方案三优于另外两种方案.

9.2　建模的准备

建模的关键并不是数学表达式，而在于能否有效地将实际问题转换成数学形式，使产生的模型可用于实际问题，至于方程可用计算机求解. 因此，建模的首要任务就是全面理解问题，然后转换成数学形式.

9.2.1　数据的收集与分析

收集实际问题的相关数据并分析—建立模型并求解—以数值的形式，例如价格、周期等形式给出结论.

1. 数据的使用

在初始阶段，通过数据来寻找和假设与问题相关的重要因素，并指出它们之间存在的可能关系.

在研究开发阶段，确定模型中存在的参数和常数的值.

在最终阶段，将实际数据与模型输出的数据进行比较，检查模型的有效性和正确程度.

问题 1：欲购一套住房

方法：到房屋销售处查询购房信息，考虑与购房相关的各种数据(作为输入)，建立模型并输出求解结果.

结论：用数据的形式，表示应选择的购房的价格及付款方式等.

问题 2：兴建某住宅区的供水系统

方法：收集小区面积、已有管道的供水能力、新设管道的路径、总的铺设费用等数据，分析上述数据后得出相应的结论.

结论：根据结论选择最佳的供水计划和实施方案.

在以上的供水问题中，要充分预见今后的发展，使得当日后小区内某些地方需增加供水时，已有的管道网仍能满足需求. 这个预见性因素，常常是建模的关键所在. 这也强调了为什么人们不是简单地收集数据，预算成本，而是在理论的指导下，科学地、全面地考虑事件的规律来建立一个模型.

2. 数据的采集

数据的采集根据被研究事件的不同，涉及不同的学科领域，以及与之相应的定律和公式. 当要收集人们对十分关心的议题的看法时，则要采用公正和全面的民意测验. 如果所需数据已存在于某个数据库中，数据的收集就比较容易了.

总之，不管什么场合，数据都是驱动模型的“燃料”. 显然，不正确的或是贫乏的数据，将无法构造正确的数学模型. 还应该指出的是，模型的灵敏度可以通过数据来检查，只要输入可信的数据，观测随输入数据变化的模型的结论，就可以对模型的有效性进行检测.

3. 有效数据的使用问题

如果数据已经收集，则根据数据自身的权重来显示和解释数据是一项非常重要的工作. 数据恰好与数学等式吻合的情况是很罕见的，应用数据来拟合模型的方法、解释数据置信水平、变化趋势等将在今后课程介绍.

对数据的特性做初步的评价. 对一个想成为建模工作者的人，这是一项重要的基本技巧. 根据可靠的统计分析而做出的表格和图形，常常可以如实地反映一些很有价值的特征. 在采集和分析数据时，通常要考虑以下一些问题：

(1)这些数据的取值是否客观.

(2)数据采样的间隔是否合理.

(3)是否确定了合适的变量名和采用了正确的量纲.

(4)变化量采用的是绝对量还是相对量.

(5)应该用直方图、饼图还是曲线图或是其他的图来描述数据.

(6)从根据数据绘制的图形中是否可观察出事件变化的趋势.

一般来说，数据分析的过程由两步组成：第一步是采用某种合适的方式来显示数据，第二步是从显示的数据中找出一些可用来构成数学模型的成分和规律.

在检验和绘制数据图时，要注意输入/输出条件，通常输入变量是时间(以 x 轴表示)，输出变量是一些相应的检测量(以 y 轴表示)，它们可以是物理的、经济的、生物的、政治的或是描述某事件行为的量等.

9.2.2 应用实例

例 1 由于饮酒和超速驾驶是造成交通事故的主要原因，因此强烈要求通过新法律和公共舆论来规劝不要酒后驾车. 表 9-5 给出了英格兰和苏格兰两地执行新法律后，酒后肇事的数据(事故以千次为单位). 对应的直方图如图 9-2 所示，根据此图可得出什么结论？

表 9-5　　1978—1986 英格兰、苏格兰酒后肇事数据

年　份	1978	1979	1980	1981	1982	1983	1984	1985	1986
英格兰	102	105	110	98	97	98	82	76	69
苏格兰	15	16	16	14	12	10	8	6	4

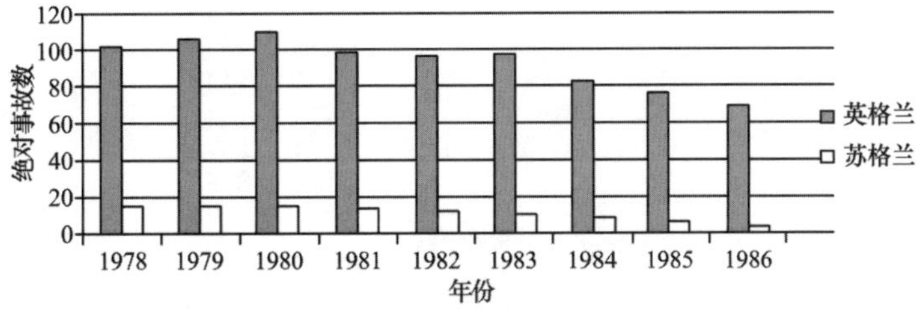

图 9-2

解 从图 9-2 中可以看出，英格兰的事故数远高于苏格兰，同时也可看出，自从 1980 年发起反对酗酒和超速驾驶运动之后，两个地区的事故数均有下降的趋势，但看不出苏格兰是否采取了比英格兰更有效的措施来执行新法律.

因此应根据两地的人数求出相对事故数，以每十万人的事故数为单位重新整理数据，并做出相应的直方图，如图 9-3 所示.

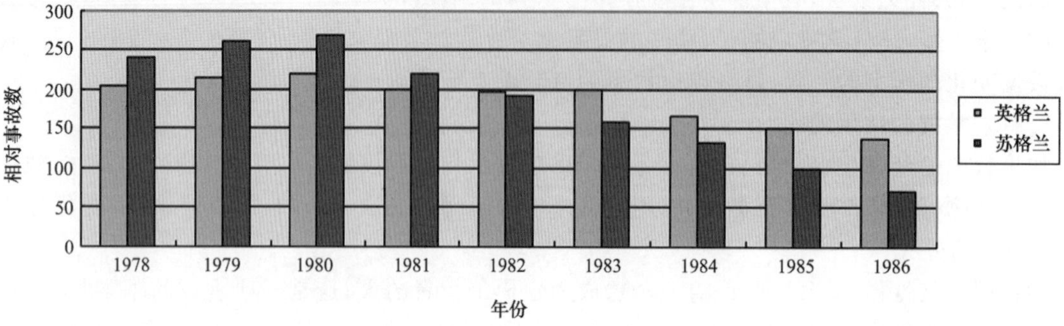

图 9-3

显然两图有较大的差别. 1981 年之前，苏格兰的交通肇事率远比英格兰严重，在加强了严禁酒后驾驶的管理后，两地肇事率都明显降低，但苏格兰的下降更为明显，说明苏格兰的执法更严格更有效.

例 2 表 9-6 给出了 20 世纪 80 年代初期，部分欧洲国家年龄为 16 岁的初中毕业生状况的统计数据(平均值)，请采用合适的图表对各国高中、职教、技校和就业的比例做一比较.

表 9-6　各国高中、职教、技校和已或未就业比例

国家	高中%	职教%	技校%	已或未就业%
比利时	56	36	4	4
德国	21	19	51	9
卢森堡	31	31	23	15
法国	27	40	14	19
意大利	21	51	24	4
荷兰	26	29	9	36
爱尔兰	56	10	5	29
丹麦	24	13	31	32
英国	32	10	14	44

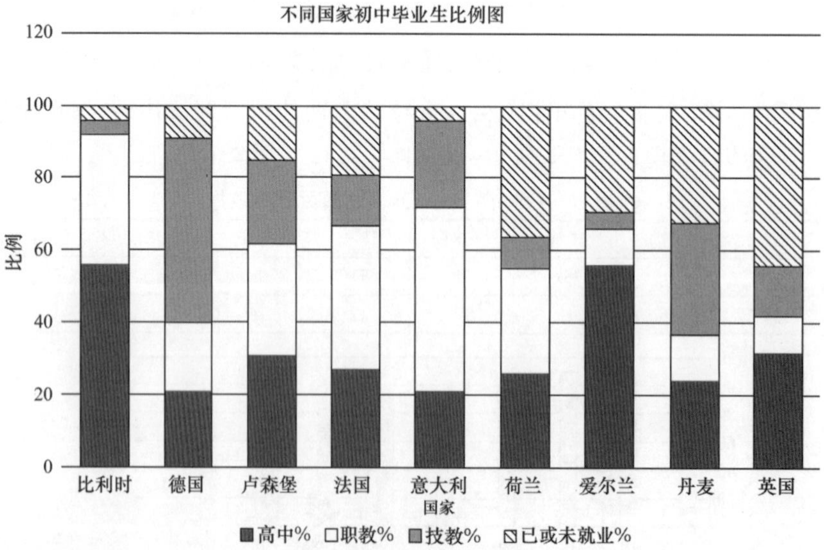

图 9-4

解　这些数据反映了每个国家的义务教育政策. 为了进行比较，对单个国家适合采用饼图，特别当数据是以百分比的形式给出时.

也可以采用统计直方图的方法，可用它来显示所有国家的数据，由图 9-4 可以清楚地看出不同国家对青年培训的做法上的差异.

任务：利用课余时间体验各种不同图形的特征和适用范围.

9.3 微积分相关模型

微积分是高职学生学习数学的主要内容之一. 但在微积分的教学中，比较侧重于对极限、导数、积分等运算的讲解，对其应用的介绍往往局限于应用题的层面，开拓性的思维很少. 本节提出一些相对具有开拓性的微积分建模问题，一方面介绍微积分在数学建模中的应用，另一方面引出一些问题供学生思考，引导学生对微积分模型进行深入了解.

9.3.1 城市垃圾的处理

某城市 2019 年年末所做的统计资料显示，到 2019 年年末，该城市垃圾堆积已达 50 万吨，侵占了大量的土地，并且成为造成环境污染的因素之一. 根据预测，从 2019 年起该城市还将以每年 3 万吨的速度产生新的垃圾，垃圾的资源化和回收已经成为城市建设中的重要问题. 如果从 2020 年起，该城市每年处理上一年堆积垃圾的 20%，请问：

(1)10 年后，该城市垃圾是否能全部处理完？

(2)长此以往，该城市垃圾是否能全部处理完？

1. 模型假设

(1)假设该城市垃圾产生速度不变.

(2)假设垃圾处理政策不变.

2. 符号说明

(1)设 2019 年后的 10 年，即 2020 年、2021 年、…、2029 年的垃圾数量分别为 $b_1, b_2, \cdots, b_{10}$.

(2)设 n 年后城市垃圾数量为 b_n.

3. 建立模型

(1)10 年后的垃圾数量

$$b_1=50\times(1-20\%)+3=50\times\frac{4}{5}+3,$$

$$b_2=b_1\times(1-20\%)+3=50\times\left(\frac{4}{5}\right)^2+3\times\frac{4}{5}+3,$$

$$b_3=b_2\times(1-20\%)+3=50\times\left(\frac{4}{5}\right)^3+3\times\left(\frac{4}{5}\right)^2+3\times\frac{4}{5}+3,$$

以此类推

$$b_{10}=50\times\left(\frac{4}{5}\right)^{10}+3\times\left(\frac{4}{5}\right)^{9}+3\times\left(\frac{4}{5}\right)^{8}+\cdots+3\times\left(\frac{4}{5}\right)^{2}+3\times\frac{4}{5}+3.$$

(2)n 年后城市垃圾数量

由问题(1)可类推

$$b_n=50\times\left(\frac{4}{5}\right)^{n}+3\times\left(\frac{4}{5}\right)^{n-1}+3\times\left(\frac{4}{5}\right)^{n-2}+\cdots+3\times\left(\frac{4}{5}\right)^{2}+3\times\frac{4}{5}+3.$$

根据等比数列求和公式可得：

$$b_n=50\times\left(\frac{4}{5}\right)^{n}+3\times\frac{1-\left(\frac{4}{5}\right)^{n}}{1-\frac{4}{5}}=50\times\left(\frac{4}{5}\right)^{n}+15\times\left[1-\left(\frac{4}{5}\right)^{n}\right],$$

$\lim\limits_{n\to+\infty} b_n=15$ 万吨.

显然随着时间的推移，按题目所提供的垃圾处理方法并不能把所有的垃圾处理完，剩余的垃圾将维持在一个固有的水平.

人人参与垃圾分类，保护地球家园，共创美好世界.

9.3.2 客房定价问题

一个星级酒店有 150 个客房，经过一段时间的试营业，酒店经理得到了一些数据：每间客房定价为 160 元时，住房率为 55%；每间客房定价为 140 元时，住房率为 65%；每间客房定价为 120 元时，住房率为 75%；每间客房定价为 100 元时，住房率为 85%. 要想让酒店每天收入最高，每间客房应该如何定价？

1. 模型假设

(1)每间客房的最高定价为 160 元.

(2)根据酒店经理提供的数据，随着房价的下降，住房率呈线性增长.(思考假设有更多的数据支撑时，如何利用回归模型分析非线性增长的情况)

(3)假设酒店每间客房定价相等.

2. 模型分析与建立

设 y 表示酒店一天的总收入，与 160 元相比每间客房降低的房价为 x 元. 由假设(2)可得，每降低 1 元房价，住房率就增加 $10\%\div 20=0.005$.

因此，$y=150\times(160-x)\times(0.55+0.005x)$，由住房率 $0.55+0.005x\leqslant 1$，可知 $0\leqslant x\leqslant 90$，于是，问题转化为：当 $0\leqslant x\leqslant 90$ 时，y 的最大值是多少？

3. 模型求解

利用导数求极值的方法进行求解

$$y=13\ 200+37.5x-0.75x^2.$$

令 $y'=0$，则有 $37.5-1.5x=0$，得 $x=25$.

Matlab 程序如下：

```
syms x;
y=150*(160-x)*(0.55+0.005*x);
diff(y,'x');
x0=solve(ans);
y0=subs(y,x0);
vpa(y0,7)
```

结论：当 $x=25$ 时，y 取最大值，即最大收入对应的住房定价为 135 元，相应的住房率为 $(0.55+0.005\times 25)\times 100\%=67.5\%$，最大收入为 $150\times 135\times 67.5\%=13\ 668.75$ 元.

4. 模型结论

每间客房定价为 135 元时，能使酒店每天的收入达到最高，为 13 668.75 元.

5. 拓展与总结

(1)容易验证此收入在已知各种定价对应的收入中是最大的. 如果为了便于管理，定价为 140(元/间/天)也是可以的，此时它与最高收入之差仅为 18.75 元.

(2)如果定价为 180(元/间/天)，住房率应为 45%，其相应收入只有 12 150 元. 因此假设(1)是合理的，这是由于二次函数在[0,90]内只有一个极大值点 25.

(3)本模型是一个实际问题的简化形式，房价与住房率之间不一定是线性关系，如果能够搜集到足够的数据，可以利用回归模型找到更加准确的函数关系.

【练习】（旅行社交通费用模型）某旅行社将租用客车公司大、中、小型客车举办风景区旅行团一日游. 客车公司大、中、小型客车的载客数及租用费用（含司机费用、燃油费用等）详见表 9-7.

表 9-7　大、中、小型客车的载客数及租用费用

客车类型	可载人数	费用(元/天/辆)
大型客车	50	900
中型客车	40	750
小型客车	30	650

旅行社向游客收取交通费的标准是：若每团人数不超过 30 人，每人的交通费为 30 元；若每团人数多于 30 人，则给予优惠，每多 2 人，交通费每人减少 1 元，直至降到 20 元为止. 试问每团人数为多少时，旅行社获得的交通费利润最大？最大利润是多少？

解　(1)模型假设

租车费用包括司机的劳务费和汽车的燃油费等所有与交通相关的费用.

·思考·　还有其他假设前提吗？

(2)变量说明

大、中、小型客车的租金：$r_i(i=1,2,3)$，$i=1,2,3$ 分别对应大、中、小型客车.

每团人数：x 人

旅行团收取的总交通费：$M(x)$元

旅行社获得的交通费利润：$L(x)$元

(3)模型的分析与建立

旅行社获得的交通费利润＝旅行团收取的总交通费－租用相应客车的费用，即

$$L(x)=M(x)-r_i,\quad i=1,2,3.$$

具体地，当旅行团人数 $x\leqslant 30$ 时，旅行社将租用小型客车，租车费用为 $r_3=650$ 元，交通费利润为 $L(x)=(\qquad\qquad)$.

当旅行团人数 $30<x\leqslant 40$ 时，旅行社将租用中型客车，租车费用为 $r_2=750$ 元，收取每个游客的交通费为 $30-\left[\dfrac{x-30}{2}\right]$（其中[　]为取整函数），交通费利润为

$$L(x)=\left(30-\left[\frac{x-30}{2}\right]\right)x-750.$$

当旅行团人数 $40<x\leqslant 50$ 时，旅行社将租用大型客车，租车费用为(　　　)元，收取每个游客的交通费为 $\max\left\{30-\left[\dfrac{x-30}{2}\right],20\right\}=(\qquad)$（其中[　]为取整函数），交通费利润为 $L(x)=(\quad)$.

综上所述，旅行社获得的交通费利润为

$$L(x)=\begin{cases}30x-650, & x\leqslant 30\\ \left(30-\left[\dfrac{x-30}{2}\right]\right)x-750, & 30<x\leqslant 40\\ (\qquad), & 40<x\leqslant 50\end{cases}$$

(4)模型求解

·思考·　该模型程序有几种解决方案？

(5)模型结论

当 $x\leqslant 30$ 时，$x=30$ 时旅行社的交通费利润最大，最大利润为(　　)元；

当 $30<x\leqslant 40$ 时，$x=(\quad)$时旅行社的交通费利润最大，最大利润为(　　)元；

当 $40<x\leqslant 50$ 时，$x=(\quad)$时旅行社的交通费利润最大，最大利润为(　　)元.

通过上述数据可知，$L(\quad)>L(30)>L(\quad)$，所以当旅行团人数为(　　)时，旅行社获得的交通费利润最大，最大利润为(　　)元.

(6)拓展与总结

请查找相关资料，明确旅行社都要考虑哪些费用，并根据上述分析，思考是不是人数越多，费用越低.

9.3.3 不允许缺货的存贮模型

工厂要定期地订购各种原料、商店要成批地购进各种商品、水库在雨季蓄水用于旱季的灌溉和航运.以商店备货为例，商品存得太多，贮存费用高，存得少了则无法满足需求.我们的目的是制定最优存贮策略，即多长时间订一次货，一次订多少货，才能使总费用最少.请建立一个不允许缺货的生产销售存贮模型.

1.符号假设

(1)每次订货固定花费 C_1 元，每天每吨货物存贮费为 C_2 元.

(2)需求是连续、均匀的，每天货物需求量为 r 吨.

(3)每单位时间订货 Q 吨，当存贮量降到零时订货可立即到达.

2.建立模型并计算

订货周期 T，订货量 Q 与每天货物需求量 r 之间满足

$$Q=rT,$$

订货后存贮量 $q(t)$ 由 Q 均匀地下降，即

$$q(t)=Q-rt.$$

一个订货周期总费用 $C(T)$＝订货费 C_1＋存贮费，其中

$$存贮费=C_2\int_0^T q(t)\,\mathrm{d}t=\frac{1}{2}C_2QT=\frac{1}{2}C_2rT^2,$$

则

$$C(T)=C_1+\frac{1}{2}C_2rT^2$$

一个订货周期平均每天的费用 $\overline{C}(T)$ 应为

$$\overline{C}(T)=\frac{C(T)}{T}=\frac{C_1}{T}+\frac{1}{2}C_2rT$$

所以问题归结为求 T 使 $\overline{C}(T)$ 最小.

令 $\frac{\mathrm{d}\overline{C}}{\mathrm{d}T}=0$，不难求得

$$T=\sqrt{\frac{2C_1}{rC_2}},$$

从而

$$Q=\sqrt{\frac{2C_1r}{C_2}}.$$

显然，每次订货的固定花费 C_1 越高，需求量 r 越大，订货量 Q 应越大；货物存贮费 C_2 越高，订货量 Q 应越小.

9.4 规划模型

规划模型包含十分丰富的内容，其中最基本的是线性规划模型、整数规划模型和动态规划模型.

规划模型是一类有着广泛应用的确定性的系统优化模型：模型规范，富有美感；建模直接，富有想象；模型求解算法完备，实用面广.

9.4.1 线性规划模型(LP)

线性规划主要是研究一组由线性等式或不等式组成的约束条件下的极值问题，可以有效地解决各种规划、生产、运输等科学管理与工程领域方面的问题，它的主要算法是单纯形法. 随着电子计算机的发展，数学软件的使用，线性规划模型的应用日益广泛. 至今，它已是一个理论完备、方法成熟、解决实际问题非常有效的数学模型. 下面从一些具体的实际问题出发讨论研究.

1. 线性规划问题

在生产管理经营活动中，经常遇到如何合理地利用有限的人力、物力、财力等资源，得到最好的经济收益的问题.

例 1 运输问题

(1)问题的提出：现要从 2 个仓库(发点)运送库存原棉，来满足 3 个纺织厂(收点)的需要. 数据见表 9-8. 试问在保证各纺织厂的需求都得到满足的条件下，应采取哪个运输方案才能使总运费最小？(运价单位：元/t)

表 9-8　　运输问题数据

工厂 j / 仓库 i	1 号	2 号	3 号	仓库库存量/t
1 号	2	1	3	55
2 号	2	2	4	35
需求量/t	40	15	25	90 / 80

(2)模型的建立：

由题意，要确定从 i 号仓库到 j 号工厂的原棉数量，故设 x_{ij} 表示从 i 号仓库运到 j 号工厂的原棉数量(t)，f 表示总运费，则运输模型为：

$$\min f = 2x_{11} + x_{12} + 3x_{13} + 2x_{21} + 2x_{22} + 4x_{23}$$

$$\text{s. t.}\begin{cases} x_{11}+x_{12}+x_{13}\leqslant 55 \\ x_{21}+x_{22}+x_{23}\leqslant 35 \end{cases} \quad \text{运出量受存量约束}$$

$$\begin{cases} x_{11}+x_{21}=40 \\ x_{12}+x_{22}=15 \\ x_{13}+x_{23}=25 \end{cases} \quad \text{需求量约束}$$

$$x_{ij}\geqslant 0(i=1,2,j=1,2,3) \quad \text{运输量非负约束}$$

2. 线性规划问题的特点和数学模型

从上例可以看出，优化问题具有如下特点：

(1)用一组决策变量表示某一方案. 这组决策变量的值就代表一个具体的方案，一般这些变量的取值是非负的.

(2)存在一定的约束条件，这些约束条件可以用一组线性等式或不等式来表示.

(3)都有一个要求达到的目标. 它可以用决策变量的线性函数来表示. 这个函数称为目标函数. 按问题的不同，要求目标函数实现最大化或最小化.

满足以上三个条件的数学模型称为线性规划问题的数学模型，其一般形式为

$$\min(\max) f = \sum_{i=1}^{m} \sum_{j=1}^{n} C_{ij} x_{ij} \qquad \text{目标函数}$$

$$\text{s. t.} \begin{cases} \sum_{j=1}^{n} x_{ij} \leqslant a_i & (i = 1, 2, \cdots, m) \\ \sum_{i=1}^{m} x_{ij} = b_i & (j = 1, 2, \cdots, n) \\ x_{ij} \geqslant 0 & (i = 1, 2, \cdots, m; j = 1, 2, \cdots, n) \end{cases} \qquad \text{约束条件}$$

倘若表示运输问题：a_i 为 i 发点的存量，b_j 为 j 收点的需求量，C_{ij} 为 $i \to j$ 的单位运价. 特别当 $\sum_{i=1}^{m} a_i = \sum_{j=1}^{n} b_j$ 时，存货必须全部运走，此时不等式 $\sum_{j=1}^{n} x_{ij} \leqslant a_i$ 可改为等式，称为供需平衡.

3. 规划问题的求解

(1)图解法

图解法属于几何解法，特别适用于两个变量的简单线性规划问题，这种解法比较简单直观.

(2)列举法

由于可行域的顶点个数是有限的(不超过 C_n^m 个)，可采用列举法找出所有基本可行解，然后一一比较，最终求得最优解.

(3)单纯形法

线性规划问题的有效解法是单纯形法，这是一种寻找最优解的迭代方法.

4. 两个变量的 LP 解的四种情况

(1)有唯一最优解：最优解一定是可行域上的一个顶点.

(2)有无数多个最优解：最优解一定是可行域上的一条边.

(3)有可行解，但没有最优解：可行域上的点使目标函数趋向无穷大.

(4)没有可行解，不存在可行域，当然无最优解.

9.4.2 整数线性规划模型

1. 整数规划问题

一个线性规划问题，如果除要求其可行解满足约束条件外，还要求解的所有分量取整数值，则称之为整数线性规划；若只限定部分分量取整数值，则称之为混合整数规划(MILP).

例 2 下料问题.

(1)问题的提出：

现要用 100 cm×50 cm 的板料裁剪出规格分别为 40 cm×40 cm 与 50 cm×20 cm 的零件. 前者需要 25 件，后者需要 30 件，问如何裁剪才能最省料？

(2)模型的建立：

先设计几个裁剪方案. 记

方案 1(图 9-5)：

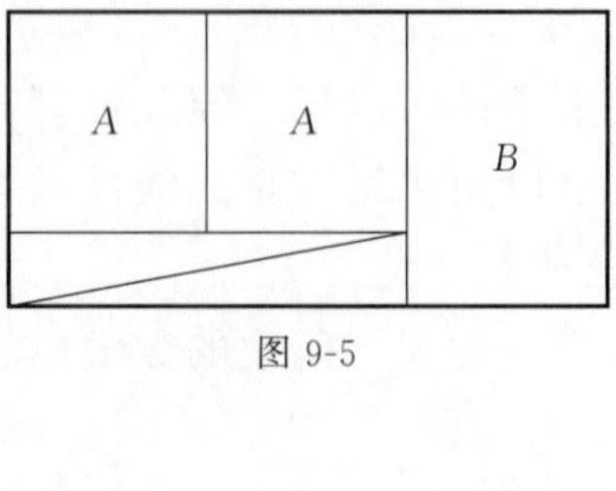

图 9-5

方案 2(图 9-6)：

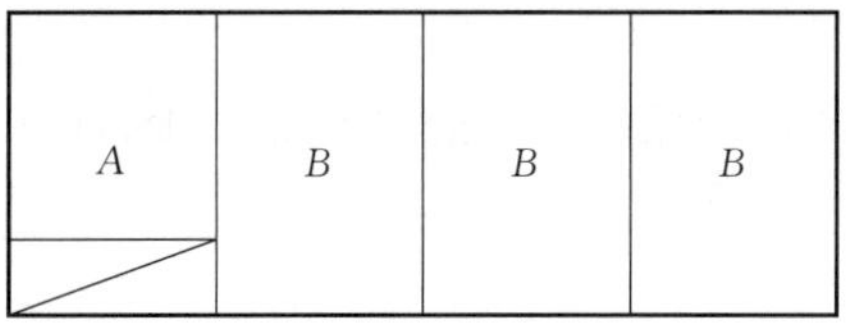

图 9-6

方案 3(图 9-7)：

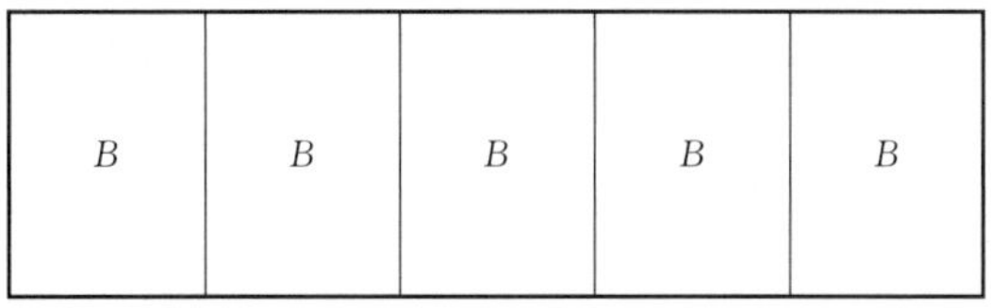

图 9-7

显然，用其中任何一个方案，都不是最省料的方法. 最佳方案是 3 个方案的优化组合. 设方案 i 使用原材料 $x_i(i=1,2,3)$件，共用原材料 f 件. 则根据题意，可用如下数学式子表示：

$$\min f=x_1+x_2+x_3$$

$$\text{s. t.}\begin{cases}2x_1+x_2\geqslant 25\\ x_1+3x_2+5x_3\geqslant 30,\\ x_j\geqslant 0(j=1,2,3)\end{cases}$$

这是一个整数线性规划模型.

最优解有 4 个：$(12,1,3)^{\mathrm{T}}$，$(11,3,2)^{\mathrm{T}}$，$(10,5,1)^{\mathrm{T}}$，$(9,7,0)^{\mathrm{T}}$，$\min f=16$.

例 3 货物托运问题.

(1)问题的提出：

某厂拟用集装箱托运 A，B 两种货物. 每箱的体积、质量、可获利润以及托运所受限制如表 9-9 所示. 问两种货物各运多少箱可获得最大利润？

表 9-9 货物托运问题数据

货物	体积(m^3/箱)	质量(50 kg/箱)	利润(百元/箱)
A	5	2	20
B	4	5	10
托运限制	24	13	

(2)模型的建立：

设 x_1，x_2 分别为这两种货物的托运箱数，它们都是非负整数，则该问题的数学模型为：

$$\max f=20x_1+10x_2$$

$$\text{s. t.}\begin{cases}5x_1+4x_2\leqslant 24\\ 2x_1+5x_2\leqslant 13\\ x_1,x_2\geqslant 0\\ x_1,x_2\ \text{取整数}\end{cases}.$$

此模型和线性规划模型的区别仅在于最后的整数条件. 记该整数规划问题为 W，相应的线性规划问题(去掉了整数的约束条件)为 M，则：

M 的最优解为 $x_1=4.8$，$x_2=0$，$\max f=96$；

W 的最优解为 $x_1=4$，$x_2=1$，$\max f=90$.

显然，整数规划问题的最优解不能简单地从线性规划问题的最优解凑整得到.

2. 整数规划的解法

(1)穷举法

变量减少时，相应线性规划的可行域内所含的整数点较少，即在可行域中求出所有的整数点，比较这些点处的函数值，就可以求出最优解.

(2)割平面法

计算时首先不考虑整数约束，像对待一般线性规划问题一样用单纯形法进行求解. 如果所得到的最优解恰好满足整数条件，那么问题已解决；如果得到的是非整数解，则考虑根据所得到的解增加额外的约束，将相应的非整数定点从可行解区域中除去，使可行解区域缩小，再次利用单纯形法得到一个新的解. 这个新解也可能不满足整数条件，那么再次增加额外约束，重复以上步骤，如此一步步进行，最后或者得到了所需的最优解，或者表明问题无解.

(3)分支定界法

分支定界法本质上是穷举法，思想极为简单，但该方法实际效果较好，故为很多程序所使用，它也可用于求解混合整数规划. 与割平面法相比较，分支定界法更具有实际意义.

分支定界法的实质是将可行域分成若干区域(称为分支)，逐步减小 $\overline{Z}$ 和增大 $\underline{Z}$，最终求出最优解.

9.4.3 “0-1”型整数规划及其解法

“0-1”型整数规划是整数规划中的特殊情形. 他的变量 X_i 仅取 0 或 1. 这时，X_i 又称为 0-1 变量. 现实生活中的很多问题，如果能灵活应用 0-1 变量，就会变得简单化.

例 4 选址问题.

1. 问题的提出：

某地区有 m 座煤矿，i 煤矿年产量为 a_i 吨. 现有火力发电厂一个，每年需用煤 b_0 吨. 每年运行的固定费用(包括折旧费，但不包括煤的运费)为 h_0 元. 现规划新建一个发电厂，m 座煤矿每年开采的原煤全部供给这两个发电厂发电用. 现有 n 个备选的厂址. 若在 j 备选厂址建电厂，每年运行的固定费用为 h_j 元，每吨原煤从 i 矿运送到 j 备选厂址的运费为 C_{ij} 元. $(i=1,2,\cdots,m;j=1,2,\cdots,n)$ 每吨原煤从 i 矿运送到原有电厂的运费为 $C_{i0}(i=1,2,\cdots,m)$ 试问：

(1)应把新电厂厂址选在何处？

(2)m 座煤矿开采的原煤应如何分配给两个电厂才能使每年的总费用(电厂的运行的固定费用与原煤运费之和)为最小？

2. 模型的建立：

(1)变量设置

为了解决问题(1)我们使用 0-1 变量

$$y_j=\begin{cases}1 & \text{选中 } j \text{ 备选厂址}\\ 0 & \text{不选}\end{cases}\quad (j=1,2,\cdots,n).$$

为了解决问题(2)，设从 i 煤矿运到 j 备选厂址的运量为 x_{ij} 吨. $(i=1,2,\cdots,m;j=1,2,\cdots,n)$

(2)目标函数的表达

总运费 $\sum_{i=1}^{m}\sum_{j=0}^{n}C_{ij}x_{ij}$ + 固定费用 $h_0+\sum_{j=1}^{n}h_jy_j$ = 每年总费用 Z.

(3) 约束条件的表达

① 煤矿产量约束 $\sum_{j=0}^{n}x_{ij}=a_i\quad(i=1,2,\cdots,m)$

② 旧电厂用煤量约束 $\sum_{i=1}^{m}x_{i0}=b_0$

③ 新电厂用煤量约束 $\sum_{i=1}^{m} x_{ij} y_j = \sum_{i=1}^{m} a_i - b_0$

(4) 选址约束

由于只选一个厂址,所以$\sum_{j=1}^{n} y_j = 1$.

(5) 非负及整数约束

$$x_{ij} \geqslant 0 \quad (i=1,2,\cdots,m; j=1,2,\cdots,n),$$
$$y_j = 0 \text{ 或 } 1 \quad (j=1,2,\cdots,n).$$

综合得数学规划模型:

$$\min Z = \sum_{i=1}^{m} \sum_{j=0}^{n} C_{ij} x_{ij} + \sum_{j=1}^{n} h_j y_j + h_0$$

$$\text{s.t.} \begin{cases} \sum_{j=0}^{n} x_{ij} = a_i & (i=1,2,\cdots,m) \\ \sum_{i=1}^{m} x_{i0} = b_0 & \\ \sum_{i=1}^{m} x_{ij} y_j = \sum_{i=1}^{m} a_i - b_0 & (j=1,2,\cdots,n) \\ \sum_{j=1}^{n} y_j = 1 & \\ x_{ij} \geqslant 0 & (i=1,2,\cdots,m, j=1,2,\cdots,n) \\ y_j = 0 \text{ 或 } 1 & (j=1,2,\cdots,n). \end{cases}$$

例 5 布点问题.

1.问题的提出:

某市有 6 个区,每个区都可以建消防站,为了节省开支,市政府希望设置的消防站最少,但必须保证在该市任何地区发生火警时,消防车能在 15 min 内赶到现场.假设各区的消防站需建的话,就建在区的中心.根据实地测量,各区之间消防车行驶的最长时间如表 9-10 所示.

表 9-10 **各区之间消防车行驶的最长时间** 单位:min

	一区	二区	三区	四区	五区	六区
一区	4	10	16	28	27	20
二区	10	5	24	32	17	10
三区	16	24	4	12	27	21
四区	28	32	12	5	15	25
五区	27	17	27	15	3	14
六区	20	10	21	25	14	6

请为该市制订一个设置消防站的最节省的计划?

2.模型的建立:

本题实际上是要确定各个区是否要建立消防站,使其满足要求又节省,这自然可引入 0-1 变量,故设:

$$x_j = \begin{cases} 1 & \text{当在第 } j \text{ 区建消防站时} \\ 0 & \text{当不在第 } j \text{ 区建消防站时} \end{cases} \quad (j=1,2,\cdots,6)$$

目标:$f = \sum_{j=1}^{6} x_j$ 最少.

约束条件:消防车要在 15 min 内赶到现场.

(1)一区发生火警：$x_1+x_2\geqslant 1$；

(2)二区发生火警：$x_1+x_2+x_6\geqslant 1$；

(3)三区发生火警：$x_3+x_4\geqslant 1$；

(4)四区发生火警：$x_3+x_4+x_5\geqslant 1$；

(5)五区发生火警：$x_4+x_5+x_6\geqslant 1$；

(6)六区发生火警：$x_2+x_5+x_6\geqslant 1$.

仔细观察，约束(1)和(3)满足，则约束(2)(4)必满足，故删去约束(2)(4)，从而模型为：

$$\min f=\sum_{j=1}^{6}x_i$$

$$\text{s.t.}\begin{cases}x_1+x_2\geqslant 1\\x_3+x_4\geqslant 1\\x_4+x_5+x_6\geqslant 1\\x_2+x_5+x_6\geqslant 1\\x_i=0\text{ or }1\quad(j=1,2,\cdots,6)\end{cases}.$$

9.5 微分方程模型

在许多实际问题的研究中，要直接导出变量之间的函数关系较为困难，但要导出包含未知函数的导数或微分的关系式却较为容易，此时即可用建立微分方程模型的方法来研究实际问题，例如物理中的速率问题、人口的增长问题、放射性衰变问题、经济中的边际问题等. 建立一个微分方程的实质就是构建函数、自变量以及函数对自变量的导数之间的一种平衡关系. 而正确地构建这种平衡关系，需要对实际问题的深入浅出的刻画，根据物理的和非物理的原理、定律或定理，做出合理的假设和简化并将它升华成数学问题.

建立微分方程模型的方法有：

(1)根据规律列方程：利用数学、物理、力学、化学等学科中的定理或经过实验检验的规律等来建立微分方程模型.

(2)微元分析法：利用已知的定理与规律寻找微元之间的关系式，与第一种方法不同的是对微元而不是对函数及其导数应用规律.

(3)模拟近似法：在生物、经济等学科的实际问题中，许多现象的规律性不很清楚，即使有所了解也是极其复杂的，建模时在不同的假设下取模拟实际现象，建立能近似反映问题的微分方程，然后从根本上求解或分析所建方程及其解的性质，再去与实际情况对比，检验此模型能否刻画、模拟某些实际现象.

下面介绍两个有关微分方程的模型，通过它们展示微分方程模型的建模步骤及解决实际问题的全过程.

9.5.1 森林火灾模型

假设每年森林被火灾吞食的面积(单位：百万亩/年). 由以下函数决定：

$$f(t)=0.25e^{0.05t}$$

这里 t 年是从现在开始计算的时间. 那么在未来 3 年里，将有多少森林面积被火灾破坏？

1. 模型假设与变量说明

(1)假设从现在开始到未来 3 年的森林火灾破坏函数一直不变，忽略其他自然因素.

(2)设在 t 年里被破坏的森林面积总面积为 $W(t)$.

2. 模型的分析与建立

利用微元法,在 $[t,t+\mathrm{d}t]$ 年里,森林被火灾破坏的面积为

$$\frac{\mathrm{d}W(t)}{\mathrm{d}t}=f(t)=0.25\mathrm{e}^{0.05t},$$

所以未来 3 年里森林被火灾破坏的面积为

$$W(3)=\int_0^3 0.25\mathrm{e}^{0.05t}\mathrm{d}t.$$

3. 模型求解

用 Matlab 求解:

```
syms t;
int(0.25 * exp(0.05 * t),t,0,3)
```

所以未来 3 年将有大约 0.809 2 万亩的森林面积毁于火灾.

9.5.2 冰块融化模型

美国的加利福尼亚州存在着较严重的干旱问题,因此总在寻找着新的水资源.建议之一是把冰山从极地水域拖到南加州的近岸水域,以期用融化的冰块来提供淡水.我们把冰块设想成巨大的立方体(或长方体、棱锥体等具有规则形状的固体),并且假定在融化过程中冰块保持为立方体不变,现在的问题是:融化这样的冰块需要多少时间?

1. 模型假设与变量说明

(1)假设立方体的边长为 s,则其体积为 $V=s^3$,这里的 V 和 s 均为时间 t 的可微函数.

(2)假设冰块体积的衰减率和冰块表面曲面的面积成正比(注:由于融化现象发生在冰块的表面,故改变表面积的大小也能改变冰的融化速度).

2. 模型的分析与建立

根据上述假设可以得到关系式

$$\frac{\mathrm{d}V}{\mathrm{d}t}=-k6s^2,\quad k>0.$$

在上式中,比例系数 k 是常数,负号表示体积是不断缩小的,它依赖于很多因素,例如周围空气的温度和湿度以及是否有阳光等.

事实上,在这个问题里,我们更想知道的是:要融化特定百分比的冰块,需要多少时间?为此,我们在此再提出一组假设条件.设在最前面的一个小时里冰块融化掉 $\frac{1}{4}$ 的体积,(我们也可以用字母 $n\%$ 来代替特定值,例如 r 小时融化掉 $n\%$ 体积的冰等)从而得到如下数学问题:

$$\begin{cases}\dfrac{\mathrm{d}V}{\mathrm{d}t}=-k6s^2\\ V=s^3\\ V(0)=V_0\\ V(1)=\dfrac{3}{4}V_0\end{cases},$$

现在的目的是求出使 $V(t)=0$ 的 t 值.

3. 模型求解

利用复合函数求导公式,对 $V=s^3$ 两边关于时间 t 求导得

$$\frac{\mathrm{d}V}{\mathrm{d}t}=3s^2\frac{\mathrm{d}s}{\mathrm{d}t},$$

令 $3s^2\dfrac{\mathrm{d}s}{\mathrm{d}t}=-6ks^2$，我们可以得到

$$\frac{\mathrm{d}s}{\mathrm{d}t}=-2k.$$

上式表示立方体的边长以每小时 $2k$ 的常速速率减少. 因此若立方体边长 s 的初始长度为 s_0，一小时后为 $s_1=s_0-2k$，两小时后为 $s_2=s_0-4k$，… 上述关系式告诉我们，$s_0-s_1=2k$，$s_1-s_2=2k$，… 故冰块全部融化的时间 t 为使得 $s_0=2kt$ 的 t 值，从而有

$$t=\frac{s_0}{2k}=\frac{s_0}{s_0-s_1}=\frac{1}{1-\dfrac{s_1}{s_0}}.$$

以 $\dfrac{V_1}{V_0}=\dfrac{3}{4}$ 为例，可得

$$\frac{s_1}{s_0}=\frac{\left(\dfrac{3}{4}V_0\right)^{\frac{1}{3}}}{(V_0)^{\frac{1}{3}}}=\left(\frac{3}{4}\right)^{\frac{1}{3}}=0.91,$$

所以融化时间

$$t=\frac{1}{1-0.91}\approx 11.1.$$

这说明，如果在一个小时里有 $\dfrac{1}{4}$ 体积的立方体冰块被融化掉，那么融化掉其余部分冰块所需的时间约为 11 个小时.

4. 模型拓展

我们可以思考一下，如果冰块的形状是其他形状，应该如何求解融化时间？

附　录

附录一　三角函数

现实世界中的许多运动、变化都有循环往复、周而复始的现象，这种变化规律称为周期性. 例如，地球自转引起的昼夜交替变化和公转引起的四季交替变化；潮汐变化的周期性，即海水在月球和太阳引力作用下发生的周期性涨落现象；物体做匀速圆周运动时位置变化的周期性；交变电流变化的周期性；等等. 如何用数学的方法来刻画这种变化规律呢？

我们知道函数是刻画客观世界变化规律的数学模型. 那么在数学中如何刻画客观世界中的周期性变化规律呢？下面要介绍的三角函数就是刻画这种变化规律的数学模型. 三角函数到底是一种怎样的函数？它具有哪些特有的性质？在解决具有周期性变化规律的问题中到底能发挥哪些作用？

1. 基本定义

定义　角 α 的顶点与原点重合，角的始边与 x 轴的非负半轴重合，终边落在第几象限，则称为第几象限角.

第一象限角的集合为 $\{\alpha \mid k\cdot 360°<\alpha<k\cdot 360°+90°, k\in\mathbf{Z}\}$；

第二象限角的集合为 $\{\alpha \mid k\cdot 360°+90°<\alpha<k\cdot 360°+180°, k\in\mathbf{Z}\}$；

第三象限角的集合为 $\{\alpha \mid k\cdot 360°+180°<\alpha<k\cdot 360°+270°, k\in\mathbf{Z}\}$；

第四象限角的集合为 $\{\alpha \mid k\cdot 360°+270°<\alpha<k\cdot 360°+360°, k\in\mathbf{Z}\}$；

终边在 x 轴上的角的集合为 $\{\alpha \mid \alpha=k\cdot 180°, k\in\mathbf{Z}\}$；

终边在 y 轴上的角的集合为 $\{\alpha \mid \alpha=k\cdot 180°+90°, k\in\mathbf{Z}\}$；

终边在坐标轴上的角的集合为 $\{\beta \mid \beta=k\cdot 90°, k\in\mathbf{Z}\}$.

如附图 1 所示，设锐角 α 的顶点与原点 O 重合，始边与 x 轴的非负半轴重合，那么它的终边在第一象限. 在 α 的终边上任取一点 $P(a,b)$，它与原点的距离 $r=\sqrt{a^2+b^2}>0$. 过 P 作 x 轴的垂线，垂足为 M，则线段 OM 的长度为 a，线段 MP 的长度为 b.

由相似三角形的知识，对于确定的角 α，三角函数的值不会随点 P 在 α 的终边上的位置的改变而改变，因此我们可以将点 P 取在使线段 OP 的长 $r=1$ 的特殊位置上(附图 2). 这样就可以得到用直角坐标系内点的坐标表示的锐角三角函数：$\sin\alpha=\dfrac{MP}{OP}=b$，$\cos\alpha=\dfrac{OM}{OP}=a$，$\tan\alpha=\dfrac{MP}{OM}=\dfrac{b}{a}$.

在直角坐标系中，我们称以原点 O 为圆心，以单位长度为半径的圆为单位圆. 这样，上述 P 点就是角 α 的终边与单位圆的交点. 锐角三角函数可以用单位圆上点的坐标表示.

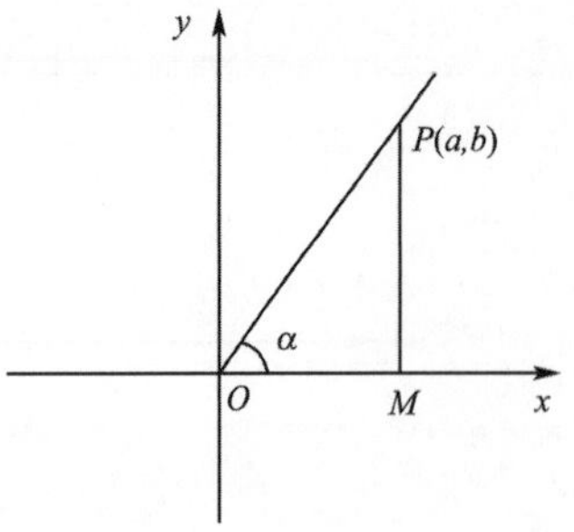

附图 1

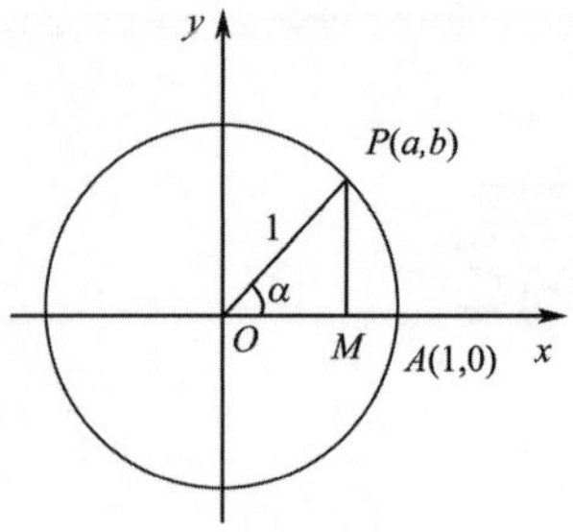

附图 2

可以看出，当 $\alpha=\frac{\pi}{2}+k\pi(k\in\mathbf{Z})$ 时，α 的终边在 y 轴上，这时点 P 的横坐标 x 等于 0，所以 $\tan\alpha=\frac{y}{x}$ 无意义. 除此之外，对于确定的角 α，上述三个值都是唯一确定的. 正弦、余弦、正切都是以角为自变量，以单位圆上点的坐标或坐标的比值为函数值的函数，我们将它们统称为三角函数. 由于角的集合与实数集之间可以建立一一对应关系，三角函数可以看作是自变量为实数的函数.

2. 常用公式

(1) $\sin^2\alpha+\cos^2\alpha=1$.

(2) $\frac{\sin\alpha}{\cos\alpha}=\tan\alpha$.

(3) $\sin(2k\pi+\alpha)=\sin\alpha$, $\cos(2k\pi+\alpha)=\cos\alpha$, $\tan(k\pi+\alpha)=\tan\alpha(k\in\mathbf{Z})$.

(4) $\sin(\pi+\alpha)=-\sin\alpha$, $\cos(\pi+\alpha)=-\cos\alpha$, $\tan(\pi+\alpha)=\tan\alpha$.

(5) $\sin(-\alpha)=-\sin\alpha$, $\cos(-\alpha)=\cos\alpha$, $\tan(-\alpha)=-\tan\alpha$.

(6) $\sin(\pi-\alpha)=\sin\alpha$, $\cos(\pi-\alpha)=-\cos\alpha$, $\tan(\pi-\alpha)=-\tan\alpha$.

(7) $\sin\left(\frac{\pi}{2}-\alpha\right)=\cos\alpha$, $\cos\left(\frac{\pi}{2}-\alpha\right)=\sin\alpha$.

(8) $\sin\left(\frac{\pi}{2}+\alpha\right)=\cos\alpha$, $\cos\left(\frac{\pi}{2}+\alpha\right)=-\sin\alpha$.

例 1 利用公式求下列三角函数值.

(1) $\cos225°$；

(2) $\sin\frac{11\pi}{3}$；

(3) $\sin\left(-\frac{16\pi}{3}\right)$；

(4) $\cos(-2\ 040°)$.

解 (1) $\cos225°=\cos(180°+45°)=-\cos45°=-\frac{\sqrt{2}}{2}$.

(2) $\sin\frac{11\pi}{3}=\sin\left(4\pi-\frac{11\pi}{3}\right)=-\sin\frac{\pi}{3}=-\frac{\sqrt{3}}{2}$.

(3) $\sin\left(-\frac{16\pi}{3}\right)=-\sin\frac{16\pi}{3}=-\sin\left(5\pi+\frac{\pi}{3}\right)=-\left(-\sin\frac{\pi}{3}\right)=\frac{\sqrt{3}}{2}$.

(4) $\cos(-2\ 040°)=\cos2\ 040°=\cos(6\times360°-120°)=\cos120°$

$=\cos(180°-60°)=-\cos60°=-\frac{1}{2}$.

例 2 证明：(1) $\sin\left(\frac{3\pi}{2}-\alpha\right)=-\cos\alpha$； (2) $\cos\left(\frac{3\pi}{2}-\alpha\right)=-\sin\alpha$.

解 (1) $\sin\left(\frac{3\pi}{2}-\alpha\right)=\sin\left[\pi+\left(\frac{\pi}{2}-\alpha\right)\right]=-\sin\left(\frac{\pi}{2}-\alpha\right)=-\cos\alpha$.

$(2)\cos\left(\frac{3\pi}{2}-\alpha\right)=\cos\left[\pi+\left(\frac{\pi}{2}-\alpha\right)\right]=-\cos\left(\frac{\pi}{2}-\alpha\right)=-\sin\alpha.$

例 3 化简

$$\frac{\sin(2\pi-\alpha)\cos(\pi+\alpha)\cos\left(\frac{\pi}{2}+\alpha\right)\cos\left(\frac{11\pi}{2}-\alpha\right)}{\cos(\pi-\alpha)\sin(3\pi-\alpha)\sin(-\pi-\alpha)\sin\left(\frac{9\pi}{2}+\alpha\right)}.$$

解 原式$=\dfrac{(-\sin\alpha)(-\cos\alpha)(-\sin\alpha)\cos\left[5\pi+\left(\frac{\pi}{2}-\alpha\right)\right]}{(-\cos\alpha)\sin(\pi-\alpha)[-\sin(\pi+\alpha)]\sin\left[4\pi+\left(\frac{\pi}{2}+\alpha\right)\right]}$

$$=\frac{-\sin^2\alpha\cos\alpha\left[-\cos\left(\frac{\pi}{2}-\alpha\right)\right]}{(-\cos\alpha)\sin\alpha[-(-\sin\alpha)]\sin\left(\frac{\pi}{2}+\alpha\right)}$$

$$=-\frac{\sin\alpha}{\cos\alpha}=-\tan\alpha.$$

3. 三角函数的变换

正弦函数 $y=\sin x$ 是最基本、最简单的三角函数，在物理中，简谐运动中的单摆对平衡位置的位移 y 与时间 x 的关系，交流电的电流 y 与时间 x 的关系都是形如 $y=A\sin(\omega x+\varphi)$ 的函数. 那么函数 $y=A\sin(\omega x+\varphi)$ 与函数 $y=\sin x$ 有什么关系呢？从解析式上来看，函数 $y=\sin x$ 就是函数 $y=A\sin(\omega x+\varphi)$ 在 $A=\omega=1,\varphi=0$ 的情况.

下面就来探索 φ,ω,A 对函数 $y=A\sin(\omega x+\varphi)$ 的图像的影响.

(1)平移变换

讨论 φ 对 $y=A\sin(\omega x+\varphi)$ 的图像的影响，先考虑 φ 取 $\frac{\pi}{3}$ 的情形.

函数 $y=\sin\left(x+\frac{\pi}{3}\right)$，周期是 $T=2\pi$，按附表 1 画出该函数在一个周期内的图像(附图 3).

附表 1 $y=\sin\left(x+\frac{\pi}{3}\right)$ **的关键点**

x	$-\frac{\pi}{3}$	$\frac{\pi}{6}$	$\frac{2\pi}{3}$	$\frac{7\pi}{6}$	$\frac{5\pi}{3}$
$x+\frac{\pi}{3}$	0	$\frac{\pi}{2}$	π	$\frac{3\pi}{2}$	2π
$\sin x$	0	1	0	-1	0

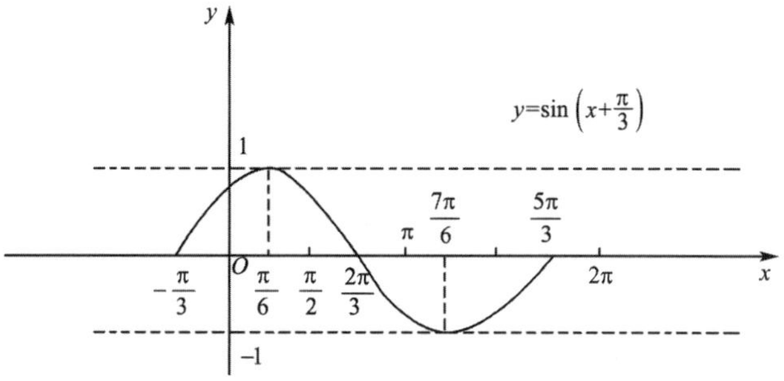

附图 3

比较函数 $y=\sin\left(x+\frac{\pi}{3}\right)$ 与 $y=\sin x$ 的图像的形状和位置(附图 4).

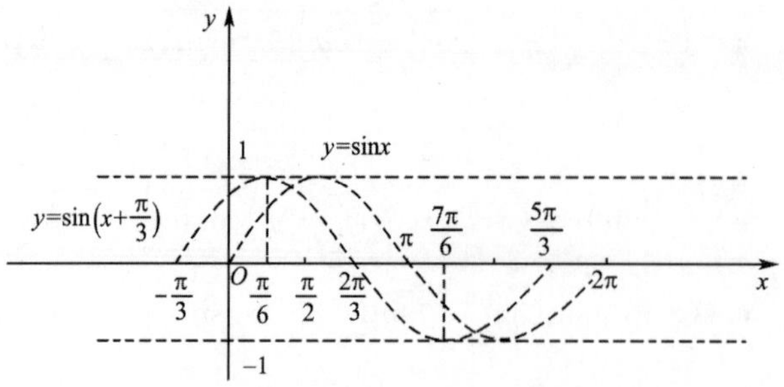

附图 4

函数 $y=\sin\left(x+\frac{\pi}{3}\right)$ 的图像，可以看作是把正弦函数 $y=\sin x$ 的图像上所有的点向左平移 $\frac{\pi}{3}$ 个单位长度而得到的.

·思考· 依附图 5 比较函数 $y=\sin\left(x-\frac{\pi}{3}\right)$ 与 $y=\sin x$ 的图像的形状和位置.

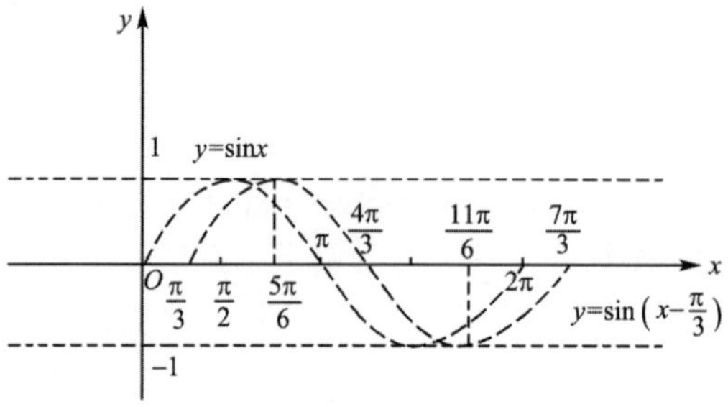

附图 5

一般地，$y=\sin(x+\varphi)$ 的图像，可以看作是把正弦函数 $y=\sin x$ 的图像上所有的点向左（当 $\varphi>0$ 时）或向右（当 $\varphi<0$ 时）平行移动 $|\varphi|$ 个单位长度而得到的.

【练习 1】 上述变换称为平移变换，据此理论，函数 $y=\sin\left(x-\frac{\pi}{6}\right)$ 的图像可以看作是把函数 $y=\sin x$ 的图像向（　　）平移（　　）个单位长度而得到的.

(2)周期变换

讨论 $\omega(\omega>0)$ 对 $y=\sin(\omega x+\varphi)$ 图像的影响.

比较函数 $y=\sin\left(2x+\frac{\pi}{3}\right)$ 与 $y=\sin\left(x+\frac{\pi}{3}\right)$ 的图像的形状和位置（附图 6）.

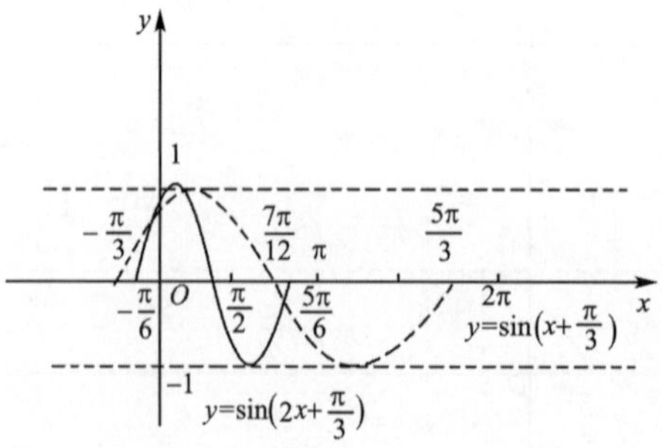

附图 6

·思考· 函数 $y=\sin\left(2x+\frac{\pi}{3}\right)$ 与 $y=\sin\left(x+\frac{\pi}{3}\right)$ 的图像有什么相同点和不同点？

·思考· 按附图 7 比较函数 $y=\sin\left(\frac{x}{2}+\frac{\pi}{3}\right)$ 与 $y=\sin\left(x+\frac{\pi}{3}\right)$ 的图像的形状和位置.

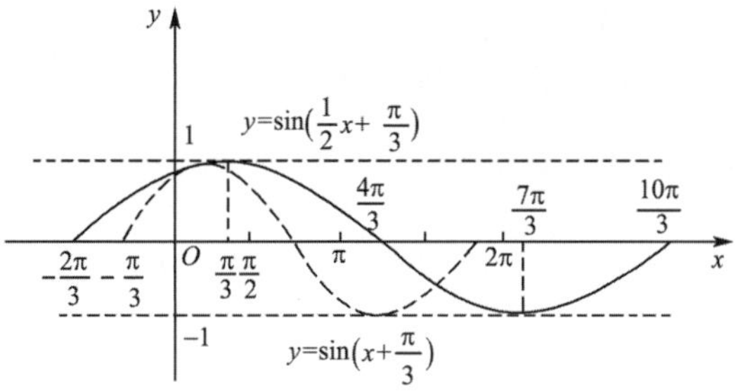

附图 7

一般地,对任意的 $\omega(\omega>0)$,$y=\sin(\omega x+\varphi)$ 的图像,可以看作是把函数 $y=\sin(x+\varphi)$ 的图像上所有点的横坐标缩短(当 $\omega>1$ 时)或伸长(当 $0<\omega<1$ 时)到原来的 $\frac{1}{\omega}$ 倍(纵坐标不变)而得到的,上述变换称为周期变换.

·思考· 函数 $y=\sin\left(\frac{2x}{3}-\frac{\pi}{6}\right)$ 的图像,可以看作是把函数 $y=\sin\left(x-\frac{\pi}{6}\right)$ 的图像进行怎样的变换而得到的?

(3)振幅变换

$y=A\sin(\omega x+\varphi)$ 的图像,不仅受 ω,φ 的影响,而且受 A 的影响,对此,我们再做进一步探究.

比较函数 $y=2\sin\left(2x+\frac{\pi}{3}\right)$ 与函数 $y=\sin\left(2x+\frac{\pi}{3}\right)$ 的图像的形状和位置(附图 8).

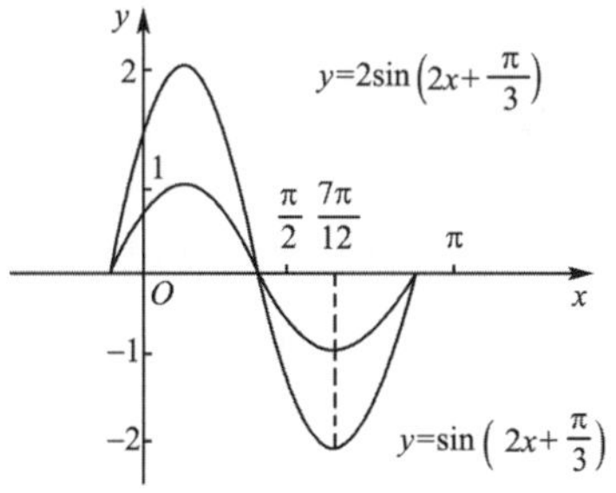

附图 8

函数 $y=2\sin\left(2x+\frac{\pi}{3}\right)$ 的图像,可以看作是把 $y=\sin\left(2x+\frac{\pi}{3}\right)$ 的图像上所有点的纵坐标伸长到原来的 2 倍(横坐标不变)而得到的.

一般地,函数 $y=A\sin(\omega x+\varphi)$ 的图像,可以看作是把函数 $y=\sin(\omega x+\varphi)$ 的图像上所有点的纵坐标伸长(当 $A>1$ 时)或缩短(当 $0<A<1$ 时)到原来的 A 倍(横坐标不变)而得到的,这种变换称为振幅变换.

【练习 2】 函数 $y=A\sin(\omega x+\varphi)(A>0,\omega>0)$ 的图像,可以由函数 $y=\sin x$ 的图像经过怎样的变换而得到?

解 先把函数 $y=\sin x$ 的图像向左(右)平移 $|\varphi|$ 个单位长度,得到函数 $y=\sin(x+\varphi)$ 的图像;再把曲线上各点的横坐标变为原来的(　　)倍,得到函数 $y=\sin(\omega x+\varphi)$ 的图像;然后把曲线上各点的纵坐标变为原来的 A 倍,就得到函数 $y=A\sin(\omega x+\varphi)$ 的图像.

物理中,交流电的电流 y 与时间 x 的关系都是形如 $y=A\sin(\omega x+\varphi)$ 的函数,其中 $A>0$,$\omega>0$,A 就表示振幅的最大值,正弦交流电完成一次循环变化所用时间叫作周期. 周期性信号一秒钟内变化的次数，称为频率 $f=\frac{1}{T}=\frac{\omega}{2\pi}$. $\omega x+\varphi$ 称为相位；φ 称为初相，即 $x=0$ 时的相位.

物理中的意义：

①A 是振幅，它是指物体离开平衡位置的最大距离；

②周期 $T=\frac{2\pi}{\omega}$，它是指物体往复运动一次所需要的时间；

③频率 $f=\frac{1}{T}=\frac{\omega}{2\pi}$，它是指物体在单位时间内往复运动的次数；

④$\omega x+\varphi$ 称为相位；φ 称为初相，即 $x=0$ 时的相位.

小结：对函数 $y=A\sin(\omega x+\varphi)(A>0,\omega>0,\varphi\neq 0)$，其图像的基本变换有：

①振幅变换(纵向伸缩变换)：是由 A 的变化引起的. $A>1$，伸长；$A<1$，缩短.

②周期变换(横向伸缩变换)：是由 ω 的变化引起的. $\omega>1$，缩短；$\omega<1$，伸长.

③相位变换(横向平移变换)：是由 φ 的变化引起的. $\varphi>0$，左移；$\varphi<0$，右移.

由函数 $y=\sin x$ 的图像得到函数 $y=A\sin(\omega x+\varphi)(A>0,\omega>0)$ 的图像的方法.

方法 1 (先平移后伸缩)：

①先作出 $y=\sin x$ 的图像；

②把正弦曲线向左(或向右)平移 $|\varphi|$ 个单位长度，得到函数 $y=\sin(x+\varphi)$ 的图像；

③再把曲线上各点的横坐标变为原来的 $\frac{1}{\omega}$ 倍，纵坐标不变，得到函数 $y=\sin(\omega x+\varphi)$ 的图像；

④将曲线上各点的纵坐标变为原来的 A 倍，横坐标不变，就得到函数 $y=A\sin(\omega x+\varphi)$ 的图像.

方法 2 (先伸缩后平移)：

①先作出 $y=\sin x$ 的图像.

②把正弦曲线上各点的横坐标变为原来的 $\frac{1}{\omega}$ 倍，纵坐标不变，得到函数 $y=\sin\omega x$ 的图像；

③将曲线上各点向左(右)平移 $\frac{|\varphi|}{\omega}$ 个单位长度，得到函数 $y=\sin(\omega x+\varphi)$ 的图像；

④将曲线上各点的纵坐标变为原来的 A 倍，横坐标不变，就得到函数 $y=A\sin(\omega x+\varphi)$ 的图像.

附录二　标准正态分布表

$$P(\xi < x) = \Phi(x) = \int_{-\infty}^{+\infty} \frac{1}{\sqrt{2\pi}} e^{-\frac{t^2}{2}} dt$$

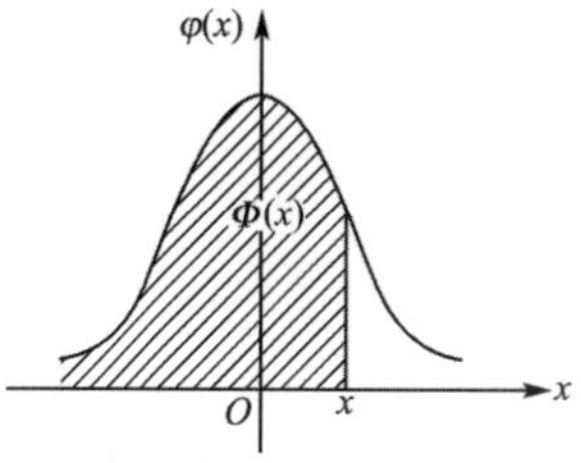

x	0	1	2	3	4	5	6	7	8	9
0.0	0.500 0	0.504 0	0.508 0	0.512 0	0.516 0	0.519 9	0.523 9	0.527 9	0.531 9	0.535 9
0.1	0.539 8	0.543 8	0.547 8	0.551 7	0.555 7	0.559 6	0.563 6	0.567 5	0.571 4	0.575 3
0.2	0.5793	0.583 2	0.587 1	0.591 0	0.594 8	0.598 7	0.602 6	0.606 4	0.610 3	0.614 1
0.3	0.617 9	0.621 7	0.625 5	0.629 3	0.633 1	0.636 8	0.640 6	0.644 3	0.648 0	0.651 7
0.4	0.655 4	0.659 1	0.662 8	0.666 4	0.670 0	0.673 6	0.677 2	0.680 8	0.684 4	0.687 9
0.5	0.691 5	0.695 0	0.698 5	0.701 9	0.705 4	0.708 8	0.712 3	0.715 7	0.719 0	0.722 4
0.6	0.725 7	0.729 1	0.732 4	0.735 7	0.738 9	0.742 2	0.745 4	0.748 6	0.751 7	0.754 9
0.7	0.758 0	0.761 1	0.764 2	0.767 3	0.770 3	0.773 4	0.776 4	0.779 4	0.782 3	0.785 2
0.8	0.788 1	0.791 0	0.793 9	0.796 7	0.799 5	0.802 3	0.805 1	0.807 8	0.810 6	0.813 3
0.9	0.815 9	0.818 6	0.821 2	0.823 8	0.826 4	0.828 9	0.831 5	0.834 0	0.836 5	0.838 9
1.0	0.841 3	0.843 8	0.846 1	0.848 5	0.850 8	0.853 1	0.855 4	0.857 7	0.859 9	0.862 1
1.1	0.864 3	0.866 5	0.868 6	0.870 8	0.872 9	0.874 9	0.877 0	0.879 0	0.881 0	0.883 0
1.2	0.884 9	0.886 9	0.888 8	0.890 7	0.892 5	0.894 4	0.896 2	0.898 0	0.899 7	0.901 5
1.3	0.903 2	0.904 9	0.906 6	0.908 2	0.909 9	0.911 5	0.913 1	0.914 7	0.916 2	0.917 7
1.4	0.919 2	0.920 7	0.922 2	0.923 6	0.925 1	0.926 5	0.927 8	0.929 2	0.930 6	0.931 9
1.5	0.933 2	0.934 5	0.935 7	0.937 0	0.938 2	0.939 4	0.940 6	0.941 8	0.943 0	0.944 1
1.6	0.945 2	0.946 3	0.947 4	0.948 4	0.949 5	0.950 5	0.951 5	0.952 5	0.953 5	0.954 5
1.7	0.955 4	0.956 4	0.957 3	0.958 2	0.959 1	0.959 9	0.960 8	0.961 6	0.962 5	0.963 3
1.8	0.964 1	0.964 8	0.965 6	0.966 4	0.967 1	0.967 8	0.968 6	0.969 3	0.970 0	0.970 6
1.9	0.971 3	0.971 9	0.972 6	0.973 2	0.973 8	0.974 4	0.975 0	0.975 6	0.976 2	0.976 7
2.0	0.977 2	0.977 8	0.978 3	0.978 8	0.979 3	0.979 8	0.980 3	0.980 8	0.981 2	0.981 7
2.1	0.982 1	0.982 6	0.983 0	0.983 4	0.983 8	0.984 2	0.984 6	0.985 0	0.985 4	0.985 7
2.2	0.986 1	0.986 4	0.986 8	0.987 1	0.987 4	0.987 8	0.988 1	0.988 4	0.988 7	0.989 0
2.3	0.989 3	0.989 6	0.989 8	0.990 1	0.990 4	0.990 6	0.990 9	0.991 1	0.991 3	0.991 6
2.4	0.991 8	0.992 0	0.992 2	0.992 5	0.992 7	0.992 9	0.993 1	0.993 2	0.993 4	0.993 6
2.5	0.993 8	0.994 0	0.994 1	0.994 3	0.994 5	0.994 6	0.994 8	0.994 9	0.995 1	0.995 2
2.6	0.995 3	0.995 5	0.995 6	0.995 7	0.995 9	0.996 0	0.996 1	0.996 2	0.996 3	0.996 4
2.7	0.996 5	0.996 6	0.996 7	0.996 8	0.996 9	0.997 0	0.997 1	0.997 2	0.997 3	0.997 4
2.8	0.997 4	0.997 5	0.997 6	0.997 7	0.997 7	0.997 8	0.997 9	0.997 9	0.998 0	0.998 1
2.9	0.998 1	0.998 2	0.998 2	0.998 3	0.998 4	0.998 4	0.998 5	0.908 5	0.998 6	0.998 6
3.0	0.998 7	0.999 0	0.999 3	0.9995	0.999 7	0.999 8	0.999 9	0.999 9	0.999 9	1.000 0

附录三　t 分布表

$P(|T|>\lambda)=\alpha$

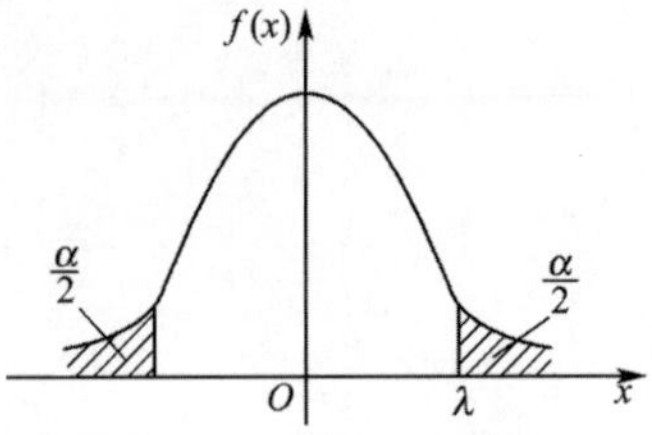

n \ α	0.9	0.8	0.7	0.6	0.5	0.4	0.3
1	0.158	0.325	0.510	0.727	1.000	1.376	1.963
2	0.142	0.289	0.445	0.617	0.816	1.061	1.386
3	0.137	0.277	0.424	0.584	0.765	0.978	1.250
4	0.134	0.271	0.414	0.569	0.741	0.941	1.190
5	0.132	0.267	0.408	0.559	0.727	0.920	1.156
6	0.131	0.265	0.404	0.553	0.718	0.906	1.134
7	0.130	0.263	0.402	0.549	0.711	0.896	1.119
8	0.130	0.262	0.399	0.546	0.706	0.889	1.108
9	0.129	0.261	0.398	0.543	0.703	0.883	1.100
10	0.129	0.260	0.397	0.542	0.700	0.879	1.093
11	0.129	0.260	0.396	0.540	0.697	0.876	1.088
12	0.128	0.259	0.395	0.539	0.695	0.873	1.083
13	0.128	0.259	0.394	0.538	0.694	0.870	1.079
14	0.128	0.258	0.393	0.537	0.692	0.868	1.076
15	0.128	0.258	0.393	0.536	0.691	0.866	1.074
16	0.128	0.258	0.392	0.535	0.690	0.865	1.071
17	0.128	0.257	0.392	0.534	0.689	0.863	1.069
18	0.127	0.257	0.392	0.534	0.688	0.862	1.067
19	0.127	0.257	0.391	0.533	0.688	0.861	1.066
20	0.127	0.257	0.391	0.533	0.687	0.860	1.064
21	0.127	0.257	0.391	0.532	0.686	0.859	1.063
22	0.127	0.256	0.390	0.532	0.686	0.858	1.061
23	0.127	0.256	0.390	0.532	0.685	0.858	1.060
24	0.127	0.256	0.390	0.531	0.685	0.587	1.059
25	0.127	0.256	0.390	0.531	0.684	0.856	1.058
26	0.127	0.256	0.390	0.531	0.684	0.856	1.058
27	0.127	0.256	0.389	0.531	0.684	0.855	1.057
28	0.127	0.256	0.389	0.530	0.683	0.855	1.056
29	0.127	0.256	0.389	0.530	0.683	0.854	1.055
30	0.127	0.256	0.389	0.530	0.683	0.854	1.055
40	0.126	0.255	0.388	0.529	0.681	0.851	1.050
60	0.126	0.254	0.387	0.527	0.679	0.848	1.046
120	0.126	0.254	0.386	0.526	0.677	0.845	1.041
∞	0.126	0.253	0.385	0.524	0.674	0.842	1.036

（续表）

n \ α	0.2	0.1	0.05	0.02	0.01	0.001
1	3.078	6.314	12.706	31.821	63.657	636.619
2	1.886	2.920	4.303	6.965	9.925	31.598
3	1.638	2.353	3.182	4.541	5.841	12.924
4	1.533	2.132	2.776	3.747	4.604	8.610
5	1.476	2.015	2.571	3.365	4.032	6.859
6	1.440	1.943	2.447	3.143	3.707	5.959
7	1.415	1.895	2.365	2.993	3.499	5.405
8	1.397	1.860	2.306	2.896	3.355	5.041
9	1.383	1.833	2.262	2.821	3.250	4.781
10	1.372	1.812	2.228	2.764	3.169	4.587
11	1.363	1.796	2.201	2.718	3.106	4.437
12	1.356	1.782	2.179	2.681	3.055	4.318
13	1.350	1.771	2.160	2.650	3.012	4.221
14	1.345	1.761	2.145	2.624	2.977	4.140
15	1.341	1.753	2.131	2.602	2.947	4.073
16	1.337	1.746	2.120	2.583	2.921	4.015
17	1.333	1.740	2.110	2.567	2.898	3.965
18	1.330	1.734	2.101	2.552	2.878	3.922
19	1.328	1.729	2.093	2.539	2.861	3.883
20	1.325	1.725	2.086	2.528	2.845	3.850
21	1.323	1.721	2.080	2.518	2.831	3.819
22	1.321	1.717	2.074	2.508	2.819	3.792
23	1.319	1.714	2.069	2.500	2.807	3.767
24	1.318	1.711	2.064	2.492	2.797	3.745
25	1.316	1.708	2.060	2.485	2.787	3.725
26	1.315	1.706	2.056	2.479	2.779	3.707
27	1.314	1.703	2.052	2.473	2.771	3.690
28	1.313	1.701	2.048	2.467	2.763	3.674
29	1.311	1.699	2.045	2.462	2.756	3.659
30	1.310	1.697	2.042	2.457	2.750	3.646
40	1.303	1.684	2.021	2.423	2.704	3.551
60	1.296	1.671	2.000	2.390	2.660	3.460
120	1.289	1.658	1.980	2.358	2.617	3.373
∞	1.28	1.645	1.960	2.326	2.576	3.291

附录四 χ^2 分布表

n 为自由度

n	$\alpha=0.995$	0.99	0.975	0.95	0.90	0.75
1	—	—	0.001	0.004	0.016	0.102
2	0.010	0.020	0.051	0.103	0.211	0.575
3	0.072	0.115	0.216	0.352	0.584	1.213
4	0.207	0.297	0.484	0.711	1.064	1.923
5	0.412	0.554	0.831	1.145	1.610	2.675
6	0.676	0.872	1.237	1.635	2.204	3.455
7	0.989	1.239	1.690	2.167	2.833	4.255
8	1.344	1.646	2.180	2.733	3.490	5.071
9	1.735	2.088	2.700	3.325	4.168	5.899
10	2.156	2.558	3.247	3.940	4.865	6.737
11	2.603	3.053	3.816	4.575	5.578	7.584
12	3.074	3.571	4.404	5.226	6.304	8.438
13	3.565	4.107	5.009	5.892	7.042	9.299
14	4.075	4.660	5.629	6.571	7.790	10.165
15	4.601	5.229	6.262	7.261	8.547	11.037
16	5.142	5.812	6.908	7.962	9.312	11.912
17	5.697	6.408	7.564	8.672	10.085	12.792
18	6.265	7.015	8.231	9.390	10.865	13.675
19	6.344	7.633	8.907	10.117	11.651	14.562
20	7.434	8.260	9.591	10.851	12.443	15.452
21	8.034	8.897	10.283	11.591	13.240	16.344
22	8.643	9.542	10.982	12.338	14.042	17.240
23	9.260	10.196	11.689	13.091	14.848	18.137
24	9.886	10.856	12.401	13.848	15.659	19.037
25	10.520	11.524	13.120	14.611	16.473	19.939
26	11.160	12.197	13.844	15.379	17.292	20.843
27	11.808	12.879	14.573	16.151	18.114	21.749
28	12.461	13.565	15.308	16.928	18.939	22.657
29	13.121	14.257	16.047	17.708	19.768	23.567
30	13.787	14.954	16.791	18.493	20.599	24.478
31	14.458	15.655	17.539	19.281	21.434	25.390
32	15.134	16.362	18.291	20.072	22.271	26.304
33	15.815	17.074	19.047	20.867	23.110	27.219
34	16.501	17.789	19.806	21.664	23.952	28.136
35	17.192	18.509	20.569	22.465	24.797	29.054
36	17.887	19.233	21.336	23.269	25.643	29.973
37	18.586	19.960	22.106	24.075	26.492	30.893
38	19.289	20.691	22.878	24.884	27.343	31.815
39	19.996	21.426	23.654	25.695	28.196	32.737
40	20.707	22.164	24.433	26.509	29.051	33.660
41	21.421	22.906	25.215	27.326	29.907	34.585
42	22.138	23.650	25.999	28.144	30.765	35.610
43	22.859	24.398	26.785	28.965	31.625	36.436
44	23.584	25.148	27.575	29.787	32.487	37.363
45	24.311	25.901	28.366	30.612	33.350	38.291

n	$\alpha=0.25$	0.10	0.05	0.025	0.01	0.005
1	1.323	2.706	3.814	5.024	6.635	7.879
2	2.773	4.605	5.991	7.378	9.210	10.597
3	4.108	6.251	7.815	9.348	11.345	12.838
4	5.385	7.779	9.488	11.143	13.277	14.860
5	6.626	9.236	11.071	12.833	15.086	16.750
6	7.841	10.645	12.592	14.449	16.812	18.548
7	9.037	12.017	14.067	16.013	18.475	20.278
8	10.219	13.362	15.507	17.535	20.090	21.955
9	11.389	14.684	16.919	19.023	21.666	23.589
10	12.549	15.987	18.307	20.483	23.209	25.188
11	13.701	17.275	19.675	21.920	24.725	26.757
12	14.845	18.549	21.026	23.337	26.217	28.299
13	15.984	19.812	22.362	24.736	27.688	29.819
14	17.117	21.064	23.685	26.119	29.141	31.319
15	18.245	22.307	24.996	27.488	30.578	32.801
16	19.349	23.542	26.296	28.845	32.000	34.267
17	20.489	24.769	27.587	30.191	33.409	25.718
18	21.605	25.989	28.869	31.526	34.805	37.156
19	22.718	27.204	30.144	32.852	36.191	33.582
20	23.828	28.412	31.410	34.170	37.566	39.997
21	24.935	29.615	32.671	35.479	39.932	41.401
22	26.039	30.813	33.924	36.781	40.289	42.796
23	27.141	32.007	35.172	38.076	41.638	44.181
24	28.241	33.196	36.415	39.364	42.980	45.559
25	29.339	34.382	37.652	40.646	44.314	46.928
26	30.435	35.563	38.885	41.923	45.642	48.290
27	31.528	36.741	40.113	43.194	46.963	49.645
28	32.620	37.916	41.337	44.461	48.278	50.993
29	33.711	39.087	42.557	45.722	49.588	52.336
30	34.800	40.256	43.773	46.979	50.892	53.672
31	35.887	41.422	44.985	48.232	52.191	55.003
32	36.973	42.585	46.194	49.480	53.486	56.328
33	38.058	43.745	47.400	50.725	54.776	57.648
34	39.141	44.903	48.602	51.966	56.061	58.964
35	40.223	46.059	49.802	53.203	57.342	60.275
36	41.304	47.212	50.998	54.437	58.619	61.581
37	42.383	48.363	52.192	55.668	59.892	62.883
38	43.462	49.513	53.384	56.896	61.162	64.181
39	44.539	50.660	54.572	58.120	62.428	65.476
40	45.616	51.805	55.758	59.342	63.691	66.766
41	46.692	52.949	56.942	60.561	64.950	68.053
42	47.766	54.090	58.124	61.777	66.206	69.366
43	48.840	55.230	59.304	62.990	67.459	70.616
44	49.913	56.369	60.481	64.201	68.710	71.893
45	50.985	57.505	61.565	65.410	69.957	73.166

附录五　数学文化

谈到数学文化，往往会联想到数学史．确实，宏观地观察数学，考察数学的进步，是揭示数学文化层面的重要途径．但是，除了这种宏观的历史考察之外，还应该有微观的一面，即从具体的数学概念、数学方法、数学思想中揭示数学的文化底蕴，力求多侧面地展现数学文化．

一、数学与文学、语言

1．数学与文学

数学和文学的思考方法往往是相通的．举例来说，数学里有“对称”，文学中则有“对仗”．对称是一种变换，变换后却有些性质保持不变．轴对称，即是依对称轴对折，图形的形状和大小都保持不变．那么对仗是什么？无非是上联变成下联，但是字词句的某些特性不变．“明月松间照，清泉石上流．”这里，明月对清泉，都是自然景物，没有变．形容词“明”对“清”，名词“月”对“泉”，词性不变．其余各词均如此．变化中的不变性质，在文化中、文学中、数学中，都广泛存在着．数学中的“对偶理论”，拓扑学的变与不变，都是这种思想的体现．文学意境也有和数学观念相通的地方．“孤帆远影碧空尽”，正是极限概念的意境．陈子昂的“前不见古人，后不见来者；念天地之悠悠，独怆然而涕下．”语文课上解释说，前两句俯仰古今，写出时间绵长；第三句登楼眺望，写出空间辽阔；第四句描绘诗人孤单、悲哀、苦闷的情绪，两相映照，分外动人．然而，从数学上来看，这是一首阐发时间和空间感知的佳句．前两句表示时间可以是一条直线（一维空间）．作者以自己为原点，前不见古人指时间可以延伸到负无穷大，后不见来者则意味着未来的时间是正无穷大．后两句则描写三维的现实空间：天是平面，地是平面，悠悠地张成了三维的立体几何空间．全诗将时间和空间放在一起考虑，感到了自然的伟大，产生了敬畏之心，以至怆然涕下．这样的意境是数学家和文学家可以彼此相通的．数学正是把这种人生感受精确化、形式化，诗人的想象可以补充我们的数学理解．

2．数学与语言

语言是文化的载体和外壳．数学的一种文化表现形式，就是把数学溶入语言之中．“不管三七二十一”涉及乘法口诀，“三下二除五”则是算盘口诀．“万无一失”在中国语言里比喻“有绝对把握”，但是这句成语可以联系“小概率事件”进行思考．“十万有一失”在航天器的零件中也是不允许的．此外，“指数爆炸”“直线上升”等已经进入日常语言．它们的含义可与事物的复杂性相联系（计算复杂性问题），正是所需要研究的．“事业坐标”“人生轨迹”也已经是人们耳熟能详的词语．

总之，数学语言是人类语言的组成部分，它与一般语言是相通的．但数学语言有其独到之处，它不仅是一般语言无法代替的，而且它构成了科学语言的基础．现代物理学离开了数学语言，就无法表达出来．越来越多的科学门类用数学语言表达自己，这是数学语言的精确性及其思想的普遍性与深刻性．数学既推动了语言学的发展，又促进了数学语言自身的发展．

二、数学之美

在学习数学过程中，有的人对数学没有兴趣，认为数学枯燥乏味；有的人认为数学抽象难懂；有的人甚至对数学产生惧怕心理，把听数学课、解数学题看成最头痛的事情．之所以会产生这些情况，其实是没有认识和感受到数学之美．

数学美主要包括和谐统一美、简单美、对称美和奇异美．

1．和谐统一美

和谐的概念最早是由以毕达哥拉斯为代表的毕达哥拉斯学派用数学的观点研究音乐提出来的．认为音乐是对立因素的和谐统一．毕达哥拉斯学派还认为圆是完美无缺的，是和谐美好的表现，因此，在这一学派看来，天上的星体也必定采取圆周运动的形式．

二次曲线也被称为圆锥曲线，用不同的平面去截圆锥所得到的交线可以是圆、椭圆、抛物线、和双曲线，四种不同的曲线均是圆锥的截线，这是一种和谐统一.

说到和谐，不能不提黄金分割. 所谓黄金分割，指的是把长为 L 的线段分为两部分，使其中一部分对于全部之比等于另一部分对于该部分之比. 这样的比值称为黄金比.

黄金比的求法：令 x 是黄金比，a，b 分别为一条线段被分成黄金比的两部分的长度. 这里 $a>b$.

$$\frac{a}{a+b}=\frac{b}{a}=x, \qquad \text{（根据黄金比的定义）}$$

$$\frac{a+b}{a}=\frac{a}{b}=\frac{1}{x},$$

即

$$1+x=\frac{1}{x},$$

$$x^2+x-1=0.$$

取正根 $x=\frac{\sqrt{5}-1}{2}\approx 0.618$，即为黄金比.

黄金分割天然地存在于我们的日常生活. 比如，人体前臂和后臂的最佳比例就是 38%∶62%，同样的比例还存在于手掌和前臂之间. 面部各器官如果按照黄金分割比例分布，也是最佳的，我们的眼睛、耳朵、嘴巴和鼻孔之间的分布距离就包含了黄金分割的比例. 有意无意地对黄金分割在无生命体和艺术努力中的更深层的认识，有助于眼睛产生好的感觉. 符合黄金分割的构图界面也会让人感到舒适、爽快和协调感. 如同大家都认为明星漂亮，其实是因为他们的眼睛、耳朵、嘴巴和鼻孔之间的分布距离更接近于黄金分割比.

2. 简单美

爱因斯坦说：“评价一个理论是不是美，标准就是原理上的简单性.”

数学的简单性主要表现在以下几方面.

(1)公理的简单性

对于单个公理来说，它必须是“简单的”，如“对顶角相等”简单的几个字就能证明出无穷多的结果.

(2)解决问题的简单性

在解数学问题的时候，力求越简单越好，即所谓的美的解答. 正如老师在讲课过程中，总是愿意把最简单明了的解题方法介绍给同学一样.

(3)表达形式的简单性

从小学接触数学开始，就有“化简”这类问题. 所谓“化简”，就是把原题化成最简形式. 以多项式为例，“合并同类项后的多项式就叫最简多项式”.

欧拉发现的公式 $V+F-E=2$（V，F，E 分别表示凸多面体顶点数、凸多面体面数、凸多面体棱数），一个简单的公式就把点、线、面联系起来.

(4)数学语言的简洁性

数学概念和数学公式都是许许多多现象的高度概括. 在直角三角形中，$c^2=a^2+b^2$（勾股定理），一个简单的公式简要地把直角三角形的性质呈现在了大家面前(附图 9).

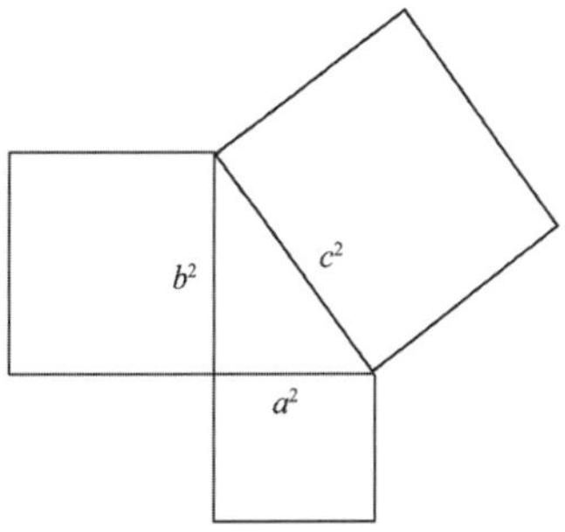

附图 9

再如，数列 $1,\frac{1}{2},\frac{1}{3},\cdots,\frac{1}{n},\cdots$，用通项表示 $x_n=\frac{1}{n}(n=1,2,\cdots)$ 简单化了.

(5)数学符号简单化

数学符号是数学文字的主要形式，因而也是构成数学语言的基本部分. 1,2,3,4,5,6,7,8,9,0 这十个符号是世界普遍采用的符号，用它们表示全部的数，书写简单，运算灵便. 还有“∞”表示无穷大，“$\sum$”表示和式，“$\prod$”表示连乘，“$\triangle$”表示三角形，“$\odot$”表示圆，等等. 数学符号的简单化为我们解决问题带来了很多方便.

3. 对称美

对称是能给人以美感的一种形式，它被数学家看成数学美的一个基本内容.

对称是指图形或者物体对某个点、直线或平面而言，在大小、形状和排列上，具有一一对应关系.

数学中的对称主要是一种思想，它着重追求的是数学对象乃至整个数学体系的合理、匀称与协调. 数学概念、公式、运算、结论，甚至数学方法中，都蕴涵着奇妙的对称性. 如椭圆、抛物线、双曲线、椭球面、柱面、圆锥面等，都是关于某中心(点)、某轴(直线)、某平面的对称图形；许多数学定理、公式也具有对称性. 如$(a+b)^2=a^2+2ab+b^2$ 中 a 与 b 就是对称的. 在复数中，z 与 $\bar{z}$ 在复平面上表示的是对称的两点，对偶命题也是对称的. 从命题角度看，正命题与逆命题、否命题、逆否命题等，也存在着对称关系.

毕达哥拉斯学派认为：一切立体图形中最完美的是球形，一切平面图形中最完美的是圆形. 这是因为从对称性来看，圆和球这两种形体在各方面都是对称的.

还有很多对称的数学式子美轮美奂. 如

$$123\times642=246\times321$$

$$12\times84=48\times21$$

$$13\times93=39\times31$$

$$1\times1=1$$

$$11\times11=121$$

$$111\times111=12\ 321$$

$$111\ 1\times111\ 1=123\ 432\ 1$$

$$111\ 11\times111\ 11=123\ 454\ 321$$

$$111\ 111\times111\ 111=123\ 456\ 543\ 21$$

$$\cdots$$

对于具有对称性的定理或命题，只需证明出一部分内容，再通过“同理可知”“同理可证”来解决.

在解题时，利用图形和式子的对称性，往往可以收到事半功倍的效果.

例如计算$\int_{-2}^{2}x^7\sin^8x\,dx$，如果采取直接积分的方法，很难算出结果，但如果考虑图形的对称性、奇函数在对称区间上的性质，即可知原式为零.

由上述可知，数学中的对称性不但给我们带来了美的效果，而且带来了美妙的方法，并且使复杂问题简单化了.

4. 奇异美

奇异美是数学美的另一个基本内容. 它显示出客观世界的多样性，是数学思想的独创性和数学方法新颖性的具体体现. 英国人培根(Bacon)说过：“没有一个极美的东西不是在调和中有着某些奇异. 美在于独特而令人惊异.”

奇异就是奇怪不寻常. 它包含两个方面的特征：新颖与异常. 在数学中，一方面表现出令人意外的结果、公式、方法和思想等，另一方面也表示突破原来思想、原来观点或与原来的思想、观念相矛盾的新思想、新理论.

前面介绍了黄金比是 $x=\frac{\sqrt{5}-1}{2}$，它是方程 $x^2+x-1=0$ 的正根，但还可以表示成下面的奇异形式. 即

$$x=\cfrac{1}{1+\cfrac{1}{1+\cfrac{1}{1+\cfrac{1}{1+\cdots}}}}$$

显然，$x>0$，则 $x=\frac{1}{1+x}$，故有 $x^2+x-1=0$，所以 $x=\frac{\sqrt{5}-1}{2}$.

数学中的奇异美常表现在数学的结果和数学的方法等各个方面. 比如 $1\ 963\times4=7\ 852$，$1\ 738\times4=6\ 952$，多么奇妙！这两个式子把 1－9 这 9 个数不重复、不遗漏地展现出来.

不管是在学习数学过程中，还是在生活中，同学们都要学会善于发现、善于总结、善于创新，才能更好更快地发现学习美和生活美.

数学方法的奇异性一般表现为构思奇巧、方法独特，具有新颖性和开创性等特征. 例如，数学中对于$\sqrt{2}$是无理数的论证，体现的就是一种富有奇异美的数学方法. 要证明$\sqrt{2}$是无理数，如果从正面去证明它是无理数，那么就要通过对 2 开方，计算出它确实是一个无限不循环小数. 实际上，这是不可能做到的，可以计算到小数点后万位、百万位、亿万位，但永远也算不到无限，可谓“山重水复”. 可是，从“反面”来证明，即用反证法验证，就变得“柳暗花明”. 假设$\sqrt{2}$是有理数，根据有理数都可以表示为既约分数$\frac{q}{p}$（既约分数总是可以事先做到的，因而可以假定），然后得出矛盾，奇妙的证明给出了结论的正确性.

奇异也往往伴随着数学方法的出现而出现. 如数学中一些反例往往给人以奇异感. 勾股定理 $X^2+Y^2=Z^2$ 有非零的正数解 3，4，5；5，12，13；…；其一般解为 $X=a^2-b^2$，$Y=2ab$，$Z=a^2+b^2$. 其中，$a>b$ 为一奇一偶的正整数，那么，3 次不定方程 $X^3+Y^3=Z^3$ 有没有非零的正数解呢？费马认为，它没有非零的正数解. 此即著名的费马猜想. 费马认为，不定方程 $X^n+Y^n=Z^n$. 当 $n\geqslant3$ 时，没有正数解！费马在一本书的边上写道，他已经解决了这个问题，但是没有留下证明. 在此后的 300 年，一直是一个悬念. 18 世纪最伟大的数学家欧拉（Euler）证明了 $n=3$，4 时，费马定理成立；后来，有人证明，当 $n<10^5$ 时，定理成立. 20 世纪 80 年代以来，取得了突破性进展. 1995 年英国数学家安德鲁·怀尔斯（Andrew Wiles）论证了费马定理. 他 1996 年荣获沃尔夫奖，1998 年获菲尔兹奖.

许多人之所以对数学产生浓厚的兴趣与广泛的关注，归根到底还是数学的奇妙，更进一步地讲，是数学方法的巧妙和推陈出新. 如果在解决某一数学问题的过程中，运用一种绝妙的思想方法把它解决了，会给人以一种美的享受，同时给人以成就感. 数学的发展是人们对数学美的追求的结晶.

三、数学的特性

数学作为一门独立的学科，有其自身特有的性质.

1. 抽象性

数学的抽象性具有下列三个特征：第一，它保留了数量关系或空间形式. 如数学中研究的数“3”，不是具体的 3 个人、3 个物品等具体的事物，而是完全脱离了具体事物的抽象的数. 再如，“$n\to\infty$”“367 人中至少有 2 人是同月同日出生的”等，都是抽象的. 第二，数学的抽象是经过一系列的阶段形成的，它达到的抽象程度大大超过了自然科学中的一般抽象. 从最原始的概念一直到像函数、复数、微分、积分、三维甚至无限维空间等抽象的概念，都是从简单到复杂、从具体到抽象这样不断深化的过程. 当然，形式是抽象的，但是内容却是非常现实的. 正如列宁所说的那样：“一切科学的（正确的、郑重的、不是荒唐的）抽象，都更深刻、更正确、更完全地反映着自然.”第三，不仅数学的概念是抽象的，而且数学方法本身也是抽象的. 物理或化学家为了证明自己的理论，总是通过实验的方法，而数学家证明一个定理却不能用实验的方法，必须用推理和计算. 比如，虽然我们千百次地精确测量了等腰三角形的两底角都是相等的，但是还不能说已经证明了等腰三角形的底角相等，而必须用逻辑推理的方法严格地给予证明.在数学里证明一个定理,必须利用已经学过或者已经证过的概念、定理用推理的方法导出这个新定理来.我们都知道数学归纳法,它就是一种比较抽象的数学证明方法.它的原理是把研究的元素排成一个序列,某种性质对于这个序列的首项是成立的,假设当第 k 项成立,如果能证明第 $k+1$ 项也能成立,那么这一性质对这序列的任何一项都是成立的,即使这一序列是无穷序列.

2. 精确性

数学的第二个特点是精确性,或者说逻辑的严密性、结论的确定性,表现在推理的严格和数学结论的确定两个方面.

例如"n 边形 n 内角之和等于 $180°\times(n-2)$""n 边形 n 外角之和等于 $360°$"都是从几何公理和定理,经过逻辑推导出来的,是精确的.

数学的推理和它的结论是无可争辩、毋庸置疑的.数学证明的精确性、确定性从中学课本中就充分显示出来了.

但是数学的严密性不是绝对的,数学的原则也不是一成不变的,它也在发展着.谁都知道 $1/3=0.333\ 333\cdots$,而两边同时乘以 3 就得到 $1=0.999\ 999\cdots$,可是看着别扭,因为左边是一个"有限"的数,右边是"无限"的数.但极限的概念产生后,人们又相信数学的精确性了.

3. 应用的广泛性

数学的抽象性、精确性决定了数学的广泛性.华罗庚曾说:"宇宙之大,粒子之微,火箭之速,化工之巧,地球之变,生物之谜,日用之繁,数学无处不在."总之,数学应用到各个学科和领域.我们几乎每时每刻都要在生产和日常生活中用到数学,丈量土地、计算产量、制订计划、设计建筑都离不开数学.没有数学,现代科学技术的进步也是不可能的,从简单的技术革新到复杂的人造卫星的发射都离不开数学.而且,几乎所有的精密科学、力学、天文学、物理学甚至化学通常都是以一些数学公式来表达自己的定律的,并且在发展自己的理论的时候,广泛地应用数学这一工具.当然,力学、天文学和物理学对数学的需要也促进了数学本身的发展.

下面举几个应用数学的例子.

(1)海王星的发现

太阳系中的行星之一的海王星是在 1846 年在数学计算的基础上发现的.1781 年发现了天王星以后,观察它的运行轨道总是和预测的结果有相当程度的差异,是万有引力定律不正确呢,还是有其他的原因?有人怀疑在它周围有另一颗行星存在,影响了它的运行轨道.1844 年英国的亚当斯(1819—1892)利用万有引力定律和对天王星的观察资料,推算这颗未知行星的轨道,花了很长的时间计算出这颗未知行星的位置,以及它出现在天空中的方位.亚当斯于 1845 年 9～10 月把结果分别寄给了剑桥大学天文台台长查理士和英国格林尼治天文台台长艾里,但是查理士和艾里迷信权威,把它束之高阁,不予理睬.1845 年,法国一个年轻的天文学家、数学家勒维烈(1811—1877)经过一年多的计算,于 1846 年 9 月写了一封信给德国柏林天文台助理员加勒(1812—1910),信中说:"请你把望远镜对准黄道上的宝瓶星座,就是经度 326°的地方,那时你将在那个地方 1°之内,见到一颗九等亮度的星."加勒按勒维烈所指出的方位进行观察,果然在离所指出的位置相差不到 1°的地方找到了一颗在星图上没有的星——海王星.海王星的发现不仅是力学和天文学,特别是哥白尼日心学说,的伟大胜利,而且也是数学计算的伟大胜利.

(2)谷神星的发现

1801 年元旦,意大利天文学家皮亚齐(1746—1826)发现了一颗新的小行星——谷神星.不过它很快又躲藏起来,皮亚齐只记下了这颗小行星是沿着 9°的弧运动的,对于它的整个轨道,皮亚齐和其他天文学家都没有办法求得.德国 24 岁的高斯根据观察的结果进行了计算,求得了这颗小行星的轨道.天文学家们在这一年的 12 月 7 日在高斯预先指出的方位又重新发现了谷神星.

(3)电磁波的发现

英国物理学家麦克斯韦(1831—1879)概括了由实验建立起来的电磁现象,呈现为二阶微分方程的形式.他用纯数学的观点,从这些方程推导出存在着电磁波,这种波以光速传播着.根据这一点,他提出了光的电磁理论,这理论后来被全面发展和论证了.麦克斯韦的结论还推动了人们去寻找由振动放电所发射的电磁波.这样的电磁波后来果然被德国物理学家赫兹(1857—1894)发现了.这就是现代无线电技术的起源.

类似的例子不胜枚举.总之,在天体力学中,在声学中,在流体力学中,在材料力学中,在光学中,在电磁学中,在工程科学中,数学都做出了异常准确的预言.

四、数学素养

数学素养属于认识论和方法论的综合性思维形式,它具有概念化、抽象化、模式化的认识特征.具有数学素养的人善于把数学中的概念结论和处理方法推广应用于认识一切客观事物,具有这样的哲学高度和认识特征.具体地说,一个具有“数学素养”的人在他的认识世界和改造世界的活动中,常常表现出以下特点:

(1)在讨论问题时,习惯于强调定义(界定概念),强调问题存在的条件;

(2)在观察问题时,习惯于抓住其中的(函数)关系,在微观(局部)认识基础上进一步做出多因素的全局性(全空间)考虑;

(3)在认识问题时,习惯于将已有的严格的数学概念如对偶、相关、随机、线性、周期性等概念广义化,用于认识现实中的问题.

一般地说,数学素养就是一种职业习惯,“三句话不离本行”,我们希望把我们的专业搞得更好,更精密更严格,有这种优秀的职业习惯当然是好事.同时,人的有意识的修养比无意识地、仅凭自然增长的修养来的快得多.只要有这样强烈的要求、愿望和意识,坚持下去人人都可以形成较高的数学素养.

真正的数学家应能让任何人听得懂他的东西.因为任何数学形式再复杂,总有它简单的思想实质,而掌握这种数学思想总是容易的,这一点在大家学习数学时一定要明确.在现代科学中数学能力、数学思维十分重要,这种能力不是表现在死记硬背,也不光表现在计算能力,在计算机时代特别表现在建模能力,建模能力的基础就是数学素养.思想比公式更重要,建模比计算更重要.学数学,用数学,对它始终有兴趣,是培养数学素养的好条件、好方法.希望同学们消除对数学的畏惧感,培养对数学的兴趣,增进学好数学的信心,了解更多的现代数学的概念和思想、提高数学悟性和数学意识、培养数学思维习惯.

请注意,我们往往只注意到数学思想方法中严格推理的一面,它属于“演绎”的范畴,其实,数学修养中也有对偶的一面——“归纳”,称之为“合情推理”或“常识推理”.通过实际问题中的“数学推理”,可以养成善于观察、猜测、分析、归纳推理的思维习惯.

下面举一个例子,看看数学素养在其中如何发挥作用.

哥尼斯堡(现加里宁格勒)是18世纪时东普鲁士的一个城市,普鲁格尔河流经该市,并将该市陆地分成四个部分:两岸及河中两岛,陆地间共有七桥相通,如附图10所示.当时那里的居民热衷于这样一个有趣的游戏:能否从任何一块陆地出发,通过每桥一次且仅一次,最后回到出发点?

这个问题好像与数学关系不大,它是几何问题,但不是关于长度、角度的欧氏几何.很多人都失败了,欧拉以敏锐的数学家眼光,猜想这个问题可能无解(这是合情推理).然后他以高度的抽象能力,把问题变成了一个“一笔画”问题,建模如下:如附图10所示,能否从一个点出发不离开纸面地画出所有的连线,使笔仍回到原来出发的点?

欧拉进行了以下演绎分析,一笔画的要求使得图形有这样的特征:除起点与终点外,一笔画问题中线路的交叉点处,有一条线进就一定有一条线出,故在交叉点处汇合的曲线必为偶数条.七桥问题中,有四个交叉点处都交汇了奇数条曲线,故此问题不可解.欧拉还进一步证明了:一个连通的无向图,具有通过这个图中的每一条边一次且仅一次的路,当且仅当它的奇数次顶点的个数为0或为2.这是他为数学的一个新分支——图论所作的奠基性工作,后人称此为欧拉定理.

这个例子使用数学思维解决了现实问题,另一个例子“正电子”的发现正好相反,是先有数学解,

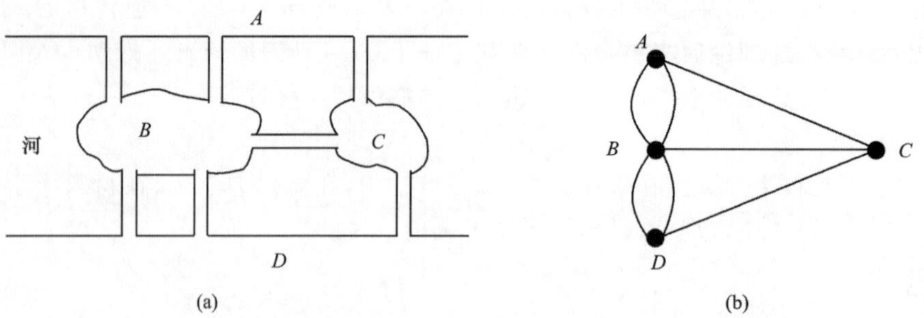

附图 10

预言了现实问题. 1928 年英国物理学家狄拉克(Dirac)在研究量子力学时得到了一个描述电子运动的 Dirac 方程,由于开平方,得到了正负两个完全相反的解,也就是说,这个方程除了可以描述已知的带负电的电子的运动,还描述了除了电荷是正的以外,其他结构、性质与电子一样的反粒子的运动. 1932 年物理学家安德森(Anderson)在宇宙射线中得到了正电子,并于 1936 年获得诺贝尔物理学奖.

那么如何提高数学素养呢?

要提高数学素养只有自己去探索、去总结,世界上没有一种万能的学习方法对所有人都适用,可是回避这个问题,又十分遗憾. 下面介绍数学中的一个人和一件事,相信大家能从中得到启迪.

1707 年 4 月 15 日,欧拉(Euler,1707—1783)出生于瑞士,在大学时受到著名教授伯努利及其家族的影响,阅读了不少数学家的原著,17 岁获得硕士学位,18 岁开始发表数学论文,26 岁成为数学教授、科学院院士.

他一生论著数量巨大,涉猎面广,开创性成果多,发表论文和著作 500 多篇(部),加上生前未及出版和发表的手稿共 886 篇(部). 在数学的各领域,及物理学、天文学、工程学中留下了数不胜数的数学公式、数学定理. 如欧拉常数、欧拉恒等式、欧拉级数、欧拉积分、欧拉微分方程、欧拉准则、欧拉变换、欧拉坐标、欧拉求积公式、欧拉方程、欧拉刚体运动方程、欧拉流体力学方程等.

欧拉有坚韧的毅力和勤奋刻苦的拼搏精神. 他 28 岁时,为计算彗星的轨迹,奋战三天三夜,因过度劳累,患了眼疾,使右眼失明,又不顾眼病回到严冷的俄国彼得堡工作,左眼也很快视力减退,他深知自己将会完全失明,没有消沉和倒下,他抓紧时间在黑板上疾书他发现的公式,或口述其内容,让人笔录. 双目失明后,他的寝室失火,烧毁了所有的专著和手稿,后来妻子又病故了,他在所有这些不幸面前没有退缩,而是以非凡的毅力继续拼搏,他以罕见的记忆力和心算能力,继续研究,让人笔录,直到生命的最后一刻. 在双目失明的 17 年中,他口授论文达 400 篇,还有几本书,包括经典名著《积分学原理》《代数基础》.

欧拉学识渊博、品德高尚,非常注重培养与选拔人才,当时 19 岁的拉格朗日把自己对"等周问题"的研究成果寄给他,他发现其解决问题的方法与自己的不同,立即热情地给予赞扬,并决定暂不发表自己的成果,使年轻的拉格朗日先后两次荣获巴黎科学院的科学奖,后来他又推荐 30 岁的拉格朗日代替自己任科学院物理数学所所长,他的品德赢得了全世界的尊敬. 他晚年的时候,全世界的大数学家都尊称他为"我的老师". 法国著名的数学家、天文学家拉普拉斯曾多次深情地说:"读读欧拉,他是大家的老师",他不愧为"数学家之英雄",他这种精神境界至今仍是年轻人学习的榜样.

数学素养是一种积淀,是数学知识丰富到一定程度后的爆发,是先天的素质在经过"数学"雕琢之后形成的一种"意识"状况,从素质到素养,是从量变到质变的过程. 对数学素养的理解,有以下三个基本层面:

1. 数学知识的理论素养

(1)对数学知识的形式化的感性认识与数学本质的理性认识,是研究数学的基本特点,数学知识的获得正是从形式与本质的并重中积累的.

(2)在"问题解决"的实际操作过程中逐步形成的技能技巧,是进一步解决问题的手段和途径.

(3)在“提出问题,分析问题,解决问题”的过程中培养起来的数学思维,逐渐地形成数学意识,贮存在数学研究的个体素养中,形成一种自主行为.

(4)各种数学思想在“学数学”“用数学”的过程中得到洗练和升华,最后整合成个体的数学内涵.

2. 数学文化的人文素养

(1)对数学的文化特性的理解本身就是自身素养的提高.

(2)数学使我们拥有探索自然奥秘的工具,而对自然规律的不懈探索又产生新的数学知识,这种螺旋式的交叉过程使数学成为人类生活中不可或缺的部分.

(3)把数学的学术形态通过自身的理解深入浅出地转化为教育形态,这其中就是数学素养的综合体现.

(4)科学的数学观和辩证的唯物主义观可以提高我们的思想境界,为正确使用数学,培养数学思维奠定了基础.

(5)对获取的信息“数学化”地处理,再形成新的信息,从而培养创新思维,利于终身学习和可持续发展.

3. 数学品质的道德修养

数学对人的影响的一个重要方面就是对真理的执着追求,把毕生的精力奉献给自己所从事的研究工作.

在学数学过程中培养起来的严谨求实、谦逊宽容、团结协作、交流互动、开拓创新等数学品质可以让我们终身受益.从数学角度,看问题的出发点;用数学的理性思维,严密地思考、求证,简洁、清晰、准确地表达;在解决问题、总结工作时,运用逻辑推理的意识和能力,对所从事的工作,合理地量化和简化,运筹帷幄.

对于高职院校的学生经常会问这样一个问题:学习高等数学有什么用?老师经常这样回答:主要是掌握数学思想方法,提高数学修养.数学素养不是与生俱来的,是在学习和实践中培养的.一名高职生,虽然以后不一定成为一名数学家,或者是把所学的数学知识几乎都忘掉了,但可以成为一名有较高数学文化和数学素养的人,成为一名数学文化的传播者.